# 典型矿床解析案例

王翠芝　徐　净　主编

地质出版社
·北　京·

## 内 容 简 介

本书介绍了典型矿床解析的方法、内容、解析要素；主要叙述岩浆矿床、伟晶岩矿床、热液矿床、风化矿床、沉积矿床和变质矿床中的典型矿床案例的矿床地质特征、矿床成因、成矿模型（成矿模式）及相应矿产的综合开发利用现状；扼要介绍了国内外重要矿床类型的找矿方法及找矿模型。

本书可作为地质矿产专业类高年级本科生及矿产普查与勘探专业、资源与环境专业硕士研究生的参考资料，也可作为国内外矿产勘查工作的参考图书。

**图书在版编目（CIP）数据**

典型矿床解析案例 / 王翠芝等主编. —北京：地质出版社，2023.10

ISBN 978-7-116-13862-9

Ⅰ.①典…　Ⅱ.①王…　Ⅲ.①典型矿床-解析案例　Ⅳ.①P61

中国国家版本馆 CIP 数据核字（2023）第 211294 号

DIANXING KUANGCHUANG JIEXI ANLI

**责任编辑**：肖莹莹　费详惠
**责任校对**：李　玫
**出版发行**：地质出版社
**社址邮编**：北京市海淀区学院路 31 号，100083
**电　　话**：（010）66554650（邮购部）；（010）66554571（编辑室）
**网　　址**：https://www.gph.clmpg.com
**传　　真**：（010）66554576
**印　　刷**：北京地大彩印有限公司
**开　　本**：787mm×1092mm　1/16
**印　　张**：15
**字　　数**：384 千字
**版　　次**：2023 年 10 月北京第 1 版
**印　　次**：2023 年 10 月北京第 1 次印刷
**定　　价**：128.00 元
**书　　号**：ISBN 978-7-116-13862-9

# 前　言

《典型矿床解析案例》是针对资源勘查工程专业高年级本科生及矿产普查与勘探、资源与环境专业的研究生而设置的专业课的辅助教材。书中的典型矿床主要为本科资源勘查工程专业培养计划中的资源地质学（矿床学）、矿相学、矿床模型（或矿床成因模型）及研究生课“典型矿床解析”中的主要矿床实例。本书在相关矿床的区域地质、矿区地质、矿床地质、矿床成因等基础地质内容的基础上，增加了相关矿床或相关矿产的成矿研究现状及综合开发利用的内容，这些内容主要包括相关的成因研究现状、主要矿产的开发利用现状、伴生矿产（尤其是战略性矿产资源）的特征、开发利用前景，体现了“十四五”国家重点研发计划“战略性矿产资源开发利用”“绿水青山就是金山银山”“人类生命共同体”等时代理念。通过本教材的学习，学生在对某（类）矿床，从矿床的大地构造位置、区域地质背景、矿床地质特征、矿体地质特征、矿石组构特征、矿床形成的“源、运、储、保”因素的专题研究成果、开发现状及伴生矿产（尤其是战略矿产资源）特征，来全面理解某（类）矿床的成矿机理、成矿模型（成矿模式）、找矿模型、矿床（或相关矿产）开发利用状况、国家矿产政策以及对当地自然环境和社会稳定的影响等。

全书由王翠芝负责设计和统编，各章节内容由福州大学紫金地质与矿业学院承担相关教学任务的任课教师（包括实验教师）编著。王翠芝负责第一、二章主要内容，第三至九章典型矿床案例中的某类矿床的一般特征及相应矿床的综合开发利用，第十、十一章国内外找矿模型。徐净负责第三到九章各类典型矿床案例中的矿山简介、区域地质、矿区地质、矿床地质、矿石特征、矿床成因及成矿模型（成矿模式）。紫金矿业集团股份有限公司张锦章、蒋姣姣、王乾杰、赖晓丹、祁进平等企业双师结合教学环节为紫金山矿田找矿模型及国外矿产勘查提供了相关勘查成果。福州大学实验中心钟祥华、陈素余、江文等老师为相关矿床的岩（矿）石特征提供了清晰的照片。2018 级研究生张腾飞，2019 级研究生陈振，2020 级研究生黄艳娜、陈娟、周小深、单思齐、雷科、贾伟晨、李欣洋、徐松明等同学参与了相关典型矿床的矿产综合开发利用资料的收集，2021 级研究生侯文达、韩燿徽、南贵周、陈洲鑫、颜雪，2022 级研究生江纪辰、邓心禾、邱陈弘，2019 级资源勘查工程专业学生张明辉、郑宇鹏、高建宇、林灏喆、巫玉琛、邱天诚、林新航，2021 级资源勘查工程专业学生王今朝等参与书中照片拍摄、图件清绘等。教材的出版得到福州大学紫金地质与矿业学院院长衷水平教授、教学副院长王浩教授、地质系主任刘文元教授、地质系副主任王力圆老师以及地质系同事们的大力支持，在此一并表衷心感谢。

热忱欢迎同行专家和广大读者对书中存在的不足之处批评指正。

编　者

2023 年 3 月

# 目 录

**第一章 绪论** ……（1）
**第二章 典型矿床解析方法** ……（3）
第一节 典型矿床的概念 ……（3）
第二节 选择典型矿床的原则 ……（3）
第三节 典型矿床研究的内容 ……（4）
第四节 典型矿床表征 ……（4）
第五节 典型矿床解析要素及成矿机理厘定 ……（10）
第六节 典型矿床综合开发利用 ……（17）
**第三章 岩浆矿床典型案例** ……（21）
第一节 四川攀枝花钒钛磁铁矿矿床 ……（21）
第二节 甘肃金川铜镍硫化物矿床 ……（26）
第三节 山东蒙阴金刚石矿床 ……（33）
**第四章 伟晶岩矿床典型案例** ……（42）
第一节 伟晶岩矿床一般特征及分类 ……（42）
第二节 新疆富蕴县可可托海花岗伟晶岩矿床 ……（46）
**第五章 热液矿床典型案例** ……（53）
第一节 湖北大冶矽卡岩型铁矿床 ……（53）
第二节 江西德兴斑岩型铜矿床 ……（61）
第三节 江西大余高温热液型钨矿床 ……（69）
第四节 山东玲珑中温石英脉型金矿床 ……（76）
第五节 福建紫金山高硫化浅成低温热液型铜金矿床 ……（84）
第六节 福建悦洋低硫化浅成低温热液型银多金属矿床 ……（91）
第七节 湖南锡矿山低温热液型锑矿床 ……（96）
第八节 贵州水银洞卡林型金矿床 ……（103）
第九节 云南金顶密西西比河谷型铅锌矿床 ……（109）

**第六章 热水喷流沉积矿床典型案例** …… (117)
第一节 热水喷流沉积矿床一般特征及分类 …… (117)
第二节 辽宁红透山 VMS 型块状硫化物铜矿床 …… (119)
**第七章 风化矿床典型案例** …… (126)
第一节 江西星子残余型高岭土矿床 …… (127)
第二节 福建龙岩离子吸附型稀土矿床 …… (134)
**第八章 沉积矿床典型案例** …… (141)
第一节 河北庞家堡铁矿床 …… (141)
第二节 山东淄博王村黏土矿矿床 …… (146)
**第九章 变质矿床典型案例** …… (151)
第一节 辽宁弓长岭铁矿床 …… (151)
第二节 山东南墅石墨矿床 …… (159)
**第十章 国内找矿模型案例** …… (167)
第一节 福建紫金山矿田找矿模型 …… (167)
第二节 四川甲基卡隐伏区稀有锂金属综合找矿模型 …… (178)
**第十一章 国外找矿模型案例** …… (187)
第一节 塞拉利昂马邦托地区铁矿预测模型 …… (187)
第二节 津巴布韦 Chelsea East 金矿床综合找矿模型 …… (195)
**参考文献** …… (204)
**图版** …… (220)

# 第一章 绪 论

## 一、建设依据

福州大学紫金地质与矿业学院的资源勘查工程专业为国家级特色专业。依托紫金矿业集团形成的新型办学模式——“紫金模式”，构建了“3+1”人才培养体系。随着我国加入华盛顿协议，学院又增设“矿业+”创新创业模块，2018年地采复合型实验班设立。从本科课程中的“资源地质学（矿床学）”“矿相学”“矿床模型”到研究生课“典型矿床解析”是了解矿产资源（或矿床）从简单到复杂、从宏观到微观、从直观到抽象、从自然属性到环境及社会属性的认识逐步深入的自然过程。

这四门课内容是相互联系、互相补充的，都是围绕核心对象——矿床来展开的。“资源地质学”主要是从宏观尺度来展示矿床地质特征及矿床形成规律，是矿床学习的基础。“矿相学”则主要是从微观尺度研究矿床的工具，主要涉及矿石金属矿物鉴定及矿石组构，为矿床成因研究、矿产勘查及选冶工艺提供地质依据。“矿床模型”则是在“资源地质学”“矿相学”对相关矿床地质特征、矿石组构等特征的基础上，结合成矿地质条件、矿化特征，从“源、运、储、保”等方面总结矿床成因，通过对成矿条件及矿化特征进行可视化表征形成矿床成因模型；基于某类矿床的成因模型，结合研究区的成矿条件、矿化标志及其物性特征，采用一定的方法技术而获得的找矿成果（主要有地质、遥感、化探、物探、钻探等），通过对成矿地质条件及找矿成果的可视化表达，从而形成研究区或某矿床的找矿模型。“典型矿床解析”是通过典型矿床不同属性的解析，掌握矿床成因研究及矿床模型建立方法，为某类矿床成因研究及找矿勘查提供理论依据。

目前，这四门密切相关的专业课，其中的“资源地质学”“矿相学”两门课程，国内都有规范的教材，如《矿床学》（第三版）（翟裕生等，2011）、《矿床学教程》（姚凤良和孙丰月，2006），《矿相学》（尚浚等，2007）、《矿相学实验》（杨梅珍等，2009）；而“矿床模型”和“典型矿床解析”两门课程，国内没有适合教学的教材，主要是基于科研成果或实际成果的汇总，系统性较差。本书涉及的典型矿床主要为福州大学紫金地质与矿业学院建院以来资源勘查工程培养计划中的“资源地质学”“矿相学”“矿床模型（或矿床成因模型）”，研究生课“典型矿床解析”中的主要矿床案例。本书在相关矿床的区域地质、矿区地质、矿床地质、矿床成因等地质内容的基础上，增加了相关矿床或相关矿产的综合开发利用的内容，这些内容主要包括相关主要矿产的开发利用现状、伴生矿产（尤其是战略矿产资源）的特征及开发利用前景，体现了“绿水青山就是金山银山”“人类生命共同体”等时代理念。通过本书，学生在对某（类）矿床，从矿床的大地构造位置、区域地质背景、矿床地质特征、矿体地质特征、矿石组构特征、矿床形成的“源、运、储、保”等成矿因素的专题研究成果，主要矿产开发现状及伴生矿产（尤其是战略矿产资源）特征，来全面理解某（类）矿床的成矿机理、成因模型、找矿模型、矿床（或相关矿产）开发利用状况、国家矿产政策以及对当地自然环境和社会稳定的影响等。

## 二、本书特色

本书是针对资源勘查工程专业所设“资源地质学”“矿相学”“矿床模型”本科课程而编制的贯通性辅助教材，也可供矿产普查与勘探、资源与环境等专业的研究生课“典型矿床解析”选用。其特色体现在：

（1）系统强

本书与同类教材相比具有很强的系统性。《典型矿床解析案例》针对本科资源勘查工程专业的特点，系统地将“资源地质学”“矿相学”“矿床模型”三门专业课的知识点进行有机联系，便于学生更系统地掌握矿产资源的研究内容。

（2）适用性强

本书的矿床实例均来自“资源地质学”“矿相学”“矿床模型（或成因模型）”和“典型矿床解析”的教学实践，并且配有大量生产和科研成果的图片、照片或示意图，便于学生理解相关的理论知识。

（3）适时性强

与时俱进，将国家有关矿产资源的政策、科学技术适时融入相关矿产开发利用中。本书重点反映“老矿山的伴生关键金属矿产特征”“绿水青山就是金山银山”“人类生命共同体”等时代理念。

## 三、本书创新点

本书作为资源勘查工程本科专业和矿产普查与勘探、资源与环境等研究生专业课的综合性辅助教材，偏重于实践环节，便于学生查阅，体现如下创新点：

1）将自然矿产资源与人类活动密切联系。作为以矿产资源研究为主体的专业必修课，力求最大限度地发挥自然矿产资源在人类活动中的作用，就必须将国家的相关政策纳入教学活动中。以往教材主要侧重矿产资源的自然属性，本书将矿产资源的自然属性、环境属性和社会属性并举。这是组织思路的创新。

2）应用协同理论，由宏观到微观、由简单到复杂，逐步深入安排每个典型矿床的内容。以往教材对每个矿床，主要是简单介绍矿床的区域地质背景、矿区地质特征、矿床地质特征、矿石特征等基本内容，主要是以文字形式。本书在内容上增加相关矿床成因模型或和找矿模型、矿床综合开发利用现状、伴生矿产（尤其是战略矿产资源）开发前景、矿山选冶工艺、矿山环境保护状况等内容。对每个典型矿床，除了文字表达矿床的相关特征外，还配备大量的图片、照片，以便于学生理解。这是内容方面的创新。

3）采用教学教研内容与学术科研、找矿成果结合的内容安排思路，有利于理论与实践的结合，这是组织形式的创新。

# 第二章 典型矿床解析方法

矿床解析的方法很多，与目前矿床学发展状况有关。矿床学研究方法是通过野外地质调查、实验室研究、成岩成矿模拟和综合研究分析方法，找出矿床成矿规律，为探讨矿床成因、找矿预测和矿产综合利用提供依据。为了更好掌握矿床成矿规律，所研究矿床应是典型矿床。

## 第一节 典型矿床的概念

“典型”一词，在希腊文中原是“模子”的意思。同一个模子可以塑造出许多同样的东西，典型也是通过某一个单个的形象反映了某一群或某一类事物的性格特征。因此，典型虽然是个别的，却具有普遍性。矿床有不同的成因类型（或工业类型），某一矿床的成矿地质特征能概括一组相似矿床赋存的地质位置、形成的地质条件和控矿因素、找矿标志的共性和一定理性认识者，称典型矿床（李凤鸣，2012）。典型矿床研究就是归纳具有某类矿床共性和一定理性认识的实际资料，目的是为了准确掌握矿床的成矿地质环境、矿床成矿特征、矿床经济技术条件，主要控矿因素和找矿标志，建立矿床成矿模式和找矿模型，综合分析成矿规律，由已知区推向未知区进行类比预测和评价。

## 第二节 选择典型矿床的原则

典型矿床是归纳矿床类型、矿床模式的基础，也是总结区域成矿规律、建立区域成矿模式的基础。选择典型矿床需考虑矿床的有代表性、完整性、特殊性、专题性及习惯性等方面。一个地区开展成矿规律研究，典型矿床选择可按照如下原则：①按矿床类型选择每类中的一个或两个以上的矿床作为典型矿床。②矿产地质工作和研究工作程度较高的矿床，至少具有成矿作用测试数据者列入选择对象。③当不具备第二条的地质工作程度比较低的地区，可以选择由矿产勘查工程已经控制的，已达一定规模的、具有基础地质资料的视为典型矿床。④在一个地区或某类矿床缺少典型实例时，允许借用邻区或国外的典型矿床进行类比研究。

## 第三节　典型矿床研究的内容

典型矿床研究的内容，主要包括如下几方面：

1）研究矿床形成的地质构造环境及控矿因素。

2）研究矿床三度空间分布特征，编制矿体立体图或编制不同中段水平投影组合图、不同剖面组合图；分析矿床在走向和垂向上的变化，形成深度，分布深度，剥蚀程度。

3）研究矿床物质成分，包括矿床矿物组成，主元素及伴生元素含量及其赋存状态、平面、剖面分布变化特征。

4）划分矿床的成矿阶段，研究主成矿元素在各成矿阶段的富集变化，划分成矿期，说明各成矿期主元素的变化。

5）分析各成矿阶段蚀变矿物组合，蚀变作用过程中物质成分的带出带入，蚀变空间分带特征，分析主元素迁移过程和沉淀过程的不同蚀变特征。

6）确定成矿时代，成矿作用一般经历了漫长的地质发展历史过程，有的是多期成矿，有的是叠加成矿，因此，一般情况下成矿作用时代以矿床就位年龄为代表，就位年龄包括直接测定年龄、间接推断年龄、地质类比年龄和矿床类比年龄，应收集重大地质事件对成矿的影响年龄。

7）分析成矿地球化学特征，运用各成矿阶段的矿物组合、蚀变矿物组合、交代作用、同位素、包裹体成分、成矿温度、压力、酸碱度、氧逸度、硫逸度分析等资料，确定元素迁移富集的内外部条件，地质地球化学标志和迁移富集机理。

8）分析可能的物质成分来源，包括主要成矿金属元素来源、硫来源、热液流体来源等等。

9）确定具体矿床的直接控矿因素和找矿标志。控矿地质因素是指与矿床形成及改造有关的控制因素。地质构造是主要控矿因素之一，构造运动是成矿物质发生运动的原因和动力，构造空间是成矿物质迁移、富集的通道和储、存、沉淀空间。构造运动和成矿作用的一致性，对成矿的控制作用有可能通过控矿构造的研究，基本掌握控矿的主要因素。

10）联系沉积作用、岩浆活动、构造活动和变质作用等控矿因素分析成矿就位机制及成矿作用过程。

11）建立矿床成矿模式（矿床模型）。

## 第四节　典型矿床表征

典型矿床表达的方法很多，目前主要有两种：矿床模型和成矿要素表格。矿床模型是用来表达矿体及其围岩的几何形态、地质构造、岩矿类型、物理化学性质、经济价值等特征的空间分布的一组数值、字符或表达式，常用文字、图解或表格形式来表达。这种方法比较灵活，研究者可依据研究目的，选择不同的表达内容和表达形式，是矿床综合研究常见的方法。成矿要素表格，是基于成矿研究将主要成矿要素以简明的表格形式展示出来，如基于矿床成矿研究，成矿要素主要包括资源储量、特征描述、地质环境及矿床特征等；如基于区域成矿研究，成矿要素有主要区域成矿地质环境和区域成矿地质特征等。相对矿床模型的灵活性，成矿要素表格比较统一，多用于矿业管理部门，以便于建立数据库进行大规模的矿床数据统计管理。本教材重点介绍矿床模型的表示方法及分类。

## 一、矿床模型及其表示方法

关于矿床模型，目前国内外还没有统一认识及相关的建模规范。就是其定义和内涵，还存在多种观点，甚至还有不同的称谓，常见有成矿模式、矿床成矿模式、矿床模型、矿床成因模型等等。之所以有不同的称谓及内涵，主要是对英文“model”的不同理解及译文。英文中的“model”，来源于拉丁文“moduus”，意思是度量、形象、方法。有人译作模型，有人译作模式。不同的人，就汉语中模型或模式有不同的理解。陈毓川（1990）认为，“模式”一词译自英文的“model”，有时也译作“模型”，两词的差异甚大，模式是指某种事物的标准形式或使人可以照着去做的参考对象，模型是按照实物的形状和结构按比例制成的仿真品，多用于展览和实验；模式对应于能起作用的假说，而模型对应于精确的模拟（陈毓川和朱裕生，1993）。但就“model”而言，不管是译作模式，还是模型，其含义则是通过抽象、简化、类比使所研究系统的结构形态或运动状态变为易于考察的形式。从汉语特点及目前矿床综合研究现状来看，“model”译作矿床模型更为合适。

矿床模型是最近四十几年来发展起来的用于矿床学研究的一种方法和手段，是人们在传统的矿床分类已不再适合于越来越多的新发现的矿床类型的情况下，寻求的一种解决途径。其实，人们在古代开始找矿时，就已经不自觉地运用了模型的思路，但真正自觉利用模型来研究矿床，却始于20世纪70年代，80年代达到高潮。1980年，《加拿大地学》杂志开辟了矿床模型讲座。1984年，D. P. Cox和D. A. Singer编辑出版了《矿床模型》，书中论述了矿床模型的定义、分类及其关系，并列出了根据110个国家的3900多个矿床所建立的87种矿床类型的描述性模型和60个品位-吨位模型。1988年，R. G. Roberts和Skeaham编辑出版了《矿床模型》，提出了经验模型和概念模型，并列举了一系列矿床的成因模型。1992年，Bliss对过去建模情况做了简单回顾，并讲述了矿床模拟的新进展，Mccammon首次提出了数字化矿床模型，并列举了被Cox和Singer等人建立的9类矿床的品位-吨位模型和描述性模型。1993年，牛津大学出版社出版了《不可再生资源》，主要内容是阐述矿床定量模型在已知和未知矿产资源评价中的应用；同年，张贻侠主编了《矿床模型导论》，系统地介绍了矿床模型的种类和概念、建模的方法和程序，探索了矿床建模中的若干理论问题，旨在推动中国的建模和用模工作。2012年，毛景文等基于国际平台，结合我国矿产资源特点，将成矿环境作为一级建模要素，将矿床类型作为次级要素，典型矿床及其组合作为第三级要素，在充分吸收近20年来我国在矿床学、成矿环境和成矿年代学等方面研究进展的基础上，建立或提升了我国主要矿床类型，完成了 26 组矿产 111 个矿床模型，出版了《中国矿床模型概论》；同年，结合我国矿产资源评价和找矿工作的需要，在对国外的矿床模型及有关成矿理论进行比较充分的阅研基础上，出版了《国外主要矿床类型、特点及找矿勘查》，全面系统地介绍了国际上重要的 13 类矿床类型的矿床模型。

不同国家由于建模的目的、用途不同，其建模的类型也不相同。20 世纪 70 年代，苏联集中力量研制重要矿产主要工业类型矿床的地质和地质-地球物理模型。80 年代主要是建立矿石建造和成矿系统成因模型。我国研制的矿床模型主要是成矿模型，按朱裕生（1993）的分类划分为区域成矿模型、矿床成矿模型和找矿模型。国际地科联（IUGS）和联合国教科文组织（UNESCO）于 1984 年 11 月设立了一个为期十年的《国际矿床模型》项目（DMP，1984—1994），旨在交流矿床模型方面的先进地质科学知识和专门技能，用于矿产资源的勘查、评价和开发，同时为发展中国家传授知识和专门技能，促进矿床模型专门技能系统化。迄今，矿床模型已成为矿床学研究的普遍使用的方法和手段。矿床模型的研究都是将矿床及其环境看作是一个由众多因素相互作用、相互影响的系统，是对这一系统的简化、抽象和类比。矿床模型有多种表达方法，依表达内容而定。一个矿床模型描述某类矿床基本特征是别于其他矿床的矿床特征和矿床形成环境。

## 二、矿床模型的分类

目前，各国研制和使用的矿床模型都是按矿床类型分别建立的。常见依矿床形成环境和鉴别特征（即按不同内容和用途），矿床模型的分类为：描述性模型、品位-吨位模型、产出概率模型、矿床地质环境模型、矿床成因模型、矿床勘查模型（矿床找矿模型）等六类，其中以矿床成因模型、矿床勘查模型最常见。

### （一）描述性模型

描述一类（一组）矿床本质属性的结构和形象模型，也叫矿床地质模型或矿床经验模型等。这种描述性模型，描述不应有太多的推测；一类或一组矿床（本质属性一致）。它的结构为系统排列的信息，包括地质、地球化学和地球物理等，是对原型的抽象或简化，能反映矿床的本质属性，能区别于其他类型的矿床。这类模型是最主要的矿床模型，部分相当于矿床成因模型，部分相当于找矿模型，如赣南钨矿“五层楼+地下室”模式示意图（图 2-1）。

### （二）品位-吨位模型

品位-吨位模型表征一类矿床的品位和吨位的变化范围和频率分布，一般用图形表示（图 2-2）。品位-吨位模型的应用：①在成矿预测中的应用；②研究矿床类型，矿床定位预测；③矿体定位预测；④区域成矿潜力分析；⑤综合分析研究。

| 部位 | 带名 | 深度/m | 工业价值 | 形态示意图 | 含脉密度（条·$m^{-1}$） | 含脉率/% | 带宽/m | 单脉厚/m | 主要矿物组合 |
|---|---|---|---|---|---|---|---|---|---|
| 顶部 | 矿化标志带 | 80~100 | 无 | 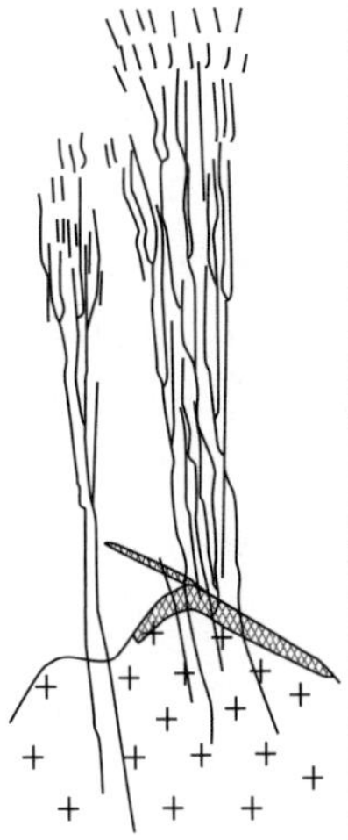 | 0.5~5 | 0.1~3 | 20~200 | 0.001~0.01 | 锡石–黑钨矿–白云母–电气石 |
| 上部 | 细脉带 | 100~250 | 大 | | 5~20 | 6~50 | 10~50 | 0.02~0.10 | 黑钨矿–锡石–绿柱石–黄铜矿–黄铁矿–白云母等 |
| 中部 | 细脉–大脉混合带 | 40~500 | 巨大 | | 1~8 | 10~70 | 5~30 | 0.05~0.5 | 黑钨矿–白钨矿–锡石–黄铜矿–黄铁矿–方铅矿–闪锌矿–白云母等。组分复杂，矿化重叠 |
| 下部 | 大脉带 | 100~800 | 大 | | 0.03~2 | 10~50 | | 0.2~2 | 黑钨矿–黄铜矿–黄铁矿–方铅矿–辉钼矿等 |
| 深部 | 地下室 | 不固定 | 大 | | 钨锡多金属矿化沿断裂破碎带或钨铌钽矿化沿岩体顶部云英岩化发育，多呈层状或似层状 | | | | 黑钨矿–白钨矿–黄铜矿–黄铁矿–方铅矿–辉钼矿–铌钽等 |
| 根部 | 大脉–巨脉–尖灭带 | 50~800 | 小–无 | | 0.05~0.1 | | | 2~0.05 | 黑钨矿–辉钼矿–黄铁矿–碳酸盐 |

图 2-1　赣南钨矿“五层楼+地下室”模式

（据王登红等，2010）

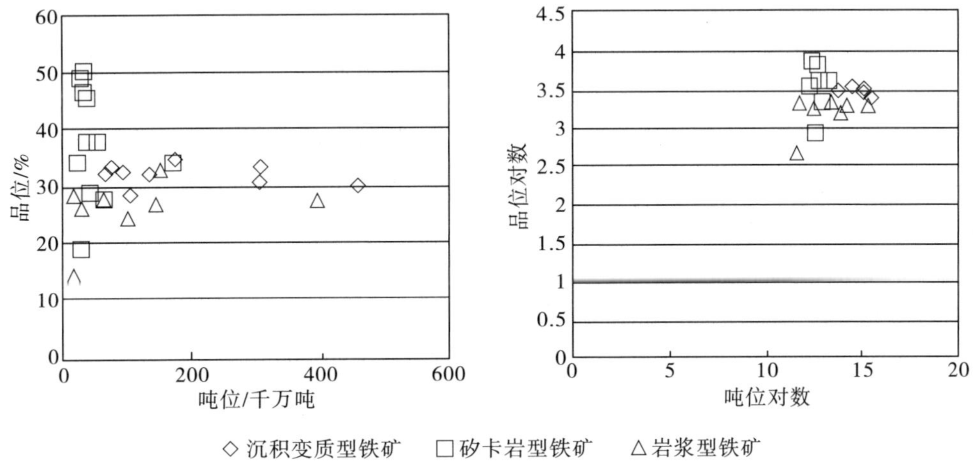


图 2-2　3 种铁矿类型吨位–品位叠加分析

（据阴江宁等，2008）

### （三）产出概率模型

产出概率模型（occurrence probability model）是指预测在一定地区产出某一个矿床（其规模和品位由适宜的品位和吨位模型反映）的概率模型。以岩性、构造地质背景和成矿地质要素为依据而建立的概率模型更受到重视。矿床成因越清楚时，地质要素所起的作用越明朗，依此而建立的产出概率模型的可信度就越大。

### （四）矿床地质环境模型

矿床地质环境模型是近几年发展起来的一个新的概念模型。其定义为：反映采矿前和矿山开采、矿石处理、冶炼所导致的环境行为的地质、地球化学、地球物理、水文和工程信息的集合（Edward A du Bray，1999）。Plumlee 等（1999）认为在采矿活动开始前，对矿区及其周围水域环境的基准值数据（环境现状）和背景数据（未受人类扰动）进行详尽的调查具有重要意义，勘查地质学家、地球化学家是最先进入矿区的环境地球化学家，能提供这方面的信息，一旦矿产勘查和矿山开采开始，矿床原始状态被破坏，将不可能获取这方面的数据。矿床地质环境模型在矿床模型的基础上，增加了环境因素及其环境效应的内容（赵元艺等，2009）。主要包括如下内容：矿床类型、矿床大小、主岩、周围地质体、围岩蚀变、矿石的性质、开采和选矿方法、矿床微量元素地球化学、生物矿物学及其带状分布、次生矿物组合、土壤和沉积物特征、地形和自然地理、水文学、排水特征、气候作用及潜在的环境问题等方面。

### （五）矿床成因模型

矿床成因模型是以模型的方法和思维对一类（一组）本质相同的矿床的形成原因、形成方式和形成过程所做的理论诠释或提出的成因假说，与现代成矿理论相吻合，与现代物化条件测试相一致（刘连登，2000）。

矿床成因模型是矿床内外部特征的各组成要素的概括，是现阶段对矿床形成规律的认识，亦是成矿学理论运用于具体矿床的表达形式和地质类比的基础，具有预测性，是矿产勘查的“智力拐杖”。20 世纪 80、90 年代以前，多称谓成矿模式。21 世纪初，才多称谓矿床成因模型。虽然矿床成因模型 20 世纪 50 年代以后的地质文献中已陆续出现，但系统专著性成果则主要在 80 年代，且还是用成矿模式的称谓。其中涉及面广、总结性强、最引人注目的著作是美国地质调查所 Cox 和 Singer（1986）出版的《矿床模式》，它以全球近 4000 个矿床研究素材为基础，给出 88 个矿床描述性模式。陈毓川等（1993）出版《中国矿床成矿模式》，列出 70 个成矿模式（还有 11 个找矿模型）。裴荣富等（1995）出版了《中国矿床模式》，在研究了中国 45 个金属矿和 450 个非金属矿的基础上提出 92 个矿床模式。

依据不同的分类标准，矿床成因模型有多种分类方案，主要有岩性构造分类（即描述性模型）、构造背景-成矿环境-主岩岩石组合分类及构造背景-成矿作用等三种。其中基于构造背景-成矿作用的分类最常见。目前国内外《矿床学》教材多采用这种分类，即矿床成因分类（主要按成矿作用分类），分为岩浆矿床、伟晶岩矿床、接触交代（矽卡岩）矿床、热液矿床、风化矿床、沉积矿床及变质矿床等七大类。如高怀忠等（2005）总结出 41 种成矿模式，这种分类是在前人研究基础上的归纳总结，与目前矿床学中的成因分类一致，易于归纳、掌握也便于学生参考学习。本书借鉴其分类体系，其中涉及的大部分矿床都是重要的矿床类型，研究程度比较高，作为典型矿床重点案例，在此基础上，增加近年来的矿床研究热点（如战略矿产资源）及国外勘查成功案例。就某类矿床，依据研究区域不同，矿床成因模型又分单一矿床的（即矿床成矿模式）、一个地区的（即区域成矿模式）。

矿床成矿模式是指对矿床的地质特征、成矿条件、形成环境及其成因机制的高度综合和概括，它是表达矿床研究成果、反映矿床成矿规律的重要形式。矿床成矿模式的表达，一般要求文字与图表并重，文字言简意赅，图表要醒目准确。矿床成矿模式的建立过程常起始于单个矿床，特别是典型矿床的描述性概括。同时与其他类似矿床对比，最终对同一类型矿床进行总结概括，从中概括和抽象出一些共同特征、内在规律。矿床成矿模式内容主要包括如下方面：①区域地质背景（大地构造单元、所在区域特征）；②成矿环境、控矿因素，如赋矿地层（时代和岩性特征）、成矿岩体（岩石组合、岩性特征及年代）、控矿构造（用地质构造图说明）；③矿体主要形态、产状，成矿元素与共生、伴生元素空间分布特征；④矿石类型及矿物组合；⑤矿石结构构造；⑥矿化阶段划分及分布（用典型剖面图说明）；⑦多期成矿的叠加改造（如果存在）；⑧矿化蚀变带划分及分布（用典型剖面图说明）；⑨成矿物理化学条件（温度、压力、Eh、pH、$f_{O_2}$、$f_{S_2}$ 等）；⑩矿床成因机制（成矿物质来源，成矿物质的时空变化与运移特征，在矿床成矿模式图上标出并说明）。

矿床成矿模式的建立是以重要的典型矿床研究为基础的，但又必须超越对单个矿床的纯粹描述，需要充分分析和对比大量的典型矿床研究资料，在此基础上将具有相同（或相似）特征的矿床归为一类。因此，广泛借鉴和利用区域成矿学研究成果，是建立正确的成矿模式的必要前提。同时，区域成矿学的研究成果也可以模式化，用区域成矿模式展示。

### （六）矿床勘查模型（矿床找矿模型）

所谓矿床找矿模型，即是突出某类矿床的基本要素和找矿过程中具有特殊意义的地质、地球物理、地球化学、重砂和遥感影像等信息及其在空间的变化情况，总结发现该类型床的基本标志和有效的找矿方法。

**1. 找矿模型的基本内容**

找矿模型要包括基本图件、找矿模型描述两部分。

（1）基本图件

一般包括：①与找矿模型相匹配的矿床成矿模式图（矿床成矿模型）；②代表矿床（体）不同埋深赋存地质环境的综合剖面图；③典型剖面的物性分层图和综合平面图；④找矿模型图等等。

（2）找矿模型的描述内容

主要内容包括：①矿床（田）地球物理场特征；②矿床（田）地球化学场特征；③地球物理、地球化学模型；④矿床（或矿田）不同剥蚀面上的物、化探场的变化特征；⑤矿床（或矿田）压制干扰场或消除情况下的地球物理场、地球化学场特征；⑥找矿的地球物理、地球化学场和遥感影像特征或信息的关系；⑦找矿适用的方法类别、使用的先后次序及其配制等；⑧找矿的关键标志。

**2. 找矿模型分类**

目前，国内外的找矿模型主要有三类，包括地质-地球物理勘查找矿模型、地质-地球化学勘查找矿模型和地质-地球物理勘查-地球化学勘查-遥感图像综合方法找矿模型

(即综合找矿模型)。

(1) 地质-地球物理勘查找矿模型

地质-地球物理勘查找矿模型是勘查目标物（或目的物）及其周围地质、地球物理现象综合在一体的图式或图表。它仅对地质体空间位置的变化及其相应地球物理场参数的描述、模仿、综合一体的表达形式，原则上不涉及地质体形成的内在机制和成因上的相互制约。地质-地球物理模型是发挥勘查地球物理的优势，将地球物理和地质模型结合一体，解决成矿预测和普查找矿中的矿与非矿、矿床定量参数推断和估算问题，减少风险、提高找矿效益。

(2) 地质-地球化学勘查找矿模型

地质-地球化学勘查找矿模型是在阐明成矿物质来源和富集规律的基础上，指出矿床(也可对矿田和矿体）存在的地球化学标志，并将它与矿床地质特征融为一体，用图表或文字表达出来。地质-地球化学勘查找矿模型的内容甚广，需探讨和解决的问题可能较广，但要建立一个实用的模型需要纳入成矿信息的具体控矿因素和找矿标志，尽量采用定量标志。在成矿地球化学中，这些标志基本上在元素地球化学理论指导下，以元素分带性为基础，各种地球化学数据处理方法为途径，建立较为有效而实用的模型。

(3) 地质-地球物理勘查-地球化学勘查-遥感图像综合方法找矿模型

地质-地球物理勘查-球化学勘查-遥感图像综合技术方法找矿模型（以下简称“综合方法找矿模型”）突出的是在找矿过程中具有特殊意义的找矿信息。

## 第五节　典型矿床解析要素及成矿机理厘定

### 一、矿床解析的基本步骤

矿床解析的基本内容包括矿床特征及其形成环境的所有的地质信息，可以从如下三个基本步骤进行逐步分析。

第一，解析矿床特征——矿床地质，包括矿体的形态、矿体的顶底板、矿石特征(主要包括矿石的颜色、结构、构造、矿物组成)、矿床地球化学特征等。

第二，解析矿床形成环境——区域地质（地质背景），厘定主要的控矿条件，一般考虑八大控矿因素，包括地层、构造、岩浆活动、变质作用、岩相-古地理、风化和地貌、地球化学等。

第三，解析矿床成因——在矿床地质特征和地质背景的基础上，进行“源”“运”“储”“保”的剖析，总结成矿机理及形成过程。

对上面三个步骤，第一步分析矿床的特征比较容易，比较难的是第二步中矿床形成环境的分析，如何从八大控矿因素寻找出主要的控矿条件，其关键是对每种控矿因素的一般性控矿作用的认识。第三步中，如何基于矿床地质特征和地质背景，确定“源”“运”“储”“保”的具体信息，关键在于对“源”“运”“储”“保”等信息源的了解。

## 二、控矿因素

控矿因素一般是指控制矿床形成和分布的各种地质因素，即常说的八大控矿因素或成矿条件，如岩浆岩、构造、地层、岩相-古地理、变质作用、风化和地貌、地球化学等，各种控矿因素，对成矿所起的作用不同。

### （一）岩浆岩条件

岩浆活动是形成各类矿床的重要因素之一。内生矿床的形成基本直接与岩浆活动有关，某些外生矿床、变质矿床、层控矿床等矿床也与岩浆活动有关。

**1. 岩浆岩的成分特征与成矿的关系**

（1）岩石化学

岩浆岩岩石地球化学中的几个特征值，对成矿具有一定指示作用。①酸度，据 $SiO_2$ 的含量，将岩浆岩分成超基性岩、基性岩、中性岩、酸性岩，各类岩石的成矿专属性不同，如铬铁矿床与蛇绿岩中的超镁岩有关，斑岩型铜钼矿床与中酸性花岗斑岩、花岗岩有关。②碱度，岩浆岩中 $Na_2O+K_2O$ 的含量，如许多斑岩型铜、金矿床的含矿斑岩富含 K，与 W、Sn、Mo、Bi、Nb、Ta 成矿有关的花岗岩富 K 而贫 Ca。③钙碱性，借助钙碱指数（CA，指 $Na_2O+K_2O$ 与 CaO 含量相等时 $SiO_2$ 的值）的研究，如斑岩的钙碱性研究具有矿床学意义，促进了 20 世纪 70 年代初的斑岩成矿研究热及斑岩矿床勘查。

（2）挥发分和微量元素地球化学特征

岩浆岩内岩石和矿物的挥发分、微量元素的含量及其比值的研究，可以作为某些岩浆岩含矿性的指示元素。①挥发分研究，如 F、Cl、B、$H_2O$、$CO_2$、$SO_2$ 等气体。②过渡元素研究，借助 Ti、V、Cr、Mn、Fe、Co、Ni、Cu 的变化曲线，了解岩浆岩的成矿的可能性及种类。③微量元素含量研究岩浆岩形成的构造环境。④稀土元素研究了解岩浆岩的演化过程。

**2. 岩浆岩时代和成矿时代的关系**

从全球范围而言，不同时代的岩浆岩形成不同类型的矿产。如太古宙的岩浆有利于 Fe、Au 成矿，新元古代的岩浆有利于 P、Fe 成矿，古生代的岩浆有利于 Au、Cr、Ni 成矿，中、新生代的岩浆有利于 Cu、Sn、W、Pb、Zn 成矿，其中燕山期—喜马拉雅期环太平洋内带的钙碱性岩浆岩与斑岩铜矿有关，尤其是西南太平洋地区的斑岩铜矿格外丰富。

**3. 岩浆岩空间分布与成矿及其分布规律**

（1）岩体的分布与成矿的关系

与深成岩体有关的矿产有伟晶岩、云英岩、熔离型、稀有稀土矿；浅成的有色金属等热液型、斑岩型；与超浅成岩有关的有次火山的金刚石、金、铜、汞等。

（2）矿床在岩体内外空间分布规律

岩体内部一般有铬铁矿、铜镍硫化物矿床、稀土稀有金属矿床、斑岩铜钼金等矿产；接触带一般有 W、Sn、Cu、Pb、Zn 等接触交代型矽卡岩型矿床；围岩中有带状分布的卫星式矿，包括 Pb、Zn、Ag、Hg，如个旧锡矿区成矿元素围绕岩体的分布特征（图 2-3）。

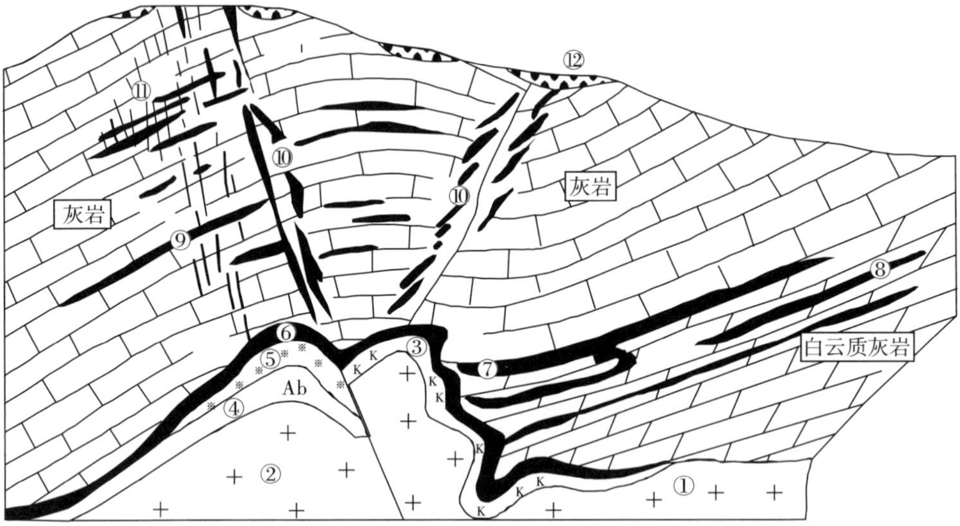


图 2-3　矽卡岩型锡矿床模式

（据 Zhao and Li，1995）

①斑状黑云母花岗岩；②中-细粒黑云母花岗岩；③钾长石交代岩，伴有白钨矿（锡石）矿化；④钠长石化花岗岩；⑤云英岩或云英岩化花岗岩，可伴有铍、锡、钨、钼、铌、钽、铪矿化；⑥钙矽卡岩型铜、锡、（钨、铋、金）矿体；⑦镁矽卡岩型铜锡（钨）矿体；⑧产于石英-萤石-磷酸盐岩中的锡铜铅锌（银）矿体；⑨层间交代（锡、铜、铅、锌）矿体；⑩脉状交代（锡、铜、铅、锌）矿体；⑪电气石锡脉带型锡（钨、铍、锂、铜）交代矿床；⑫砂锡矿

## （二）构造地质条件

构造不仅控制矿床形成，对成矿起着导矿、配矿、容矿的作用（表 2-1），在很大程度上也影响着矿床的保存与破坏。

**表 2-1　成矿构造体系**

| 构造尺度 | 成矿构造级别 | 矿化单元 | 研究应用目的 |
|---|---|---|---|
| 全球构造 | 全球成矿构造 | 全球成矿域 | 全球成矿分析 |
| 大地构造 | 大区域成矿构造 | 成矿区（带）成矿域 | 资源潜力评价 |
| 大型构造 | 区域成矿构造 | | 区域成矿预测 |
| 中、小型构造 | 矿田矿床构造 | 矿田、矿床、矿体 | 找矿、勘探、采矿 |
| 微型构造 | 显微成矿构造 | 矿石、矿物 | 矿床成因研究选矿、冶炼 |

### 1. 大地（型）构造对成矿的控制

大地（型）构造对成矿的控制，主要是控制成矿地质背景。成矿地质背景是指局部地区地质演化的特殊性，形成了一类或一种矿产相对集中的分布区，称为矿化集中区。矿床具备相似地质演化过程和相同的矿种。这个地区相近时代的矿床具备一个相似的成矿背景。如造山带成矿和大陆裂谷成矿，是两大非常重要的成矿背景，为成矿提供不同的成矿环境。造山带成矿，挤压环境下，岩石圈显著加厚，塑性流变发育，岩石封闭性好，渗透性弱，有利于上涌地幔岩浆和流体被封闭在壳底或壳内，有利于对陆壳的加热，因而诱发陆壳岩石的大量熔融和幔源、壳源岩浆的混合，发生亲幔和亲壳成矿元素共生的复杂成矿作用。而大陆裂谷成矿，在伸展环境下，陆壳与地幔岩石圈均减薄，地幔柱上涌，灼热地幔岩浆注入陆壳，在陆壳底部或壳内底侵，形成岩浆房。由于陆壳伸展，岩石脆性，渗透性好，岩浆房散热冷却快，不利于加热壳内岩石以及壳幔物质交换与混合，常发生以地幔物质为主的成矿作用，如金川岩浆型 Cu-Ni 矿、攀枝花 V-Ti-Fe 矿。

### 2. 区域性线性构造、环状构造的找矿意义

矿床常产出在线性构造的交会地段、环状构造带的破碎带。如闽西北叶坑—管查钼铅锌金属成矿带明显受北西向、北东向断裂构造带的双重控制（王翠芝，2013）。北西向的浦城—宁德钼成矿带，是福建重要的钼成矿带，受北西向的浦城—宁德断裂控制；叶坑—管查钼铅锌金属成矿带，是在北西向的中高温条件钼成矿的基础上，又叠加了受北东断裂控制的中低温条件铅锌银多金属的成矿，它们的形成都与浦城—宁德北西向成矿带 90~120 Ma 的火山-侵入活动有关（张克尧等，2009），反映的是东南沿海中生代金属矿床大规模成矿作用（张达等，2010），乃至整个华南中生代金属矿床大规模成矿作用（毛景文等，2008）。

### 3. 控制矿床的局部构造特征分析

控制矿床的局部构造对成矿的作用主要体现在如下几方面：①局部断裂对成矿的控制。作为容矿构造，控制热液矿床形态。矿体赋存于两组或两组以上断裂的交会处，主干断裂与侧支断裂的交会处，断裂产状变化处。②局部褶皱构造对成矿的控制。背斜轴部、倾伏端、断裂横切背斜处、轴部虚脱部位、轴部破碎带，如辽宁硼矿的矿体形态明显受辽河群地层中的褶皱形态控制（图 2-4）。③岩石裂隙控制矿体形态。

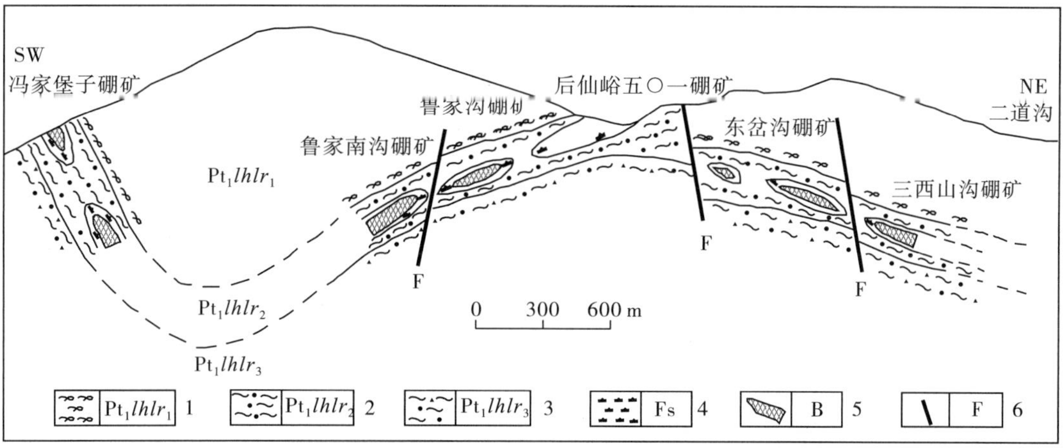


图 2-4 辽宁硼矿后仙峪—冯家堡子实际剖面示意图

（据刘敬党，2006）

1—辽河群里尔峪组一段条带状混合岩和混合质磁铁微斜浅粒岩；2—辽河群里尔峪组二段电气石变粒岩（含镁橄榄岩和硼矿）；3—辽河群里尔峪组三段浅粒岩；4—镁橄榄岩；5—硼矿体；6—断层

## （三）地层条件

### 1. 地层对沉积矿床的控制

（1）成矿时代特征

沉积的 Fe、Mn、P、煤矿、盐矿都有一定的富集时代和层位，如铁矿集中在前寒武纪、石炭纪、泥盆纪，铝土矿主要集中在石炭纪、二叠纪（翟裕生等，2011）。

（2）沉积矿床的沉积系列

沉积矿床的沉积系列主要受海进、海退地质作用的影响，两者形成不同种类的矿产。海进系列矿产主要有 Fe、Mn、P 等；海进与海退的转折点的矿产主要为 Al、煤等；海退系列矿产主要为 Cu、盐等。

### 2. 地层对层控矿床的控制

20 世纪 70 年代提出“Stra-bound”层控矿床概念。矿源层对成矿起关键作用，矿体受一定层位控制。如华南地区广泛分布的 Pb、Zn 矿，一般受泥盆系、石炭系碳酸盐岩层位控制，如粤北盆地叠加成矿带（红岩—凡口—大宝山）（图 2-5）。

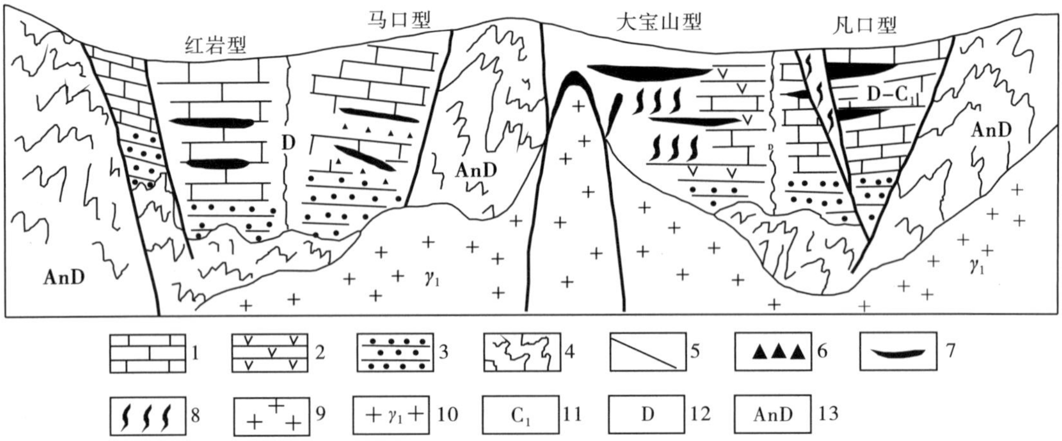


图 2-5　粤北层控矿床成矿模式示意图

（据陈学明，1992）

1—碳酸盐岩；2—火山沉积岩；3—碎屑岩；4—变质岩；5—断层；6—角砾岩带；7—矿体；8—脉状矿化；9—斑岩；10—花岗岩；11—下石炭统；12—泥盆系；13—前泥盆系

## （四）岩相-古地理条件

岩相-古地理条件对成矿的作用主要有如下两方面：①岩相对沉积矿床的控制主要体现在相变具有一定的规律性，如沉积铁矿的相变规律及分带现象，从古陆边缘→外氧化矿物相带→硅酸盐矿物相带→碳酸盐矿物相带→硫化物相带（河北宣龙式、湖南宁乡式）。②岩相-古地理条件对层控矿床的控制，主要体现岩相-古地理条件影响成矿环境、成矿的物理化学条件，包括：Eh、pH、生物、细菌、地下水、水动力条件，这些都是层控矿床主要分布于浅海区域的大陆架上的重要因素。

### （五）岩性条件

岩石物理化学性质对于成矿作用方式、矿化强度、矿体产状及矿床类型等均有明显的控制作用，对内生矿床和外生矿床形成均具有不同的影响。对于内生矿床，岩石的物理性质和化学性质对成矿均具有不同的作用。在岩石物理性质方面，岩石的孔隙度、裂隙度、渗透性、抗压强度等对成矿均有影响。如多孔状岩石中矿化常较强烈；脆性大的岩石易发育裂隙，有利于矿液的运移和矿质的沉淀，易形成容矿空间；可塑性大的岩石不易产生裂隙，往往成为矿液运移的隔挡层。在岩石化学性质方面，化学性质活泼的碳酸盐岩围岩可与矿液发生交代作用，形成矽卡岩型或其他交代矿床，在砂页岩中则形成脉状矿床。如湖南瑶岗仙钨矿，在花岗岩体附近的碳酸盐岩接触带中形成矽卡岩型白钨矿，而在花岗岩的外围的接触变质砂页岩裂隙中形成石英脉型黑钨矿，具有典型的、多元化的“五层楼 + 地下室”成矿模式（王登红等，2010）。对于外生矿床，其成矿作用与外力地质作用过程有关，风化→剥蚀→搬运→沉积→固结成岩→后生变化等不同外力作用阶段形成的不同岩性的岩石显示具有不同种类的矿产及矿床类型。

### （六）变质条件

前震旦纪及古生代以来各造山带中分布有由变质作用形成的矿床。影响变质矿床形成的因素主要有原岩建造的含矿性和物理-化学条件。原岩建造的含矿性是形成变质矿床的物质基础。常见的原岩含矿建造有：①沉积型含矿原岩建造，正常沉积作用形成的一套原岩建造，富含某些成矿元素，它们的富集主要决定于古地理和当时的地球化学环境；②火山-沉积型的含矿原岩建造；③岩浆型含矿原岩建造。物理-化学条件包括温度、压力及气水溶液，它们对成矿都有重要意义。

### （七）风化和地貌条件

风化和地貌条件主要影响到风化矿床和砂矿等两类矿床。风化矿床的形成主要与含有物源岩石有关，如红土型 Fe、Ni 矿的物源必须是含 Fe、Ni 含量高的基性、超基性岩。砂矿的形成，除与温度、降雨量等外部条件有关外，还与地壳缓慢上升、保存条件等有关。要寻找风化矿床、砂矿，就要分析地质历史上有没有适宜的风化和地貌条件。

### （八）地球化学条件

综观全球各种类型矿床的分布，往往发现矿床是呈带状分布的，一般在一定区域内，集中富集于一定的构造-岩浆-岩性带或一定岩相带中，地球化学条件具有特殊性，主要研究区域地球化学特征以及研究元素的分布、分配、迁移历史。

区域地球化学特征是指在一定地区内元素的丰度和分布特征，以及在该地区地质演化过程中元素迁移、富集或分散的历史。元素在地壳中的分布是不均匀的，往往一些元素集中分布于一个区域，而另一些元素又集中于另一个区域，元素分布具有区域性特征，构成地球化学省。如我国华南的 W，俄罗斯远东的 Sn，澳大利亚西部的 Au，美国西部的 Cu，南非的 Cr、U、Au 等十分集中，这些地区分别构成了相应元素的重要成矿区（带）。

区域矿床类型与下地壳-上地幔元素间存在一定的对应关系。如加拿大科迪勒拉成矿带内不同构造单元中均有铜矿床产出，包括斑岩型铜矿、块状硫化型铜矿和层状铜矿，不同成因类型铜矿床在同一成矿带内产出，表明铜矿的形成并不只是受地壳表层地质构造因素的控制，其富铜的原因可能要归结于该带内具有高铜元素值的上地幔（姚凤良和孙丰月，2006）。

## 三、成矿机理分析

基于成矿系统理论，要分析矿床的成因，首先要到找“源”“运”“储”“保”的地质证据，这些地质信息分散在不同尺度的地质体中，应从区域到矿区，从宏观到微观来逐步分析。从宏观到微观逐步分析相关的地质内容主要包括：

（1）区域地质背景

可以通过前人有关区域地层、区域构造、区域岩浆岩及变质作用等基础研究成果了解成矿环境及成矿条件，“源”“运”“储”“保”的证据均分布在各类地质体的各种地质信息中。例如，“源”的信息，目前有大量的同位素数据，如硫化物的硫同位素，可以了解金属硫化物矿床的硫源；铜、铁等同位素可以了解铜、铁等成矿元素的来源；岩石或流体包裹体氢-氧同位素可以了解成矿流体的来源；铅同位素可以了解岩石物源等等。通过区域构造，可以了解矿床的控矿构造、导矿构造特征。通过区域的岩浆岩特征可以了解与成矿有关岩浆活动的形成时代，通过其岩石地球化学可以了解成矿元素或伴生元素特征。通过变质作用特征，可以了解成矿活化的状态等等。

（2）矿区地质特征

通过矿区地层、矿区构造、矿区岩浆岩及变质作用，可以直接了解矿床“储”的信息，全面了解矿床赋存的地质条件，矿床是赋存在某种地质体中（沉积岩、岩浆岩、变质岩），还是与构造有关。

（3）矿床地质特征

通过矿体及围岩蚀变特征了解矿体自身的地质特征，找宏观的“储”“运”“保”相关地质信息。如根据矿体的形态、产状、规模及与围岩的接触关系、围岩蚀变等，可直接了解矿体的储存状态和保存状条件。如对于热液矿床，通过围岩蚀变分带及其特征性的蚀变矿物，可以了解成矿热液的运移轨迹、温压条件、成矿深度等。

（4）矿石特征

通过矿石的组构，从微观尺度了解“储”“运”“保”的微观证据。根据矿石矿物成分，可以了解矿产的种类及有用成分的赋存状态；根据矿石构造，可以了解矿石的形成环境；根据矿石结构，可以了解矿石的形成条件、矿石矿物的形成顺序，为矿床形成过程提供了微观依据。

综合分析，在逐步分析的基础上，归纳“源”“运”“储”“保”的定性认识，厘定成矿机理，建立矿床成因模型。

# 第六节　典型矿床综合开发利用

典型矿床综合开发利用，这一部分主要体现的是本书的时代性，是在各类矿床自然属性的基础上，重点反映矿床的社会属性和环境属性。通过“十四五”国家重点研发计划“战略性矿产资源开发利用”让学生在对某（类）矿床的大地构造位置、区域地质背景、矿区地质特征、矿床地质特征、矿石组构特征、成矿条件、矿床成因、成因模型等矿床研究的基础上，进一步了解主矿产及伴生矿产资源特征（尤其是战略性矿产或战略性新兴矿产或高技术矿产或关键矿产）、矿床开发利用状况、国家矿产政策以及对当地自然环境、人文环境、区域经济及社会稳定的影响等，并对相关典型矿床的综合开发利用提出合理化建议等。针对不同的典型矿床，矿床综合开发利用的侧重点不同，重点展示其最突出的特点。

“战略性矿产“术语来源于美国，后来西方其他国家也相继引用，但各国定义的战略性矿产种类略有不同（表 2-2）。1946 年美国的《战略物资储备法》首先将钨、铅、锌等列为战略性矿产。1979 年美国将战略矿产和急缺矿产定义为：在国家危急时刻，在美国没有找到或没有足够的产量来满足军事、工业和公众必需的矿产。

**表 2-2　国际上战略性矿产种类**

| 国家/组织 | 战略性矿产种类 |
|---|---|
| 日本 | 锂、铍、硼、钛、钒、铬、锰、钴、镍、镓、锗、硒、铷、锶、锆、铌、钼、钯、铟、锑、铯、钡、钽、钨、铼、铂、铊、铋、稀土元素 |
| 欧盟 | 稀土元素、铍、钴、镓、锗、铌、铟、锑、镁、钽、钨、铂族元素、萤石、石墨 |
| 联合国环保署 | 铟、锗、钽、铂族、锑、钴、锂、镓、锌等元素 |
| 美国能源部 | 镧、铈、镨、钕、钐、铕、铽、镝、钇、锂、钴、镓、铟、碲 |

（据张福良等，2013）

关键矿产，也译作危机矿产，也主要来源于西方国家。它是指经济上具有重要性，同时供应上又存在较高风险的一类矿产。关键矿产既是当前支撑战略性新兴产业发展的重要原材料，也是产业升级换代不可替代的动力之源，基本上是所在经济体认定为短缺的矿产或危机矿产，它有地域的概念（陈从喜等，2020）。

我国开展战略性矿产的研究具有较长的历史。从 20 世纪 80 年代开始得到快速发展。战略性矿产资源是指对国家经济、社会发展、国防安全必不可少，而国内不能保障的矿产资源及可影响国际市场的矿产资源（陈毓川，2002）。根据《全国矿产资源规划（2016—2020 年）》，中国的战略矿产资源有 38 种，包括石油、天然气、铀、铁、锰、铬、钒、钛、铜、铝、镍、钴、钨、锡、铋、锑、铂族、金、稀土、铌、钽、锂、铍、锶、铷、铯、锆、锗、镓、铟、铼、碲、钾盐、硼、萤石、高纯石英、石墨、氦气。国内开展关键矿产的研究是近 10 年以来的事。随着国际矿业结构调整的深化，未来竞争将从大宗支柱金属转向“三稀”金属等高技术矿产，提出把“三稀”金属等高技术矿产的开发利用提高到战略高度（张新安等，2011）。

战略性新兴产业的快速崛起为各国经济发展带来了机遇。我国经济将由高速发展逐渐向快速稳定发展过渡，产业结构特别是战略性新兴产业发展将取得突破，节能减排、发展绿色能源是今后能源领域发展的主旋律（王刚，2012）。支撑战略性新兴产业所需的重要矿产资源统一简称为战略性新兴矿产（张福良等，2013）。依据我国国情将战略性矿产分为新能源矿产、新材料稀有矿产和新型功能非金属矿产等三类，各类所包括的矿产种类如表 2-3。稀有金属、稀土金属、稀散金属、萤石、晶质石墨、金刚石等矿产是国内外公认的战略性新兴矿产（王登红等，2019）。近年来，战略性关键矿产越来越受到重视，各国都在及时修改战略性关键矿产种类清单。2022 年，美国地质调查局（USGS）更新了影响美国经济和国家安全的关键矿产清单，包括 50 种金属矿产，相比 2018 年发布的清单，新清单把稀土元素明确为 15 种矿产，把铂族元素明确为 5 种矿产，增加了镍和锌，并剔除了氦、钾、铼、锶和铀。我国的战略性关键矿产相应于国际进展，在关键矿产种类及关键元素应用方面也已做了重要部署、研究和厘定（表 2-4），战略性关键矿产中的金刚石、铀、铂族、金、稀土、铌、钽、锂、铍、铷、铯、锆、铼、碲、硼、萤石等矿产在深部探测工作中得到广泛重视（曾普胜，2021），稀土元素、新能源金属（铀、锂、钴）、金、铜等也在关键资源地球化学勘查中取得了新进展和成果（王学求，2020）。

**表 2-3　战略性新兴矿产的分类**

| 大类 | 内容 |
|---|---|
| 新能源矿产 | 页岩气、煤层气、浅层地温能、地热能、天然气水合物、碳捕集地质建造、铀和钍等 8 种 |
| 新材料稀有矿产 | 稀土 17 种，稀有金属的 26 种，稀散金属 8 种 |
| 新型功能性非金属矿产 | 硼、金刚石、石墨、萤石、高岭石、硅藻土、石英岩、硅质岩、压电水晶、冰洲石等 10 种 |

（据张福良等，2013）

**表 2-4　关键资源与关键元素**

| 国家/组织 | 关键资源 | 关键元素 | 文献 |
|---|---|---|---|
| 中国 | 石油、天然气、铀、铁、锰、铬、钒、钛、铜、铝、镍、钴、钨、锡、铋、锑、铂族、金、稀土、铌、钽、锂、铍、锶、铷、铯、锆、锗、镓、铟、碲、钾盐、硼、萤石、高纯石英、石墨、氦气 | 56 个元素：C、U、Fe、Mn、Cr、V、Ti、Cu、Al、Ni、Co、Wo、Sn、Bi、Sb、PGE（Ru、Rh、Pd、Os、Ir、Pt）、Au、PEE（Y、Sc、La、Ce、Pr、Nd、Sm、Eu、Gd、Tb、Dy、Ho、Er、Tm、Yb、Lu）、Nb、Ta、Li、Be、Sr、Rb、Cs、Zr、Ge、Ga、In、Re、Te、K、B、F、Si、He | 《全国矿产资源规划（2016—2020 年）》 |

续表

| 国家/组织 | 关键资源 | 关键元素 | 文献 |
| --- | --- | --- | --- |
| 美国 | 35 种关键资源：<br>铝土矿、锑、砷、钡、铍、铋、铯、铬、钴、镓、锗、萤石、天然石墨、铪、氦、铟、锂、镁、锰、镍、铂族金属、钾、稀土元素族、铼、钪、锶、铌、钽、碲、锡、钛、钨、铀、钒和锆 | 54 个元素：<br>Al、Sb、As、Ba、Be、Bi、Cs、Cr、Co、Ga、Ge、F、C、Hf、He、In、Li、Mg、Mn、Ni、PGE（Ru、Rh、Pd、Os. Ir、Pt）、K、REE（Y、La、Ce、Pr、Nd、Sm、Eu、Gd、Sm、Eu、Gd、Tb、Dy、Ho、Er、Tm、Yb、Lu）、Re、Sc、Sr、Nb、Ta、Te、Sn、Ti、W、U、V、Zr | U. S. Department of the Interior and U. S. Geological Survey，2017 |
| 欧盟 | 20 种关键资源：<br>锑、铍、硼、铬、焦煤、天然石墨、萤石、镓、锗、铟、菱镁矿、镁、铌、重稀土、轻稀土、铂族金属、磷、硅、钨 | 37 个元素：<br>Sb、Be、B、Cr、Co、C、F、Ga、Ge、In、Mg、Nb、REE（Y、Sc、La、Ce、Pr、Nd、Sm、Eu、Gd、Tb、Dy、Ho、Er、Tm、Yb、Lu）、PGE（Ru、Rh、Pd、Os、Ir、Pt）、P、Si、W | European Commission，2014 |

（据王学求，2020）

新能源方面，应用比较突出的是电动汽车。2015 年以来，全球电动汽车产业快速发展，新能源汽车产销量由 2015 年的 5 万辆增至 2018 年的 201 万辆，年均增速高达 55%。新能源汽车电池、电机、车身、充电设施等部件涉及多种矿产资源，与传统的内燃机汽车相比，新能源汽车需要用到锂、镍、钴、石墨等新的矿产资源（邢佳韵等，2019）。以国家相关产业规划为主要依据，对我国“十四五”新能源汽车产量及锂动力电池装机量进行了预测，在识别产业关键材料的基础上测算了锂、钴、镍等矿产资源的需求量，重点分析了动力电池回收再利用对产业关键资源需求的保障程度。结果显示，“十四五”期间，锂、钴、镍需求量分别为 112.9 万 t、70.8 万 t 和 15.1 万 t。随着新能源汽车产业的迅速扩张，锂动力电池将是我国钴消费的主要增长点，而国内资源禀赋决定了钴产业的健康发展必须依赖国外钴资源的稳定供应。目前，中国 80%~90%的进口钴资源来自刚果（金），未来国内资源不能满足锂动力电池产业的钴资源需求，预计对外依存度将常年高于 95%。预计到 2025 年，我国锂矿和镍对外依存度仍将保持在 70%以上（杨俊峰和潘寻，2021）。2035 年以纯电动车和插电式混合动力汽车为主的新能源汽车在全球市场份额将扩大至 37%，混合动力汽车将扩大至 33%；锂、钴、镍、铜、铝在新能源汽车产业发展的拉动下，全球总消费量将分别增长至目前的 16 倍、4 倍、2.4 倍、1.6 倍和 1.3 倍（邢佳韵等，2019）。

关键矿产作为能源绿色低碳转型、高端装备制造等领域不可或缺的核心材料之源，受到国际社会的高度关注。国际能源署将“关键金属矿产能否支撑未来能源低碳转型”视为全球重大挑战；美国、欧盟、日本等主要发达经济体纷纷出台“国家干预”的防御性策略，确保锂、钴、镍、稀土等关键矿产供应链安全。我国作为关键矿产消费大国，面临国内供应能力不足、境外资源获取风险增加和矿产品运输通道单一等问题，应从建立战略性矿产目录定期发布制度、提高关键矿产国内保障能力、破解关键矿产高效提取利用难题、加强关键矿产勘查开发国际合作等方面保障关键矿产品供给和相关产业链安全（宋建军和王国平，2022）。

# 第三章　岩浆矿床典型案例

在地壳深处，各类岩浆通过结晶作用与分异作用，使分散在其中的成矿物质得以聚集而形成的矿床称为岩浆矿床。

岩浆中有用组分析出、聚集和定位的过程称为岩浆成矿作用。根据成矿作用的方式和特点，岩浆成矿作用主要可分为结晶分异成矿作用、熔离成矿作用、岩浆爆发成矿作用和岩浆喷溢成矿作用等四类。相应地，由结晶分异成矿作用形成的矿床称为岩浆分结矿床，如四川攀枝花钒钛磁铁矿矿床；熔离成矿作用形成的矿床，称为岩浆熔离矿床，如甘肃金川铜镍硫化物矿床；岩浆爆发成矿作用形成的矿床称为岩浆爆发矿床，如山东蒙阴金刚石矿床；岩浆喷溢成矿作用形成的矿床称为岩浆喷溢矿床，如产于智利北部安第斯山脉的火山杂岩中的拉科铁矿床。本书涉及的岩浆矿床主要以四川攀枝花钒钛磁铁矿矿床、甘肃金川铜镍硫化物矿床、山东蒙阴金刚石矿床等三个矿床作为岩浆矿床中的典型案例。

## 第一节　四川攀枝花钒钛磁铁矿矿床

### 一、矿山简介

四川攀枝花钒钛磁铁矿矿床位于四川省攀枝花市，其储量近百亿吨，是我国最大的岩浆型钒钛磁铁矿矿床。矿床的钒、钛储量分别占全国已探明储量的87%和94.3%，分别居世界第三位和第一位，有“世界钒钛之都”之称。矿石中还伴生有铬、钪、钴、镍、镓等多种有用金属。当前，攀枝花矿床是我国西南地区最大的铁矿石原料基地，是全国四大铁矿区之一，同时也是全国最大的钛原料基地。

### 二、区域地质背景

攀枝花钒钛磁铁矿矿床位于西昌-滇中地区（康滇地区），处于扬子板块的西南边缘，是一个受制于东、西不同大地构造体系的复杂而又重要的构造单元（图3-1）。东以小江断裂与扬子板块主体相接，西以小金河断裂与甘孜褶皱系分隔，南以红河断裂与哀牢山变质带分开。区内岩浆活动频繁，岩浆的深成作用和火山活动并重，生成了种类繁多、系列齐全的各种各样火成岩共生组合体。岩浆岩主要出现在康滇地区中带，即安宁河断裂与金河断裂间，以中酸性岩为主，次为基性-超基性岩。区内构造线多变，前震旦纪的以北东东向为主，震旦纪、古生代和中生代的以北北东向为主，新生代的以南北向为主。

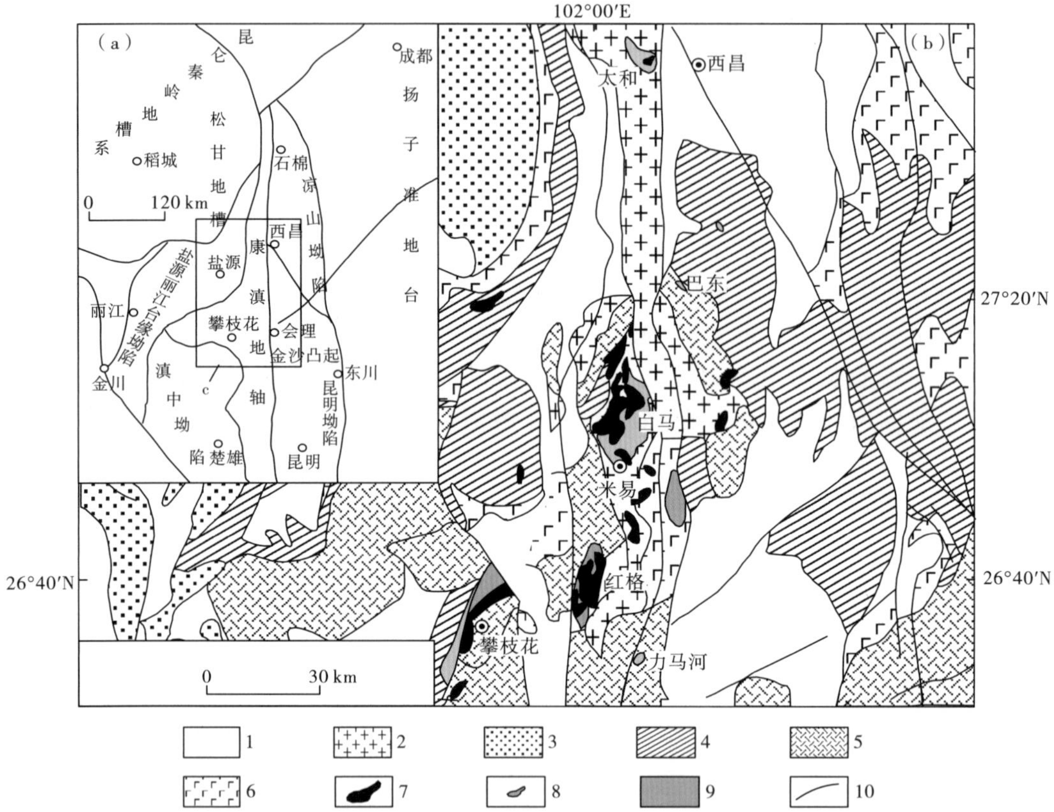


图 3-1　攀枝花钒钛磁铁矿矿床所处区域构造格架（a）以及区域地质图（b）

（据高文远，2018）

1—侏罗系—第四系；2—中生代花岗岩；3—三叠系；4—古生界；5—前寒武纪火成变质杂岩；6—峨眉山溢流玄武岩；7—含钒钛磁铁矿的层状岩体；8—含铜镍（铂）硫化物的岩体；9—正长岩/花岗岩岩体；10—断层

## 三、矿区地质特征

攀枝花层状岩体是一个呈单斜层状产出的辉长岩岩系，岩体长约 19 km，最厚处超过 2 km，在攀枝花市附近出露面积约 30 $km^2$。岩浆岩的岩石类型有海西早期形成的含钒钛磁铁矿层状辉长岩体，晚期依次有岩墙状粗粒辉长岩、岩墙状角闪正长岩、岩墙或岩脉状花岗岩与混合岩、伟晶辉长岩脉、花岗岩脉。矿区出露地层比较简单，包括前震旦系康定群冷竹关组，上三叠统大荞地组、丙南组和宝鼎组，新近系上新统昔格达组，以及第四系。区内断裂极为发育，可划分为北东向、北东东向、南北向、北西向四组，多数断层对矿体都产生不同程度的影响。由于后期北东向断裂的破坏，攀枝花岩体自北向南北分割为朱家包包、兰家火山、尖山、倒马坎、公山、弄弄坪和纳拉箐 7 个矿段（图 3-2）。

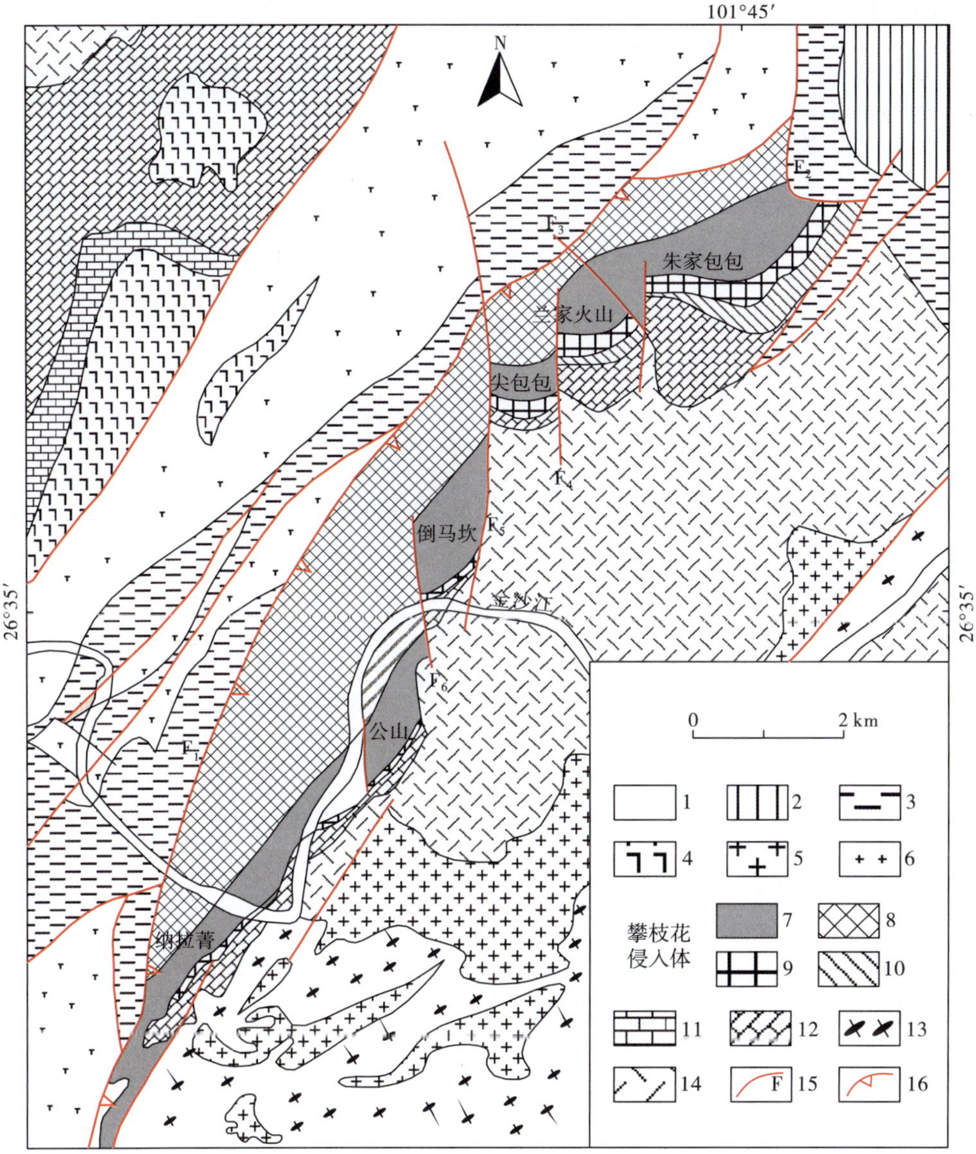


图 3-2　攀枝花钒钛磁铁矿床矿区地质图

（据高文远，2018）

1—第四系；2—侏罗系；3—三叠纪陆相碎屑岩地层；4—峨眉山玄武岩；5—二叠纪花岗岩；6—二叠纪正长岩；7—上部岩相带，淡色辉长岩；8—中部岩相带，暗色辉长岩；9—下部岩相带，氧化物矿石；10—边缘岩相带，暗色辉长岩；11—乌拉尔世石灰岩；12—新元古代白云岩；13—新元古代辉绿岩；14—元古宙片麻岩和片岩；15—断层；16—逆冲断层

## 四、矿床地质特征

矿床属层状型，岩体分异较好，具明显的韵律结构，从上到下岩石基性程度和含矿性

增高。矿体呈层状、似层状，厚度较稳定，延长数千米至二十余千米。岩体自下而上由5个岩相带组成，含有9个矿带，各矿带之间常有韵律性变化（图3-3）。

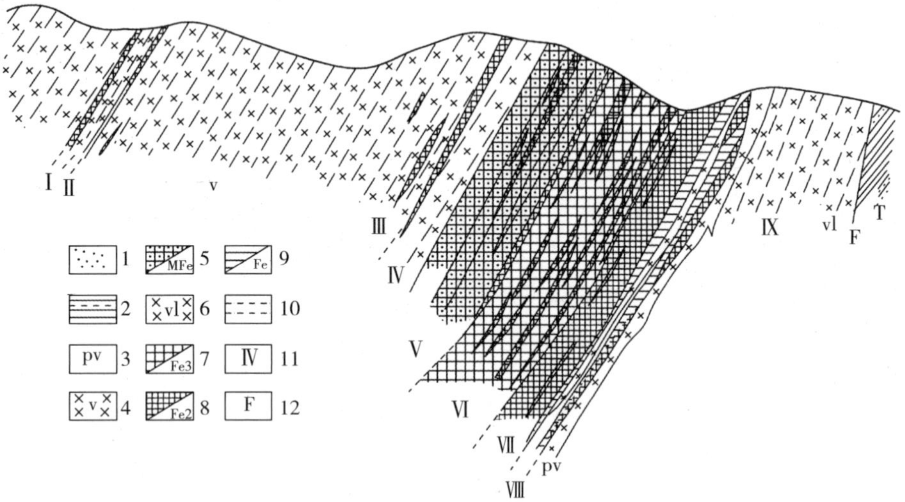


图3-3　攀枝花钒钛磁铁矿矿床剖面示意图

（据袁见齐等，1985）

1—上三叠统砂页岩；2—角闪正长岩；3—粗粒辉长岩；4—层状细粒辉长岩；5—层状含铁辉长岩；6—细粒辉长岩；7—稀疏浸染状矿体；8—稠密浸染状矿体；9—致密块状矿体；10—辉长岩层状构造；11—矿带编号；12—断层

## 五、矿石特征

矿石矿物含有氧化物和硫化物。金属氧化物主要有钛铁矿、钛磁铁矿、磁铁矿、钛铁尖晶石、镁铝尖晶石，次为赤铁矿、钙钛矿等。另外还有少量硫化物，主要有磁黄铁矿、镍黄铁矿、硫钴矿-硫镍钴矿和辉钴矿等。矿石构造主要类型为致密块状构造、浸染状构造、条带状构造等；矿石结构主要以海绵陨铁结构、填隙结构为主，另有反应嵌晶结构和熔融交代结构等（图版1）。矿床规模巨大，矿石富，大部分为天然的合金矿石。该矿已探明铁储量超过10亿t，平均品位约33%、$TiO_2$ 1.26亿t，平均品位约12%、$V_2O_5$ 319.6万t，平均品位约0.3%，并可综合利用Co、Ni、Cu、PGE和Se、Te等（马玉孝等，2003）。

## 六、矿床成因与成矿模式

锆石SHRIMP U-Pb定年获得攀枝花层状岩体形成的年龄为263±3 Ma（Zhou et al.，2005）。成矿岩体的Sr、Nd和Pb同位素组成特征表明成矿岩体与峨眉山大火成岩省有成因联系，较大的La/Nb比值揭示岩浆起源于深部地幔柱，并受到岩石圈地幔的混染。钒钛磁铁矿矿物包裹体温度显示其结晶温度为683~850 ℃。矿床的不同韵律层位的矿石具有不同的结构特征，韵律层上部具有以海绵陨铁结构为主的矿体属晚期岩浆结晶分异成因，而韵律层下部多有自形结构的矿体属于早期岩浆分结矿床，在岩浆分异过程中，重力分异起了主导作用（图 3-4）。

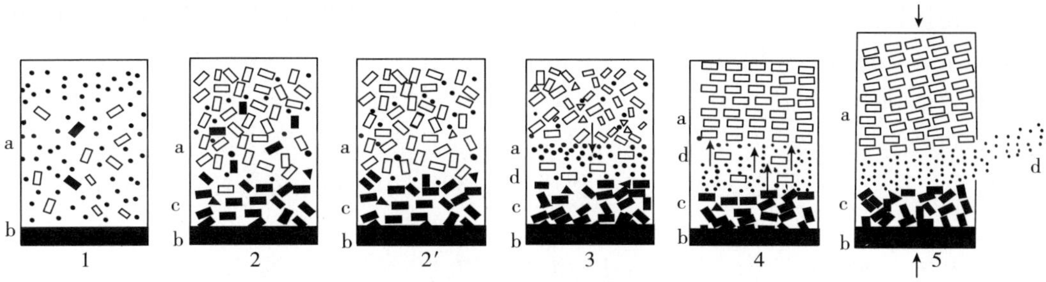


图 3-4　岩浆结晶分异及重力聚集理想模式示意图

（据姚凤良和孙丰月，2006）

a—镁铁岩浆结晶；b—冷凝带；c—铁镁质矿物结晶；d—含矿残余岩浆

随着研究的深入，成矿过程也越来越精细，从而在矿床成因方面出现了一些新的争议。例如，王坤等（2013）在研究攀枝花镁铁质层状岩体磷灰石中的熔融包裹体时，发现两种熔融包裹体（深色熔融包裹体和浅色熔融包裹体），认为攀枝花层状岩体形成过程中，岩浆房中可能同时存在富 Fe 和富 Si 两种熔体，暗示演化的玄武质岩浆曾发生了不混熔作用。岩浆不混熔及重力分异共同作用导致了岩浆房硅酸盐熔体成分分层，下部的富 Fe 硅酸盐岩浆层演化形成了岩体下部巨厚的钒钛磁铁矿矿体和暗色辉长岩，上部的富 Si 硅酸盐岩浆层演化形成了岩体上部的长英质岩脉、透镜体和浅色辉长岩。

## 七、矿山开发综合利用

攀西地区钒钛磁铁矿是我国重要的铁矿石基地之一，其矿石储量居我国铁矿石储量第二位，占我国铁矿石总储量的 15%左右，以铁为主，并含有丰富的钒、钛、镓、钴、镍、钪、硫等多种有用伴生成分（肖六均，2001）。攀枝花素有“世界钒钛之都”之称，钒资源储量为 1578. 8 万 t，占全国钒资源储量的 63%，占世界钒储量的 11. 6%，居世界第三位；钛资源储量为 8. 7 亿 t，占全国钛资源储量的 90% 以上，占世界钛储量的 35. 2%，居世界第一。此外，还伴生有 90 万 t 钴、70 万 t 镍、25 万 t 钪、18 万 t 镓以及大量的铜、硫等资源，石墨、煤炭、石灰石也是攀枝花市的重要矿产资源（李晓琴，2013）。近年来，攀枝花矿床中的稀散元素钪和镓得到特别关注。

钪原子序数为 21，与钛、钒、铬等元素同属于过渡金属。钪具有高熔点、高沸点、低密度等特殊的物理化学性质，过去 30 年来，被广泛应用于航空工业、国防工业及新能源等高新技术产业，因而被称为“关键金属”和“绿色能源科技金属”（陶旭云等，2019）。全球范围内钪金属资源丰富，主要集中于俄罗斯、中国、乌克兰、美国、菲律宾、澳大利亚等国家，但易选取、高品位的钪矿床非常稀缺。钪金属资源属于中国优势关键矿产资源，其储量占全球的 33%，且中国供给全球 90% 的钪金属。依据钪矿床成因类型，可以分为两大类：第一大类为与内生成矿作用相关的钪矿床，包括：花岗伟晶岩型钪矿床，碱性-超基性岩型磷、稀土矿床，基性-超基性岩型钒、钛、铁矿床；第二大类为与外生成矿作用相关的钪矿床，如风化淋滤型钪矿床。其中，在与内生成矿作用相关的矿床是全球钪金属的主要来源。此类矿床中含钪矿石虽品位低，但规模大，钪作为伴生组分被回收综合利用。

攀枝花钒钛磁铁矿矿石有着丰富的有益元素，其中铁、钒、钛被开发利用，其他的稀有分散元素镓、铌、锗、钪以及伴生元素钴、镍、铂族元素等，具有很高的经济价值，却没有被有效地利用（何益，2016）。根据攀枝花市决策咨询委员会，以攀枝花市以一年开采量为 2000 万 t 钒钛磁铁矿为例，统计其中的稀散元素，粗略估计其潜在价值总值高达 236.4 亿元。对于这些稀散元素，如不利用，按 30% 回收率计算每年会损失 70.9 亿元（张祖光，2011）。目前研究比较多稀散元素主要是该矿中的镓和钪。

刘家铎等（2007）认为攀枝花钒钛磁铁矿中镓的富集规律表现为：①不同的岩相带，镓含量由低到高分别为边缘带—上部岩相带—下部岩相带—底部含矿带；钴含量由低到高分别为边缘带—上部岩相带—下部岩相带—在底部含矿带；镍含量由低到高分别为下部岩相带—边缘带—上部岩相带—底部含矿带。②攀枝花层状岩体中不同岩（矿）石的镓含量由低到高分别为辉石岩、斜长岩、辉长岩、磁铁矿石，钴含量由低到高分别为斜长岩、辉长岩、辉石岩、磁铁矿石。

在攀枝花矿区岩石中，镓与钛、铁、钴、锌具有显著的正相关性，与硅负相关性显著。镓富集岩石类型为富含磁铁矿的辉长岩，铁含量越高，越富集镓，富集矿石为磁铁矿石。在磁铁矿中，镓与钪、钛负相关性好，镓与铁正相关性好。攀钢选矿过程中，镓主要进入铁精矿（杨建平，2017）。攀枝花镓在铁精矿中为 0.0039%，在钛精矿中为 0.0010%；原矿含钪 0.0028%~0.0032%，进入铁精矿为 0.0009%~0.0015%，进入钛精矿的为 0.0038%~0.0043%（张祖光，2011）。

钒钛磁铁矿中钪的类质同象规律表现为 Mg-Fe-Sc 类质同象，揭示出普通辉石的分离技术是从钒钛磁铁矿中提取钪的关键（黄霞光等，2016）。攀西钒钛磁铁矿尾矿进行了回收钪的试验研究，采用碳酸钠碱熔融焙烧浸出工艺和氟化物溶解浸出工艺处理该含钪尾矿，钪浸出率分别为 60.94% 和 72.22%（王浚杰等，2021）。采用氯化焙烧和碱分解焙烧方法预先处理钪粗精矿，强化载钪矿物晶体结构的转变，为焙烧渣进一步浸出分离钪创造有利条件，钪的浸出率为 84.32%，显著提高钪的浸出率（肖军辉等，2021）。

为了提高伴生有益矿产的综合利用，基于伴生元素的富集规律，对不同矿区、不同岩相带、不同岩性的岩矿石采用分采分选技术，以最大限度地提高攀枝花钒钛磁铁矿综合利用价值。

## 第二节　甘肃金川铜镍硫化物矿床

### 一、矿山简介

金川铜镍硫化物矿床位于甘肃省金川市，最初由甘肃省地质局于 1958 年发现，是一个规模巨大伴生 Co、Au、Ag、PGE 等 17 种金属元素的铜镍硫化物矿床。金川岩体的出露面积仅为 1.34 km$^2$，是一个矿化率高达 60% 的独立超镁铁岩体，累计探明矿石储量为 5.5 亿 t，镍金属储量 558 万 t，铜金属储量 354 万 t（高亚林等，2009），是我国最大的镍矿床。因此，金川也被称为“镍都”。金川硫化物铜镍矿床位居世界前三大硫化物铜镍矿床之列，仅次于俄罗斯诺里尔斯克和加拿大萨德伯里。金川矿床伴生的铂族金属储量亦居全国第一位。铂族元素由于其独特的物理化学性质，与金、银合称“贵金属”，其广泛运用于国防、高科技、航空航天等领域，具有不可替代性，显示出重要的战略意义，是一种难能可贵的关键金属。因此，也一直受到世界各国的密切关注。

## 二、区域地质背景

金川铜镍硫化物矿床位于华北克拉通西部阿拉善地台西南缘的龙首山隆起带，其南部与北祁连山加里东地槽边缘过渡带相连（图 3-5）。

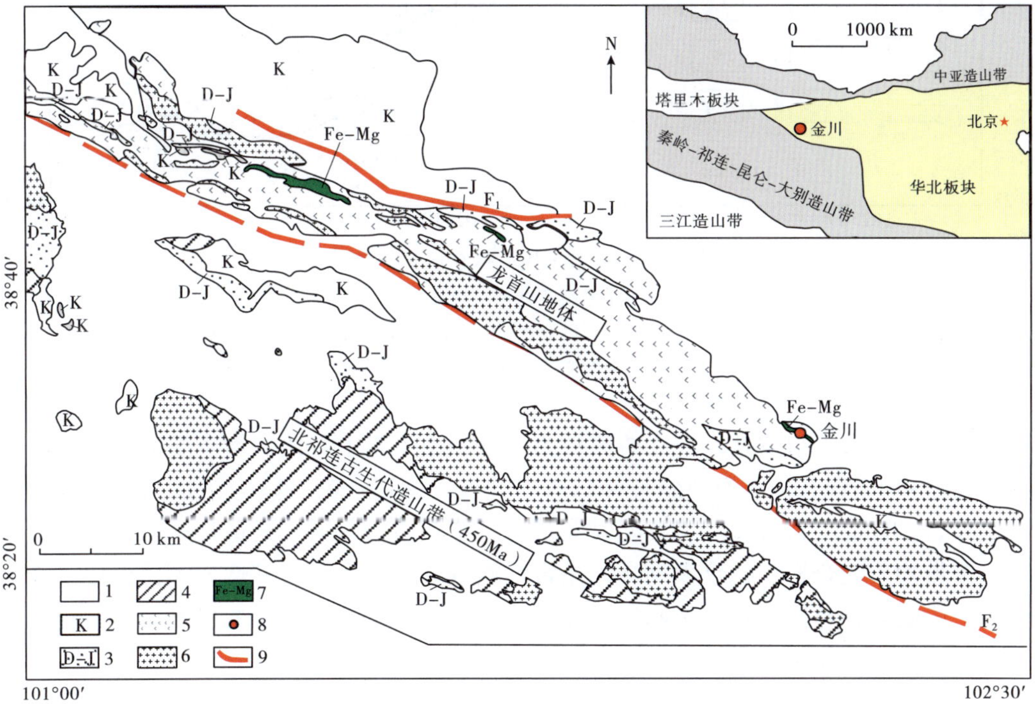


图 3-5　金川铜镍硫化物矿床区域地质图

（据刘美玉等，2020）

1—新生代沉积物；2—白垩纪砂岩；3—泥盆纪—侏罗纪沉积岩；4—寒武系—志留系沉积岩；5—元古宙高级变质岩和混合岩；6—古生代花岗岩；7—镁铁-超镁铁质岩；8—矿化点；9—断层

金川超镁铁岩侵位于龙首山隆起结晶基底古元古界龙首山群中，成岩成矿时代为 831 Ma。龙首山群下部是以基性火山岩为特点的白家嘴子组，其上为以沉积碎屑岩、碳酸盐岩为主的塔马子沟组。盖层为长城—蓟县系和震旦系富镁碳酸盐岩建造。龙首山隆起呈一复式背斜构造。

## 三、矿区地质特征

区内地层为元古宇白家嘴子组的一套斜长角闪岩、片麻岩、混合岩及大理岩。岩浆岩主要为一套镁铁-超镁铁质复式侵入岩，主要岩性为二辉橄榄岩及纯橄岩（图 3-6）。

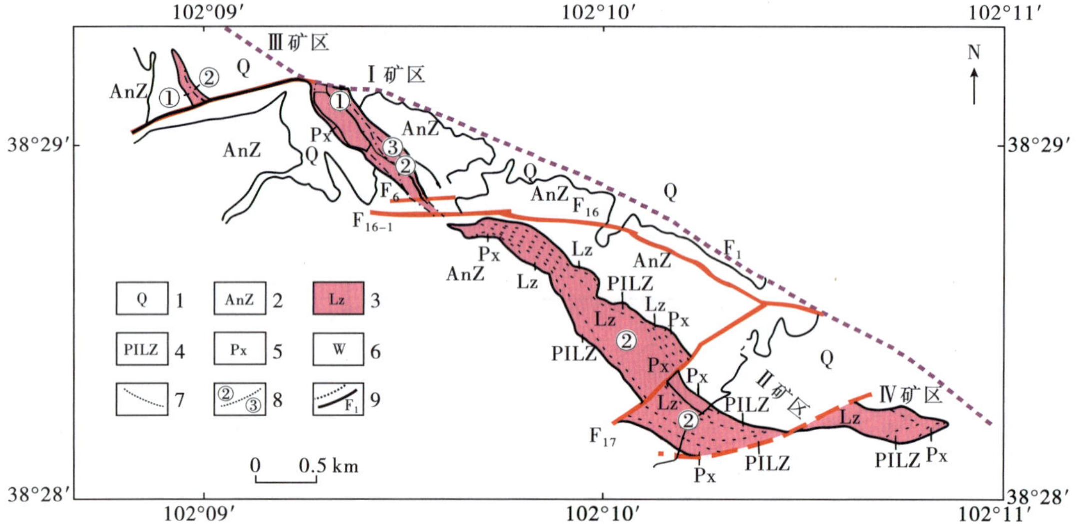


图 3-6　甘肃金川矿床矿区地质略图

（据高亚林等，2014）

1—第四系；2—元古宇；3—二辉橄榄岩；4—斜长二辉橄榄岩；5—辉石橄榄岩；

6—辉石岩；7—接触交代边界；8—侵入期次；9—断层

元古宇白家嘴子组按其特征在矿区分为三段，由下至上各段岩性主要为：第一段为角砾状混合岩-均质混合岩、黑云斜长片麻岩、蛇纹大理岩；第二段为条带均质混合岩、绿泥石英片岩、含榴二云母片麻岩及蛇纹大理岩；第三段为含榴二云母片麻岩，含蛇纹石大理岩、条带均质混合岩、蛇纹大理岩，条带均质混合岩。含镍超基性岩不整合侵入于第一段与第二段之间，与黑云斜长片麻岩、蛇纹大理岩，条带均质混合岩接触。

区内褶皱形态简单，地层产状为一向南西 40°倾向的单斜构造。断裂发育且性质复杂。构造线方向西部为 NW 向，东部呈 EW 向。隆起带两侧的 $F_1$、$F_2$ 深断裂为代表，二者相向倾斜，倾角 60°~70°，在其附近同向逆断层极发育。

矿区内岩浆岩有两种，即含镍超基性岩及其派生的脉岩。脉岩包括闪斜煌斑岩-闪长岩-闪长斑岩和辉绿岩。岩体呈不规则岩墙侵入龙首山群深变质岩中，长 6.5 km，宽 20~527 m，垂直延深>1100 m，总走向 NW，倾向 SW，沿走向有明显的膨缩和波状起伏。含矿岩体总体走向 310°，倾向南西，倾向 50°~80°。岩体被 NEE 向平推断层分割为四段，由西向东依次为Ⅲ、Ⅰ、Ⅱ、Ⅳ矿区。岩体为复式岩体，不同期次形成的岩相，均呈同心壳状分布。基性程度高的含二辉橄榄岩在中心，向外依次为二辉橄榄岩、橄榄二辉岩、二辉岩等。

## 四、矿床地质特征

铜镍硫化物矿体（共圈定 351 个）主要呈巨大的透镜状、似层状赋存于超基性侵入岩底部，少数矿体位于侵入岩上部和接触带中（图 3-7、图 3-8）。按成矿作用主要有四种类型：岩浆熔离型矿体、岩浆深部熔离-矿浆贯入型矿体、晚期矿浆贯入型矿体及接触交代型矿体。

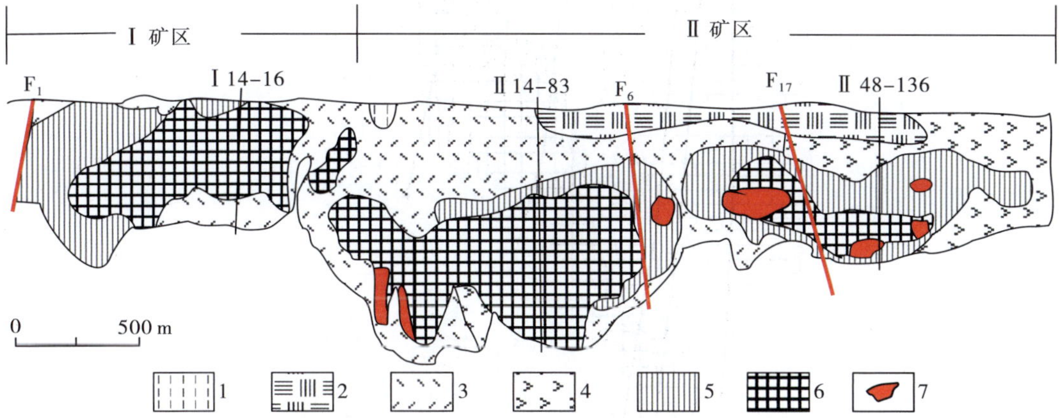


图 3-7 金川矿床主矿体纵断面图

（据汤中立和李文渊，1995）

1—斜长角闪岩；2—斜长石二辉橄榄岩；3—二辉橄榄岩；4—橄榄二辉岩；5—浸染状矿石；6—网状矿石；7—块状矿石

## 五、矿石特征

金属矿物以硫化物为主，少量氧化物，微量自然金属、碲化物、锑化物等。硫化物主要有磁黄铁矿、镍黄铁矿、黄铜矿、黄铁矿等。矿石化学成分分析表明主要有益组分为镍、铜；并伴生铂、钯、锇、钌、铑、铱、金、银、钴等。

矿石构造主要有浸染状、块状构造等；矿石结构主要包括自形至他形粒状结构、海绵陨铁结构、固溶体分离结构、交代溶蚀结构等（图版 2）。

## 六、矿床成因与成矿模式

硫化物（磁黄铁矿和黄铜矿等）的 $\delta^{34}S$ 在-1.06‰~2.53‰之间，表明源自地幔（幔源岩浆硫）。根据岩石矿物理论计算、造岩矿物熔融实验、熔体包裹体测温度等方法研究，橄榄石形成于 1200~1400 ℃，辉石、斜长石为 1100 ℃。岩浆就位深度为 10~15 km，岩浆房深度在 30 km 以下，硫化物初始熔离温度为 1400~1500 ℃，硫化物呈现硫化物固熔体晶出温度为 1000 ℃，到 600 ℃以下发生固熔体分解，热液叠加作用在 414~488 ℃（黄崇轲等，2001）。

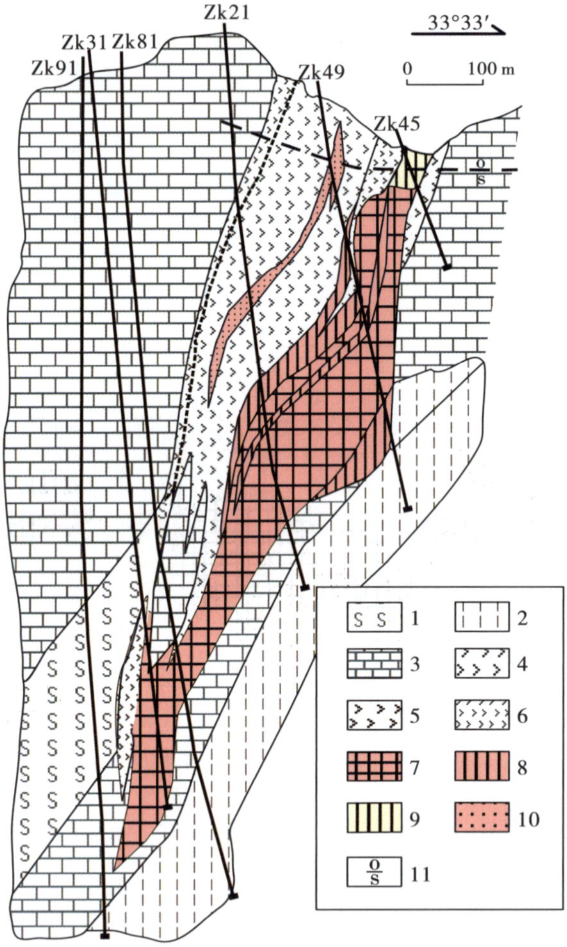


图 3-8 金川矿床一矿区 10 线地质剖面图

（据孙华山等，2009）

1—混合岩；2—黑云母片麻岩；3—大理岩；4—含二辉橄榄岩；5—二辉橄榄岩；6—橄榄二辉岩；7—深熔离-贯入型富矿；8—深熔贯入型贫矿；9—氧化矿；10—熔离型星点状贫矿；11—氧化带界线

全岩 Sm-Nd 等时线年龄为 1508 Ma，属中元古代。岩体东段含硫化物橄长岩（浸染状矿石）的 SHRIMP 锆石 U-Pb 年龄为 827±8 Ma，厘定金川超镁铁岩体形成于新元古代（Li et al.，2005），并认为其形成与 Rodinia 裂解时期的（约 825 Ma）地幔柱活动有关。

为解释成矿岩体与巨量成矿金属间质量不平衡的矛盾，研究学者提出了①岩浆通道堆积模型（Lesher and Campbell，1993）和②深部熔离-多次贯入模型（汤中立，1990；汤中立和李文渊，1995）来解释铜镍硫化物矿床的成因。岩浆通道堆积模型认为玄武质岩浆携带分散的熔离硫化物珠滴，在岩浆通道的膨大处或转折处因流速的减缓在重力作用下堆积成矿。而深部熔离-多次贯入模型则认为金川成矿系统由深部至浅部多个岩浆房组成，硫化物矿浆自深部岩浆房熔离形成，分批次向上贯入，最终定位于浅部终端岩浆房，即目前的金川含矿超基性岩体（图 3-9）。

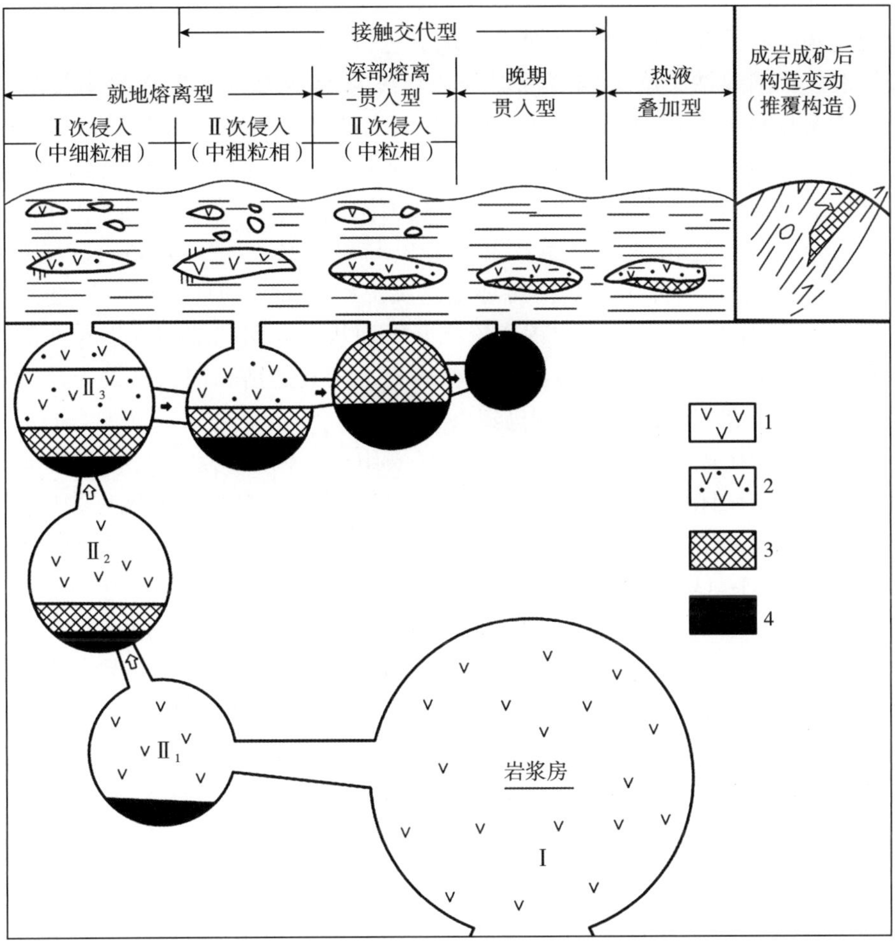


图 3-9　甘肃金川铜镍硫化物矿床成矿模式图

（据汤中立，1996）

1—岩浆；2—含矿岩浆；3—富矿岩浆；4—矿浆

在前人研究基础上，苏尚国和汤中立（2010）、苏尚国等（2014）提出了“岩浆通道成矿系统”的新概念模型。该模型着重强调了流体在成矿作用中的重要作用，并认为所谓“矿浆”，其实是“含矿熔体-流体流”，以大的流体/熔体比值为特征。其次，由于挥发性流体的大量存在，“矿浆”实际具有流动特征，进而提出了“岩浆通道前进方向”的概念。

## 七、矿山开发综合利用

（1）金川铜镍矿综合开发现状

金川铜镍硫化物矿床累计探明铜储量 350 万 t，铜品位 0.24%～1.66%，探明镍储量 554 万 t，镍品位 0.47%～1.64%，同时还有大量铂族金属和钴，具重大工业价值。1958 年发现，1965 年投产。镍和铂族储量居全国第一位，铜、钴储量居全国第二位。金川铜镍矿的发现与开发，结束了我国缺镍少铂的历史，同时也成为我国重要的铜镍硫化物矿床的矿床学研究基地和铂族金属供应基地（王瑞廷等，2004）。

近几年来，我国镍钴铂族金属资源对外依存度逐年增大，成为制约相关产业发展的"瓶颈"。金川集团股份有限公司从1964年9月产出的第一批电解镍开始，目前已建成全球知名的采、选、冶配套的大型有色冶金和化工联合企业，镍钴和铂族贵金属产量在全国产量中占重要地位，对中国有色金属工业以及我国国民经济的发展起到举足轻重的作用。同时，因矿兴企，因企建市的金昌市，资源开发与可持续发展，势必决定城市的命运，"矿竭城衰"的宿命和戈壁滩上脆弱生态环境以及工矿业带来的环境压力，是金昌城市避无可避的可持续发展问题。针对金川镍矿资源开发现状以及面临的问题，开展金川镍钴铂族资源开发与综合利用以及可持续发展的战略研究，尤其是钴和铂族，对于金川资源开发具有重要的战略意义和应用前景（杨志强等，2016）。

金川铜镍硫化物矿床富铜矿体空间分布、矿石组构、铂族元素地球化学特征等研究显示，金川铜镍硫化物矿床中富铜矿石的成因为岩浆晚期硫化物发生单硫化物固溶体结晶，在重力分异或构造扰动情况下，富Cu、Pt、Pd的残余硫化物熔浆在局部聚集成矿，其母岩浆的PGE组成为Os（$0.355\times10^{-9}$）、Ir（$0.267\times10^{-9}$）、Ru（$0.277\times10^{-9}$）、Rh（$0.144\times10^{-9}$）、Pt（$4.94\times10^{-9}$）、Pd（$2.32\times10^{-9}$）、Ni（$338\times10^{-6}$）、Cu（$174\times10^{-6}$）（焦建刚等，2012）。此外，金、银、钴、铬、硒、碲、硫等伴生元素虽然品位低，但储量大，其中，伴生金银与主元素铜镍含量有极为密切的关系，金、银矿物常与金属矿物共生，尤其与铜、镍硫化物共生密切（叶亮山等，2013）。因此，金川矿床的伴生元素具有较好的开发价值，还可以对矿山尾矿考虑第二次综合开发利用。

（2）国内外钴开发利用现状

钴是钢灰色的硬质金属，具有铁磁性、耐腐蚀性、耐磨性、高熔点等特征，被广泛应用于电池材料、超级合金、硬质合金、陶瓷原料、催化剂和磁性材料等领域。钴素有"工业味精"和"工业牙齿"之称，是一种稀缺的重要战略性矿产资源，美国、欧盟、日本等将其列为关键矿产进行管理（刘超和陈甲斌，2020）。

钴主要为镍矿及铜矿的副产品，生产量受市场对铜和镍需求影响。当前，中国作为全球第一大钴资源消费国，国内钴资源明显不足，超过90%以上的钴原料进口自刚果（金）等国。中国钴需求的迅猛增长主要源于电子设备和新能源汽车产业的快速发展带动上游电池材料需求的增长。超级合金是钴消费的第二大领域，这一领域中钴主要是用于航空航天发动机。因此，在低碳经济、循环经济时代，钴工业的发展前景十分广阔。而且，钴作为新兴产业的关键矿产，在保障我国战略性新兴产业发展、保障国家能源资源安全方面有着非常重要的意义（卢宜冠等，2020）。

钴矿资源在全球范围内分布极不均衡，全球陆地探明总储量八成以上分布在刚果（金）、澳大利亚、古巴、赞比亚、菲律宾、加拿大和俄罗斯等少数几个国家，此外还有大量的钴资源分布在洋底多金属结壳内。我国是钴产品生产和消费大国，但国内钴矿资源极其匮乏，对外依存度极高。非洲中部、大洋洲、拉丁美洲北部、东南亚和北美洲是钴矿资源找矿潜力较大的地区，应关注重要资源国及潜力区，以多种形式获得境外优质钴矿资源，提高资源储备，加强供应保障（张伟波等，2018）。

钴很少独立成矿，多作为铜、镍、铁等矿种的伴生金属产出。钴矿资源可分为陆地钴矿资源和海底钴矿资源，现在开采和利用的钴资源全部来自陆地钴矿床。陆地钴矿床主要有沉积岩型铜-钴矿床（41%）、红土型镍-钴矿床（36%）、岩浆型铜-镍-钴矿床（15%）和热液型富钴矿床（8%）四大类（黄新硕等，2022）。其中，沉积岩型铜-钴矿床是全球最大的钴矿类型，该类矿床以层状或似层状赋存在裂谷沉积盆地碎屑岩、黑色页岩或碳酸盐岩中，主要为浸染状、细脉浸染状和热液脉状矿化，具有规模大和品位高的优点，平均品位在0.1%左右（刘玄等，2015）。中国具有较为丰富的大陆钴矿床类型，其中绝大部分钴为共生或伴生矿种，仅有个别为独立矿种；大部分为中小型矿床，大型以上矿床较少（卢宜冠等，2020）。

近年来钴矿的勘查和研究工作取得了一定的进展，但关于钴矿的成矿条件、构造背景与成矿机理等关键问题仍亟须开展深入的研究工作，深入总结钴矿的成矿规律并建立行之有效的找矿模型，将为“新能源时代”钴矿的勘查和开发提供有效的支撑和指导。对中国来说，积极开拓全球的钴矿资源市场，同时加大国内钴矿的针对性勘查、研究投入，寻求多元化的钴资源供应，建立钴矿资源的储备体系势在必行（王辉等，2019）。

（3）国内外铂族金属开发利用现状

铂族金属（Platinum-Group Metals）位于元素周期表第Ⅷ族，包括铂（Pt）、钯（Pd）、锇（Os）、铱（Ir）、钌（Ru）、铑（Rh）6种金属元素。铂族金属具有熔点高、强度大、电热性稳定、高温抗氧化性能强、催化活性良好等特点，目前被广泛应用于汽车、首饰、化工、电气电子、玻璃制造等多个领域，在工业和金融两方面均具有重要作用。在6种铂族金属中，最主要、应用最广的是铂和钯，其次是铑，钌、铱和锇在全球范围内消费量较少。

根据铂族元素的容矿岩石类型、元素共生组合、矿床地质特征和产出的地质环境等要素，唐冬梅等（2008）将铂族元素矿床划分为岩浆型、火山岩块状硫化物型（VMS）、热液型和外生型四大类型和八个亚类。全球铂金属储量32430 t，但铂金属资源分布极为不均，80%以上的产量被少数公司所垄断。因此，未来对全球铂族金属资源争夺将更趋激烈。铂族金属被美国、欧盟、澳大利亚等国家列为关键性矿产。我国矿山铂族产量较低。金川集团有限公司的龙首矿、金川有色公司二矿区等是我国铂族金属的主产区，伴生铂族金属查明资源储量98.85 t。受我国铂族金属矿产资源量的限制，我国铂族金属的矿山产量难以上升，预计到2030年，我国的铂族金属矿山产量也仅为6 t，未来供需缺口将进一步加大（马腾等，2019）。

## 第三节　山东蒙阴金刚石矿床

### 一、矿山简介

金刚石主要生产国为澳大利亚、俄罗斯、南非等，中国金刚石矿产资源比较贫乏。通过近 50 年的地质工作，仅在辽宁、山东、湖南和江苏 4 省探明了储量。山东蒙阴金刚石矿床位于山东省蒙阴县，南起常马庄，北至坡里一带，矿化范围约 1000 $km^2$，目前探明储量约 1000 多万克拉。

## 二、区域地质背景

矿田处于华北板块鲁西背斜中心部位，郯庐断裂带西 40~70 km，次级北西向断裂发育。区内已发现百余个金伯利岩体，分布在长 55 km，宽 19 km 范围内，构成蒙阴地区金伯利岩成矿带。该矿带可进一步由南至北分为Ⅰ、Ⅱ、Ⅲ三个矿区，三个矿区之间相距 14~16 km（图 3-10）。Ⅰ矿区位于矿田南端，常马庄一带，长 14 km，宽 5 km，沿 350°方向展布，岩体呈雁行左列式排列。Ⅱ矿区位于矿田中部，西峪村一带，长 12 km，宽 1.5 km，沿 NNE 展布。Ⅲ矿区位于矿田北部，坡里一带，沿 NE 方向展布。

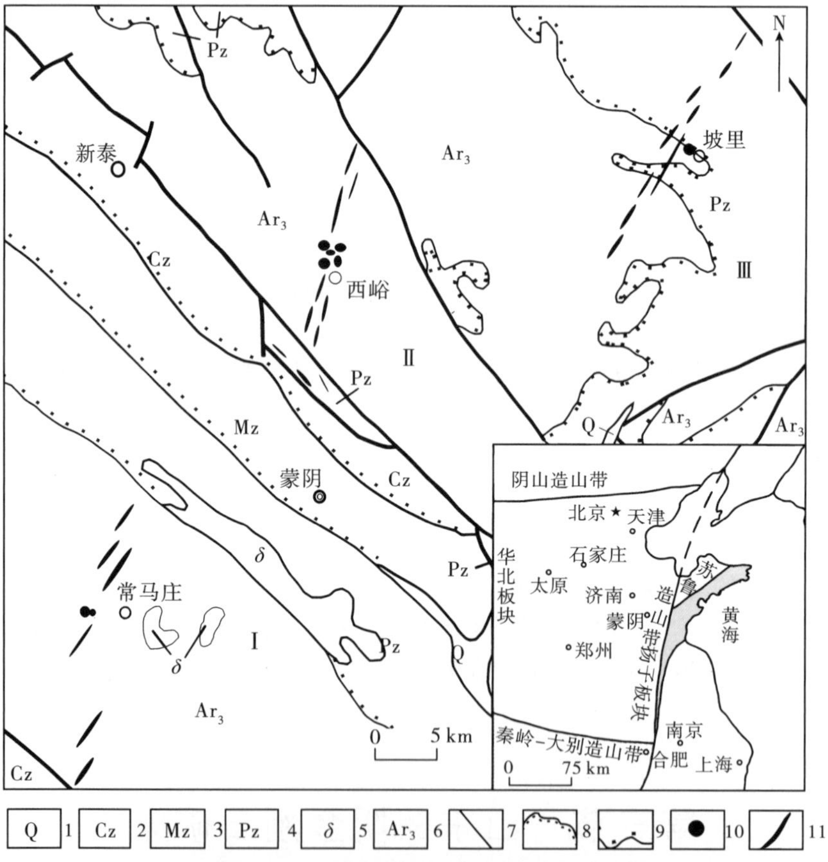


图 3-10 蒙阴地区常马庄-西峪-坡里地区金伯利单元地质简图

（据张成基等，2020）

1—第四系；2—新生代地层；3—中生代地层；4—古生代地层；5—中生代侵入岩；6—新太古代结晶基底；7—断裂构造；8—地质界线；9—角度不整合界线；10—金伯利岩岩筒；11—金伯利岩岩脉（床）

## 三、矿区地质特征

矿区地质特征以西峪矿带（区）为例（图 3-11）。

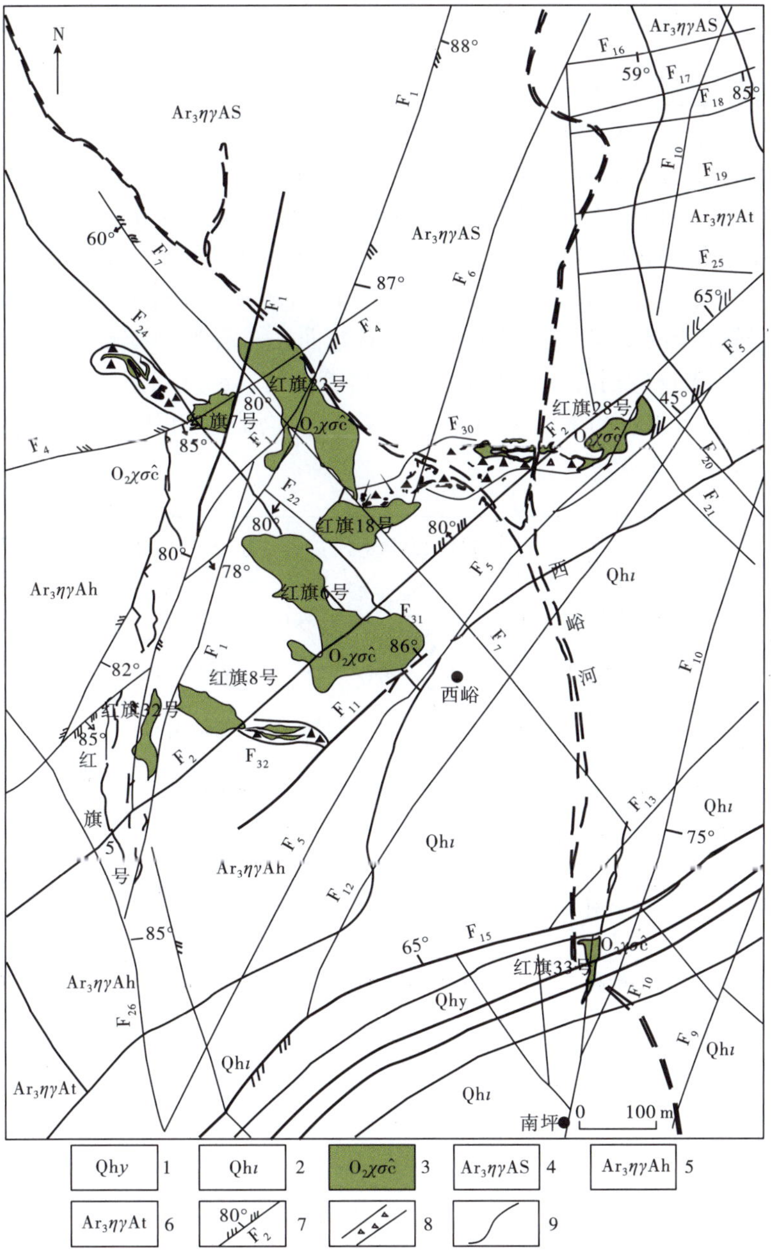


图 3-11　西峪金刚石矿床地质简图

（据赵秀芳，2019）

1—沂河组；2—临沂组；3—古生代常马庄单元金伯利岩；4—新太古代松山单元二长花岗岩；5—新太古代虎山单元二长花岗岩；6—新太古代条花峪单元二长花岗岩；7—实测断裂产状及编号；8—构造破碎带；9—地质界线

基底地层为太古宇泰山群的一套中深变质岩系，主要岩石为片麻岩、变粒岩、角闪质岩石。盖层为寒武系、奥陶系及石炭系、二叠纪含煤地层。中生界有侏罗系、白垩系、古近系、新近系及第四系。区内构造主要是断裂构造。由新到老分为四个构造体系：新华夏构造、南北向构造、鲁西弧形构造和东西向构造。其中新华夏构造对金伯利岩，特别是对管状岩体形成起主要控制作用。

## 四、矿床地质特征

金伯利岩体有岩管和岩脉两种，侵位于太古宇泰山群和下古生界寒武系、奥陶系中。岩体明显受断裂和节理控制，且岩管延深与地层产状一致。岩管一般成群出现，已发现13个，有10个分布在Ⅱ矿带中。岩管平面上呈圆形、椭圆形、长条形，楔形及不规则形。出露面积大小不等，大者长260 m，小者仅15 m，一般长百余米。长短轴之比大致是2∶1~6∶1。岩管边界受两组节理控制，呈波状弯曲。一般为单倾斜，呈高倾角管状或柱状向下延深，逐渐或较急剧有规律地缩小。按岩管方位、相互联系顺序和延深程度划分成四个组：NNW向岩管组、NEE向岩管组、NNW-NW向岩管组和NNE向岩管组，如西峪岩管群（图3-12、图3-13）。

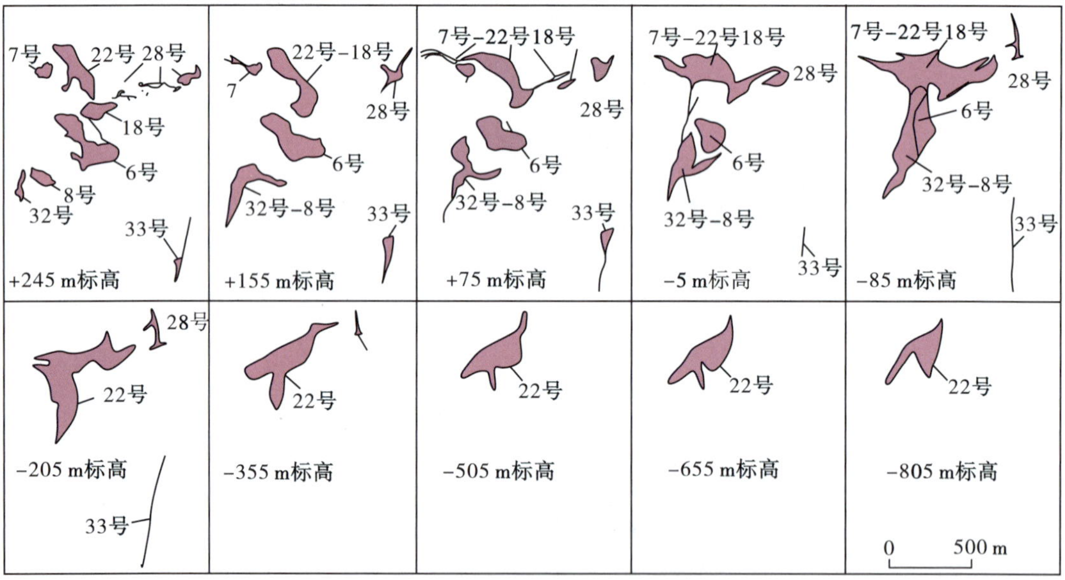


图3-12　西峪岩管群不同垂深岩管形态平面示意图

（据赵秀芳，2019）

岩脉主要沿NNE-NE 10°~40°方向延伸。多倾向东南，倾角一般75°~85°。同一条脉两端常呈反向倾斜，倾角较缓，延深较浅；中部较陡，延深较深，组成“S”或反“S”形矿体。脉中部往往膨大，矿较富。单脉长几十厘米至几百米，宽几毫米至几米不等，呈雁行斜列式排列，局部分布集中成脉群。有时分散，断续相连，组成矿带。岩脉与断裂和节理带总走向夹角一般 <20°，多为5°~10°。

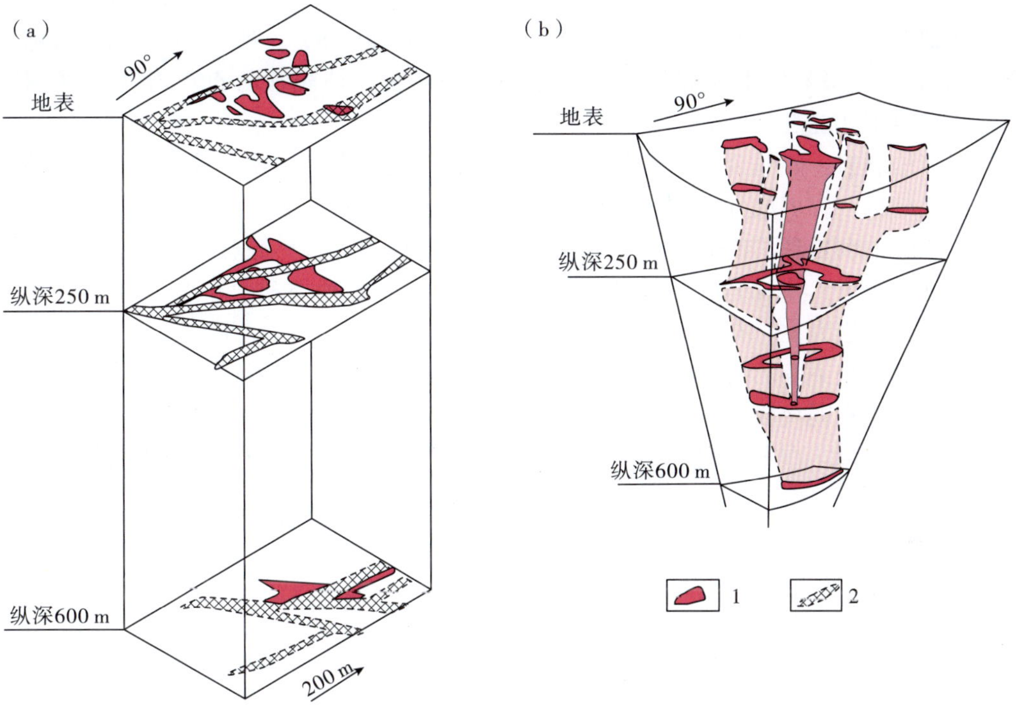


图 3-13　西峪村附近金伯利岩带埋深 600 m 形态断裂和金伯利岩带垂向截面分布图（a）；
金伯利岩带纵深变化示意图（b）
（据程光锁等，2020）
1—金伯利岩体；2—断裂破碎带

## 五、矿石特征

本区金伯利岩的同位素年龄为 88 Ma，相当于早白垩世末至晚白垩世初期或可延续至古近纪前，应属燕山期。金伯利岩主要岩石类型有斑状金伯利岩、含碎屑斑状金伯利岩、细粒金伯利岩和碎屑金伯利岩。

斑状金伯利岩和含碎屑斑状金伯利岩：斑状金伯利岩是本区金伯利岩的主体，亦是主要的含矿岩石。呈斑状、块状构造。常见的斑晶矿物有：橄榄石、镁铝榴石、金云母，偶见铬透辉石、铬铁矿、金刚石等。橄榄石含量最多可达 50%~60%，一般 5%~20%。含有少量同源捕虏体和异源碎屑，已知成分为细粒金伯利岩、纯橄榄岩、镁铝榴石橄榄岩、石灰岩、片麻岩及其解体矿物等。含碎屑斑状金伯岩中同源和异源碎屑除上述成分外，还有斑状金伯利岩和二辉橄榄岩等。

细粒金伯利岩（或显微斑状金伯利岩）：此类岩石分布不多，多在岩脉边部和尖灭端；或呈角砾、岩球、细脉穿插产出。具块状构造，细粒结构。偶见橄榄石假象斑晶及金云母斑晶。细粒金伯利岩多分布于斑状金伯利岩的边部，岩石呈暗绿、灰绿、紫、黑灰等色；具细粒或显微斑状结构，块状构造或岩球构造。岩球构造中，球体多呈圆球形或椭球形，球心多为蛇纹石化橄榄石，外壳由细粒金伯利岩组成，矿物呈同心圆状分布。我国辽宁产出的细粒金伯利岩中的岩球大小不等，大者为10~20 cm，一般0.5~2 cm，俗称“凤凰蛋”。金伯利岩极易发生碳酸盐化、硅化和褐铁矿化，外貌常与石灰岩和“铁帽”相似，只有在镜下才能准确区分。

碎屑金伯利岩：碎屑金伯利岩分布不广，仅在个别岩管中出现。常呈角砾状构造，胶结物具斑状结构。碎屑成分由同源和异源岩屑及其解体矿物组成。同源捕虏体有细粒金伯利岩，斑状金伯利岩球、榄橄岩、纯橄榄岩、二辉橄榄岩等。异源岩屑有各种石灰岩、泥质页岩、钙质页岩、片麻岩、斜长角闪岩等。这些碎屑的种类和大小在岩体内分布不均匀，有的以石灰岩为主，有的以片麻岩为主。

金刚石为大小不等的幔源晶体，形态多为八面体、立方体、菱形十二面体、球粒状多晶集合体，金刚石颗粒较大的直径2.48~4.76 mm（李海波，2006）。颜色可呈无色及黄、褐、黑等不同色调。在金伯利岩或钾镁煌斑岩中不均匀分布，多局限于角砾岩筒中及火山口内。

## 六、矿床成因与成矿模式

1987年R. H. 米切尔依据南非金伯利岩深部结构，建立金伯利岩型金刚石原生矿矿床模式。根据模式，一个完整的金伯利岩岩筒从上到下由火山口、火山道和根部组成（图3-14）。

蒙阴地区金伯利岩中金云母巨晶的Ar-Ar同位素年龄为465 Ma，即开始为奥陶纪晚期，但主要在中生代（88 Ma）形成，深度多在150~180 km范围内。金刚石的成矿作用是多期、多阶段的。金刚石是金伯利岩的捕虏体，金刚石属古老地幔结晶成因而金伯利岩浆只起了运载工具作用（图3-15）。

此外，金刚石的形成受温度（$T$）、压力（$P$）、氧逸度（$fo_2$）和碳源等多种因素制约，因此，其晶体形态也会发生变化（据赵秀芳，2019）。邸冬爽等（2009）研究表明金刚石是在特定的温、压条件下由独特的地质作用形成的特种矿产，是碳元素在不同地质条件下由不同相结晶形成的。金刚石形成条件的实验研究表明金刚石形成于温度1140 ℃、压力4.5 GPa以上、中等氧逸度的上地幔环境中，该条件相当于150km以上的地下深处。

金刚石矿床产出的大地构造位置进一步证明古陆内部及其大型地台是偏碱性超基性岩、强碱性霞石质岩类、超镁铁质岩类等岩浆的活跃区。该区的上地幔，系这种岩浆的发源地。上地幔物质为非均一流体，对流作用并未使地幔物质均一化。与金刚石矿床密切伴生的岩浆有下列几种产生方式：①上地慢隆起或幔坡区，熔融流体物质不停地活动并与周围物质产生交代作用，逐渐富集不相容元素和挥发份（主要为$H_2O$和$CO_2$），产生硅酸盐-碳酸盐熔融体，是一种碳酸盐金伯利岩浆源。②古地盾或大陆地台下存在二辉橄榄岩层，由于上地慢热能、放射性能、构造动力能等都可使二辉橄榄岩层发生部分熔融，并富集挥发分，因而产生强碱性霞石质和金伯利岩质岩浆，这就是形成金刚石矿床与碱性杂岩，碱性玄武岩伴生关系的原因。③地幔流体，从下地幔上

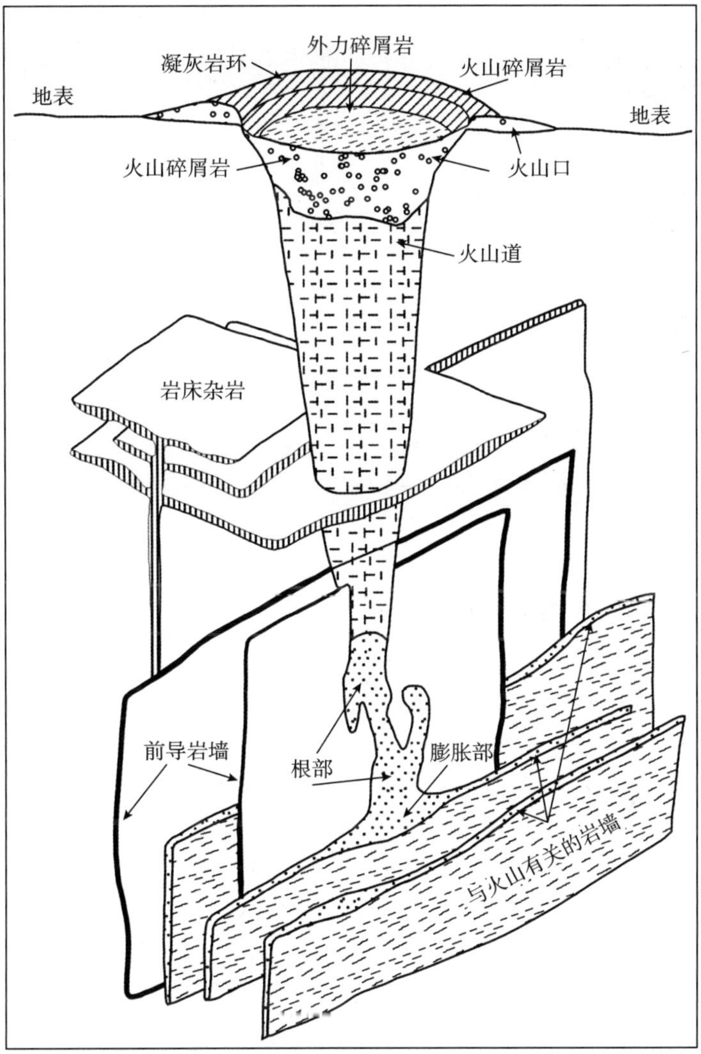


图 3-14　金伯利岩型金刚石原生矿中心式火山喷发型成矿模式图
（据张成基等，2020）

升，在它运移、渗透、贯穿到上地慢的过程中，使上地幔的橄榄岩质熔浆富集了 $H_2O$ 和 $CO_2$、不相容元素，这些物质逐渐聚集成地幔流体柱，如同热点下的地幔柱。在稳定大陆区，地热梯度小，压力梯度大的条件下，地幔流体柱沿深切地慢断裂上涌（邸冬爽等，2009）。

近年来深部地球物理探测的一个重要进展是，发现地球核幔边界存在两个大的剪切波低速异常区。金伯利岩的形成可能与超级地幔柱的活动有关。除了金伯利岩和钾镁煌斑岩含金刚石外，还有一种不为大家所熟知的岩石也含金刚石，即方解霞黄煌岩（aillikite）。方解霞黄煌岩为碱性、贫硅、富碳酸盐的超镁铁质煌斑岩，其岩石名称来自最早的发现地——加拿大的 Aillik Bay（张招崇等，2022）。

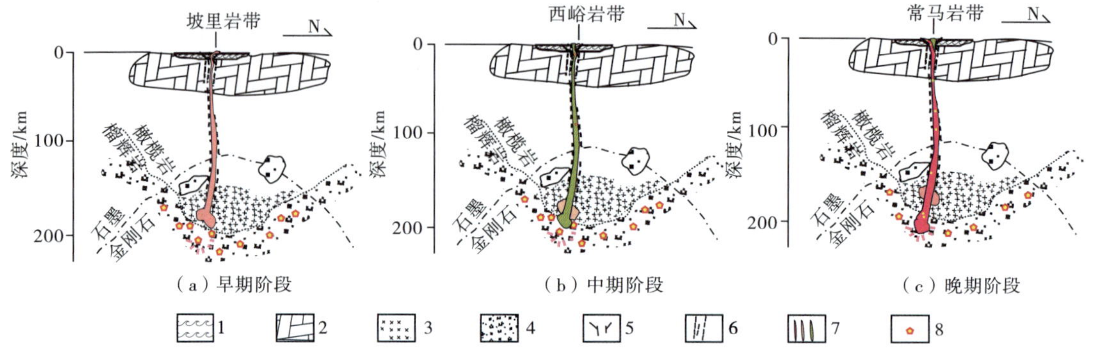


图 3-15 蒙阴地区金伯利岩成因模式图

（据程光锁等，2020）

1—古生代沉积盖层；2—克拉通基底；3—橄榄岩；4—榴辉岩；5—晚期断裂；6—早期断裂；7—金伯利岩浆；8—金刚石矿物

## 七、矿山开发综合利用

（1）金刚石的一般特征

金刚石（Diamond）是自然界中硬度最大的一种天然矿物（摩氏硬度为 10）。化学成分为碳（C），与石墨成分相同，但其物理性质差别极大。金刚石通常透明、无色，但常见内部含细小的包裹体，有时呈现黄色、黑色、玫瑰色等。晶体的折光率很强，其新鲜解理面或人工琢磨面具有闪耀夺目的金刚光泽，被誉为“宝石之王”。金刚石具有极高的耐磨性、化学稳定性、良好的光学和热学性能，是极其珍贵的非金属矿产。

金刚石用途广泛，主要应用领域有：①宝石业，钻石是宝石中最贵重一种，特别是其中的饰用金刚石，价格昂贵，是黄金的 100~200 倍（任超鸿，2000）；②工业用金刚石，主要利用它极大的硬度制造高速切屑工具、仪表高级耐磨零件、拉绿模、高抗磨抛光磨、磨具、古具等；③利用金刚石超级导热性和金刚石半导体性质，主要用于空间技术电子工业等国防尖端部门。

（2）国外金刚石开发利用现状

世界上具有经济价值的金刚石原生矿床类型主要有两种：一是金伯利岩筒，主要矿物有橄榄石、钛铁矿、铬透辉石、顽火辉石、含铬镁铝榴石、钙钛矿、锆石等；二是钾镁煌斑岩筒，主要矿物组合为橄榄石、富钛透辉石、富钾碱镁闪石、富铬铬尖晶石以及少量的柱红石、钙钛矿和火山玻璃等。自 1870 年在南非首次发现金刚石原生矿以来的 100 多年间，地质学家普遍认为，只有金伯利岩型金刚石原生矿床才有经济价值。但在 1976 年，澳大利亚的 CRA 公司和 Ashton 公司联合在西澳发现了 100 多个富矿的钾镁煌斑岩筒，从而确立了新的金刚石原生矿床类型。

世界上有 20 多个国家赋存并开采金刚石矿，其中澳大利亚、刚果（金）、博茨瓦纳、俄罗斯、南非是主要产出国，其金刚石的产量之和占世界总产量的 93%左右，其中宝石级16%，近宝石级40%，工业级44%（黄宣镇，2002）。随着世界工业的发展，金刚石矿产已成为一些国家的主要财源。世界金刚石总产量80%用于工业，而用于收藏和首饰的仅占20%（其价值相当于80%，是工业金刚石价值的5倍）。需求量远远大于产量。这样，势必有大量人造金刚石的生产。世界实际金刚石消耗量中，大约70%是人造金刚石。1983年到2000年的累计需求量是，人造金刚石为36.53亿克拉，天然工业金刚石为3.94亿克拉。世界天然和人造金刚石最大的消费国是美国，其次是日本、德国和意大利（任超鸿，2000）。其中人造金刚石因价格优势，消费更有市场。近年来，日本在研制大颗粒人造金刚石方面有突破性进展，已能制造1.2克拉，直径约6 mm的金刚石。但人造金刚石其性能不及天然金刚石，主要是性脆。

（3）我国金刚石开发利用现状

目前我国已发现金刚石矿床与矿点的有15个省（区），已转入勘探开发的金刚石矿床有山东蒙阴马庄金刚石矿床、西峪金刚石矿床、郯城金刚石砂矿床；湖南黔阳安江金刚石砂矿床、桃源金刚石砂矿；贵州镇江远马坪金刚石矿床和辽宁复州涝因沟—李店金刚石矿床。但矿床规模小、产量低，所生产的金刚石远远不能满足工业发展的需要（任超鸿，2000）。我国具有工业价值的金刚石原生矿床主要分布在辽宁省和山东省，两省的金刚石矿产储量合计占全国总量的97.32%，而且总资源储量逐年减少，国产金刚石量远不能满足本国消费的需要，多年来，我国经济建设所需的天然金刚石70%依靠进口（石栋文，2020）。我国金刚石的开采主要在山东省蒙阴县。截至2014年，全市共设置金刚石探矿权14个，勘查面积近1000 $km^2$。现有金刚石原生矿2处，金刚石砂矿4处，金刚石保有资源储量969.03万克拉，累计查明金刚石资源储量1235.39万克拉，约占全国查明总量的50%。近年来，临沂市高度重视矿业经济发展，将其作为推动经济发展的强力支撑和最大潜力，置于培育主导产业重中之重的位置。围绕打造“中国金刚石之都”，充分挖掘和打造钻石文化，加快推进金刚石合理开发与利用，实现了资源开发、遗迹保护与旅游产业协调发展。“中国金刚石之都”为临沂市再添新的城市名片，为临沂矿业经济的发展带来新的战略机遇。另外，该区金伯利岩除含有工业意义的金刚石外，尚含有许多可以利用的伴生成分，如钛、铬、镍、钴及稀土。金伯利岩基质成分主要为蛇纹石、钙钛矿，次为金云母、磁铁矿、铬铁矿、锆英石、钛铁矿、磷灰石、黄铁矿等。其中钙钛矿，最具综合利用价值。钙钛矿以其独特的晶格结构，决定着它具有吸光和电子传输性能，能非常好地吸收可见光和释放出激光束。

# 第四章　伟晶岩矿床典型案例

## 第一节　伟晶岩矿床一般特征及分类

伟晶岩是指由特别粗大的矿物晶体所组成，具有一定的内部结构、构造特征，常呈规则或不规则岩墙、岩脉或凸镜状产出的地质体。若伟晶岩中的有用矿物或金属元素富集达到工业要求时，便构成了伟晶岩矿床。

伟晶岩矿床主要表现出如下特征：

**1. 伟晶岩的形态、产状及规模**

伟晶岩的形态复杂，产状多样，通常可发育脉状、透镜状、囊状、筒状、网状及不规则状等多种形态（图 4-1），其中以各种规则或不规则的脉状占主导地位。伟晶岩脉在走向和倾向上可以膨大、收缩，也可呈雁行排列和尖灭再现现象（图 4-2）。有工业价值的伟晶岩体大小差别很大，厚度从几厘米到几十米，以 0.5~30 m 为主；沿走向长几米到几百米，以 20~300 m 居多；延深由几十米到几百米。

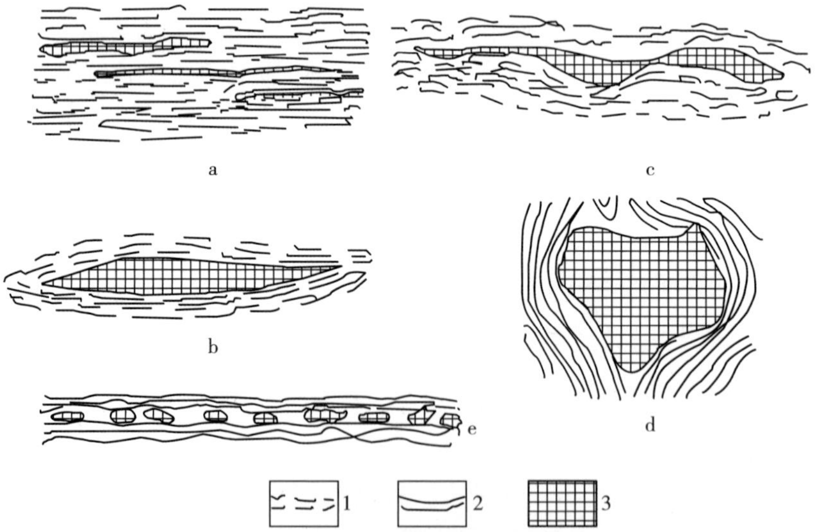


图 4-1　伟晶岩的几种常见形态示意图

（据袁见齐等，1985）

1—片岩；2—板岩；3—伟晶岩体；a—规则的脉状；b—透镜状；c—不规则脉状；d—囊状；e—串珠状

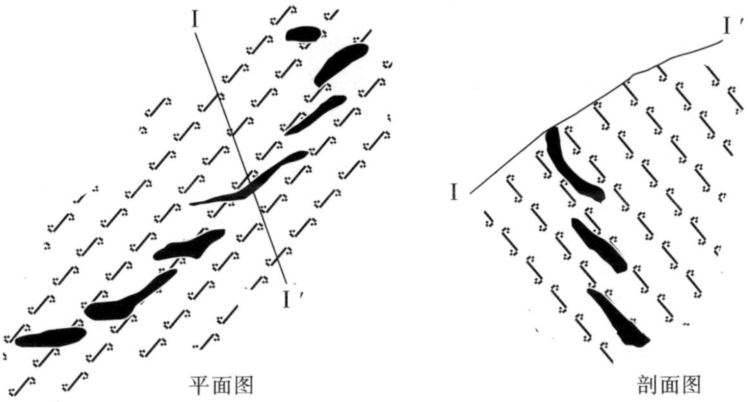


图 4-2　侧列状伟晶岩示意图

（据胡受奚等，1982）

### 2. 伟晶岩矿床的物质组成

伟晶岩矿床中至少集中了 40 种以上的化学元素，主要是氧和亲氧元素 Si、Al、Na、K、Ca 等，其次为稀有、分散、稀土和放射性元素 Li、Be、Nb、Ta、Cs、Rb、Zr、Hf、La、Ce、U、Th 等。此外，W、Sn、Mo 等金属元素和 F、B、Cl、P 等挥发分含量也较高。稀有、稀土和放射性元素，在伟晶岩中常常高度富集，其含量可以超过克拉克值的几倍、几十倍、几百倍甚至几千倍。例如，Li 和 Be 的克拉克值分别是 0.0021% 和 0.00013%，而在伟晶岩矿床中含量可分别达 1%～2% 和 1%，大约富集了 476～952 倍和 7692 多倍。

矿物成分，由于伟晶岩中化学成分的多样性，因而伟晶岩中的矿物成分也是丰富多彩的。据统计，伟晶岩中矿物种类在 300 种以上，主要包括：①硅酸盐矿物，如石英（包括水晶）、长石（斜长石、微斜长石、正长石）、云母（白云母、黑云母）、霞石和辉石等，其中长石、石英和云母常构成伟晶岩的主体部分；②稀有和放射性矿物；③稀土元素矿物，如独居石、磷钇矿、褐帘石等；④其他金属矿物，如锡石、黑钨矿、辉钼矿、磁铁矿和钛铁矿等；⑤含挥发分矿物，如萤石、电气石、黄玉、磷灰石等。

### 3. 伟晶岩（矿床）的结构和构造

伟晶岩的结构：矿物晶体粗大是伟晶岩有别于其他岩脉的重要特征之一，它常可比花岗岩中同种矿物大几倍、几十倍，甚至几千倍，因此巨晶结构（伟晶结构）是伟晶岩所特有的结构。例如，伟晶岩中已知最大的微斜长石重达 100 t，绿柱石达 320 t，铌钽铁矿达 300 kg，锂辉石晶体长达 14 m，黑云母面积达 7 $m^2$，白云母达 32 $m^2$。伟晶岩的粒度划分与一般的侵入岩不同，有其独特的标准：细粒为 0.5～2 cm，中粒为 2～5 cm，粗粒为 5～15 cm，块状体为大于 15 cm。除伟晶结构外，在不同类型的伟晶岩中，常常发育一些共同的结构，常见的有细粒伟晶花岗结构、文象结构、似文象结构及粒状结构等。各种交代结构也广泛发育，如溶蚀结构和交代残余结构等。花岗伟晶岩的特征结构是文象结构，这是区别伟晶岩与似伟晶岩的重要标志。

伟晶岩的内部构造：伟晶岩的内部构造也比较复杂，伟晶岩矿床中，特别是早期碱交代发育完全的伟晶岩中，带状构造是最主要和常见的。从伟晶岩的边缘到中心，一般可分为如下四个带（图 4-3）：①边缘带，伟晶岩边部与围岩接触带，由细粒结构的石英和长石组成；②外侧带，由文象结构及粗粒结构的长石、石英和云母组成，有时可出现绿柱石；③中间带，呈粗粒结构和伟晶结构，除长石、石英、云母外，出现大量的稀有、放射性、稀土元素矿物，且交代作用发育，是伟晶岩矿床产出的主要部位；④内核，由石英块体或石英和锂辉石块体组成。

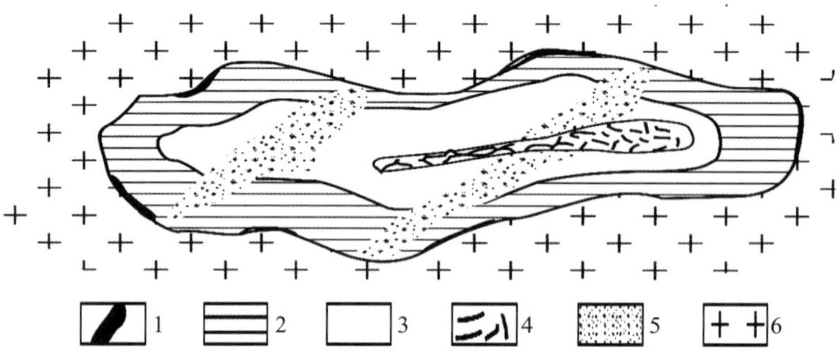


图 4-3　伟晶岩体带状构造示意图

（据袁见齐等，1985）

1—边缘带；2—外侧带；3—中间带；4—内核；5—裂隙充填和交代；6—花岗岩

#### 4. 伟晶岩矿床的形成条件

伟晶岩矿床的形成条件主要包括如下 5 种。

（1）形成温度和压力（深度）

**温度**　边缘带细晶岩的形成温度为 1000 ℃左右；中间带的细粒、中粗粒及块体的形成温度为 800~500 ℃；晶洞矿物的形成温度可降至 160 ℃或更低；各种交代矿物（钠长石化、白云母化、云英岩化、锂云母化、石榴石化等蚀变矿物）的形成温度为 500~200 ℃。伟晶岩形成温度的范围较大，在 1000~160℃之间，其主体部分则形成于 700~200℃之间，稀有金属矿化主要发生于 500~300℃之间。在伟晶岩形成过程中，从边缘到中心，矿物的形成温度是逐渐降低的。

**压力（深度）**　伟晶岩形成时的压力，根据 Б. 施马京的实验资料，开始时可能达到 800~500 MPa，结束时降至 200~100 MPa。绝大部分伟晶岩形成深度均较大，特别是花岗伟晶岩。理论和实践都证实，花岗伟晶岩产于 3~9 km，有的可能更深些。按伟晶岩矿床的形成深度可以分出 4 个伟晶岩相：①较小深度的水晶伟晶岩相，深度为 1.5~3 km；②中等深度的稀有金属伟晶岩相，深度为 3.5~7 km；③较大深度的云母伟晶岩相，深度从 7~8 km 到 10~11 km；④极深的陶瓷原料伟晶岩相，形成深度超过 10~11 km。

（2）挥发性组分的作用

水、氟、氯、硼、二氧化碳、磷等挥发性组分的存在和数量的多寡，对形成伟晶岩矿床有十分重要的意义。首先，挥发性组分能降低岩浆的黏度和矿物的结晶温度（含水 1% 能降低熔点 30~50℃），延缓结晶时间，有利于形成巨大的矿物晶体和良好的带状构造。其次，挥发性组分可与稀有元素等结合形成易熔化合物，随着温度的下降和挥发性组分的增加，稀有元素在伟晶岩形成作用的后期得到高度富集，并逐渐转入气水热液并发生交代作用，从而形成丰富的稀有元素矿物。另外，挥发性组分具有高的比热容，所携带的热量也大，因此有利于长期、缓慢的结晶。

（3）岩浆岩条件

与花岗伟晶岩矿床有成因联系的花岗岩多呈岩基状产出，出露面积可达数百平方千米。通常情况下，花岗岩体愈大，伟晶岩脉数量越多，构成的伟晶岩区规模愈大。不同类型的伟晶岩矿床，总是与一定深度相的花岗岩类有关。例如，水晶伟晶岩矿床在成因上是与浅成的花岗岩类侵入体有关；而稀有金属伟晶岩矿床则是与中深成的花岗岩类侵入体有关，它们是有关岩浆分异的最后产物。

（4）围岩条件

伟晶岩矿床往往产于区域变质作用较发育地区，所以伟晶岩矿床的围岩往往是各类片岩、片麻岩等，此外还有粗粒花岗岩，少量产在镁铁质和超镁铁质岩石中。在未经变质的沉积盖层以及火山岩中，伟晶岩比较少见。

围岩条件对伟晶岩矿床的影响主要表现在两个方面：一是由于围岩的物理性质影响裂隙的性质及其发育程度，因而也影响到伟晶岩的形态，如在片岩化的围岩中易形成板状伟晶岩，在片麻岩和花岗岩质岩石中常形成透镜状和柱状伟晶岩。另一是围岩的成分对伟晶岩中某些元素的分散和富集也有一定影响，如围岩为灰岩时，伟晶岩中易发生锂富集，形成大量锂辉石；围岩是角闪岩、黑云母片岩、镁铁质岩等含镁岩石时，由于镁和锂的地球化学性质相似，易发生类质同象置换，使部分锂分散到围岩中，而引起伟晶岩中锂的贫化。

（5）地质构造条件

地质构造对伟晶岩的分布具有明显的控制作用。大量资料表明，花岗伟晶岩主要分布在褶皱带内、地台边缘的区域断裂带附近或不同构造单元结合部位。

伟晶岩带——沿着区域性断裂带，伟晶岩带延伸常达数十千米、数百千米甚至数千千米以上，宽度往往只有数千米到十几千米。

伟晶岩区（田）——伟晶岩带内的一些地段伟晶岩密集，密集的地段有人称为伟晶岩区或伟晶岩田。伟晶岩区（田）内的伟晶岩和其相邻的花岗岩体大都来源于同一岩浆源，是岩浆演化不同阶段的产物。伟晶岩区（田）常受背斜轴部、地层接触带、断裂带等构造控制。

伟晶岩脉——伟晶岩区（田）内的伟晶岩脉的分布常受各种断裂、裂隙等次一级构造的控制。

**5. 伟晶岩矿床的成因**

由岩浆作用形成伟晶岩的假说较多，归纳起来主要有如下3种不同观点：

1）岩浆结晶观点——以费尔斯曼、尼格里、弗拉索夫等为代表。他们认为，在高温、高压下，挥发性组分能无限溶解于岩浆中，因此在岩浆结晶末期，形成富含挥发组分的岩浆，缓慢冷却而结晶形成伟晶岩。

2）热液交代观点——以查瓦里斯基和尼基京为代表。花岗伟晶岩矿床的具体形成过程分为2个阶段：第一阶段为母岩再结晶阶段；第二阶段为交代作用阶段。

3）岩浆结晶与热液交代兼容的观点——这一观点以美国地质学家琼斯、赫斯、舍列尔等为代表。他们认为伟晶岩形成的过程可以分为2个独立的阶段：首先是岩浆阶段，第二阶段是交代阶段。

**6. 伟晶岩矿床的主要类型**

依矿产种类，伟晶岩矿床主要分以下四种：

1）稀有金属伟晶岩矿床——锂、铍、铌、钽等矿床的重要类型。如新疆富蕴县可可托海花岗伟晶岩矿床、河南官坡稀有金属伟晶岩矿床。

2）白云母伟晶岩矿床——内蒙古土贵乌拉白云母矿床。

3）水晶伟晶岩矿床——山东沂水马站乡大水场紫水晶矿床。

4）长石伟晶岩矿床——加拿大的安托利矿床。

本书主要以新疆富蕴县可可托海花岗伟晶岩矿床作为伟晶岩矿床中的典型案例。

# 第二节　新疆富蕴县可可托海花岗伟晶岩矿床

## 一、矿山简介

可可托海花岗伟晶岩矿床位于新疆富蕴县可可托海镇。区内共发现花岗伟晶岩脉25条，经勘探提交储量的有6条矿脉，其中3号脉最大，也是最典型的一条伟晶岩脉，探明脉长2250 m，宽1500 m，厚20~60 m。新疆可可托海国家地质公园于2017年被列入世界地质公园网络名录，成为中国第35个获得联合国教科文组织批准的世界地质公园。3号脉矿坑被世界公认为稀有金属“天然陈列馆”，被称作“地质圣坑”。在20世纪60年代中苏关系紧张时期，可可托海3号脉矿产品为我国偿还了苏联40%左右的债务。此外，3号脉为我国第一颗原子弹和氢弹的成功爆炸和人造卫星的成功发射提供了必需的稀有金属，为航空航天事业及相关尖端科技的发展提供了坚实的物质基础和资金后盾，为国防建设做出了重要贡献，被誉为国家的“英雄矿”和“功勋矿”。

## 二、区域地质背景

阿尔泰造山带位于西伯利亚板块和哈萨克斯坦-准噶尔板块之间，主体长500 km，宽40~80 km，是一个具有多大陆块体、岛弧和增生杂岩带特征而且多块体镶嵌、多缝合带拼接、山盆耦合的大地构造特征的显生宙增生型造山带（图4-4）。阿拉尔花岗岩体位于新疆富蕴县可可托海地区喀依尔特—乌什托克斯一带，南西距可可托海3号伟晶岩脉约13 km，出露面积约1300 km$^2$，为一大型花岗岩岩基，构造位置上位于中阿尔泰块体。岩体围岩较复杂，主要为中元古界苏普特岩群变质岩系和早石炭世红山嘴组地层，次为泥盆纪和石炭纪花岗岩，并在乌什阔吉尔特南一带被侏罗纪花岗岩体侵入（张亚峰等，2015）。

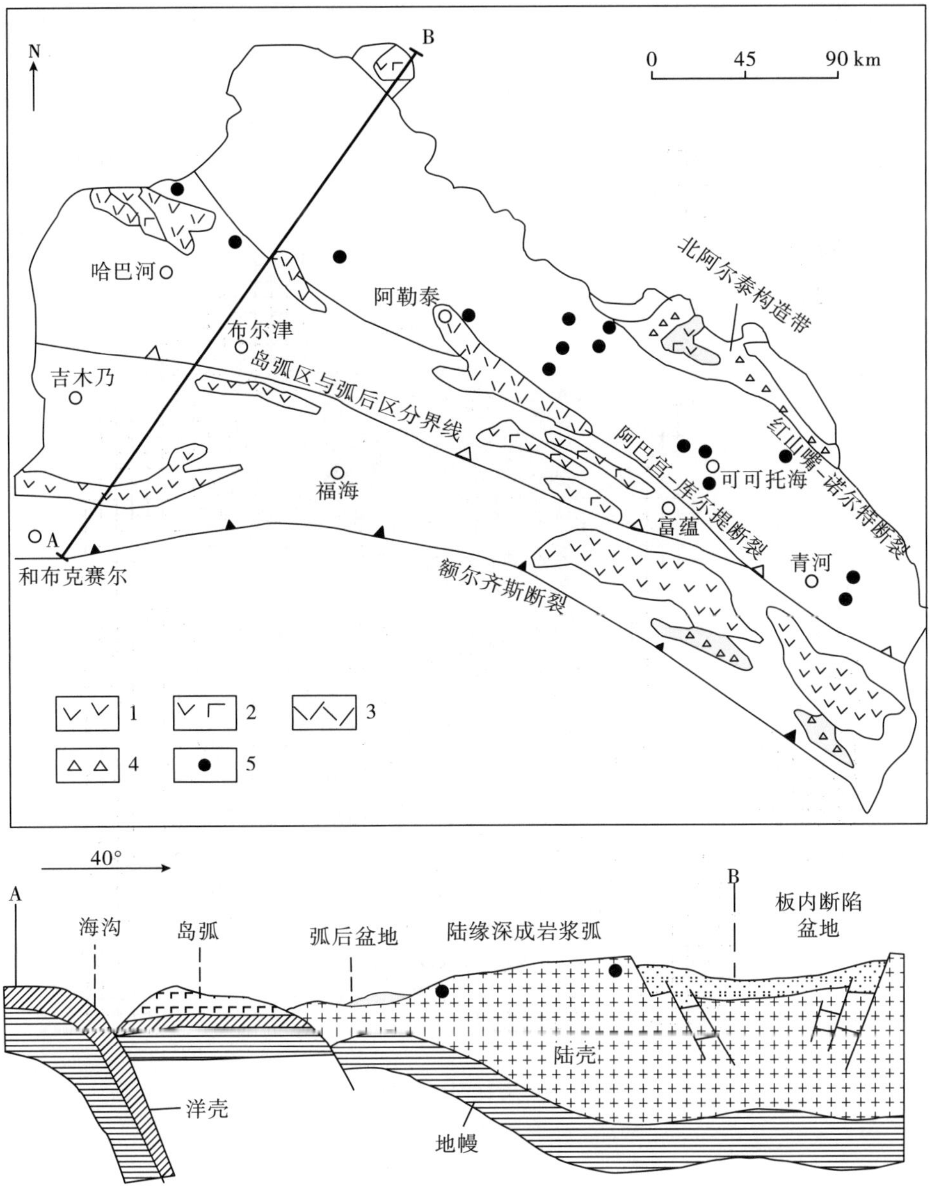


图 4-4　阿尔泰伟晶岩带构造背景简图

（据尹蓉，2015；张亚峰等，2015）

1—中性火山岩；2—中基性火山岩；3—酸性火山岩；4—火山碎屑岩；5—伟晶岩

## 三、矿区地质特征

可可托海伟晶岩型稀有金属矿床（Li-Be-Nb-Ta-Cs），是一个超大型铍矿、中型锂矿和小型铌钽综合矿床。该矿床由一位牧民于 20 世纪 30 年代发现，20 世纪断续地进行了开采（邹天人和李庆昌，2006），是世界闻名的稀有金属产地。稀有金属伟晶岩与海西期阿拉尔花岗岩（330~250.3 Ma）有关，在该花岗岩内外接触带分布有5个伟晶岩田，3号脉是其中之一（图4-5）。

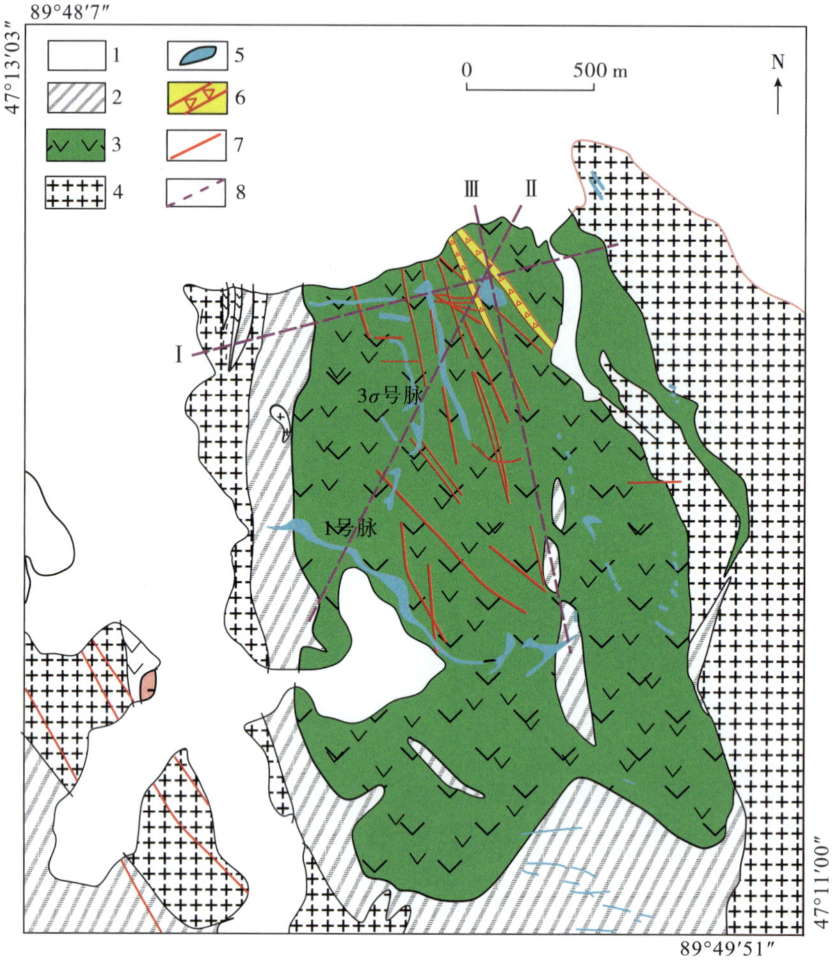


图4-5　可可托海矿区地质简图

（据田野等，2015）

1—第四纪沉积；2—片岩；3—变辉长岩；4—黑云母花岗岩；5—伟晶岩脉；6—破碎带；7—断层；8—剖面

## 四、矿床地质特征

3号脉由椭圆形的岩钟体和底部缓倾斜脉体两部分组成，空间形态像一个稍偏斜的实心礼帽（周启凤等，2013），矿体分带明显，由外向内主要有10个分带（图4-6、表4-1）。岩钟体走向北西335°，倾向北东，上盘倾角40°~80°，下盘倾角80°，沿走向长250 m，宽150 m，斜深250 m，地表出露平面为梨形。底部缓倾斜脉体走向NW310°~320°，倾向南西，倾角10°~40°，沿走向已知长度2000 m，沿倾斜已控制1500 m，厚度20~60 m，平均厚度40 m（翟裕生等，2011）。

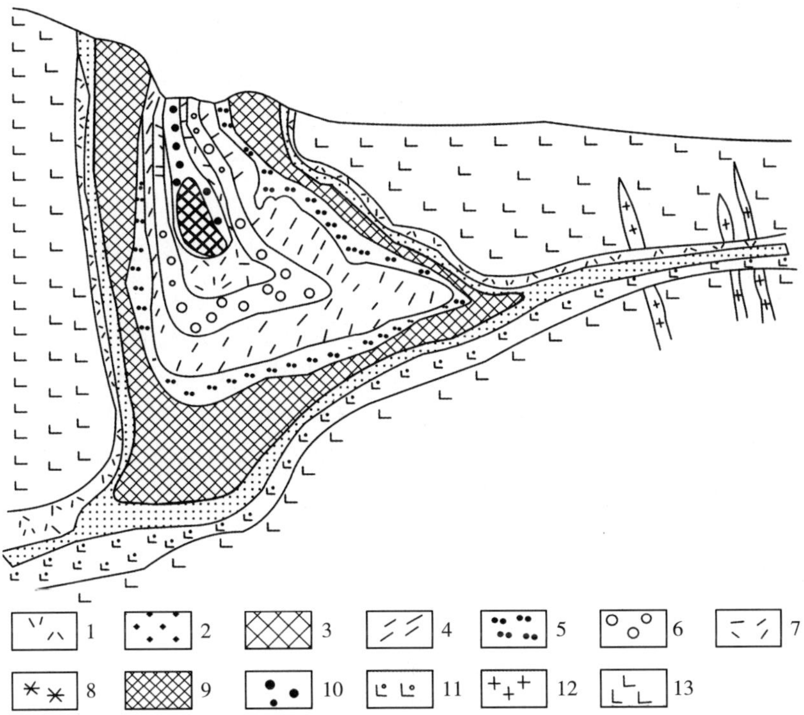


图 4-6　可可托海 3 号伟晶岩脉剖面示意图

（据翟裕生等，2011）

1—文象、变文象带；2—糖粒状钠长石带；3—块状微斜长石带；4—白云母-石英带；5—叶钠长石-锂辉石带；6—石英-锂辉石带；7—白云母-钠长石带；8—钠长石-锂云母带；9—石英-绝榴石带；10—核部块体石英-长石带；11—蚀变辉长石；12—花岗岩脉；13—辉长岩

**表 4-1　3 号伟晶岩的矿物共生组合及结构分带**

| 结构矿物带 | 名称 | 矿物共生组合 | 矿体 | 占伟晶岩约/% |
|---|---|---|---|---|
| Ⅰ | 文象、变文象结构带 | 钠长石-石英-云母-电气石-绿柱石 | Be | 17.68 |
| Ⅱ | 糖粒状钠长石带 | 糖粒状钠长石-石英-绿柱石 | Be | 15.14 |
| Ⅲ | 块状微斜长石带 | 微斜长石-石英 | 少量 Nb | 17.94 |
| Ⅳ | 白云母-石英带 | 白云母-石英-微斜长石-绿柱石-透锂长石 | Be、Nb、Ta | 20.00 |
| Ⅴ | 叶钠长石-锂辉石带 | 石英-锂辉石-铌钽铁矿-石英-磷锂铝石 | Li、Nb、Ta | 14.77 |
| Ⅵ | 白云母-钠长石带 | 石英-锂辉石-叶钠长石-铌钽铁矿-磷锂铝石 | Li、Nb、Ta | 8.74 |
| Ⅶ | 钠长石-锂云母带 | 白云母-钠长石 | Ta、Cs | 3.27 |
| Ⅷ | 石英-绝榴石带 | 钠长石-锂云母-钠长石 | Ta、Li、Rb、cs | 0.08 |
| $\alpha$ | 石英-微斜长石核 | 石英-绝榴石-锂云母-钠长石 | Cs | 0.02 |
| $\chi$ | | 石英-微斜长石 | Rb、Cs | 2.38 |

（据卢焕章等，1996）

## 五、矿石特征

可可托海矿床产有多种稀有元素矿物，主要有锂辉石、锂云母、绿柱石、铌铁矿、钽铁矿、细晶石、铯榴石等，可综合开采回收锂、铷、铯、铍、铌、钽、锆、铪的大型稀有元素矿床，伴有海蓝宝石、金绿宝石、彩色电气石、红色磷灰石等宝石矿物产出。矿石构造主要包括块状构造、浸染状构造及条带状构造；矿石结构主要为伟晶结构、交代结构、自形-半自形结构（图版3）。

矿石类型以稀有金属（Li-Be-Nb-Ta-Cs）富集程度分为铍-铌-钽矿石、锂-铍-铌-钽矿石、铌-钽矿石和锂-铍-铌-钽-铯矿石等。其中 $Li_2O$ 含量在 10%～1.38%，储量 52451 t；BeO 含量在 0.031%～0.10%，储量 65138 t；$Nb_2O_5$ 含量在 0.005%～0.003%，储量 657 t；$Ta_2O_5$ 含量在 0.008%～0.022%，储量 1074 t；$Cs_2O$ 含量在 0.125%，储量 115 t，为罕见的超大型稀有金属矿床（翟裕生等，2011）。

## 六、矿床成因与成矿模式

可可托海伟晶岩矿区内出露的岩浆岩有加里东晚期的变辉长岩（408 Ma）和英云闪长岩（408 Ma），为可可托海矿床的围岩。稀有金属伟晶岩与海西期阿拉尔花岗岩（330～250.3 Ma）有关（翟裕生等，2011）。

关于花岗伟晶岩型稀有金属矿床的成因存在花岗岩浆高度结晶分异、热液交代作用和流体不混溶作用 3 种富集机制（冉子龙和李艳军，2021）。吴福元等（2015）研究认为花岗伟晶岩型稀有金属矿床成矿流体是花岗岩浆高度分异结晶形成的残余熔体。Fan 等（2020）认为流体不混溶作用对稀有金属的富集至关重要。London（1992）也曾提出伟晶岩形成过程未必极其富水，强调过冷却作用和非平衡结晶是伟晶岩形成的重要机制。由于过冷却效应的存在，相对应的富挥发分硅酸盐熔体可以维持低至 500 ℃，甚至 350 ℃（郑范博等，2021）。目前，国内主流观点还是花岗岩浆高程度结晶分异观点，并认为花岗伟晶岩型稀有矿床的形成与地壳深部物质的重熔作用密切相关。在板块俯冲、碰撞作用下，增生大陆边缘及碰撞带的岩石发生强烈的褶皱变质，地壳更深的部位可发生重熔，产生大量的花岗岩浆并向上侵位于不同的深度冷凝结晶。成矿物质来自褶皱造山期重熔花岗岩浆，其分异出来的富稀有金属元素的高挥发分熔浆在适宜的地质环境中发生缓慢结晶作用和交代作用，形成了富含稀有金属元素的伟晶岩矿物（图 4-7）。

在成矿过程中，高挥发分起到重要作用。岩浆中的挥发组分携带着稀有金属向岩体的顶部及边部集中，形成富含稀有金属的高挥发分熔浆——即成矿岩浆。由于此种岩浆具有较高的热容量和较低的黏度，易于向低压区迁移。当熔浆侵入到角闪岩相的变质环境时，较高的温压条件有利于稀有金属的高挥发分熔浆缓慢结晶、分异和交代而成矿。但岩浆侵位于较浅的部位（<3 km 时，低的温度和压力环境不利于伟晶岩的形成而形成稀有金属花岗岩、细晶岩及霏细岩等。流体熔融包裹体及气液相包裹体温度测定显示，Ⅰ带为 340～610 ℃，

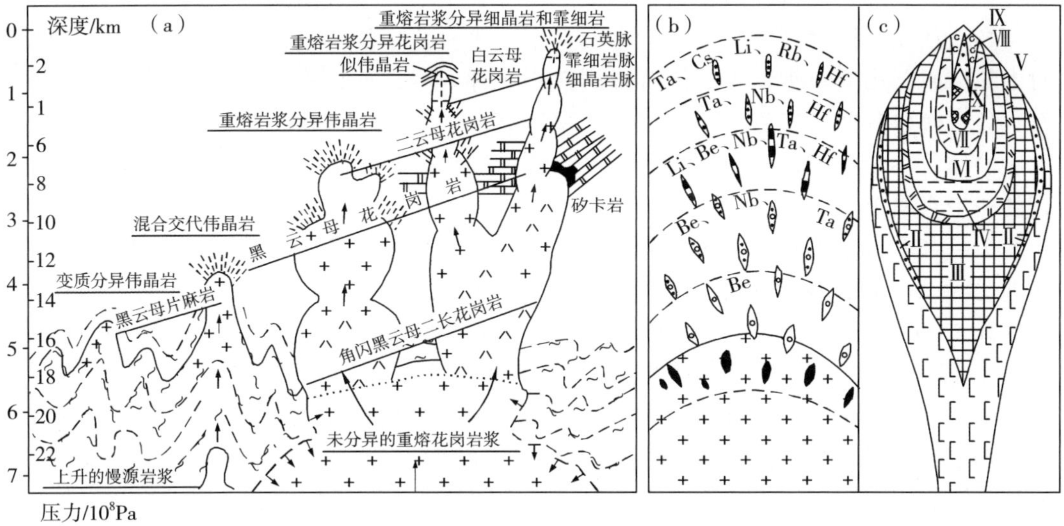


图 4-7 增生大陆边缘稀有金属伟晶岩矿床模式图

（据裴荣富（1995）转引自邹天人（1995））

（a）花岗岩浆演化与伟晶岩的形成过程示意图；（b）伟晶岩稀有金属矿化垂直分带示意图；（c）稀有金属伟晶岩脉内部结构示意图；Ⅰ—文象、变文象伟晶岩带；Ⅱ—糖粒状钠长石带；Ⅲ—块状微斜长石带；Ⅳ—白云母-石英带；Ⅴ—叶钠长石-锂辉石带；Ⅵ—石英-锂辉石带；Ⅶ—白云母-钠长石带；Ⅷ—钠长石-锂云母带；Ⅸ—石英-铯榴石带；Ⅹ—核部块体微斜长石-块体石英带

Ⅱ带为 360~670 ℃，Ⅲ带为 340~670 ℃，Ⅳ带为 210~410 ℃，Ⅴ带为 300~600 ℃，Ⅵ带为 350~520 ℃，Ⅶ带为 340~400 ℃，Ⅷ带为 300~590 ℃（翟裕生等，2011）。

## 七、矿山开发综合利用

阿尔泰可可托海 3 号脉是我国著名的花岗伟晶岩型稀有金属矿床，以完美的同心环状内部结构分带、罕见的岩钟状形态，稀有金属矿种多、规模大闻名于世，并具有“功勋矿”的称号，为国家发展做出了巨大贡献（秦克章等，2021）。

源自新疆阿尔泰山的额尔齐斯河，西出国境入哈萨克斯坦，再入俄罗斯，在西伯利亚大平原上汇入鄂毕河后，流向北冰洋。20 世纪 30 年代，苏联的地质学者勘察发现，额尔齐斯河中下游的河流淤泥中，存在稀有金属元素的高含量异常，因此推测在额尔齐斯河源头可能蕴藏着规模巨大的稀有金属矿。1935 年，以 B · Π · 赫洛舍夫为首的苏联地质调查团溯额尔齐斯河而上，来到可可托海，发现了包括后来名满天下的 3 号矿脉在内的 8 处绿柱石产地，从而揭开了这一世界级稀有金属矿床的面纱。3 号矿脉矿坑是世界上最大的矿坑。历经 50 年的采掘，已由原先高出地表数百米的高耸山体，变成深陷地下百余米，长宽数百米的深坑。坑内有 86 种矿共生，主要有锂、铍、钽、铌等多种稀有及放射性元素，储量之丰，规模之大，矿种之多，品位之高，成带之分明为国内所独有，国外亦罕见，素以“地质矿产博物馆”而享誉海内外。

矿山开发，最早在 20 世纪 40 年代中期，苏联的地质专家就曾在这里边考察、边开采。可可托海矿务局是新中国成立后，第一批中外合营的企业之一。1950 年 3 月，中苏两国领导人在莫斯科签订了《关于创办两个中苏股份公司的协定》。可可托海矿管处就是当时中苏金属公司的一座主要的稀有金属矿山。那时候，矿区有 1200 多名职工，开采的矿石，通过额尔齐斯河航道，全部出口苏联。1955 年 1 月，苏联政府把中苏金属公司的苏方股份作价移交我国，矿山由我国独立经营。从此，可可托海矿务局成为新疆有色金属公司的一个直属单位。

经历了半个世纪的矿山建设、生产勘探及矿山回采，到 1999 年年底，露采境界内 1096 m 水平以上矿山探采工作全部完成，露天矿随之闭坑。国家储委批准的 3 号脉保有储量共计 2 066.7 万 t，其中 A+ B+ C 级铍矿石 1 530.8 万 t，锂矿石 389.8 万 t，钽铌矿 54.3 万 t，截至 1999 年 11 月停采止，共计采出矿石 709 万 t，其中铍矿石 347.8 万 t，锂矿石 302.5 万 t，钽铌矿石 59.1 万 t。50 多年开采为新疆的稀有金属工业发展奠定了基础，特别是在 60 年代，为国家偿还苏联三分之一的债务，为中国“两弹一星”提供了全部的锂、铍、钽、铌、铯等稀有金属原料，为中国发展国防工业、航天事业做出了历史性贡献。2017 年 7 月 26 日，中国航天基金会在可可托海 3 号矿脉举行授勋仪式，授予可可托海为“两弹一星”爱国教育基地称号（张丽华，2019）。

另外，采矿 50 多年来，矿山主要利用了达到工业指标的锂矿石（$Li_2O \geq 0.7\%$）和钽铌矿石（$(Ta, Nb)_2O_5 \geq 0.04\%$）生产锂精矿和钽铌精矿，由于受工艺技术、生产成本及市场因素影响，铍矿石的选矿在 1977—1983 年间断进行了几次工业试验后，就再没进行过应用研究，采出的 340 多万 t 铍矿石堆放在地表（何建璋，2003）。

露天矿采经过 7 年多的沉寂后，3 号矿脉“重获新生”，多项新型矿产项目已建成投产。可可托海稀有金属和非金属矿物新材料基地锂铍钽铌综合利用项目已全面展开，如 6 万 t 碳化硅项目一期工程、铍冶炼厂、5000t 云母项目、20 万 $m^2$ 微晶玻璃项目。经深部找矿勘探，可可托海矿深部仍蕴藏丰富的铍、钽、铌、铯等稀有金属资源，仅氧化铍的探明储量就达 300 万 t，潜在价值可达上百亿元，由新疆维吾尔自治区批准立项，新疆有色工业（集团）公司将把氧化铍冶炼工程列为重点开发项目之一。

2015 年，露天开采的可可托海矿区纳入国家地质公园建设。新疆可可托海国家地质公园由“世界地震博物馆”之称的卡拉先格尔地震断裂带、“北国江南”之誉的可可苏里风景区、“中国第二寒极”伊雷木湖及著名的额尔齐斯大峡谷四大景区组成（罗英，2015）。2017 年 5 月 5 日，联合国教科文组织执行局会议决定，正式批准可可托海国家地质公园列入世界地质公园（何潭振，2017）。

# 第五章　热液矿床典型案例

热液矿床（或气水热液矿床）（hydrothermal ore deposits）是指含矿热水溶液在一定的物理化学条件下，在各种有利的构造和岩石中，由充填、交代及沉积等成矿方式形成的有用矿物堆积体。

流体包裹体研究以及矿物组合的稳定性热力学计算表明，成矿热液一般具有较高的温度（50~600 ℃）和盐度（所溶解的所有固体组分的含量，5%~40%）区间，压力一般为 $4\times10^6$~$2.5\times10^8$ Pa，成矿深度 0~1.5 km（浅成或超浅成）、1.5~4.5 km（中深-深成）。Lindgren（1933）以温度和深度，将热液矿床分为高温深成热液（hypothermal）矿床、中温中成热液（mesothermal）矿床、低温浅成热液（epithermal）矿床。这种分类方案曾被广泛应用。他给出的温度范围是高温范围在 500~300 ℃、中温范围在 300~200 ℃、低温范围在 200~50 ℃。形成深度，他没给出具体范围，但传统上一般认为大于 3 km 者为深成，3~1.5 km 者为中成，小于 1.5 km 者属浅成。上述用于分类的温度和深度参数，随着超深钻探和新的矿床学研究资料的积累，已经打破了最初的界限范围，如 Gebre-mariam 等（1995）和 Groves（1998）在分别研究太古宙金矿和造山型金矿时，提出浅成（epizonal，<6 km，150~300 ℃）、中成（mesozonal，6~12 km，300~475 ℃）、深成（hypozonal，>12 km，>475℃）。

本书结合国内常见的矿床学教材，从热液矿床的地质背景、矿床特征和成因等综合因素进行分类，将热液矿床分为矽卡岩型矿床、斑（玢）岩型矿床、高中温热液脉型矿床、浅成低温热液型矿床、层控热液型矿床五大类，以湖北大冶矽卡岩型铁矿床、江西德兴斑岩型铜矿床、江西大余高温热液型钨矿床、山东玲珑中温石英脉型金矿床、福建紫金山高硫化浅成低温热液型铜金矿床、福建悦洋低硫化浅成低温热液型银多金属矿床、湖南锡矿山锑矿低温热液矿床、贵州水银洞卡林型金矿床、云南金顶密西西比河谷型铅锌矿床等矿床作为热液矿床的典型案例。

## 第一节　湖北大冶矽卡岩型铁矿床

### 一、矿山简介

大冶铁山铁（铜）矿位于“青铜古都”“钢铁摇篮”的湖北省黄石市，距离武汉市仅 65 km，早在 1700 年以前就已开采，并将采铁之山命名为铁山。1952—1954 年，原地质部四二九地质队对铁矿进行系统的普查和勘探，提交了湖北大冶铁矿地质勘探报告，后为武汉钢铁公司的重要矿山基地。大冶铁矿曾是我国的“钢铁粮仓”，是毛泽东主席视察过的唯一一座铁矿山，是他“骑着毛驴也要去看看”的地方，为我国重振工业、经济建设发展提供了宝贵财富。

2005 年成为全国首批、湖北省唯一的国家级矿山公园——黄石国家矿山公园（国家 4A 级旅游景区），包含了矿冶大峡谷、矿业博览园、石海大绿洲、井下大探幽和矿山博物馆等 5 个部分。其中，矿冶大峡谷最大垂直高达 444 m，东西长 2.2 km，宽 900 m，截面 $108\times10^4$ $m^2$，被誉为“亚洲第一采坑”。

## 二、区域地质背景

长江中下游成矿带是我国富铜铁矿床的重要成矿带，是全国 19 个重点成矿带之一。鄂东南是长江中下游成矿带两类矿床（矽卡岩型、斑岩型）和岩浆岩均发育地区（图 5-1，图 5-2）。

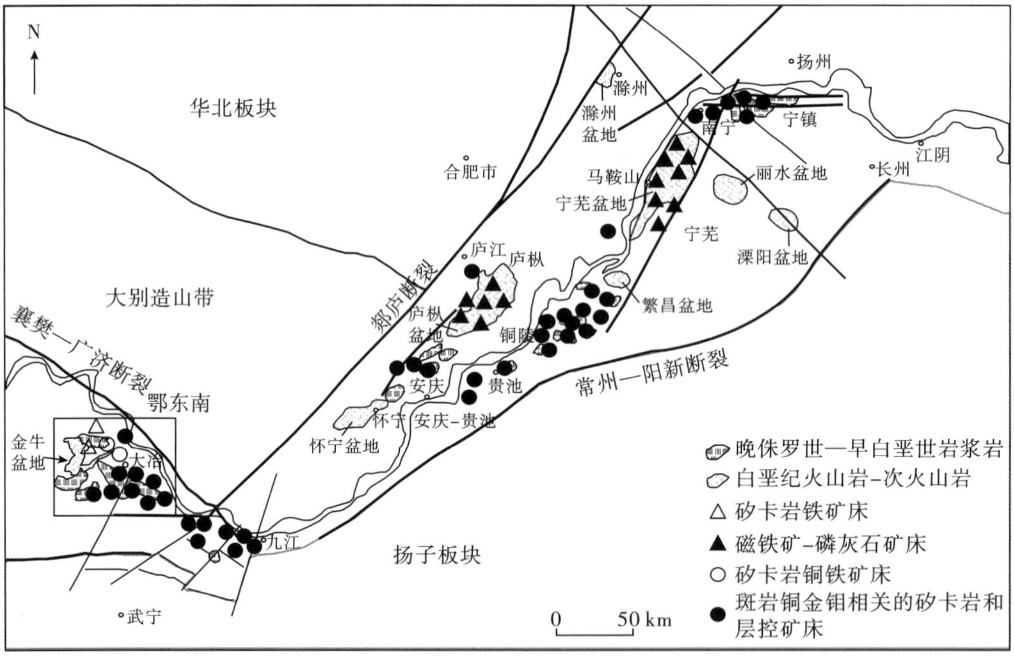


图 5-1　长江中下游成矿带矿集区分布图

（据李新昊，2018）

大冶铁矿床地处淮阳山字形前弧西翼与新华夏构造体系（以梁子湖 NNE 向断裂带和鄂城-大磨山隆起带为主体）的复合地带，隶属于长江中下游铁-铜-金多金属成矿带的西段（鄂东南矿集区）。在三角形区内，印支期与燕山期构造叠加，又被铁山-四棵、毛铺-两剑桥断裂分割成三个梯形块体，形成铁山-黄金山、殷祖-筠山、大幕-枫林三个逆冲滑覆构造带。燕山运动伸展导致的拉张作用使岩浆活动强烈，形成区内鄂城、铁山、金山

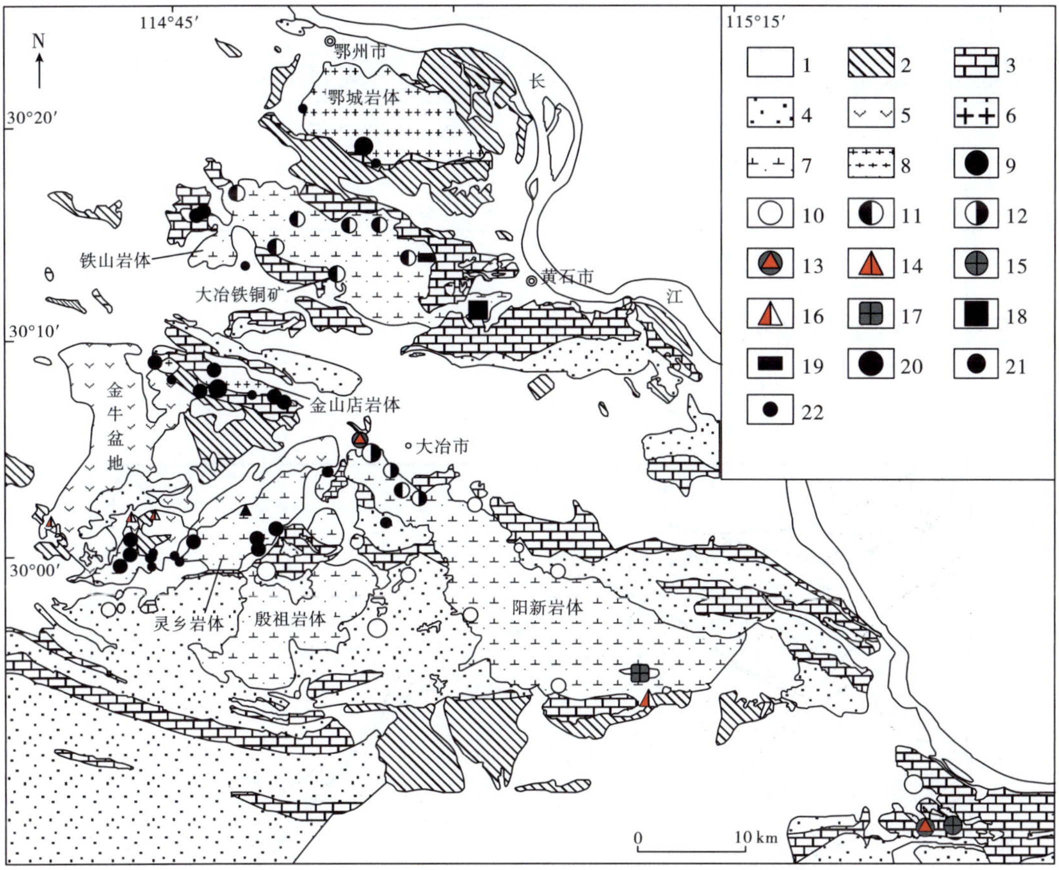


图 5-2　鄂东南地区区域地质略图

（据朱乔乔等，2019）

1—第四系；2—侏罗系—古近系火山碎屑岩和砂岩；3—三叠系碳酸盐岩和砂页岩；4—寒武系—二叠系碳酸盐岩和碎屑岩；5—白垩纪—古近纪火山岩；6—晚中生代花岗质岩石；7—晚中生代闪长质岩石；8—晚中生代花岗闪长斑岩；9—铁矿；10—铜矿；11—铁铜矿；12—铜铁矿；13—铜金矿；14—金矿；15—铜钼矿；16—铅锌矿；17—钨铜钼矿；18—锶矿；19—硫铁矿；20—大型矿床；21—中型矿床；22—小型矿点

店、灵乡、殷祖、阳新等主要侵入体和众多的小岩体群，侵入岩出露面积达 612 $km^2$，伴生铜、铁、金等多金属矿床（表 5-1）。

**表 5-1　鄂东矿集区岩浆岩特征**

| 岩体 | 产状及侵位深度/km | 岩体形态 | 规模/$km^2$ | 成矿特征 |
|---|---|---|---|---|
| 鄂城 | 岩基，<10 | 平面上呈长椭圆形，剖面上呈岩席状，由一系列椭圆形小岩体组成 | 90 | 大型铁矿 |
| 铁山 | 岩基，<10 | 平面上呈长椭圆形，剖面上呈岩席状，由一系列椭圆形小岩体组成 | 130 | 大型铁矿 |
| 金山店 | 岩株，<6 | 平面上呈长椭圆形，剖面上呈岩席状，由一系列椭圆形小岩体组成 | 20 | 中型铁矿 |
| 灵乡 | 岩基，<4 | 平面上呈长轴状，呈 NE 向展布，长约 24 km，宽 0. 3~4 km | 79 | 中型铁矿 |

续表

| 岩体 | 产状及侵位深度/km | 岩体形态 | 规模/$km^2$ | 成矿特征 |
|---|---|---|---|---|
| 阳新 | 岩基，<10 | 岩体受 NW 向断裂控制，平面上呈长椭圆状，呈 NW 向展布，属于中深成相岩株 | 200 | 小型铁矿 |
| 殷祖 | 岩基，<10 | 平面上呈长椭圆形，呈 NE 向展布，长约 17 km，宽约 9 km | 85 | 中型铁矿 |

## 三、矿区地质特征

矿区广泛出露三叠系大冶群大理岩，矿体主要分布于闪长岩与大理岩接触带上（图 5-3）。

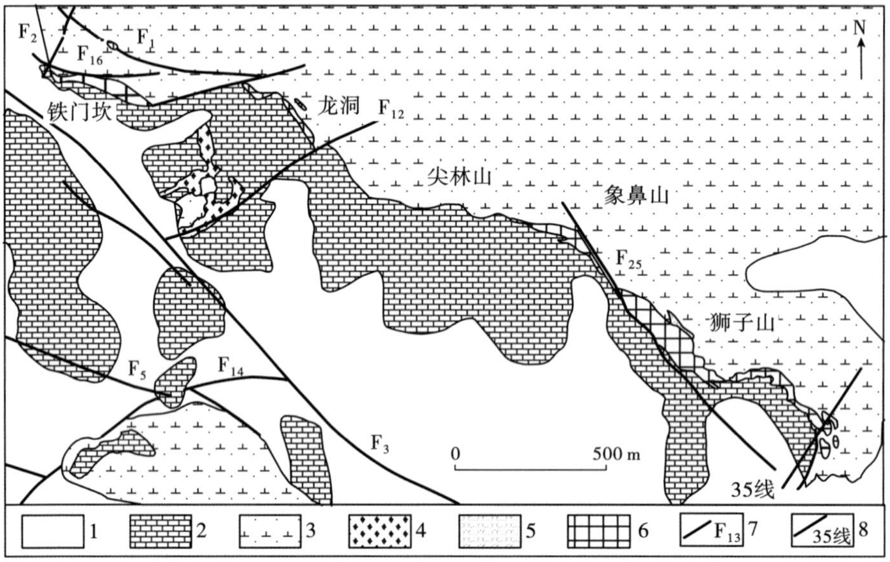


图 5-3　大冶铁矿地质简图

（据朱乔乔等，2019）

1—第四系；2—大冶组灰岩；3—石英闪长岩；4—角砾岩；5—矽卡岩；6—矿体；7—断裂及编号；8—勘探线及编号

### 1. 地层

矿区出露的地层从老到新包括二叠系龙潭组和大隆组、三叠系大冶组以及第四系沉积物。其中，大冶组是区内分布最广的地层，与成矿关系密切。大冶组上段岩性为砂砾屑灰岩、鲕粒灰岩、鲕粒核形石灰岩、晶洞灰岩、薄层状泥晶灰岩、粉晶灰岩夹钙质页岩；中下段岩性为中层状粉-微晶灰岩、砾屑灰岩与泥晶灰岩、页岩互夹或互层，页岩、硅质黏土岩、含硅质页岩夹薄-中层状泥晶灰岩。大冶组内白云岩和白云质灰岩是铁铜金多金属矿体的主要赋存层位。由于岩浆侵入活动的影响，矿区地层已不同程度地发生了变质，特别是接触热动力变质变形和接触交代变质。

### 2. 构造

矿区地质构造复杂，除近NWW向的接触带构造外，还发育大量展布方向为NNW向、NW向以及NNE向褶皱构造和断裂构造。矿区主要褶皱构造从南到北有铁山背斜、龙门山倒转向斜、龙洞-狮子山倒转背斜及象鼻山倒转向斜，是矿区的主要构造格架。矿区的断裂构造主要为一系列压扭性、扭性断裂，它们往往切割所有地质体地层、岩体、矿体，有部分断裂局部被中基性岩脉充填，断层破碎带中常见深色断层泥、糜棱岩、碎裂岩、透镜体和石英团块发育。此外，矿区节理也较为发育，其中多有铁质氧化物、绿泥石等充填物质。控制铁山矿区成矿的构造因素比较复杂，除岩浆岩与大理岩接触带构造对成矿具有明显的控制作用外，还有近接触带围岩中的接触热动力构造、成矿前的断裂构造、岩体侵位后冷凝收缩形成的裂隙构造以及岩浆岩与围岩中的不同构造（主要是褶皱构造）的接触关系等都对本区矿床的形成有着不可忽视的控制作用。

### 3. 岩浆岩

铁山岩体为燕山期多次侵入而形成的闪长岩-花岗闪长杂岩体（表5-2）。岩体总体呈NWW-SEE向纺锤形，东西长24 km，南北宽5~8 km，出露面积约120 $km^2$。

**表5-2　铁山矿区岩浆岩特征表**

| 岩石名称 | 矿物成分 | 岩石结构 | 分布及与矿体的接触面积比 |
|---|---|---|---|
| 中细粒含石英闪长岩 | 斜长石69.8%，钾长石12.2%，石英7.9%，角闪石7.9%。副矿物有磁铁矿、锆石、榍石、磷灰石等 | 中细粒全晶质半自形粒状或柱粒状结构 | 东起尖山、西到铁门坎成一宽200~400 m的NWW向岩带直接与大理岩接触。与矿体的接触面积比为73.86% |
| 黑云母透辉石闪长岩 | 斜长石69.7%，钾长石7.1%，角闪石0.8%，黑云母6.6%，透辉石12.5%。副矿物同上 | 半自形-他形不等粒状结构或柱粒状结构 | 呈近EW向长条状分布，有分支插入中细粒含石英闪长岩与大理岩中。与矿体的接触面积比为26.13% |
| 正长闪长岩 | 斜长石65.4%，钾长石19.3%，石英3.2%，角闪石9.3%，黑云母0.4%，透辉石0.1%。副矿物同以上两种岩石 | 中粒半自形柱粒状结构 | 主要分布在上述两种岩石以北，是铁山岩体的主体。与矿体的接触面积比<0.01% |
| 斑状含石英闪长岩 | 斜长石71.8%，钾长石13.0%，石英7.6%，角闪石5.7%。副矿物有榍石、磁铁矿、锆石、磷灰石 | 中粒似斑状结构 | 主要分布于矿区尖山以东，与矿体无直接接触关系 |

（据孙华山等，2009）

铁山矿床范围内出露的岩浆岩主要是燕山早期第一次侵入形成的中细粒含石英闪长岩、闪长岩、正长闪长岩，第二期侵入形成的黑云母辉石闪长岩，第三次侵入形成的斑状含石英闪长岩。矿区范围内出露的岩浆岩主要有石英闪长岩、黑云母透辉石闪长岩、正长闪长岩、含石英闪长岩及云斜煌斑岩、辉绿岩、闪长玢岩等。铁山矿体附近的岩体与碳酸盐岩接触带两侧均经历了一定程度的接触交代作用和热液蚀变作用的改造，主要蚀变类型有矽卡岩化、钠化、钾化、硅化、金云母化、绿泥石化、碳酸盐化和高岭土化等，形成不同类型的矽卡岩化、碱质交代和热液蚀变岩。

## 四、矿床地质特征

大冶铁山铁（铜）矿床由六大矿体组成，自西向东依次为铁门坎、龙洞、尖林山、象鼻山、狮子山和尖山矿体，总长 4300 m。其中尖林山矿体为盲矿体。矿体总体呈似层状，产于内接触带中，走向 NWW 向。其形态在不同地段差异较大，可呈脉状、透镜状、囊状等（图 5-4）。沿走向长度在 360~872 m 之间，最大斜深 550 m，最小 20 m，一般在 100~400 m。最大厚度 180 m，最小 10 m，一般 30~80 m（翟裕生等，2011）。

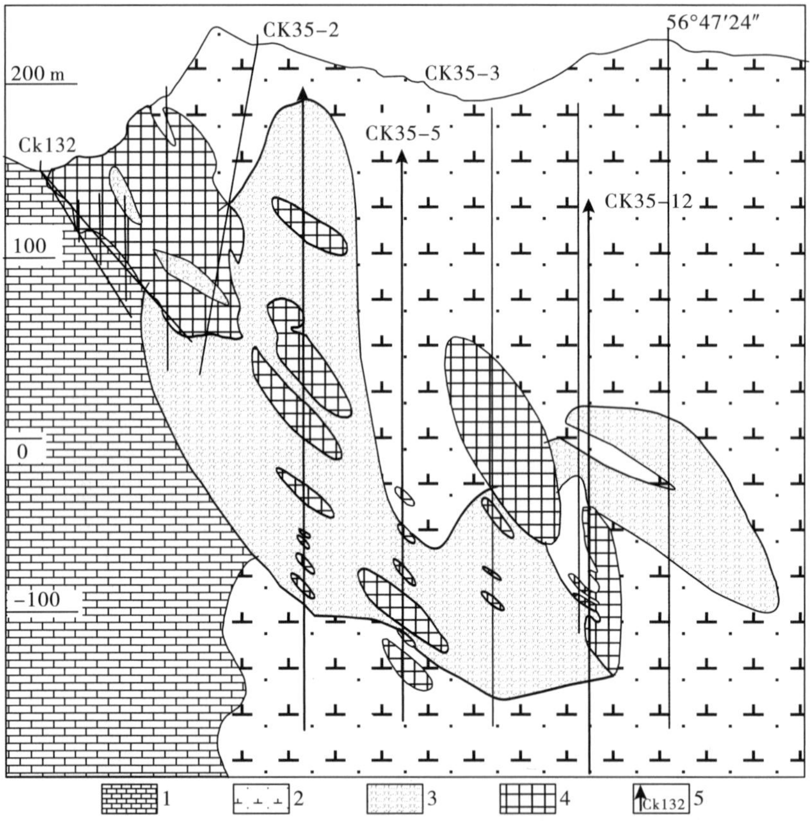


图 5-4　大冶铁铜矿床地质剖面图

（据朱乔乔等，2019）

1—大冶组灰岩；2—石英闪长岩；3—矽卡岩；4—矿体；5—钻孔及编号

该矿区的围岩蚀变大部分是矽卡岩化、钾化、钠化、绿泥石化等，发生蚀变的位置一般在两段：Ⅰ期为中细粒含石英闪长岩和大理岩的接触带；Ⅱ期为黑云母透辉石闪长岩和大理岩的接触带（熊鹏飞，1984）。两者的蚀变深度不同，Ⅰ期形成的矿体大于Ⅱ期，围岩都具有明显的分带。

大冶铁矿床矿化期次可分为三个阶段，由早到晚分别为矿化微弱的矽卡岩化阶段→磁铁矿阶段→碳酸盐阶段。各阶段的产物分别是：①闪长岩中产出透辉石等矽卡岩矿物，并且有少量磁铁矿生成。②大部分产出为块状的磁铁矿，是矿体的主要部分，与大理岩界限明显，与闪长岩界限不太明显。③各种碳酸盐岩如方解石脉。

## 五、矿石特征

矿石类型可分为氧化带矿和原生带矿。氧化带以赤铁矿-褐铁矿矿石为主，氧化深度一般在地表以下 100 m。原生带矿矿石成分复杂，分为磁铁矿矿石和混合矿石（赤铁矿、菱铁矿、磁铁矿矿石）。

矿石中矿物成分复杂，仅原生矿物已达四十余种。金属矿物主要为磁铁矿，其次为赤铁矿、假象赤铁矿、菱铁矿、黄铁矿、黄铜矿、磁黄铁矿，有少量的斑铜矿、白铁矿、闪锌矿，在氧化带上还有水针铁矿、孔雀石、铜蓝、辉铜矿、赤铜矿等。非金属矿物主要为矽卡岩矿物组合。矿石构造主要为致密块状、浸染状、气孔状、条带状、角砾状等；矿石结构主要为粒状结构以及典型的热液交代结构等（图版 4）。矿石中以铁为主，铜为辅，伴生多种有益组分，有害杂质含量较低。铁品位最高可达 70%，最低 20%。铜品位最高 12%，最低 0.1%。可回收利用的有益伴生组分有 Co、Au、Ag、Mn、V、Ti 和 Cr 等。有害杂质除 S 外，As、P 和 Zn 等含量较低。

## 六、矿床成因与成矿模式

铁门坎至狮子山矿体中的黄铁矿 $\delta^{34}S$ 值大多在+1.9‰~+3.3‰之间；尖山矿体略低，为-0.3‰~+1.4‰，显示深部岩浆硫源特点。大冶群大理岩 $\delta^{18}O$ 值为 23.23‰和 23.31‰（两个样品）；中细粒含石英闪长岩中副矿物磁铁矿的 $\delta^{18}O$ 为 3.59‰和 3.95‰；矿体中磁铁矿的 $\delta^{18}O$ 值在 3.4‰~8.8‰之间，暗示与岩浆岩具有亲源性（孙华山等，2009）。

赵海杰等（2012）重点针对铜绿山铜铁矿床进行了硫、碳、氧同位素研究。硫化物的 $\delta^{34}S_{V-CDT}$ 均为正值且变化范围较窄，介于 0.6‰~3.8‰之间。成矿阶段方解石 $\delta^{13}C_{V-PDB}$ 变化于 -2.9‰~6.3‰之间，$\delta^{18}O_{V-SMOW}$ 变化于 9.6‰~12.6‰之间，成矿后方解石的同位素值明显增大，$\delta^{13}C_{V-PDB}$ 为 -0.9‰~1.3‰，$\delta^{18}O_{V-SMOW}$ 为 15.2‰~17.3‰，趋向于围岩的同位素值，认为成矿阶段的硫和碳来自深源或地幔，而成矿后期碳与地层发生明显的同位素交换反应。

矽卡岩型铁矿主要与板块俯冲作用引起的中-酸性岩浆侵入活动有关，虽不排除部分矿床的铁来自围岩，但大多数矿床的铁质是岩浆热液带入的，岩体富钠及钠化蚀变作用有利于铁质进入热液。当岩体侵位于中、浅部位的碳酸盐岩等有利围岩冷凝结晶时，岩浆中的挥发组分开始向岩体的顶部及边部集中，在早期高温阶段（超临界状态）流体通过双交代或渗滤交代作用形成干矽卡岩；其后因温度降低沿接触带上升的接近临界状态的富铁流体与围岩（包括干矽卡岩）交代形成湿矽卡岩矿物组合及磁铁矿，即铁矿的主要形成阶段；在更晚阶段则形成伴生的铜、铅、锌的硫化物（图 5-5）。

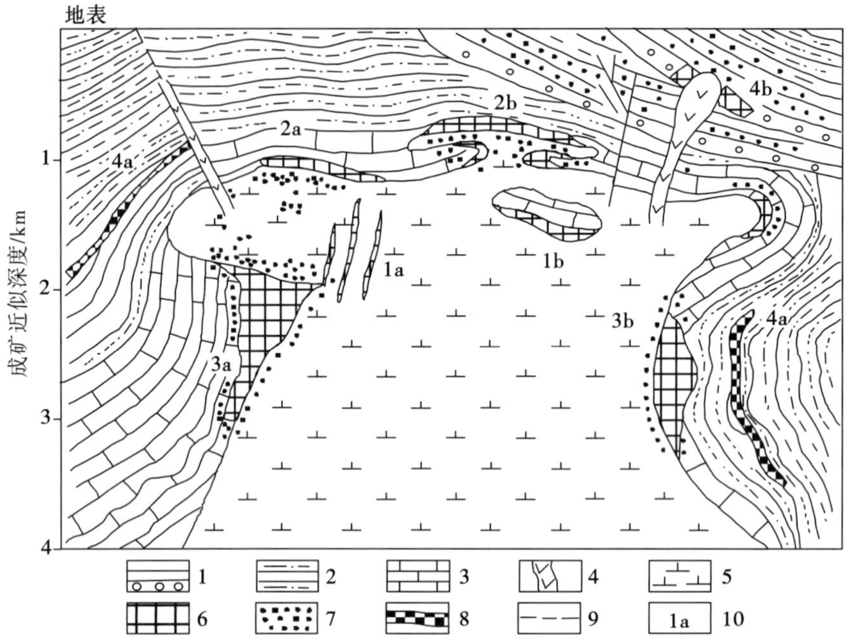


图 5-5　与中-酸性侵入体有关的矽卡岩型铁矿床模式图
（据翟裕生，1995）

1—砂砾岩；2—粉砂岩和泥灰岩；3—大理岩；4—中-酸性脉岩；5—闪长岩（和/或石英闪长岩、花岗岩）；6—接触交代矿体；7—蚀变带；8—沉积-接触变质改造矿体；9—断层；10—矿体产状类型编号。1a—岩体内的矿脉；1b—捕虏体中的矿体；2a、2b—岩体顶部矿体（2a—单层矿体，2b—多层矿体）；3a、3b—岩体侧部矿体；4a、4b—可能伴生的外围矿床（4a—岩体外部顺层矿体；4b—岩体外部热液充填交代矿体）

鄂东南是长江中下游成矿带最重要铜铁金多金属的地区之一，是破解该带中生代岩浆-成矿的构造背景理想对象。谢桂青等（2013）总结了鄂东南中生代铜铁多金属矿和相关岩体的期次和类型，构建区域成矿模型，研究提出鄂东南主要存在两期岩浆-成矿事件，包括四种矿化类型和四类岩石组合：①143～144 Ma 斑岩-矽卡岩型铜金钼钨矿和141～147 Ma 花岗闪长斑岩+花岗斑岩。②137～144 Ma 矽卡岩铜铁金矿和 136～143 Ma 辉长岩+闪长岩+石英闪长岩。③132～133 Ma 矽卡岩铁矿（不含铜和金）和 127～133 Ma 闪长岩+石英闪长岩+花岗岩。④128～129 Ma 火山热液型金矿和 125～130 Ma 双峰式火山岩+流纹斑岩+花岗斑岩，认为鄂东南中生代两期区域性岩浆-成矿事件与岩石圈减薄和替换密切相关。

## 七、矿山开发综合利用

从公元 226 年至今的将近 1800 年，从孙权兴炉、岳飞铸剑，到张之洞洋务建厂，再到现代的大冶铁矿开采，最终形成“亚洲第一采坑”。2005 年 7 月，以大冶铁矿区、铜绿山古铜矿遗址区组成的“一园两区”，经国家矿山公园评审委员会评审通过，确认为黄石国家矿山公园（詹瑜和滕玲，2019）。

大冶铁矿是中国近代钢铁工业曲折发展的缩影，文化底蕴深厚。新中国成立后，中央决定重建大冶铁矿，作为中国第二钢都的原料基地。大冶铁矿是毛泽东主席生平视察过的唯一一座铁矿山。1958 年 9 月 15 日，毛泽东主席视察大冶铁矿。遵照领袖的指示，引进新设备、新材料、新工艺、新技术，不断对采场、选厂进行扩建改造。自 1950 年黄石建市直到 2008 年，累计向国家贡献 1.9 亿 t 铁矿、74.13 万 t 铜精矿、5400 万 t 原煤、5.6 亿 t 非金属矿；产钢 2865 万 t、铜 270 万 t、水泥 1.25 亿 t，累计提供矿产资源及其深加工产品 9.62 亿 t，直接上缴利税 270 亿元，累计贡献 350 亿元，相当于国家同期投入的 6 倍，为我国的钢铁工业发展做出巨大贡献（俞礼河和曹海庆，2010）。

经过近 50 年的大规模开采，大冶铁矿已消耗铁矿储量 1.3 亿 t，到 21 世纪初，其铁矿资源保有储量已不足 3000 万 t，被国家列为“危机矿山”。依托大冶铁矿的千年采矿历史，以文化为支点建成了中国第一个矿山博物馆，并与铜绿山古铜矿遗址打包，2005 年 6 月 16 日，该矿申报的“国家矿山公园”项目顺利通过省级评审；随后于 2005 年 7 月 23 日，顺利通过国土资源部、财政部、国家旅游局、原国家环保总局联合组织的国家矿山公园评审，成为全国首批、湖北省唯一的国家级矿山公园，成为首个开园的国家矿山公园——黄石国家矿山公园。公园是中国第一家国家矿山公园，属国家 4A 级旅游景区，是继长江三峡大坝之后又一个全国工业旅游示范点。公园以“汉冶采坑观光区”和“复垦生态观光区”为核心景区，集中展现大冶铁矿悠久的采矿史和深厚的文化底蕴，不仅是我国典型金属矿科学基地（谢桂青等，2016），而且也是探索古今矿业文明发展、科普教育、亲子休闲的绝佳去处。

## 第二节　江西德兴斑岩型铜矿床

### 一、矿山简介

德兴铜矿地处江西省上饶德兴市境内，位于怀玉山脉孔雀山下，是我国江南地区目前规模最大的铜矿床，也是亚洲最大露天铜矿。这是一座和祖国一起成长起来的矿山，一座专注于智能化建设的矿山，一座美丽的绿色矿山。1958 年德兴铜矿正式成立，与新中国一起“站起来”；1978 年随改革开放“富起来”，进入了跨越式发展道路；2008 年跟随新世纪的脚步“强起来”，开始勾勒“创建世界一流铜矿山”战略蓝图，随后 2014 年奏响“全面建成世界一流铜矿山”的前行号角。

### 二、区域地质背景

德兴斑岩型铜矿床是环太平洋成矿带外带的一个组成部分，位于钦杭成矿带上，处于扬子板块东南缘的江南台隆南东边缘，赣东北深大断裂带东北段的北西侧（图 5-6）。

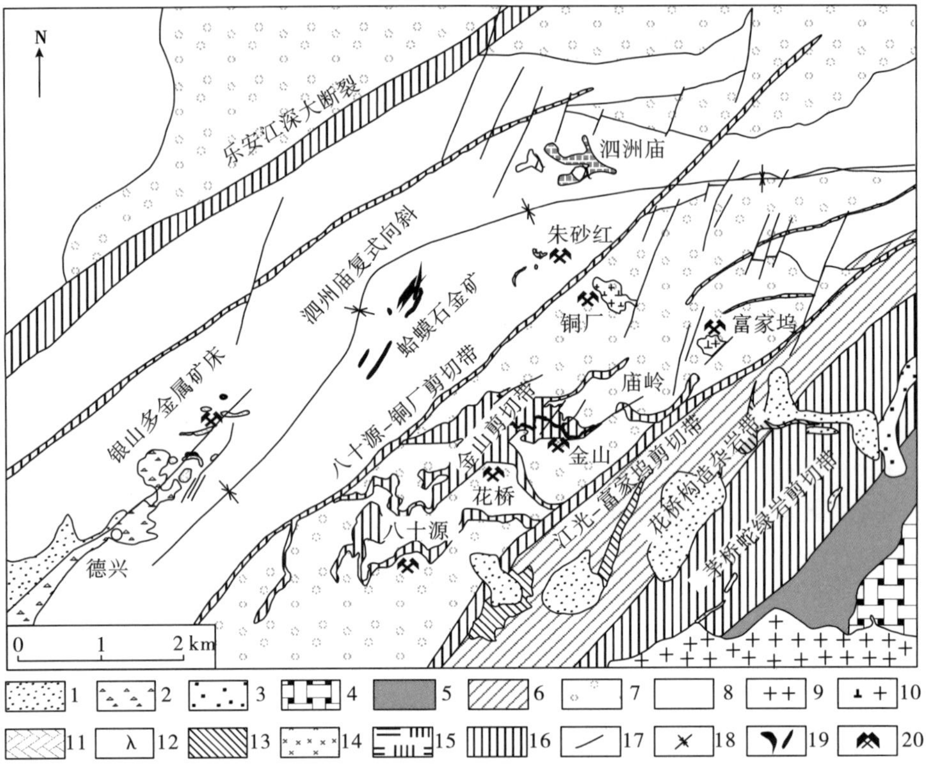


图 5-6　江西省德兴大型铜金矿集区地质矿产图

（据王翠云等，2012）

1—白垩系石溪组砂砾岩；2—下侏罗统鹅湖岭组角砾岩；3—下侏罗统林山组石英砂岩、泥页岩；4—寒武系河塘组硅质板岩、页岩；5—南华系志堂组变余凝灰岩、板岩；6—新元古界登山群凝灰质板岩、砂质板岩；7—新元古界双桥山上亚群千枚岩、泥砂质板岩；8—新元古界双桥山上亚群千枚岩、板岩；9—中侏罗世花岗岩；10—中侏罗世花岗闪长岩；11—早侏罗世次火山岩；12—古元古代辉石闪长岩；13—古元古代变细碧角斑岩；14—古元古代超铁镁质岩；15—古元古代变余角闪辉石岩；16—剪切带；17—断裂；18—复式向斜；19—金矿；20—矿床

区域内多旋回构造运动伴随多期次岩浆活动，主要集中于燕山期。德兴矿集区是我国华南地区一个铜、金、银多金属矿化集中区，该矿集区由三个矿田（包括铜厂斑岩铜矿田、金山金矿田和银山银多金属矿田）共十多个矿床组成，尤以超大型铜厂斑岩铜（金）矿床、银山铜金多金属矿床和金山金矿床最为著名。

## 三、矿区地质特征

德兴矿田包括富家坞、铜厂、朱砂红三个矿区（图 5-7），目前露天开采的有铜厂和富家坞矿床，前者主要产铜，后者则产铜和钼。

### 1. 地层

矿区地层主要为前震旦纪双桥山群基底，为一套浅变质岩，主要为绢云母千枚岩、石英绢云母千枚岩、变质凝灰岩等。普遍具有高的铜元素异常。

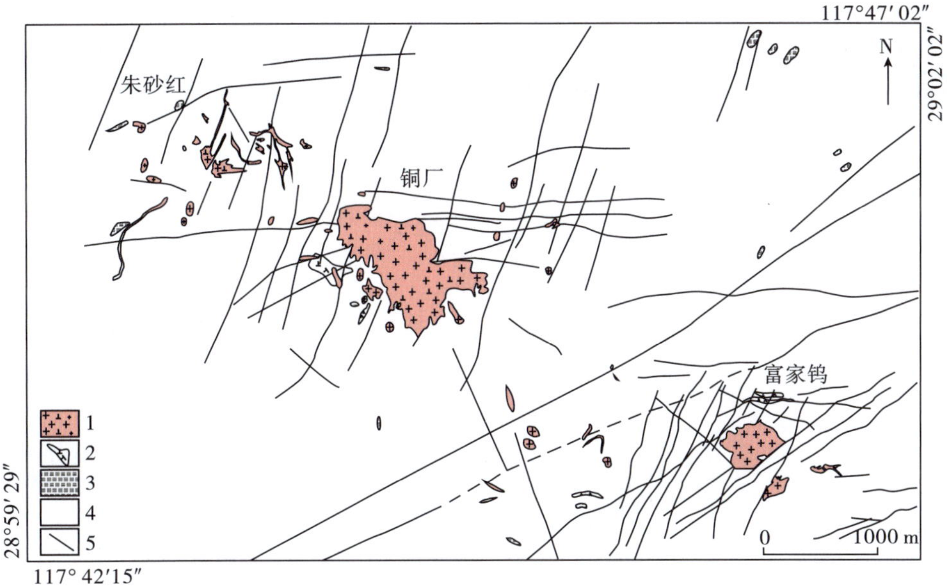


图 5-7　江西德兴矿田构造格架图
（据王翠云等，2012）
1—花岗闪长斑岩；2—石英闪长玢岩；3—辉长岩；4—千枚岩；5—断裂

### 2. 构造

矿区内构造主要是以两组构造为主，一组为东西向的褶皱和断裂，如泗洲庙向斜和东西向断裂，主要在矿区外围比较明显；另一组为北东向褶皱和断裂，如西沅岭背斜、官帽山向斜、富家坞和朱砂红鼻状构造系北东向断裂系统。两组构造交汇处是控岩和控矿的主要构造，所有矿体均产于斑岩体内外接触带中。

### 3. 岩浆岩

区内岩浆活动具有长期性、多旋回性和继承性。从晋宁期至燕山期，每个构造旋回都伴随岩浆活动，本区以斑岩群为特征。含铜斑岩是燕山早期，成矿年龄 170~155 Ma（中-晚侏罗世），斑岩体主要为岩株、岩瘤和岩脉，出露面积 0.1~1 km$^2$，为浅成-超浅成的侵入岩体。岩石类型为花岗闪长斑岩、石英闪长玢岩、花岗斑岩及英安斑岩（英安玢岩）。花岗闪长斑岩是杂岩体的主体，其与铜矿关系极为密切，在矿区内呈三个大小不等的岩株及小岩脉出现。

## 四、矿床地质特征

矿床范围，北西西向延长达 7 km，南北向宽 3 km，蚀变矿化面积 20 km$^2$。三个矿床的矿化类型相似，所有矿体均产于花岗闪长斑岩岩体内，或其与浅变质岩系接触带的内外蚀变带中。主矿体往往分布在斑岩岩株上盘两侧，

矿体均产于斑岩岩体内外接触带的蚀变带中。主矿体分布在斑岩岩株上盘两侧，其空

间形态上呈空心筒状，平面上呈环状、剖面上呈纺锤形，倾向 NW（图 5-8）。矿体赋存空间和形态与花岗闪长斑岩岩体产状极为密切，在蚀变千枚岩和蚀变花岗闪长斑岩中形成平缓状主矿体，未蚀变的岩体中心无工业矿体。

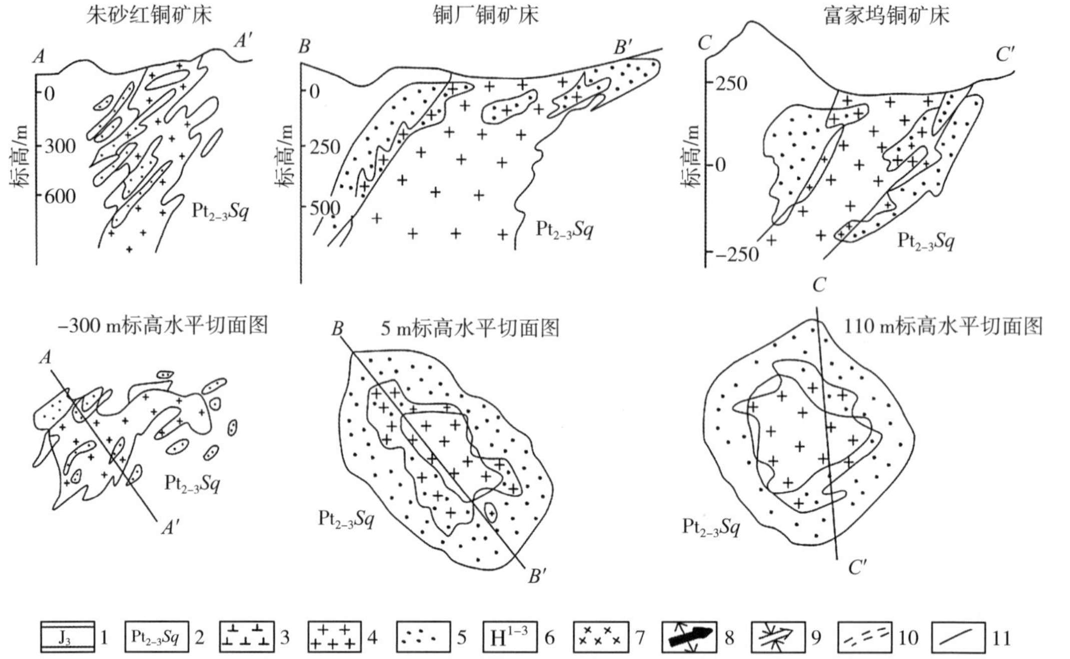


图 5-8　朱砂红-铜厂-富家钨矿体剖面图

（据翟裕生等，2011）

1—侏罗系鹅湖岭组；2—元古宙双桥山群浅变质岩系；3—燕山晚期闪长玢岩；4—燕山期花岗闪长斑岩；5、6—热液蚀变带；7—超基性岩；8—倾伏背斜；9—向斜；10—深断裂；11—断层

围岩蚀变包括钾化、似千枚岩化、青磐岩化等。矿区内斑状岩体一般都遭受轻微蚀变，主要为面型蚀变，蚀变带在平面上呈圆形、椭圆形（Reid et al.，2020）。核心是钾化带，以花岗闪长斑岩为主，其外发育似千枚岩带，主要发育在岩体和千枚岩接触带内，再往外侧围岩千枚岩中发育青磐岩化带，泥化带不发育。在铜厂矿区蚀变带以接触带为中心，对称分布（图 5-9）。

## 五、矿石特征

矿石矿物主要有黄铁矿、黄铜矿、辉钼矿，少量方铅矿、闪锌矿、黝铜矿、斑铜矿、磁黄铁矿、辉铜矿和铜蓝等。脉石矿物以石英、绢云母、绿泥石为主，并有少量的碳酸盐、硫酸盐等。矿石构造以浸染状及细脉状为主；矿石结构以交代、溶蚀和固溶体分离结构为主，自形、半自形粒状结构少见（图版 5）。蚀变花岗闪长斑岩 Cu 含量 0.35%，Mo 含量 0.008%，矿体平均品位 Cu 在 0.423%，Mo 在 0.0097%，Au 在 0.1 g/t，Ag 在 1.94 g/t。

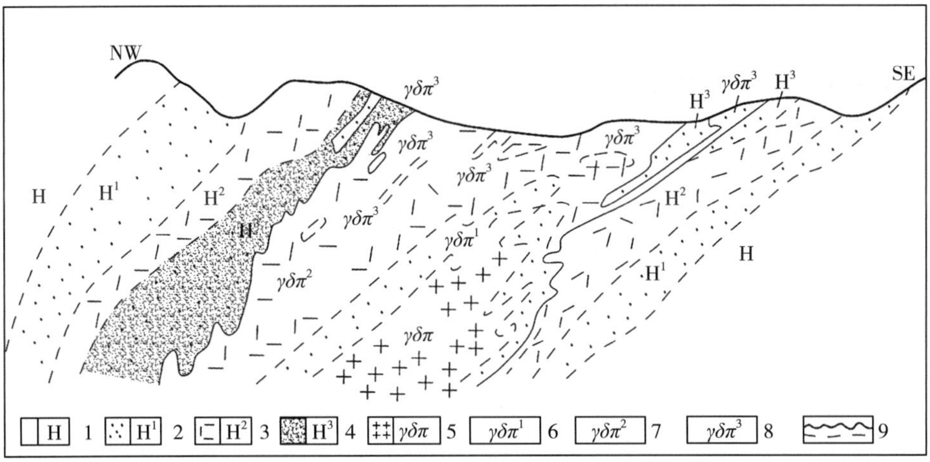


图 5-9 铜厂矿区内蚀变分带剖面示意图

（据翟裕生等，2011）

1—浅变质岩；2—浅变质岩的绿泥石-伊利石化带；3—浅变质岩的绿泥石-水白云母化带；4—变质岩的石英-绢云母化带；5—花岗闪长斑岩；6—花岗闪长斑岩的绿泥石-伊利石-钾长石化带；7—花岗闪长斑岩的绿泥石-水白云母化带；8—花岗闪长斑岩的石英-绢云母化带；9—接触带界线和蚀变分带界线

## 六、矿床成因与成矿模式

### 1. 控岩与控矿构造

德兴矿集区区域构造以 NEE 向构造为特征，主要有乐安江深大断裂带、泗洲庙复式向斜、八十源-铜厂变形带、江光-富家坞变形带、茅桥蛇绿岩变形带，均呈 NE（NEE）向延伸。德兴矿集区内构造以 NE 向为主，有位于西北部的乐安江深大断裂带、泗州庙复式向斜、八十源-铜厂变形带、江光-富家坞变形带、金山变形带及不同级别的脆性断裂（李晓峰等，2012）。铜厂、富家坞和朱砂红三个含矿花岗闪长斑岩体产出受 NE 向褶皱构造带中的 NW 向或 NWW 向横张断裂构造控制。单个岩体呈 NW 向略长的小岩株状或岩筒状产出，向 NW 倾伏。矿田内虽然地层、变质岩和主要断裂整体上为 NE（NEE）向，显示出成矿岩体受 NWW 向高级别断裂构造控制的特点。矿田范围内的次级断裂裂隙以近 EW 向（NWW 向及 NEE 向）、NE 向、NNE 向为特征，并且认为近 EW 向（NWW 向）和 NE 向断裂为成矿前和成矿期断裂，NNE 向断裂为成矿后断裂（王翠云等，2012）。德兴铜厂铜矿床细脉型矿体的含矿裂隙整体上围绕 NW 向拉长梨形状成矿岩体的周边呈放射状展布（陈柏林和高允，2022），从而显示出容矿构造受含矿斑岩体侵入作用制约。

### 2. 成岩与成矿时代

德兴斑岩铜矿花岗闪长斑岩的锆石年代学显示为 171±3 Ma（王强等，2014），与辉钼矿 Re-Os 同位素等时线年龄 173 Ma 在误差范围内一致（毛景文和王志良，2000），表明德兴斑岩矿床的形成与花岗闪长斑岩相关。德兴地区的构造活动既经历了早期（170~171 Ma）的由古太平洋板块俯冲形成的陆缘弧环境，又经历了后期（~153.5 Ma）的弧后伸展环境，分别形成了与成矿相关的花岗质岩浆和与成矿无关的闪长质侵入体（周清等，2012）。

3. 成矿物质与成矿流体来源

铜厂和富家坞矿区样品中碳、硅、铜等同位素研究表明，德兴铜矿成矿物质主要来自花岗闪长斑岩岩体，少部分来自围岩（钱鹏等，2006）。闪长玢岩锆石原位 Hf 同位素和全岩 Nd 同位素研究显示，该侵入体具有较高的 $\varepsilon_{Nd}$（$t$）值（~0.5）和 $\varepsilon_{Hf}$（$t$）值（~4.73），暗示其很可能具有壳-幔混合的物质来源（周清等，2012）。另外，朱砂红矿区钻孔样品发现氧化锇铱矿物和方铁矿，指示其物源至少有一部分来自核幔边界（水新芳等，2012）。硫化物（黄铜矿和黄铁矿）的 S 同位素测试结果相似，$\delta^{34}S$ 在-4.5‰~-0.5‰之间，也显示与岩浆硫源的亲和性。Pb 同位素的结果亦显示德兴斑岩铜矿的成矿物质来源主要与花岗闪长斑岩密切相关（杨波等，2016）。铜厂和富家坞花岗闪长斑岩的微量元素和稀土元素分配特征分析研究表明，两个矿区的花岗闪长斑岩具有一致的来源，两个斑岩岩体均由混有少量地壳物质的地幔岩浆演化而来，结晶分异作用可能是岩浆演化的主要原因（钱鹏和陆建军，2005）。德兴花岗闪长斑岩体岩浆结晶早期分异的初始岩浆流体中 HF 和 HCl 的含量特征及 HCl 的有效浓度远远大于 HF，暗示了德兴花岗质岩浆分异的初始岩浆流体富含可能与成矿元素 Cu 形成稳定络合物的挥发性组分，有利于形成花岗质岩浆热液铜矿床（王蝶等，2010）。

H-O 同位素结果显示，德兴斑岩矿床成矿流体的同位素组成与岩浆水相似，因此认为其成矿流体主要来自岩浆热液（杨波等，2016）。德兴斑岩铜矿钕、锶同位素在空间上的变化研究表明，在成矿流体形成及演化过程中，锶同位素值由斑岩岩体内部向围岩接触带有规律地升高（0.705→0.711）指示了矿床是因热液流体将成矿元素从岩体内部迁移到接触带附近富集而成的，它符合斑岩铜矿的正岩浆模式（金章东等，2002）。

4. 矿床成因与成矿模型

对于德兴铜矿的成因及其成矿模型的研究，从 20 世纪 80 年代开始，很多学者都进行了大量研究工作，比较系统的主要是中国地质科学院矿产地质研究所，基于成矿时代、成矿物质来源、成矿流体、控矿构造、围岩蚀变的研究，建立了德兴铜矿成矿模式（图 5-10）。

周清等（2013）结合德兴矿床铜厂和富家坞矿区中的黄铁矿 Pb 同位素特征以及前人的 S 同位素特征、辉钼矿中高的 Re 和 $^{187}Os$ 含量等证据认为，德兴斑岩铜矿的成矿物质主要来源于地幔，该超大型铜矿可能是在古太平洋板块向欧亚大陆俯冲这一挤压构造环境下，为洋片（P-MORB）中富含 $Fe^{3+}$ 的岩浆释放出的流体或熔体在上升途中与上覆地幔楔相互作用后的产物。

对于德兴铜矿的成矿系统，毛景文等（2010）认为赣东北德兴地区德乐中生代火山盆地中的德兴铜矿、银山银铜铅锌矿和金山金矿及蛤蟆石金矿属于同一成矿系统。这三套矿床以中酸性花岗斑岩或石英斑岩（高钾钙碱质花岗岩）为核心具有明显的分带性，自中心向外或深部向浅部为斑岩铜金钼矿、浅成低温热液型银铅锌矿和远接触带热液型金矿（图 5-11）。这套矿床形成于中侏罗世，抑或是古太平洋俯冲板片局部重熔或撕裂重熔的产物，抑或是在活动大陆边缘岩浆弧后伸展带由地幔底侵的结果。

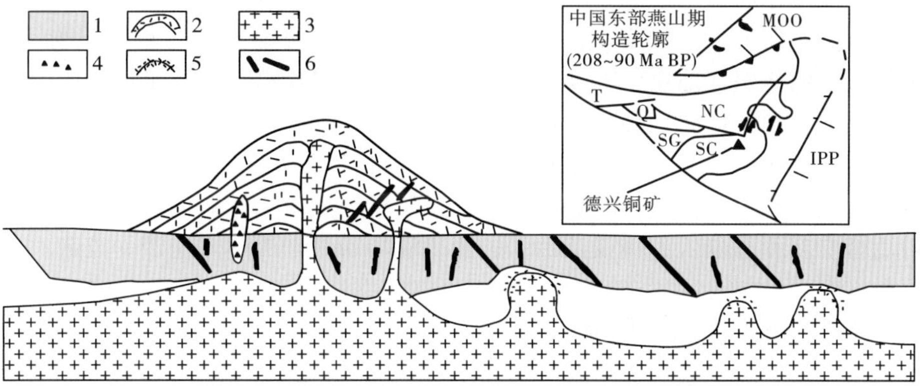


图 5-10 德兴地区斑岩铜矿和浅成热液矿床成矿模式图

（据芮宗瑶等，2003）

1—前震旦纪双桥山群变质千枚岩（1400Ma）；2—上侏罗统火山岩；3—中酸性斑岩及花岗岩类；4—爆破角砾岩筒；5—斑岩型铜矿；6—浅成热液型脉状铅锌银矿。IPP—伊泽奈崎（Izangi）-太平洋板块；SC—中国南部地块；NC—中国北部地块；MOO—蒙古-鄂霍次克洋；SG—松潘-甘孜盆地；Q—柴达木盆地；T—塔里木盆地；▲—德兴斑岩铜矿和银山浅成热液铅锌银矿床

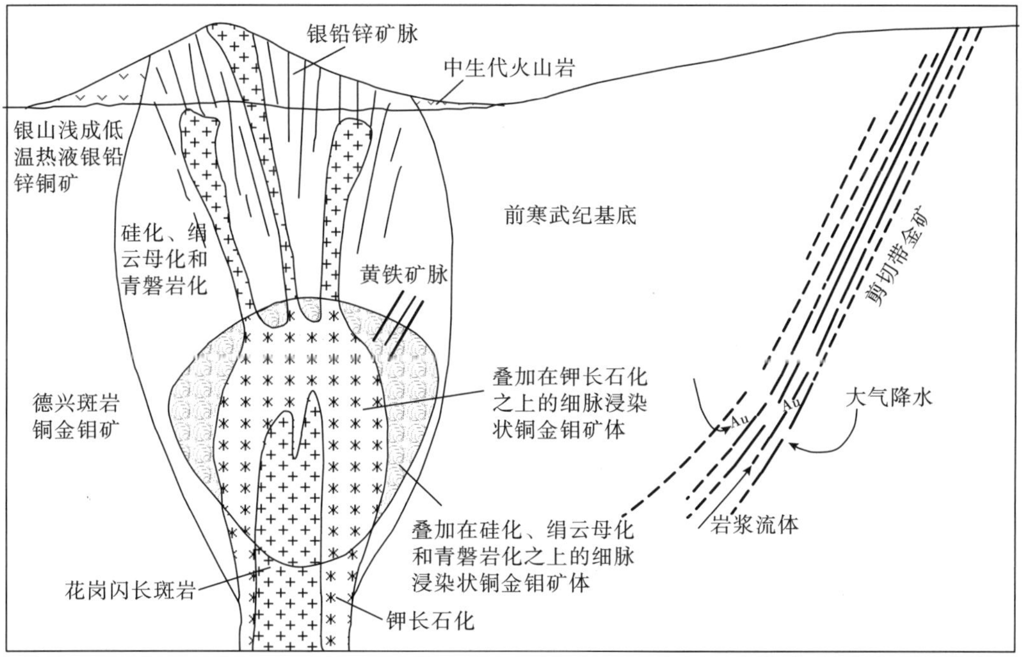


图 5-11 德兴地区斑岩铜矿浅成低温热液银铅锌矿远接触带热液金矿矿床模型

（据毛景文等，2010）

赵元艺等（2015）结合矿集区前人有关构造体系和岩浆热液成矿体系的科研成果，认为矿集区区域大致上经历晋宁期的华南洋消亡、扬子板块和华夏板块的拼接。岩浆热液成矿体系在晋宁期华夏板块向扬子板块之下俯冲，造成华南洋的消亡，这时德兴地区的岩

石圈加厚，软流圈地幔物质上涌，岩浆活动带来大量的成矿物质，形成金山金矿韧性剪切带的雏形；加里东期裂谷系的演化，这时区域构造应力以拉张为主，地壳减薄，软流圈物质或地幔物质上涌，引起地层中的变质流体携带成矿元素迁移，进一步富集或改造，同时早期形成的花岗质超糜棱岩韧性剪切带相对抬升；华力西-印支期的造山作用，花岗质超糜棱岩韧性剪切带进一步抬升；燕山期以来的伸展构造作用，造成岩石圈减薄，岩浆上侵，形成德兴地区斑岩岩体，伴随着斑岩铜金钼矿和铜金银铅锌矿的形成，花岗质超糜棱岩韧性剪切带受其下部隐伏岩体或燕山期岩浆热液活动带来的热效应遭受改造。

## 七、矿山开发综合利用

德兴矿集区是我国华南地区一个铜、金、银多金属矿化集中区，已成为我国有色金属和贵金属资源的重要基地，其中铜储量达 $1100\times10^4$ t，金储量超过 600 t，铅锌储量 $107\times10^4$ t，银 3445 t，钼 $30\times10^4$ t（王国光等，2019）。另外，Re、Co、Se、Te、PGE、硫铁矿、绢云母等作为伴生矿产也得到综合开发利用，矿山开采过程中造成的重金属污染问题得到整治，2014 年德兴铜矿成为全国首个国家级绿色矿山单位。

德兴铜矿自 20 世纪中期发现后，经过 60—70 年代的勘查，很快成为我国最著名斑岩铜矿。德兴铜矿伴生有价元素的综合回收大体经历了三个阶段：第一阶段是 1978 年前，回收多少算多少，全部当副产品；第二阶段为“六五”期间国家科技攻关项目“德兴铜矿大型铜选厂提高经济效益的研究”为伴生元素综合回收提供了技术条件；第三阶段是“七五”以后，不断探索使伴生有价元素回收率稳步提升，达到国际上同类矿山的先进水平（王诚华，2006）。

辉钼矿是德兴铜矿矿石中的主要伴生钼工业矿物，呈鳞片状、细脉状、他形粒状分布，与黄铁矿、黄铜矿密切共生。原矿钼平均品位为 0.0108%，钼储量达几十万吨，最大程度地提高选钼回收率，是提高德兴铜矿资源综合利用的重要手段（简胜等，2016）。

斑岩铜矿床是当前全球铼（Re）、硒（Se）、碲（Te）等关键矿产的最主要来源，全球超过 80%的 Re，几乎所有的 Se 和 Te 均产自斑岩铜矿（John and Taylor，2016）。Re 主要伴生在辉钼矿中，还存在于铜矿中，但含量较低。目前工业上生产 Re 的主要原料是 Mo 冶炼过程的副产品，也有从某些铜矿的冶炼烟尘和处理低品位钼矿的废液中回收 Re（《矿产工业要求手册》编委会，2012）。一般工业指标中铜钼矿矿石中 Re 的品位要求为 0.0002%。德兴铜钼矿钼金属约 29 万 t，其中 Re 储量规模达到大型，约占世界的 10%（龚益彬，2008）。德兴铜矿新技术厂钼铼综合回收改扩建工程，极大提高了矿山资源的利用率，提高了共（伴）生元素的综合利用水平（张小红，2020）。德兴矿床铜矿石中 Pd+Pt 含量最高可达 0.24 μg/g，主要以碲钯矿和碲钯铂矿包裹矿物的形式产于黄铁矿中，辉钼矿中的 Os 平均含量为 2.15 μg/g（Liang and Li，1997）。

德兴矿床铜矿中黄金的产量，在公司生产经营中占有非常重要的位置。为了提高资源利用率，在低铜品位的矿体圈定中采用“当量铜品位”圈定法（当量铜品位=铜品位+金品位×铜、金折算系数）进行矿体二次评价，取得显著成效，每年为矿山多圈入矿石量百万吨，黄金 100 多千克，铜平均品位 0.202%，金平均品位 0.262 g/t，当量铜平均品位

0.323%（方名辉，2015）。

德兴铜矿是我国特大型露天开采矿山之一。现有三座尾矿库，已储存尾矿 2.2 亿 t，一方面大量尾矿占用土地，污染环境；另一方面尾矿中有用矿物被废弃，对矿产资源造成浪费。因此，从尾矿中回收有用矿物是矿山企业的又一发展方向。德兴铜矿矿石矿物主要为黄铁矿、黄铜矿、辉钼矿等，脉石矿物为石英、绢云母、绿泥石、黑云母等。其中的绢云母是矿床中绢英岩化蚀变带中的典型蚀变矿物，根据尾矿矿物组分及赋存状态，采用重力选矿方法，可得到绢云母二级产品，需采用改变矿物表面性质的浮选方法进行分选得到一级绢云母产品（田信普和李骏，2000）。

随着矿山开采，铜矿地区重金属元素污染较为严重，尤其是 Cu、V、Ni、Co、Pb、Mn 等元素，土壤中的含量远高于当地正常土壤背景值，水体中的含量普遍偏高。德兴铜矿为深入贯彻落实创新、协调、绿色、开放、共享的发展理念，遵循因矿制宜的原则，从环境治理、资源综合利用、节能减排、科技攻关与数字化矿山建设四大方面着手，全面建设国家级绿色矿山，大大提升了矿山的生产技术水平，推动了矿山技术的转型升级，有效提高了矿山资源的综合利用，实现了德兴铜矿的高质量绿色矿山发展（田旭芳和李兵，2022）。

## 第三节　江西大余高温热液型钨矿床

### 一、矿山简介

我国江西、广东、湖南及福建等省是世界最著名的钨矿产区（南岭成矿带）。江西西华山钨矿是我国典型的大型石英脉型黑钨矿矿床，位于江西省大余县城西北约 10 km 处，是南岭构造带成矿区的一个重要矿床。西华山钨矿是我国发现最早的钨矿床，也是最早（1908 年）开采的大规模有色金属矿山之一。

西华山钨矿创造了开采生探工程周期最长和生产产量最大两项钨矿开采之最。西华山钨矿在土地革命时期，是红军在赣南重要的经费筹措地。中华人民共和国成立后，西华山钨矿开发是中华人民共和国 156 项重点工业建设项目之一，为国民经济发展做出了巨大贡献，被誉为“中国钨业的开山鼻祖”。因此，赣州享有“世界钨都”的美誉。2017 年，西华山钨矿入选第一批国家工业遗产名单。

### 二、区域地质背景

西华山复式花岗岩体地处我国南岭成矿带，赣西南崇义-大余-上犹钨锡成矿区内。大地构造位置处于华南加里东褶皱系赣南后加里东隆起区，南岭东西向构造带的东段北侧。区内由震旦系、寒武系组成的褶皱基底广泛出露，上古生界和中新生界仅见于断陷盆地和拗陷带中；区内褶皱、断裂发育，岩浆活动频繁，钨、锡（稀有、稀土）等成矿作用强烈（许泰，2013）。

区内有大中型钨矿床近 30 处、小型及矿点 400 余处。著名的有西华山、大吉山、漂塘、盘古山、茅坪等大型钨矿床。同时赣南地区还产出稀土矿产、独立性锡矿产、银铅锌金等矿产，使本区形成了以钨、锡、稀土矿产为主，金、银、铅、锌、铀、锰等矿产为辅的有色金属重要产地（陈骏等，2014）。

## 三、矿区地质特征

地层主要为寒武纪浅变质岩，包括板岩、千枚岩、变余粉砂岩、变余凝灰质砂岩等，出露在西华山复式岩体的边部。受接触变质的影响，在接触带附近形成角岩，致密坚硬，渗透性差，对成矿具有良好的屏蔽作用，因此矿脉均围限于花岗岩岩体的内接触带。构造主要为北北东向和东西向断裂构造带。岩浆岩主要是西华山复式岩体，具有多期、多阶段特征（图 5-12），在平面上呈椭圆形，出露面积约 19 $km^2$。

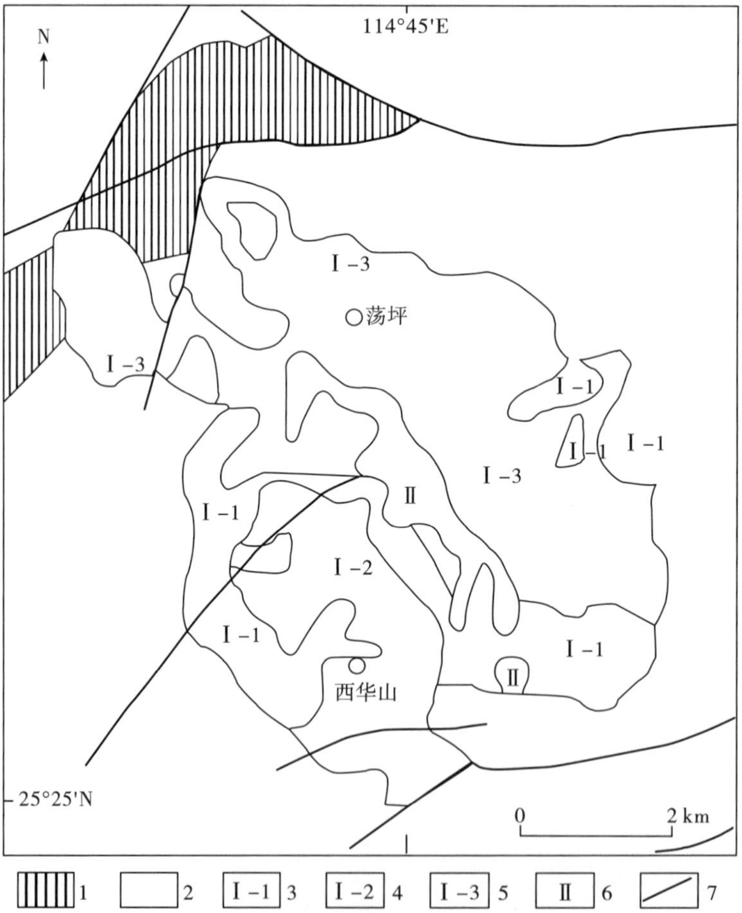


图 5-12　西华山复式花岗岩地质简图

（据李洁等，2013）

1—震旦系；2—寒武系；3—燕山早期第一阶段花岗岩；4—燕山早期第二阶段花岗岩；5—燕山早期第三阶段花岗岩；6—燕山晚期斑状细粒花岗岩；7—断层

西华山钨矿床位于江西大余西华山复式岩体的西南部。矿区面积约 6 $km^2$，有宽 10 cm 以上的矿脉 400 余条，西华山黑云母花岗岩呈岩株状产出。

**1. 地层**

震旦系为浅变质长石石英砂岩、板岩夹凝灰质砂页岩、砂砾岩。寒武系以砂岩、砂质板岩互层为主，偶夹灰岩透镜体，整合覆在震旦系之上。奥陶系为砂质板岩、含碳质板岩、板岩、变余长石石英砂岩、凝灰质砂岩及结晶灰岩等。其中，震旦系、寒武系浅变质砂板岩中普遍具有高的钨元素异常。

**2. 构造**

本区位于华南加里东地槽褶皱区，断裂构造发育，以 NE 向断裂为主，EW 向断裂也较发育，多组断裂交汇处是岩浆侵入和矿化集中区。

**3. 岩浆岩**

西华山复式花岗岩具有多旋回的岩浆活动特点，可分为燕山早期和燕山晚期两期（表 5-3），岩体呈椭圆形岩株，出露面积 20 $km^2$。与钨矿化关系密切的为燕山早期花岗岩，同位素年龄为 160~184 Ma。

**表 5-3 西华山复式花岗岩侵入期次及岩石特征表**

| 期 | 阶段 | 次 | 岩性 | 产状 | 面积/$km^2$ | 岩石颜色 | 岩石结构 | 斑晶含量/% | 斑晶粒度/mm |
|---|---|---|---|---|---|---|---|---|---|
| 燕山晚期 | 第一阶段 | | 斑状细粒花岗岩 | 岩墙 | 1.1 | 浅灰 | 细-微细粒花岗结构、似斑状结构 | 20~34 | (4.3×6)~(10×17) |
| 燕山早期 | 第三阶段 | 附加侵入 | 细粒二云母花岗岩 | 小岩株 | 8.2 | 浅灰-淡肉红 | 细粒花岗结构（似斑状结构） | 3~10 | (2×4) |
| | | 主体侵入 | 斑状中细粒黑云母花岗岩 | | | 灰白-淡肉红 | 细-中细粒花岗结构、似斑状结构 | 15~20 | (2.1×4.2)~(3.7×8) |
| | 第二阶段 | 附加侵入 | 含斑细粒二云母-黑云母花岗岩 | 小岩株 | 5.02 | 青灰-淡肉红 | 交代残余斑状结构、变斑结构 | 5~10 | (3.2×3.5)~(8×10) |
| | | 主体侵入 | 中粒黑云母花岗岩 | | | 淡肉红 | 中-中细粒花岗结构（似斑状结构） | 3~5 | (4×6) |
| | 第一阶段 | | 斑状中粒黑云母花岗岩 | 残留顶盖 | 4.8 | 灰白、浅灰 | 中粒似斑状结构 | 15~35 | (6×8)~(12×20) |

（据吴永乐等，1987）

## 四、矿床地质特征

钨矿脉受花岗岩岩体与围岩变质岩的接触界面控制，总体沿花岗岩岩体的表层呈壳状分布（图5-13）。多产于发育完善的剪切节理中，或产在剪裂带、破碎带中，成组成带平行出现。矿脉走向NE85°至NW60°~80°。矿脉密集但大小不一，宽10~30 cm，长100~600 m，延深几十米到200~600 m，个别可达1000 m。矿脉主要有长石-石英黑钨矿脉、石英黑钨矿脉、硫化物脉，可见石英黑钨矿脉穿插长石石英黑钨矿脉，硫化物脉沿石英黑钨矿脉裂隙分布等现象。

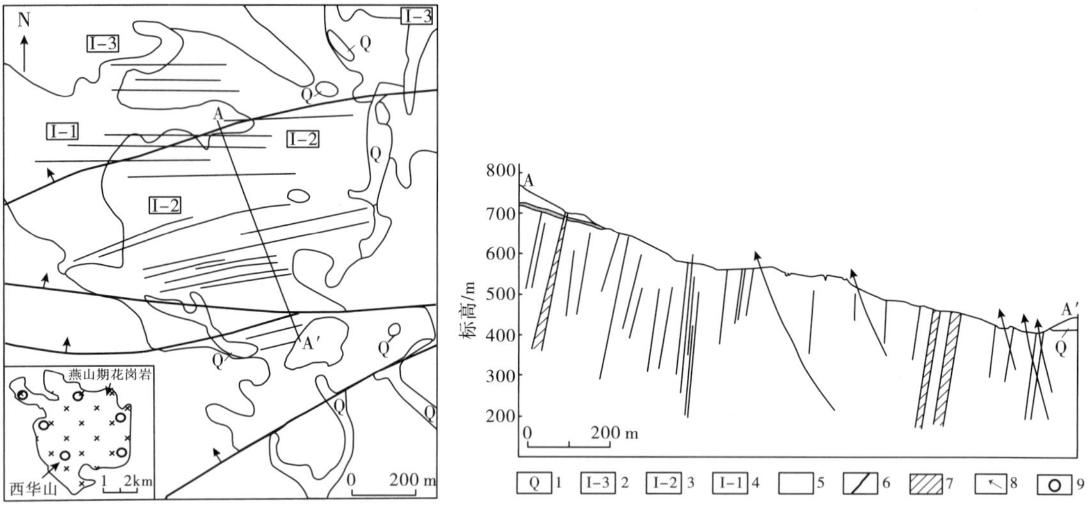


（a）　（b）

图5-13　西华山矿区简图（a）与剖面图（b）

（据Guo et al.，2012）

1—第四系；2—斑状中细粒黑云母花岗岩（燕山早期第三阶段）；3—中粒黑云母花岗岩（燕山早期第二阶段，主体侵入）；4—斑状中粒黑云母花岗岩（燕山早期第一阶段）；5—寒武纪变质岩；6—矿脉；7—断裂带；8—钻孔；9—钨矿床

围岩蚀变明显，矿床具有“逆向垂直分带”特征（图5-14）：在矿床的垂向剖面中，其分带表现为上部以绿柱石、锡石、黑钨矿等硅酸盐和氧化物矿物为主，中部则为黑钨矿、锡石的氧化物与硫化物矿物共生，下部以硫化物及碳酸盐矿物占优势。

## 五、矿石特征

矿脉主要由石英（占90%以上）和黑钨矿组成。其他金属矿物达40余种，主要包括辉钼矿、辉铋矿、锡石、黄铜矿、闪锌矿、方铅矿、磁黄铁矿、毒砂、斑铜矿、白钨矿等。其他非金属矿物主要包括长石、白云母、绿柱石、黄玉、萤石、方解石、绢云母、绿泥石等。矿石构造常见块状、条带状、晶洞状、浸染状、脉状、团块状构造等；矿石结构

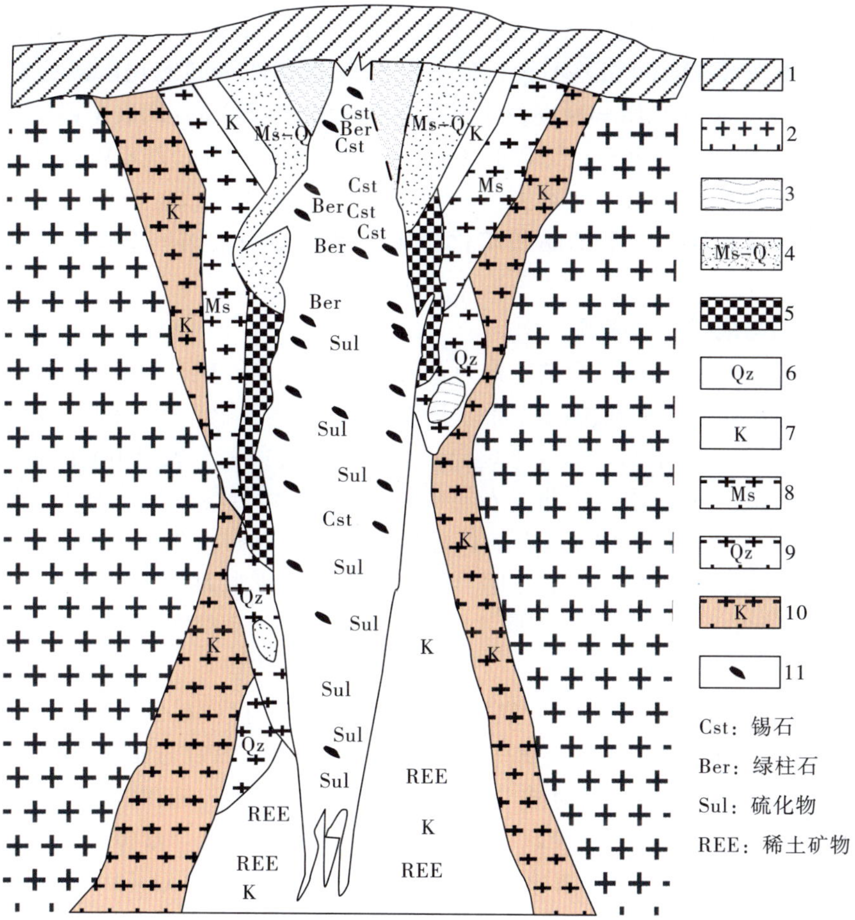


图 5-14　西华山钨矿围岩蚀变分带与矿化关系示意图

（据许泰，2013）

1—变质岩；2—花岗岩；3—晶云母云英岩；4—正长云英岩；5—富石英云英岩；6—硅化；7—钾长石化；8—云英岩化花岗岩；9—硅化花岗岩；10—钾长石化花岗岩；11—黑钨矿脉

可见自形-半自形结构［开放空间内黑钨矿的晶体形态通常较好（结晶结构）］、固溶体分离结构、交代溶蚀结构等，少量包含结构、压碎结构以及梳状结构等（图版 6）。$WO_3$ 品位为 0.875%～1.324%。

## 六、矿床成因与成矿模式

矿床成因类型为高温岩浆热液脉型矿床，除上述地质特征作为依据以外，其他的成因判定依据如下。

### 1. 成岩与成矿时代

阳华杰等（2010）对西华山矿区不同类型的花岗岩进行 LA-ICP-MS 锆石 U-Pb 年龄测定。该区斑状中粒黑云母花岗岩成岩年龄为 155.48±0.41 Ma，中粒黑云母花岗岩成岩年龄为152.92±0.64 Ma，（含斑）细粒二云母花岗岩成岩年龄为152.78±0.86 Ma。此外，Guo等（2012）、许泰（2013）对花岗岩的测试也得到了类似的结果。因此，西华山矿区三种类型花岗岩形成时间相差不大，应为同一成岩事件不同演化阶段的产物。Wang等（2011）获得了辉钼矿Re-Os同位素的年龄为157±2.5 Ma，代表了西华山钨矿的成矿时代。Hu等（2012）获得白云母的$^{40}Ar/^{39}Ar$等时线年龄为152.8 Ma，代表了热液蚀变的年龄。二者在误差范围内基本上与岩浆岩的侵入时代一致，因此，表明西华山地区花岗质岩浆的侵入就位冷凝结晶和矿化作用均是在很短的时间跨度内发生的，两者关系非常密切。

**2. 成矿物质与成矿流体来源**

成矿流体的H-O同位素（测试矿物为石英）特征表明，成矿流体整体上属于岩浆热液；S同位素结果显示岩浆硫源的特征（许泰，2013）。矿物（辉钼矿、黄铁矿、钾长石）的Pb同位素组成显示与壳源（上地壳）岩浆作用有关，未表现出幔源物质特征（许泰，2013）。西华山成矿作用与晚期侵入的中粒-中细粒黑云母花岗岩有关，矿脉中绿柱石熔体、熔-流体包裹体的发现及其与流体包裹体的共存表明，西华山钨锡铍成矿作用自岩浆-热液过渡阶段即已开始。成矿作用早期以岩浆及岩浆水为主，晚期成矿作用是在相对开放体系中进行的，并有大量大气降水混入（刘家齐等，2002）。

**3. 成矿流体温度**

石英黑钨矿脉中石英的形成温度集中于260~320 ℃，黑钨矿的流体包裹体温度相对更高，集中于320~360 ℃，整体上属高、中温热液的范畴（Wei et al.，2012）。随着岩浆演化，西华山钨矿区花岗岩的云母成分发生变化，三八面体云母和二八面体云母分别按“富铁黑云母→铁叶云母→黑鳞云母”和“白云母/多硅白云母→富锂多硅白云母”的方向演化。显示含矿花岗岩在岩浆演化过程中存在含$CO_2$、相对贫Li和F流体的加入。西华山花岗岩中云母成分的变化还指示体系的氧逸度曾发生变化，即从高氧逸度环境转变为氧逸度相对较低的环境，有利于钨矿的形成（李洁，2015）。

**4. 矿床成因与成矿模型**

综合矿床地质特征、成矿地质条件及区域地质背景，可以概括如下西华山钨矿形成过程：燕山期以来，西太平洋板块俯冲使得西华山地区发生强烈的构造活动，导致富钨的上地壳发生部分熔融作用，产生富钨的花岗岩浆。侵入的富钨花岗岩冷凝收缩产生裂隙，含矿的气成高温热液沿裂隙向上运移，当温度、pH值、挥发分含量和压力发生变化时，成矿元素大量沉淀，从而形成钨矿床。成矿模式有早期的“三层楼”或“五层楼”模式（图5-15），还有近期的“五层楼+地下室”模式（王登红等，2010）。

## 七、矿山开发综合利用

西华山钨矿一直被誉为中国钨业的开山鼻祖，为世界钨工业的发展做出了不可磨灭的贡献。西华山钨矿含量巨大（仅自1907年发现钨矿至中华人民共和国成立前，已开采钨精矿$4.73\times10^4$ t），通过其总结的“五层楼”成矿模式，发现了许多大型钨矿床（严腾腾

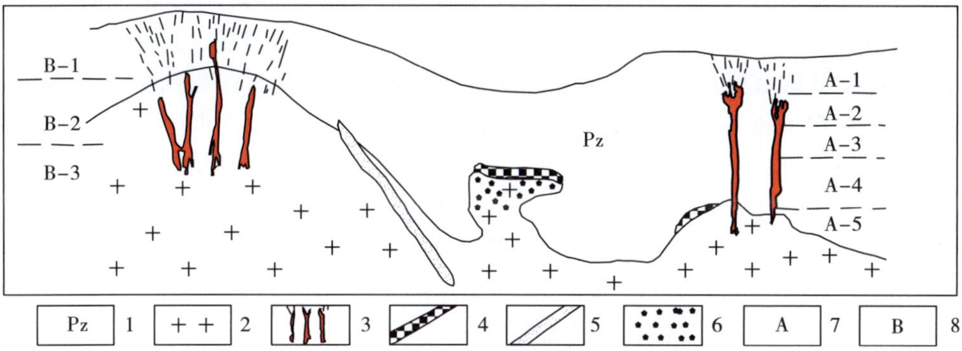


图 5-15 充填交代（石英脉）型钨矿床成矿模式图

（据高怀忠，2005）

1—砂岩、粉砂岩、变质砂岩、板岩；2—花岗岩；3—石英脉型矿床；4—伟晶岩型矿床；5—云英岩型矿床；6—花岗岩型矿床；7—“五层楼”结构（A-1 线脉带；A-2 细脉带；A-3 细-大脉带；A-4 大脉带；A-5 尖灭带）；8—“三层楼”结构（B-1 线细脉带；B-2 大（细）脉带；B-3 尖灭带）

和邵亚红，2022）。经过一百余年的开采，西华山钨矿储量逐渐枯竭，其矿床、岩体、围岩有重要的科研、教学、科普意义。2017 年，西华山钨矿入选第一批国家工业遗产名单，大余县启动了西华山国家矿山公园建设。

自西华山发现钨矿以来，江西省钨工业发生了翻天覆地的变化。新中国成立前的 40 年，江西钨工业是极其落后的，1914—1949 年江西省共生产钨精矿 248197 t。新中国成立以后，江西省钨工业得到了迅速发展。1953 年，江西钨矿开始了转民窿为国营经济，转手工业为机械化生产的“两大转变”，“一五”时期，国营经济比重由 1949 年的 10.3%上升到 1957 年的 70%（李悉奎，1999）。随着生产关系的改变，大规模的钨矿建设和技术改造也同时展开。1959—1960 年，江西省统配钨矿年采选综合生产能力达 500 万 t，成为全国和世界上规模最大的钨矿生产基地，正是这些钨矿石的出口，曾经为我国换回价值为 75 亿元人民币的粮食和物资，为整个国家度过一段最艰难的岁月发挥了不可替代的作用。“改革开放”使大余人民完成了矿石从冶炼到钨丝生产的全系列多品种的技术改造，生产的“黑钨精矿”获得国家银奖，“白钨精矿”获得国家金奖，年产 5 亿 m 的钨丝源源不断地流向国际市场，中国钨丝点亮了世界各地的电灯。

但自 20 世纪 80 年代中期，在“大矿大开，小矿放开、有水快流”及“国家、集个体一起上”的口号影响下，数万民工非法涌进国营钨矿厂进行乱采滥挖，甚至抢矿、偷矿。90 年代国有矿山为了国家的利益实施减产保价，而民采产量上升为 15000~20000 t，约占全钨精矿产量的一半以上，使钨市场呈现严重产大于需的局面。产量和出口量的增加使国际市场钨精矿及其加工制品的价格连续下跌，钨精矿的价格从 1980 年的 140 美元/吨度以上，跌到 1990 年的 37 美元/吨度（李悉奎，1999）。

2000 年以来，根据矿产资源规划，国土资源等部门开始钨矿开发秩序治理整顿，制止乱采滥挖，限制过量生产和过量出口，使钨精矿产量和钨品出口得到一定程度的控制，促使国际市场上钨的供求关系有利于生产和出口，钨价从 40 美元/吨度逐渐上涨到 255 美元/吨度甚至更高的价位。

钨素有“工业牙齿”之称，被广泛地应用于现代工业、国防工业、科学技术及信息产业，是不可再生的重要战略资源。我国钨矿主要分布于华南地区，且伴生矿产丰富。华南地区是我国重要的战略矿产资源基地，以发育大规模多时代、多旋回花岗岩和独特的中生代铜钼钨锡铌钽铍铀等大规模稀有金属和有色金属成矿作用而闻名于世（李晓峰等，2021）。在世界钨总储量中，我国排位第一。钨矿产地主要分布在湖南、江西，储量分布占全国总储量的33.80%和20.70%（叶卉等，2009）。2021年，全球钨储量约370万t，其中我国储量约190万t，占比51.41%，仍居全球首位；全球共约生产钨精矿7.9万t，其中我国钨精矿产量6.9万t（金属量），占全球的87%以上份额，仍是全球最大的钨生产国（左更，2022）。由于我国钨冶炼加工产能较大，每年需要从国外进口一定数量的钨精矿。近五年年均钨精矿进口量在2000多吨，钨品合计进口量4000多吨，而且预计未来的进口量还将继续扩大，对外依存度不断提升。因此，为满足我国今后的钨产业经济发展，增加钨资源储量，提高钨矿找矿效益及冶炼加工技术水平，仍是我们努力的方向。

# 第四节　山东玲珑中温石英脉型金矿床

## 一、矿山简介

山东省金矿床主要位于山东省招远及莱州（原掖县），金矿集中位于两市北部，构成了60 km长的东西向招掖金矿带，面积75 $km^2$，其内分布大小金矿床点近200余处，其中以玲珑金矿床最大。玲珑金矿目前已发现金矿脉543条，呈脉状、透镜状和扁豆状产于玲珑花岗岩的断裂蚀变带中。矿床类型为产于花岗岩体中的石英脉型金矿床，是中国著名的金矿床之一。

玲珑金矿是中国最古老的金矿，位于招掖金矿带的东端，招远和龙口（黄县）交界处，东距烟台137 km，曾被日寇称为“东洋第一之优良矿”。日寇在此进行了将近20年的掠夺式开采。

胶东地区指的是山东胶东半岛以东的地区，是国内黄金储量和产量最多的地区。胶东地区的黄金开采历史可以追溯到唐朝，在这1000多年的开采历史中，该地区的黄金产出量已经突破1000 t大关。胶东以不到全国大陆面积的0.3%，集中了全国约1/2的黄金储量。

## 二、区域地质背景

玲珑金矿位于胶东半岛的招远境内，地处华北地台的胶东地块，处于招远-掖县成矿带的东部。该成矿带位于山东省东部前寒武纪地盾中东西向栖霞复式背斜的北缘，整个矿区构造受郯庐深大断裂控制。其中金矿处于玲珑中生代花岗岩之中。胶东地区地处郯庐断裂带的东边，华北克拉通的东边，北边紧靠渤海湾，南边与胶南地体十分接近，在胶东地区的两边分别是苏鲁榴辉岩带和秦威断裂带（严千豪，2020）。胶东区域中的新华夏系构造隆起带被认为是该地区的黄金聚集区域，尤其是胶西北成矿带最重要。胶西北成矿带由西到东包含着三个主要的成矿带，这三个成矿带分别是：三山岛构造成矿带、焦家构造成矿带以及招平构造成矿带（图 5-16）。

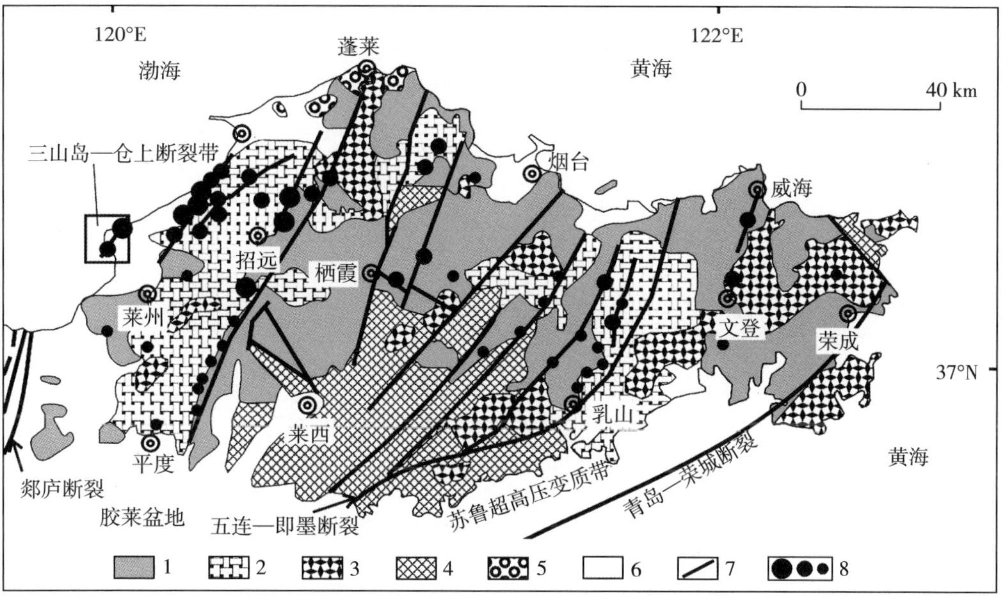


图 5-16　胶东地区区域地质与矿产分布图

（据王志强，2015）

1—前寒武纪岩石；2—侏罗纪花岗岩；3—白垩纪花岗岩；4—白垩纪火山岩；5—新生代玄武岩；6—新生代沉积物；7—重要断裂；8—图中黑色实圈分别代表大于 50 t、50～10 t 及小于 10 t 的金矿床

## 三、矿区地质特征

玲珑金矿位于胶西北招平构造成矿带内。矿区范围从北部的大园、后地，往南到台上，东部则从招远的九曲蒋家，到西部的欧家夼，矿区面积约 66 $km^2$。

矿区出露的地层并不复杂，且存在范围不大，主要有胶东群的苗家岩组变质岩和新生代的第四系山前组。苗家岩组中的岩石组成为黑云母片岩和斜长角闪岩。

矿区内构造较为复杂，多为断裂，这些断裂并不是零散分布，大多为聚集分布且密集程度较高。在这些断裂中，岩石的蚀变程度以及碎裂程度都比较高，其中有三条较大的断裂分别是玉皇顶断裂、玲珑断裂以及破头青断裂。这三条断裂中玲珑断裂和破头青断裂起着主要的控矿作用，在这两条断裂周围存在着大量的次级断裂，在成矿过程中矿液运移充填到这些次级断裂中造成围岩蚀变及含矿石英脉的形成，相应形成三个构造蚀变金矿化带（图 5-17）。矿区内已知大小矿脉近 600 条，其中有工业价值者有几百条，多赋存于玲珑花岗岩中。可分为七个矿段，分别为九曲、108 号脉、大开头、双顶、东风、破头青和欧家夼（罗山）。这几个矿段通常是对应着广义的玲珑金矿，而狭义上的玲珑金矿则指的是位于矿区中心部位的几个主要金矿床，包括东山、西山、九曲、大开头等。

矿区广泛出露花岗岩及NNE向的早期闪长玢岩脉和晚期煌斑岩脉。花岗岩主要有三种类型，分别为郭家岭似斑状花岗闪长岩、栾家河中粗粒二长花岗岩和玲珑似片麻状黑云母花岗岩。其中，玲珑花岗岩内部偶见胶东群残留体，岩性为黑云母片麻岩。三种类型的花岗岩中，玲珑似片麻状黑云母花岗岩为最主要的赋矿围岩，多数矿体都发育在玲珑型花岗岩中，部分矿脉产于基性岩脉穿插的花岗岩断裂破碎带中。

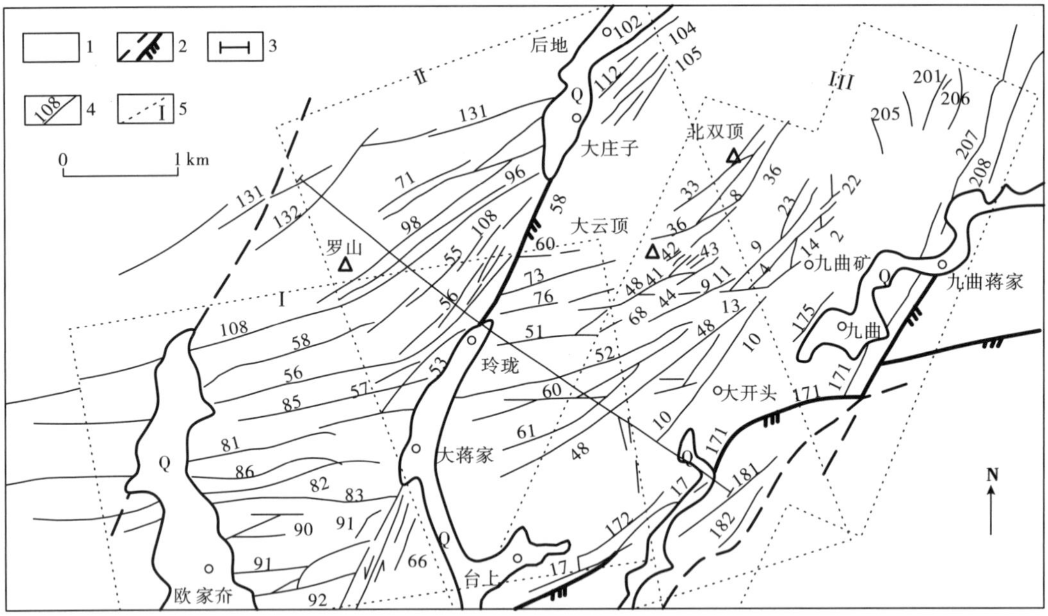


图5-17 玲珑矿区地质略图

（据吕古贤，1995）

1—玲珑似片麻状黑云母花岗岩；2—主干断裂及推测断裂；3—剖面位置；4—矿脉及编号；5—矿化富集带范围及编号；Ⅰ—欧家夼、西山NEE向构造蚀变金矿化带；Ⅱ—破头青、大开头、大云顶NE向构造蚀变金矿化带；Ⅲ—九曲、北双顶、阜山NNE向构造蚀变金矿化带；Q—第四系

## 四、矿床地质特征

矿区内的矿体可分为三个亚类，包括：区域压扭性断裂构造变形岩带中的黄铁绢英岩型（焦家式蚀变岩型）；发育于蚀变岩型破碎带下盘的黄铁矿石英脉-蚀变岩型（灵山式石英脉-蚀变岩过渡类脉型）；张扭性破碎断裂带和大型张裂构造之中的黄铁矿石英脉型（玲珑式石英脉型）。

工业矿体大致可归纳为由含金石英脉、含金黄铁矿石英脉（西山矿段）和含金蚀变岩（东山矿段）组成。形态复杂，常呈脉状、透镜状产出，常成群出现，一般延长小于300 m，最大延深大于400 m，厚2~3 m，品位较富但不稳定。这些矿脉不仅走向变化大，倾向、倾角和延深变化也较大（图5-18）。

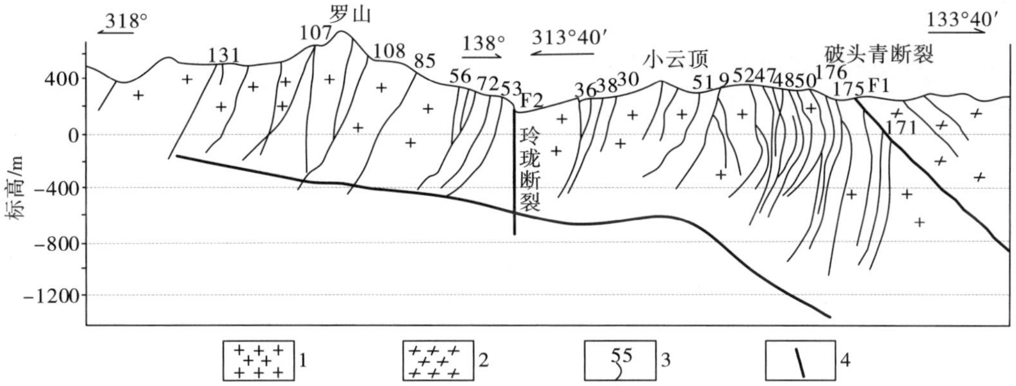


图 5-18　玲珑金矿赋矿标高剖示意图

（据刘艳，2011）

1—玲珑花岗岩；2—栾家河花岗岩；3—矿脉及编号；4—断裂带

围岩蚀变强烈，主要是黄铁绢英岩化、钾长石化、硅化、绢英岩化、碳酸盐化等。围岩蚀变的分布特征一般表现为从矿脉向两边对称展布，中部为硅化石英脉（含矿体），向两边依次为绢英岩化带、钾化带、弱钾化带和未蚀变的花岗岩（图 5-19）。

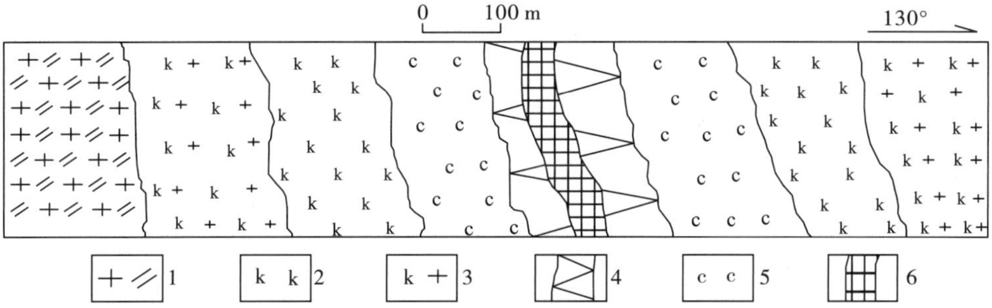


图 5-19　东山 51 号脉-170 m 中段矿体蚀变分带素描图

（据严千豪，2020）

1—未蚀变花岗岩；2—钾化；3—弱钾化；4—硅化石英脉；5—绢英岩化；6—矿体

## 五、矿石特征

矿石类型分为石英脉型（玲珑式）和蚀变岩型（焦家式）。

矿石矿物主要有自然金、银金矿、黄铁矿、黄铜矿，次有闪锌矿、方铅矿，少量磁黄铁矿、辉铜矿等。金主要赋存在黄铁矿中（占 64.94%），可呈包体金、晶隙金和裂隙金。矿石构造主要以脉状、细脉浸染状构造为主，其次为角砾状、细脉状和块状构造。矿石结构主要以晶粒状结构为主，其次为碎裂、填隙、乳浊状结构等（图版 7）。矿石金品位一般为 2～10 g/t，银品位为 9.31～32.68 g/t。含金品位变化决定于矿石类型，细脉浸染状黄铁绢英岩质碎裂岩和黄铁绢英岩化花岗质碎裂岩含金品位高，绢英岩化花岗质碎裂岩次之。

## 六、矿床成因与成矿模式

关于玲珑金矿的成因，目前国内外学者还没有统一的认识。多数学者是将玲珑金矿的成因纳入整个胶东金矿成矿系统来研究。对于胶东金矿成因类型的认识一直处于不断研究和发展过程中，不同的成因观点主要基于学者对成矿物质来源的认识不同。有的研究者提出，金成矿是长期、多来源的，但以燕山早期的构造岩浆活动为主要来源，并认为胶东金矿是岩浆期后热液矿床，其物质来源是壳幔混合且以地壳物质为主（杨立强等，2014）。也有研究者提出，地幔流体参与了胶东金矿成矿作用（毛景文等，2005）。主要成因观点有绿岩带型（杨敏之和吕古贤，1996）、混合岩化岩浆热液型（朱奉三，1980）、岩浆期后热液型（吕古贤等，2016）、造山型（陈衍景等，2004）、陆内成矿（翟明国等，2004）、克拉通破坏型（Zhu et al.，2015）、胶东型（Li et al.，2015）和热隆-伸展成矿（宋明春等，2014）等认识观点。为了便于矿床学初学者对中温石英脉型金矿形成机理的掌握，本书还是以玲珑金矿（或矿田）作为主要研究对象来展示相关的成矿观点。

**1. 成岩与成矿时代**

“玲珑岩体”“栾家河岩体”“郭家岭岩体”成矿年龄分别为150~160 Ma、150~155 Ma和120~130 Ma，分属燕山早期和燕山晚期两个不同的时代；成矿时代晚于花岗岩成岩时代（105~120 Ma；吕古贤等，2017）。

**2. 成矿物质来源**

铅同位素：玲珑金矿含金石英脉型矿体的$^{206}Pb/^{204}Pb$=17.142~17.379，$^{207}Pb/^{204}Pb$=15.406~15.588，$^{208}Pb/^{204}Pb$=37.703~38.271，显示成矿物质具有多来源性，既来源于老变质岩，也来源于下地壳和上地幔（吕古贤等，2013）。

氢-氧同位素：玲珑金矿H、O来源比较广泛，但总体趋势为由原生岩浆水向大气降水过渡，变质水却很少，说明成矿热液主要来源于深部岩浆水和后期的大气降水（吕古贤等，2013）。

碳同位素：玲珑金矿$\delta^{13}C_{PDB}$变化范围为-3.4‰~6.4‰之间，$\delta^{18}O$变化范围为8.5‰~12.0‰，与其伴生的脉岩$\delta^{13}C_{PDB}$变化范围为3.5‰±，$\delta^{18}O$变化范围为10.2‰~11.6‰，C-O值均与胶西北其他矿床相似，也与Faure（1986）界定的地幔来源碳同位素值（-7‰）相当接近，可能表明在成矿过程中，来自地幔或花岗质的岩浆流体与周围的碳酸盐岩局部发生了同位素交换，说明胶西北矿集区成矿物质来源的同源性，差别在于成矿过程中所处的构造环境以及赋矿围岩（吕古贤等，2013）。

硫同位素：胶东西部地区金矿床硫同位素组成以变异小和富集$^{34}S$为突出特征（王义文，1989）。在玲珑矿田内，$\delta^{34}S$值分布也具有规律性，距NE向破头青大断裂（脆-韧性剪切带）最远的西山区108号、55号和56号脉为较典型含金黄铁矿石英脉（玲珑式金矿），其$\delta^{34}S$平均值分别为6.2‰、6.3‰和6.8‰（宫润潭等，1989）。玲珑断裂以东的东山区47~52号脉组中除含金黄铁矿石英脉外，含金黄铁绢英岩化碎裂岩型矿石也占很大比重，构成所谓过渡类型或复合类型矿脉，$\delta^{34}S$平均值增至7.2‰。$\delta^{34}S$值的分布状态表明，越靠近区域上控矿主断裂带（脆-韧性剪切带）破碎带，蚀变岩型金矿出现的概率越大，矿石 $\delta^{34}S$ 值越愈高，直接赋存于脆-韧性剪切带中受主裂面控制的蚀变岩型金矿 $\delta^{34}S$ 值最高，主断裂下盘远离主裂面的脆性断裂中的石英脉型金矿 $\delta^{34}S$ 值最低。

**3. 成矿流体特征**

吕古贤等（1993）对脉石英包裹体进行测温的结果表明，主要成矿阶段的均一温度为 200~390 ℃。矿田内不同矿床和矿脉，乃至一条矿脉的不同部位，其成矿温度均有一定的差异，温度和矿体标高有一定的联系。经不同矿脉相近标高对比，玲珑西山矿床成矿温度比九曲矿床成矿温度要高。根据石英包裹体气相浓度，推算成矿热液内部平均压力范围为（100~600）$\times10^5$ Pa。严千豪（2020）也对玲珑金矿进行了流体包裹体研究，得到其均一温度范围为 200~360 ℃之间，流体的密度在 0.7~0.9 $g/cm^3$ 之间，盐度在 5.5%~10.5%之间。据此认为成矿流体为中高温热液流体，并具有低密度及低盐度的特点。

**4. 矿床成因与成矿模型**

国内教材一般将玲珑金矿作为中温热液脉型金矿床的代表（姚凤良和孙丰月，2006；翟裕生等，2011）。随着胶东金矿研究的不断深入，不同学者也提出了不同的成矿模式，早期有矿源层、韧性剪切-脆性叠加断裂和交代型花岗岩三位一体的层控型成矿模式（王吉裙和冯文涛，1991）；近期主要有岩浆核杂岩隆起-拆离带成矿模式（吕古贤等，2017）、热隆-伸展成矿作用下的拆离断层及张性断裂的控矿模式（李世勇等，2022）等，这些玲珑矿床（田）成矿模式均强调了断裂的控矿作用。现以吕古贤等（2017）建立的“玲珑矿田岩浆核杂岩隆起-拆离带成矿模式”为例，了解玲珑金矿（矿田）构造控矿的特点。

吕古贤科研团队长期以来一直在玲珑金矿（田）开展金矿研究，近几年来认为胶西北金矿的花岗杂岩及其周边的构造岩相形式为“岩浆核杂岩”（霍庆龙，2014），而不是前人认为的“变质核杂岩”构造。玲珑金矿田内的破头青拆离断裂带南段（即招平断裂带）为岩浆核杂岩隆起边部的拆离断层，北段破头青断裂带切穿了岩浆核，发育于玲珑岩体与栾家河岩体接触部位。玲珑矿田内玲珑似片麻状花岗岩似片麻理的产状反映了玲珑核杂岩隆起的特征，几何上拆离断层呈平面近“S”形，剖面上具有典型的上陡下缓特征，形成“铲式”构造。具有明显的早期韧性变形、晚期发生脆性变形的特点，其中 S-C 组构的发育指示了前期主拆离断裂的左旋剪切运动。依据核部玲珑核杂岩、拆离断层、蚀变岩带、栾家河花岗岩、太古宇及元古宇上部沉积岩特征及矿床分布特征，建立了玲珑矿田拆离带滑脱构造模式（图 5-20），其控矿构造体系从早到晚控制如下四个成矿过程（图 5-21）：

1）剪切构造环境下玲珑型似片麻状花岗岩侵位（150~160 Ma）：地幔玄武质岩浆底侵作用引起地壳部分熔融，在热量和流体的作用下胶东群、荆山群熔融和结晶分异形成玲珑型似片麻状黑云母花岗岩。金在岩浆中得到初步富集。

2）引张构造环境下栾家河型花岗岩侵位（150~155 Ma）：壳幔同熔型栾家河型花岗岩是在华夏系统张扭变形空间或背斜核部侵位成岩的，地幔隆起、软流圈上涌诱发壳幔相互作用，并最终由胶东群、荆山群和玲珑花岗岩的重熔结晶分异而形成。在这一过程中，岩体分凝富金流体并驱动围岩中的流体循环，萃取壳幔花岗岩及其他围岩中的成矿物质。

3）挤压构造环境下郭家岭花岗闪长岩侵位（125~130 Ma）：白垩纪，以三大断裂为主及其部分派生断裂深切地幔，造成地幔物质上侵，在上移过程中熔融部分围岩，壳幔相互作用，形成壳幔混合型郭家岭花岗闪长岩，驱动流体循环，萃取围岩中的成矿物质。

4）岩浆期后热液拆离-滑脱带蚀变成矿阶段（105~120 Ma）：由于深部岩浆上拱造成花岗岩与其上覆早期前寒武纪变质岩之间形成伸展-拆离构造，成为金矿成矿的有利空间。在伸展-拆离构造中，以碎裂岩为主的构造发育良好，成矿流体以渗流方式运移，通过与构造岩发生交代作用形成以蚀变岩为主的矿体。在伸展构造下盘的花岗岩穹隆边缘，由于岩体上拱造成的引张作用产生大量张裂隙，形成减压空间，成矿流体在泵吸作用下充填成矿，即石英脉型金矿。

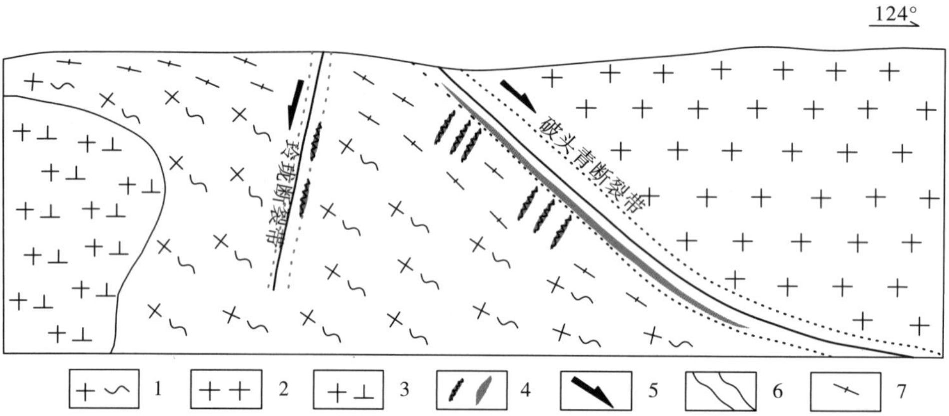


图 5-20　玲珑矿田拆离-滑脱构造模式图

（据吕古贤等，2016）

1—剪切相：玲珑型似片麻状花岗岩；2—引张相：栾家河型中粗粒二长花岗岩；3—挤压相：郭家岭型花岗岩；4—矿体（玲珑式-石英脉型金矿、焦家式-蚀变岩型金矿）；5—拆离断层滑动方向；6—断裂带；7—片麻理

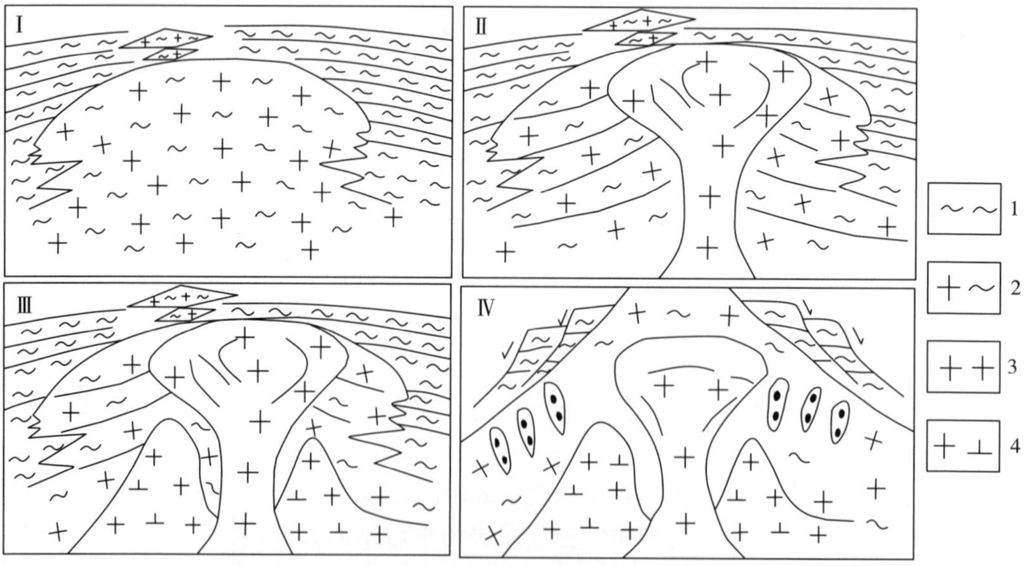


图 5-21　构造岩浆隆起-拆离带蚀变成矿过程

（据吕古贤等，2017）

1—胶东群变质岩；2—栾家河型中粗粒二长花岗岩；3—玲珑型似片麻状黑云母花岗岩；4—郭家岭型似斑状花岗闪长岩

## 七、矿山开发综合利用

玲珑金矿开采历史悠久。春秋以来，这里就开展采金掘宝。宋中期开始设置课税，督办采金。清末“黄金大王”、红顶商人李宗岱也曾在玲珑开办金矿。从 1898 年开始，玲珑金矿受到德、美、日列强的觊觎和蚕食。新中国成立后，1962 年正式组建玲珑金矿。从 1962 年至 1988 年，玲珑金矿黄金产量率先突破 100 万两。2006 年，玲珑金矿黄金产量又突破 200 万两大关，再创第二个 100 万两的 18 年里，玲珑金矿工业总产值、利税总额持续在黄金行业雄踞全国第一。2016 年，黄金产量在全国率先突破 300 万两，2017 年，成为国内产金突破 100 t 的单体黄金矿山（兰恒敏等，2017）。

玲珑金矿虽然储量丰富，但是矿体具有“散、窄、薄、小”的特点，需要将黄金一点点“抠索”出来，这种先天的资源条件，铸就了玲珑人吃苦耐劳的性格，也使玲珑金矿成为中国黄金行业人才的摇篮，中国黄金矿山行业名副其实的“黄埔军校”。当下，玲珑金矿以“得一人才，比生产一吨黄金更珍贵”为理念，大力实施“导师带徒”“以师带徒”等人才梯队培养机制，使一批批优秀人才在玲珑金矿脱颖而出（兰恒敏等，2019）。

近几年来，玲珑金矿密切与国内外科研院所密切合作，开展深边部找矿工作，成果显著。地球化学勘查结果显示，在深部存在隐伏矿体的可能性非常大（韦祥蓬等，2017）。在玲珑金矿田，近年来主要沿破头青断裂和九曲断裂探明破碎带蚀变岩型深部金资源储量逾 500 t，致使蚀变岩型金矿资源量明显超过了石英脉型金矿，从而改变了该矿田的矿床类型格局，矿化分布总体表现为“上有蚀变岩（主断裂带中）、下有石英脉（主断裂下盘）”的特征（宋英昕等，2017）。

玲珑金矿区部分矿段产出高品位的明金矿石（刘连登等，2002），大颗粒自然金的超级富集机制是备受瞩目的科学问题。玲珑金矿区大量碲、铋矿物的出现，指示成矿物质源区可能需要有较高的碲和铋含量（胡宝群等，2014）。铋-碲熔体在金的运移和沉淀机制中起着关键作用，可作为热液中金的关键吸附剂（Voudouris et al.，2013）。玲珑金矿区碲、铋的来源与地幔具有较密切关系，碲、铋等元素在金的超级富集方面起到了不可忽视的作用。玲珑金矿区的大颗粒自然金的富集可能与金及碲、铋等元素形成低熔点多金属熔体有关，含银碲化物消耗了体系中银的含量，提高了自然金的成色（冯岳川等，2022）。总之，碲、铋在玲珑金矿含量较高，可以作为综合开发利用的一个方向。

胶东是我国最大的金矿集区，已探明金资源储量 5000 余吨，占全国资源储量（$1.21\times10^4$ t）的 1/3，成为仅次于南非兰德和乌兹别克斯坦穆龙套成矿区的世界第三大金矿集中区（宋明春等，2018）。胶东型金矿床主要受断裂构造控制，著名的控矿断裂有三山岛断裂、焦家断裂、招平断裂和金牛山断裂，前三条断裂控制的金资源量达 4000 t 左右（宋明春等，2022）。经初步推测，胶东 3000 m 深度以浅金资源量不少于 6000 t，5000 m 深度以浅金资源量将会超过 10000 t（宋英昕等，2017）。另外，胶东金矿集区具备近期被综合利用或作为未来潜在接替资源的 Co、Te 和 Cd 关键金属资源条件，其展布区域广泛、资源潜力巨大，但关键金属资源的空间分布极不均一，其超常富集机理与规律尚不清楚，亟须深入研究（杨立强等，2022）。

# 第五节　福建紫金山高硫化浅成低温热液型铜金矿床

## 一、矿山简介

紫金山金铜矿位于福建上杭县城北 15 km，属才溪乡、旧县乡管辖。该矿床是在“七五”期间我国东部中生代火山岩地区发现的大型铜、金矿床。该矿床不但是“七五”期间我国铜矿勘查的重大突破之一，而且也是中国大陆发现的首例酸性硫酸盐浅成热液铜（金）矿床，称为“紫金山式”矿床，累计探明的金金属量已达 305 t，铜金属量 300 万 t 以上。

紫金山金铜矿床，自 1992 年建矿时年产金 8.5 kg 发展到 2010 年产金 16227 kg，增加了 1908 倍，主要经济指标和技术指标达到国际先进水平，创造了黄金可利用资源量最大、黄金产量最大、采选规模最大、经济效益最好、发展速度最快等多项全国第一，成为中国唯一的世界级特大金矿。2008 年 3 月被中国黄金协会授予“中国第一大金矿”荣誉称号。紫金山金铜矿金矿体主要是露天开采，已开采完毕，目前主要开采铜矿体。

## 二、区域地质背景

紫金山矿区位于华南褶皱系东部，东南沿海火山活动带的西部亚带，闽西南晚古生代凹陷之西南，NW 向云霄—上杭深断裂带北西段与 NE 向宣和复背斜南西倾伏端交汇部位，上杭 NW 向白垩纪陆相火山-沉积盆地东缘（图 5-22）。

紫金山矿区属于紫金山铜金银多金属矿田（图 5-23）。矿田现已发现紫金山、中寮、龙江亭等铜金矿床，悦洋金银多金属矿床，二庙沟、大岌岗、五子骑龙等铜金矿点，仙师岩、罗卜岭铜钼矿点，金山脚下的砂金矿点，麻坝铁锰矿等十多处矿床（点）。

区域内早中生代地层主要呈 NE 向展布，基底地层为下震旦统楼子坝群浅变质细碎屑岩，构成背斜核部，两翼为泥盆—石炭纪碎屑岩和部分灰岩。白垩纪火山-沉积岩主要分布于西南部上杭火山盆地中。主要出露震旦纪浅变质岩系、上泥盆统—石炭系、白垩系。

区域构造活动强烈，以 NW 向和 NE 向为主，是本区的控岩控矿构造。NW 向构造是上杭—云霄北西向深大断裂的组成部分，NE 向构造主要有宣和复式背斜和 NE 向断裂。它们是控制铜、金多金属成矿带的区域性构造。

燕山期岩浆岩分布广泛，早期为酸性，呈规模较大的岩基，晚期为中酸性，规模小，呈岩瘤状，沿 NW 或 NE 向断裂侵入，并以多期次脉动侵入组成复式岩体。中部的紫金山复式岩体位于宣和复背斜的核部，由燕山早期的迳美岩体、五龙寺岩体、金龙桥岩体和燕山晚期的才溪岩体、四坊岩体等组成，在平面上呈似棋盘格状分布。地质年龄在 128~157 Ma 之间。

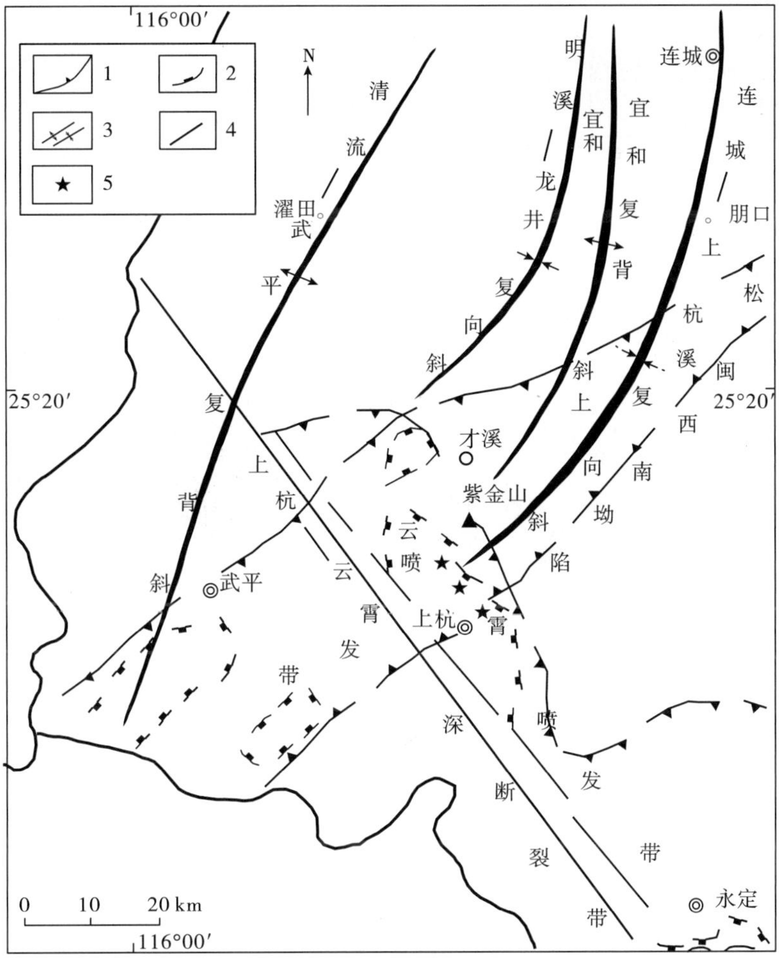


图 5-22　紫金山区域火山活动位置图

（据张文媛，2015）

1—火山喷发带界线；2—火山喷发盆地界线；3—复背斜、复向斜；4—深断裂；5—火山喷发中心

火山岩主要分布于南部上杭火山喷发沉积盆地，属于白垩系石帽山群，为中酸性火山岩系，有熔岩、火山碎屑岩和火山碎屑沉积岩等。盆地呈 NW 向展布，具有多个火山喷发中心。岩浆呈周期性间歇活动，早、晚期以喷溢为主，中期以爆发居多，末期以次火山侵入作用而告终。盆地中心发育喷溢、爆发相，边缘分布喷发-沉积相。盆地周围的次级火山机构有紫金山、温屋、大岌岗、赤水、迳美、二庙沟、观音坐莲等地。岩浆岩岩性主要为角闪安山岩、英安岩、流纹岩、粗面岩、流纹质凝灰角砾岩、凝灰岩等，属钙碱性-钾质碱性火山岩系。

## 三、矿区地质特征

紫金山铜金矿位于紫金山矿田复式岩体中部，NE 向金山脚下—中寮断裂和 NW 向铜

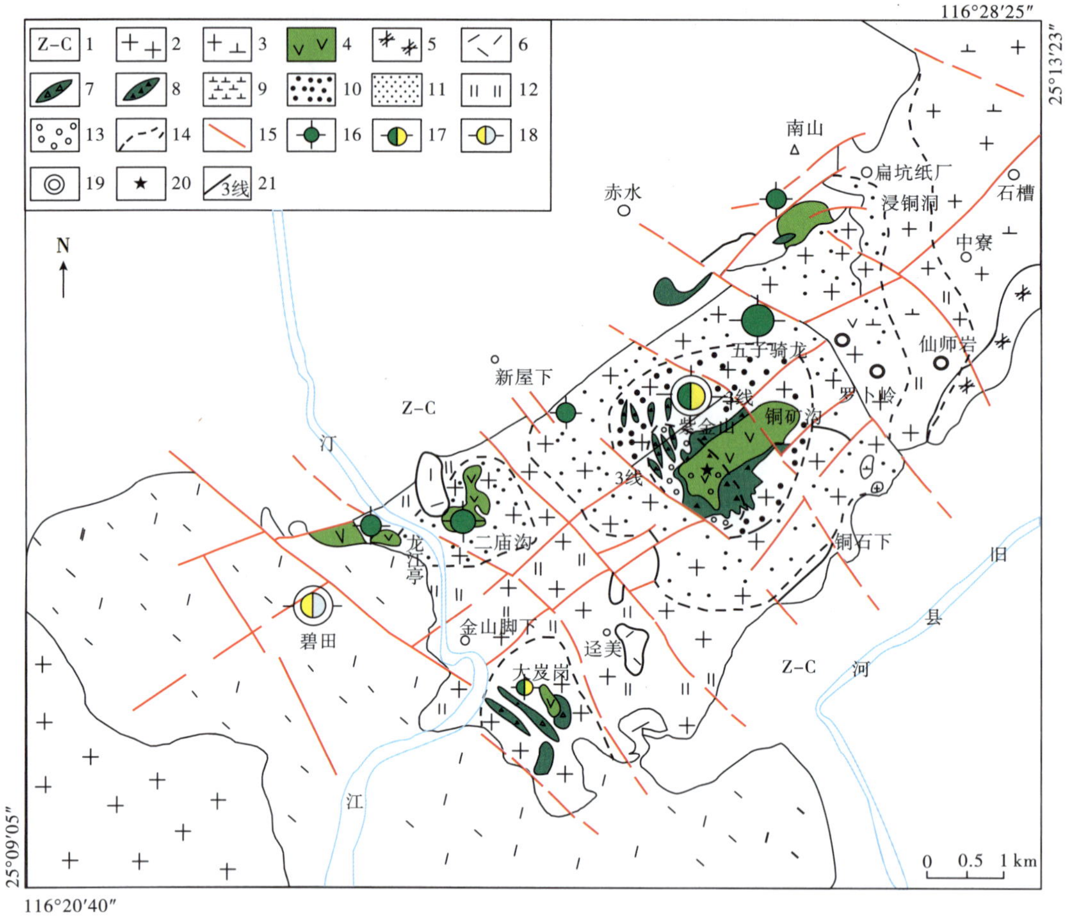


图 5-23 紫金山矿田地质略图

（据王翠芝，2013）

1—震旦系—石炭系；2—燕山早期花岗岩；3—燕山晚期花岗闪长岩；4—英安玢岩；5—燕山早期二长花岗岩；6—白垩纪中酸性火山岩；7—热液角砾岩；8—隐爆角砾岩；9—花岗闪长斑岩；10—石英-地开石-明矾石化蚀变带；11—石英-绢云母-地开石化蚀变带；12—石英-绢云母化蚀变带；13—低温硅化带；14—热液蚀变带界线；15—断裂；16—铜矿床（点）；17—铜金矿床；18—金银矿床；19—斑岩型矿床（点）；20—火山口；21—勘探线及编号

石下—紫金山断裂交汇部位，与紫金山火山机构大致吻合（图 5-24），面积 4.37 $km^2$。

矿区内断裂构造比较发育，以 NE 向和 NW 向断裂为主，其次是 NNE 向和 EW 向断裂。除断裂构造外，NE、NW 向两组节理裂隙构造十分发育，互相交切，呈现出控岩控矿的网格状构造样式。火山机构内，主要为燕山晚期沿 NW 向断裂发育的英安玢岩、隐爆角砾岩脉。火山口处出现少量花岗闪长斑岩。

矿区西北部仅有震旦系楼子坝群，主要岩性为变质粉砂岩和千枚岩，已受较强的硅化、绢云母化和黄铁矿化。地层走向 NE，倾向 NW，倾角 50°左右，与燕山早期似斑状中粗粒花岗岩呈断层接触。

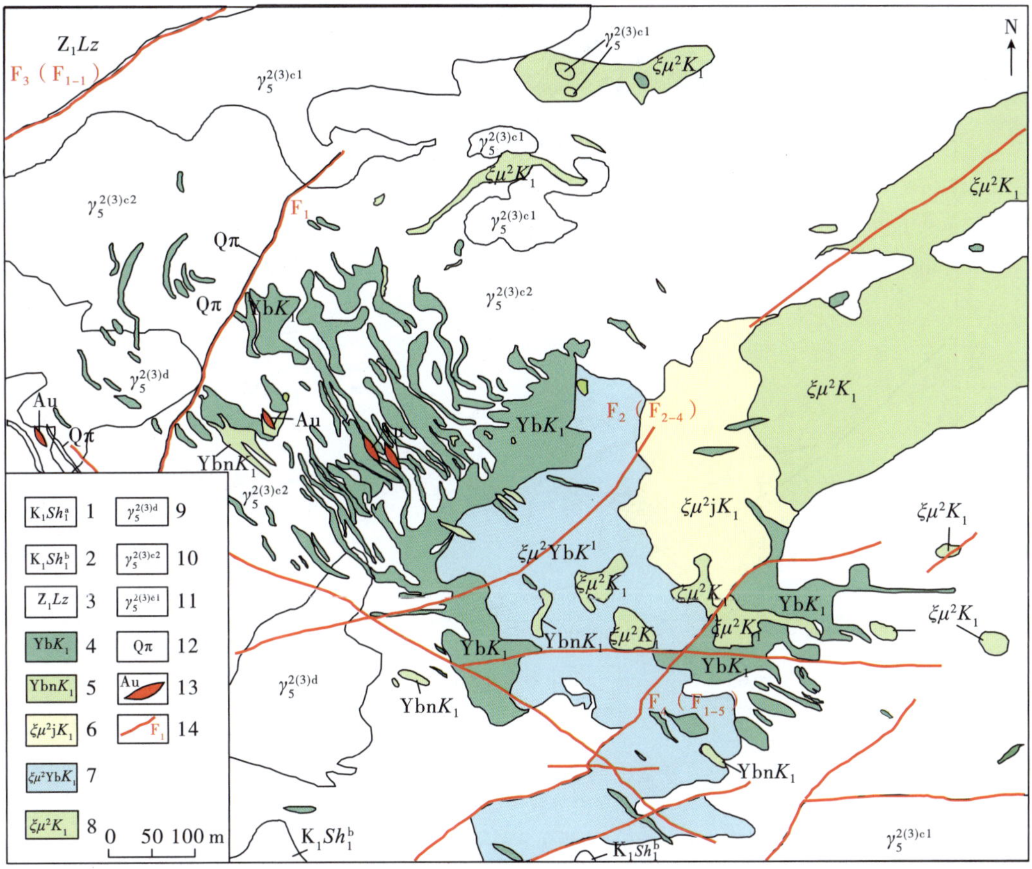


图 5-24　紫金山铜金矿矿床地质简图

（据戴茂昌，2011）

1—下白垩统石帽山群下组下段；2—下白垩统石帽山群下组上段；3—下震旦统楼子坝群；4—早白垩世隐爆角砾岩；5—早白垩世隐爆凝灰岩；6—早白垩世晚期英安质角砾岩；7—早白垩世晚期英安质隐爆角砾岩；8—早白垩世晚期英安玢岩；9—燕山早期细粒花岗岩；10—燕山早期中细粒花岗岩；11—燕山早期中粗粒花岗岩；12—石英斑岩；13—金矿体；14—断层

## 四、矿床地质特征

矿床呈现“上金下铜”的特征（陈景河，1999）。金矿主要赋存于潜水面（600~640 m）以上的氧化带中，与强硅化关系密切；金矿与铜矿的矿带之间有 20~50 m 宽的无矿带或贫矿带（图 5-25）。铜矿床则赋存于氧化带以下的原生带中，与强烈的明矾石化密切相关，主要分布在海拔+650 m 以下，铜矿体的垂直厚度超过 1000 m，属于特殊的蓝辉铜矿-硫砷铜矿-铜蓝-明矾石矿物组合的浅成低温高硫化型铜矿石类型，仅在局部见到少量黄铜矿和辉钼矿。

矿区岩石蚀变强烈，蚀变分带明显，环绕火山管道的英安玢岩和北西向裂隙呈带状

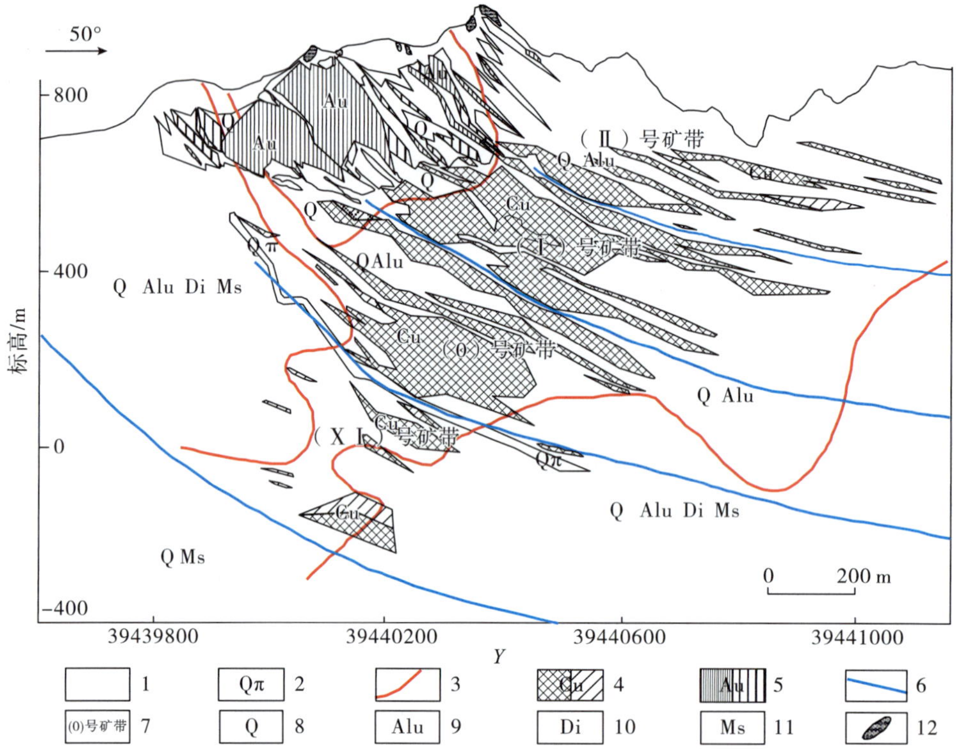


图 5-25 紫金山铜金矿床 3 线蚀变矿化分带示意图

（据王翠芝，2013）

1—中细粒花岗岩；2—石英（斑）岩；3—蚀变分带界线；4—铜矿体（表内、表外矿）；5—金矿体（表内、表外矿）；6—矿带划分界线；7—矿带号；8—硅化；9—明矾石化；10—地开石化；11—绢云母化；12—英安玢岩及（隐爆）角砾岩

分布，水平方向由中心向外，剖面由上而下，分为硅化带（Q）、石英+明矾石蚀变带（Q+Alu）、石英+地开石+明矾石+绢云母蚀变带（Q+Di+Alu+Ms）及石英+绢云母蚀变带（Q+Ms）四个蚀变带，其中石英+明矾石带（Q+Alu）控制了铜矿体的分布，而低温硅化则控制着金矿体的产出。

## 五、矿石特征

矿石金属矿物主要为黄铁矿、蓝辉铜矿、铜蓝、（块）硫砷铜矿，少量黄铜矿、斑铜矿、褐铁矿、孔雀石等，微量黝铜矿、方铅矿、闪锌矿、硫铋铜矿、硫锡铁铜矿、黑钨矿。脉石矿物主要有石英、明矾石、地开石、绢云母等，还有少量的伊利石、蒙脱石等。矿石结构主要为交代结构、固溶体分离结构（图版 8）。按照成因类型分类可分为原生硫化铜矿石、表生氧化铜矿石。矿石类型按照自然类型分类可分为花岗岩型铜矿石、隐爆碎屑岩型铜矿石、英安玢岩型铜矿石。

矿石自然类型显示紫金山金铜矿成矿的特殊性，不同自然类型具有不同的矿石构造特征。①花岗岩型铜矿石是主要的矿石类型，容矿岩石类型为蚀变碎裂中细粒花岗岩，少量为细粒花岗岩，而粗粒花岗岩中几乎不含矿。蚀变以明矾石化、地开石化、硅化为主，局部有残留的绢云母化透镜体。矿石构造自上而下总体由以脉状为主过渡到以脉状-浸染状为主。矿石量约占总矿石量的81%，空间分布自上而下比例逐渐增加，品位变化呈自上而下由低变高的趋势。②隐爆碎屑岩型铜矿石的容矿岩石主要是蚀变花岗质隐爆角砾岩，少量为混合质或英安质隐爆角砾岩，局部为隐爆凝灰岩。岩石蚀变类型同上。矿石的构造比较复杂，常为斑点-斑杂状、不规则脉状、块状及少量角砾状、浸染状等。其矿石约为总矿石量15%。空间分布自上而下比例逐渐减少，以矿化带中部较高，两侧稍低为特点。③英安玢岩型铜矿石的容矿岩石类型为蚀变英安玢岩，蚀变类型以硅化、地开石化为主，明矾石化次之。矿石构造主要为浸染状、细脉状。该类矿石少，矿石量仅占总量的4%，比较集中的分布在0~7线400 m标高以上Ⅰ矿化带中。

## 六、矿床成因与成矿模式

对于紫金山矿床，尤其是北西矿段的地质地球化学以及控矿因素、机理的研究，已有众多的论文发表，基本上可以肯定是浅成次火山侵入体及其伴随的火山岩的热液系统，从岩浆的去气作用部位延伸至喷气孔和酸性热泉，并将斑岩和高硫化成矿环境融为一体，形成紫金山铜金矿床，成矿明显受构造和岩浆活动控制（王少怀等，2009）。

紫金山脉石矿物的H-O同位素结果表明成矿流体主要是燕山晚期火山-次火山岩浆加热的中生代大气降水，石英-明矾石化蚀变和铜矿化过程中有少量岩浆水混入，晚期硅化（硅质交代岩）和金矿化时，流体几乎全为大气降水（张德全等，2005）。成矿物质中硫的来源则据黄铁矿的$\delta^{34}S$值反映本区硫同位素的总硫接近零，硫的原始来源是地幔（陶奎元，1997）。

紫金山矿区是经过多阶段、多期次矿化叠加形成的。如早期的中高温Cu（Mo）矿化、中期的中低温Cu（Au）矿化和晚期的低温Au（Cu）矿化，再经过表生氧化作用形成目前见到的“上金下铜”的矿床垂直分带现象，显示出成矿热液作用的多期性。研究表明，大规模隐伏于紫金山地区之下的花岗闪长斑岩是该区铜金矿床的重要控矿因素（王少怀等，2009）。

紫金山高硫化成矿环境不是一个孤立的成矿系统，它与其周边的罗卜岭斑岩型铜钼矿、悦洋低硫化型银多金属矿以及介于斑岩型—高硫化型之间的过渡型铜多金属矿等，共同构成斑岩-浅成低温热液成矿系统（图5-26），形成我国特有的紫金山铜金多金属矿田（邱小平等，2010；刘羽等，2011；王翠芝，2013；刘文元等，2012，2015）。

## 七、矿山开发综合利用

紫金山金铜矿累计探明的金金属资源量已达305 t，铜金属量300万t以上，主要产品有矿产金、阴极铜、铜精矿、硫精矿。紫金山金矿是典型的低品位金矿，通过技术和管理

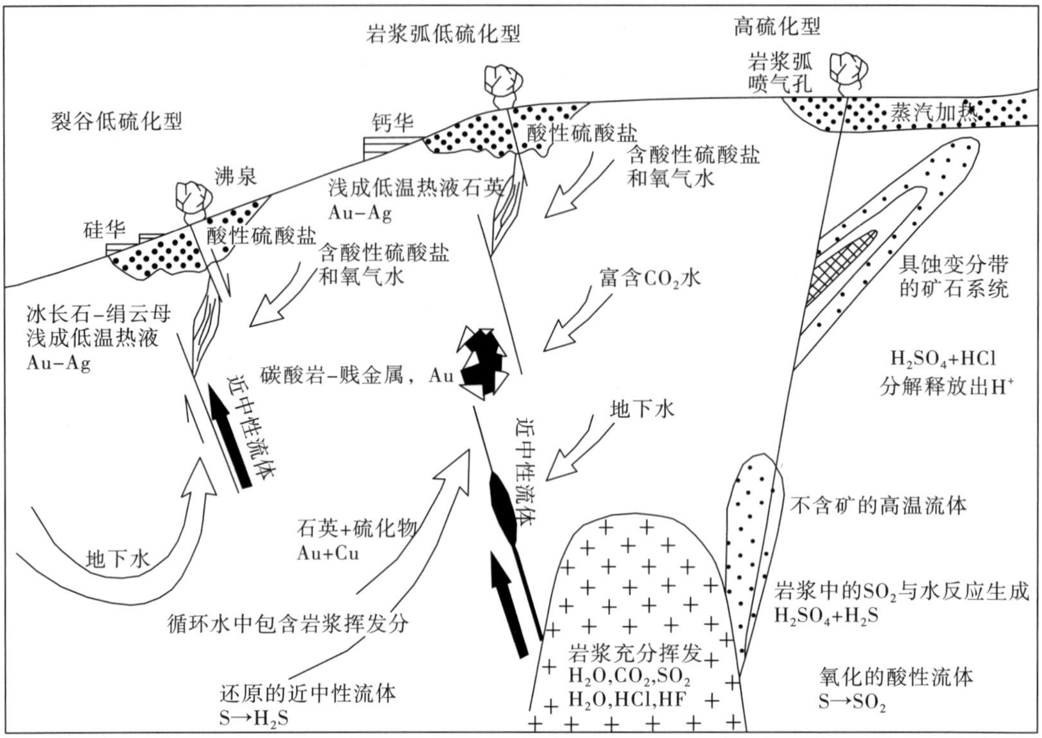


图 5-26　高硫化型和低硫化型金矿床产出的构造环境和流体演化示意图
（据翟裕生等，2011）

创新，可利用金矿资源发生了重大变化，自 1992 年建矿时年产金 8.5 kg 发展到 2010 年产金 16227 kg，增加了 1908 倍，主要经济指标和技术指标达到国际先进水平，创造了黄金可利用资源量最大、黄金产量最大、采选规模最大、经济效益最好、发展速度最快等多项全国第一，成为中国唯一的世界级特大金矿，成为中国乃至世界超大型、低品位金矿绿色高效开发的典范。在紫金山金矿创新开发过程中，形成了“矿石流五环归一”矿业工程管理模式。该管理模式对中国矿业开发具有重要指导意义（陈景河，2020）。目前紫金山铜金矿已成为国内著名的铜金矿科学基地（江思宏等，2017）。

紫金山金铜矿经过 30 多年的矿山开发利用，促使紫金矿业公司从一个成立之初的县级矿山企业发展为国内外享有盛誉的国际矿业集团。1993 年从紫金山低品位金铜矿开发起步，坚持“资源为王”，自主地质勘查和资源并购并重，保证公司持续内生动力，到 2022 年为全球 23 个大型矿业项目的高效开发，公司发展进入全新阶段，A+H 股上市，主要矿产品为铜、金、锌和银。2022 福布斯全球上市公司 2000 强，第 325 位。全球黄金企业第 1 位、全球金属矿业企业第 7 位、2022 财富世界 500 强第 407 位。在全球矿业资源格局之下，紫金矿业以开发矿业，造福社会为宗旨，致力于中国国家与能源矿产战略安全。紫金矿业具有强大的从地质勘探，到设计规划，基础建设，生产运营，贸易物流，金融资本等全方面的矿业业务综合系统能力。紫金矿业“低品位铜矿绿色循环生物提铜关键技术与产业化应用”被中国有色金属工业协会评为“国际领先水平”，同时“低品位含铜金矿高效提金及铜综合回收关键技术研究与应用”也被评为“国际先进水平”。

生态环保成为紫金矿业全球化发展靓丽名片。矿业开发完全可以实现与生态环境和谐共存。在我国，紫金矿业建成 13 家全国绿色矿山、5 家国家级绿色工厂、1 座国家矿山公园，19 家权属企业通过 ISO14001 环境认证。2001 年 10 月 12 日，习近平时任福建省长期间，视察紫金山金铜矿，赞誉紫金矿业：“体制活、效益好、环保有创新。”紫金山金铜矿 2009 年被国土资源部批准为我国首批 28 家国家矿山公园，这是自“全国工业旅游示范点”之后，紫金山工业旅游区获得的第 2 块国家级牌匾。在海外，紫金矿业以高于当地标准打造“花园式”生态矿山，科卢韦齐铜钴矿成为刚果（金）百年第一座绿色矿山、佩吉铜金矿成为塞尔维亚第一座绿色矿山、武里蒂卡金矿成为哥伦比亚第一座绿色矿山（紫金矿业 ESG 报告，2021）。

“绿水青山就是金山银山”。运用“矿石流五环归一”矿业工程管理模式，紫金矿业从矿山建设开始就进行生态重建，实施包括生态修复、土壤修复、边坡治理等措施，实现了开发与环境的和谐统一。2020 年，紫金矿业积极响应国家碳中和目标，设立紫金新能源公司，积极拓展光伏发电和环保生态工程项目，紫金山金铜矿 2020 年就回收含铜酸水 $1286.44\times10^4$ $m^3$，回收铜金属约 11620.41 t。2021 年，紫金矿业首次提出生态环保工作安排，鼓励有条件的企业开展太阳能发电、风力发电及浅层地热供热等项目，降低碳排放强度，以提前达到碳排放峰值的目标。紫金矿业还在 2020 年年度报告中提出，积极推动单位产能能耗下降，力争到 2030 年单位产能能耗下降 3%以上。

# 第六节　福建悦洋低硫化浅成低温热液型银多金属矿床

## 一、矿山简介

悦洋银金属矿位于福建省武平县县城北东部中堡乡悦洋村村南，与上杭县湖洋乡碧田村毗邻，行政区划属武平县中堡乡管辖。矿区距武平县县城直距 30 km，矿区地处著名的紫金山金铜矿南西部，与紫金山金铜矿一江之隔，平距仅 3 km。

## 二、区域地质背景

悦洋低硫化型浅成低温热液矿床位于华南褶皱系东部，东南沿海火山活动带的西部亚带，闽西南晚古生代凹陷之西南，NW 向云霄—上杭深断裂带北西段与 NE 向宣和复背斜南西倾伏端交汇部位，上杭 NW 向白垩纪陆相火山-沉积盆地东缘。区域地质背景与紫金山铜金矿床一致。

## 三、矿区地质特征

矿区主要分布有中生代火山岩地层，侵入岩局部出露，断裂构造发育（图 5-27）。矿区地层简单，自老至新有元古宇震旦系下统、中生界三叠系上统、白垩系和新生界第四系。矿区发育燕山期紫金山复式岩体花岗岩，主要有中粗粒花岗岩、中细粒花岗岩和细粒花岗岩，其中以中细粒花岗岩为主，是矿区最主要赋矿围岩。矿区断裂构造十分发育，主要发育有 NW 向和 NE 向两组断裂，南北组形迹较模糊。

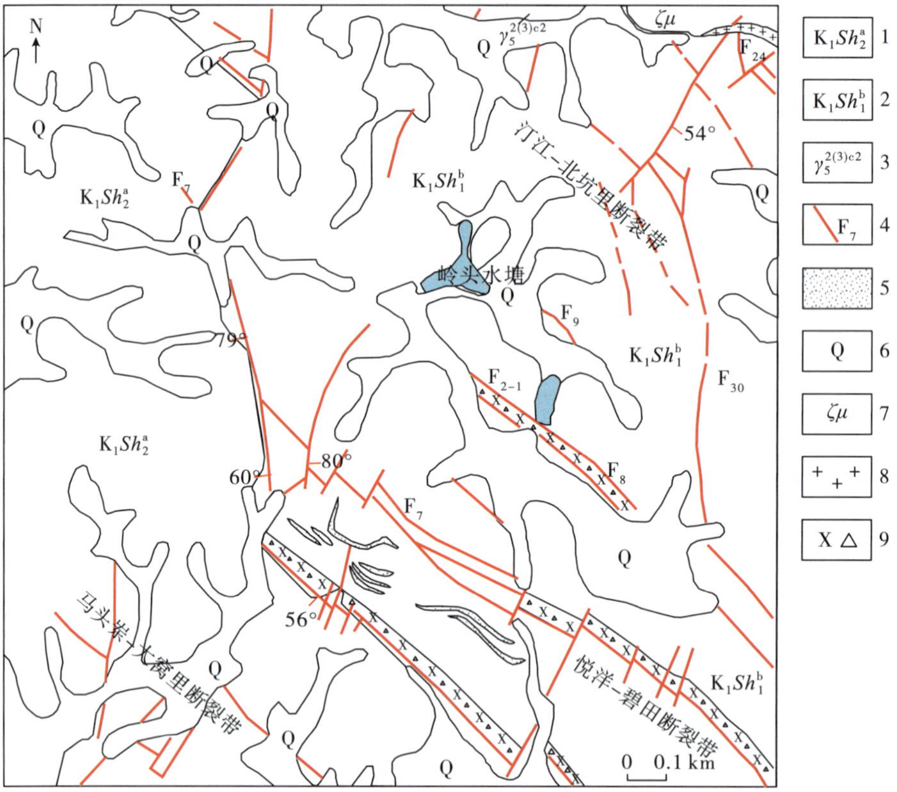


图 5-27　悦洋银多金属矿床矿区东矿段地质简图

1—石帽山群上组下段；2—石帽山群下组上段；3—中细粒花岗岩；4—断层及编号；5—砂岩、粉砂岩标志层；6—第四系；7—英安玢岩；8—强硅化脉及石英脉带；9—硅化角砾岩

## 四、矿床地质特征

悦洋银多金属矿床具有明显的“三明治”结构。上部为石帽山群，中部为赋矿紫金山复式花岗岩岩体，下部为元古宇下震旦统（图 5-28）。

矿区共圈定 23 个矿体，北部及东部均以 $F_2$ 断裂为界。矿体主要受矿化带内北西向断裂-裂隙控制，大致呈平行的脉状、透镜状产出，剖面上具有右行侧列的特点。矿带呈北东东向展布，长约 1000 m，宽约 380 m。在横向上向南西倾伏，倾伏角 20°左右，在纵向上向南东侧伏（如 0 号纵剖面），侧伏角 70°左右。矿体平面上主要分布于“一堑两凹”部位，即矿化分布于洋坑断裂与石北坑断裂夹持的 NE 向小地堑内。在该地堑中，基地形成中部凸起，东西两侧凹陷，成矿有利岩性主要分布于两侧“凹部”，在“凹部”的矿体

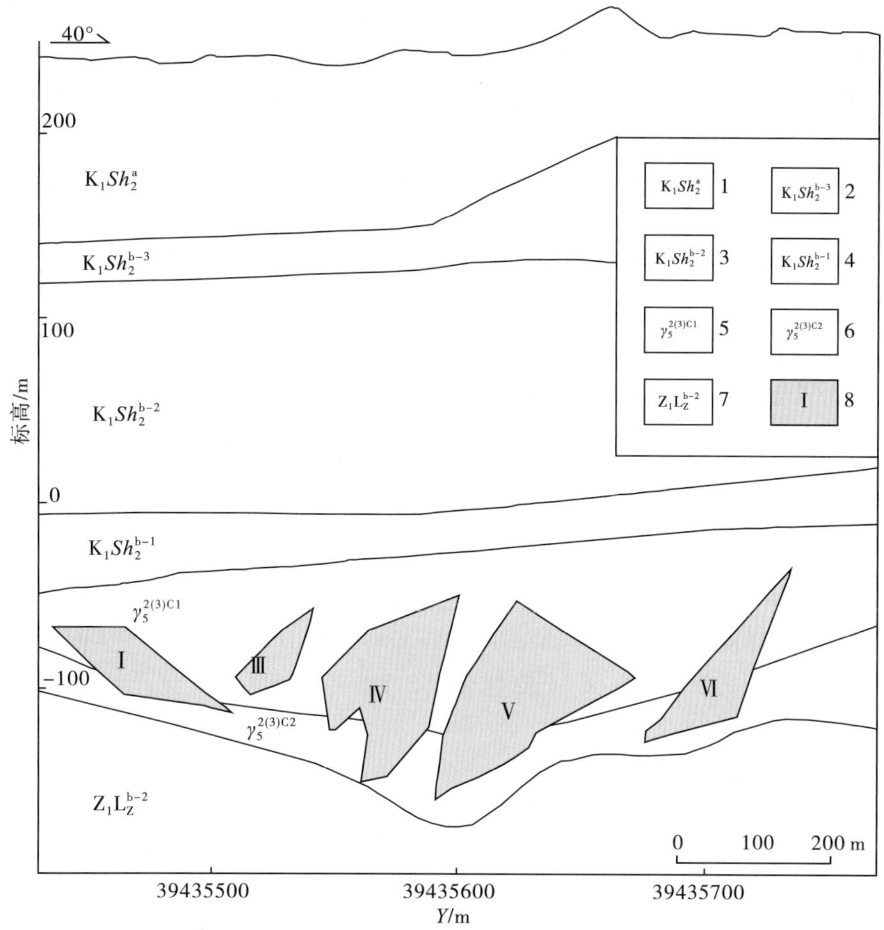


图 5-28　悦洋银多金属矿床 65 线剖面图

1—凝灰质砂砾岩；2—粗斑角闪粗安岩；3—粗斑角闪粗安岩；4—英安岩；5—中细粒花岗岩；6—中粗粒花岗岩；7—变质岩；8—矿体及编号

厚度大、品位高，而中部突起部位不见矿或矿化不好。

矿区围岩蚀变发育，种类较多，主要蚀变类型有硅化、水云母化、黄铁矿化、绢云母化、明矾石化、绿泥石化、地开石化、冰长石化和碳酸盐化等，其中前三种分布范围最广。铜矿化主要分布于石英-地开石-绢云母化蚀变带中，上部以蓝辉铜矿、黄铁矿矿化为特征；中部以斑铜矿、黄铜矿、黄铁矿矿化为特征；下部以黄铜矿矿化为特征。

## 五、矿石特征

金属矿物中以硫化物为主。金属硫化物中除黄铁矿外，主要为铜的硫化物，主要为黄铜矿，次为蓝辉铜矿、斑铜矿和硫砷铜矿，占 95% 以上，其中黄铜矿占铜矿物总量的二分之一以上，蓝辉铜矿约占 10%、斑铜矿占比 5%~10%、硫砷铜矿占比约为 5%。此外尚有少量铜蓝、辉铜矿，偶见方黄铜矿、锡黝铜矿、硫铋铜矿、硫铜铋矿、黄锡矿、锌锑黝铜矿、硫锡铁铜矿、胆矾及孔雀石。银的赋存状态包括独立银矿物、亚显微银矿物和类质同象银，银的载体矿物有方铅矿、黄铁矿、黄铜矿等（鲁美等，2015，2016）。非金属矿物主要为石英、绢云母、地开石，次为水云母、明矾石、硬石膏，可见少量长石、水铝氧石等。矿石构造主要以细脉状、角砾状构造为主，次为浸染状、块状、残余构造，少量为胶状构造和晶簇状构造。矿石结构主要有粒状结构、交代残余结构、包含结构等（图版9）。

## 六、矿床成因与成矿模式

### 1. 成岩与成矿时代

冰长石化与金银矿化关系极为密切，张德全等（2003）采用$^{40}Ar-^{39}Ar$方法测得悦洋矿床的冰长石年龄为94.69±2.25 Ma，悦洋矿床下部蚀变带中的绢云母Ar-Ar等时线年龄为102.9±1.9 Ma。

### 2. 成矿流体特征

悦洋矿区冰长石+硅化+银（金）蚀变矿化带中流体包裹体的均一温度和盐度分别为120~260 ℃和0.9%~5.0%。矿床下部的绢云母+铜矿体蚀变矿化中流体包裹体均一温度和盐度分别为220~380 ℃和4.6%~31.7%。后者与紫金山地区绢云母化+铜矿化蚀变带中流体包裹体的温度（220~380 ℃）及盐度（2.5%~18.5%）变化范围相近（林全胜，2006）。

### 3. 成矿物质与成矿流体来源

据硫同位素测定结果$\delta^{34}S$=-6.49‰~+4.8‰，平均值接近于0，具有深源特征。矿床的氢氧同位素研究表明，$\delta^{18}O_{H_2O}$介于-3.42‰~1.92‰，$\delta D$为-11.9‰~55.1‰，在$\delta D-\delta^{18}O$关系图上，投影点位于岩浆水区与大气降水线之间，表明热液为岩浆水混合了大量的大气降水（林全胜，2006）。

### 4. 控矿构造

区内北东向宣和复式背斜的轴向断裂和北西向上杭—云霄深断裂的次级断裂均十分发育，这2组基底断裂交汇处控制燕山晚期火山-次火山活动和含矿溶液运移的构造空间。低级别、低序次的NW向断裂带、裂隙密集带、层间破碎带等是矿体的定位空间（苏水生，2018），尤其是区内存在推（滑）覆构造，其中滑覆断裂与成矿紧密相关。这种构造在紫金山复式岩体中普遍发育，并伴有裂隙密集带、层间蚀变破碎带，其特征与矿体相近，主要呈隐伏状态，零星出露于研究区的东部。该断裂为成矿前至成矿期断裂，为储矿断裂，严格控制矿体的产出形态，断裂带的岩（矿）石具有不同程度的碎裂，并具不同程度的硅化、绢云母化，常呈角砾岩，局部形成碎粒碎斑岩。硅化越强，矿化也越强（王新彦和李昭昭，2020）。

### 5. 成矿过程

早白垩世，上杭—云霄深大断裂为先压后张，诱发深源含矿中酸性岩浆上升，所产生的含矿中酸性岩浆在其上升过程中，以不同的方式、不同的定位深度，形成一个较完整的火山-侵入岩系。下渗的大气降水在岩浆岩热流体驱动下，产生对流机制，形成环绕复式斑岩筒分布的蚀变矿化带，含矿热液的物化性质及时空迁移决定了其在不同地质部位产出不同的矿床类型，构成与中酸性次火山斑岩有关的浅成低温斑岩铜金银矿成矿（亚）系列。岩浆作用后期，深部流体迅速衰竭，随着深部含矿热液不断向地表迁移，地表水不断加入，含矿热液不断演变，$T$、$P$、pH、盐度不断下降，含矿热液从酸性变成中偏碱性。当含矿流体运移到基底与火山岩系不整合面附近构造薄弱地带时，在广泛分布的“基底式”绢云母化的基础上，形成以石英+冰长石+银（金）矿化蚀变组合为特征的低硫化型浅成低温热液型银多金属矿床（林全胜，2006），它与柴金山矿田中部的紫金山高硫化型浅成低温热液型金铜矿、东北部的罗卜岭斑岩型铜钼矿以及介于斑岩型-高硫化型之间的过渡型铜多金属矿等，共同构成斑岩-浅成低温热液成矿系统（张德全等，2003，2005；梁清玲等，2015；刘文元，2015），形成我国大陆特有的紫金山铜金多金属矿田。

## 七、矿山开发综合利用

悦洋银多金属矿床2002年7月结束东矿段详查工作，并转入开采，至今20多年的开采年龄，探明矿段几乎开采完毕并且即将进入闭坑阶段。截至2018年1月，悦洋银多金属矿采矿权可利用保有资源储量不足250万t，按资源分布、矿体特征和生产情况可划分为残采矿体、正常开采矿体、高品位薄矿脉、金矿体等，其中残采矿石量占一半以上，大多分布于各中段顶底板及采空充填区内矿柱，极难回采，其中高品位薄矿脉矿量不足10万t，现阶段矿山生产已面临矿石量供应不足、生产品位跟不上等问题。为了本矿的可持续性发展，紫金矿业集团及相关研究部门开展了综合研究，从矿山综合开发利用及找矿增储两方面着手开展工作。

对于矿山生产，首先改善采矿工艺。悦洋银多金属矿床自建矿以来一直采用浅孔留矿采矿法进行回采，井下形成了大量的采空区，给矿山生产带来了极大的安全隐患且残留大量高品位矿体。为了合理、高效、安全地回收这些残矿，并结合改扩建工程建设，悦洋银多金属矿开展了分段凿岩阶段矿房嗣后充填采矿法工业试验。工业试验取得了采矿损失率9.5%、采矿直接成本34.4元/t的优良技术经济指标，并为矿山井下大规模采矿积累了经验（秦忠虎等，2013）。另外，悦洋银多金属矿床首次应用高浓度全自流银铜全尾砂胶结充填技术（为福建省尾砂自流充填浓度最高的充填方法），料浆浓度达到70%。将全尾砂浆、水泥及适量调浓水经搅拌后制成高浓度的充填料浆，通过充填管道自流输送至井下采空区进行充填。有效保证了井下安全开采，矿石回采率提高到80%以上，同时每年减少45%的尾砂排放量，年节省尾矿库费用113.6~227.2万元（吴连贵等，2019）。

选冶则强调矿产的综合利用。悦洋银多金属矿床以铜、金、银为主，伴有铅、锌、铋以及稀散元素等组分，为了增加矿山的服务年限及经济附加值，完善矿产回收工艺。悦洋银多金属矿选厂于2002年8月建成投产，设计规模为500 t/d。生产能力可达到600 t/d，年处理原矿18~18.5万t。2007年前冶炼厂采用湿法工艺进行生产，其产品质量达到99.5%纯度后不再进行精炼，直接销售。选冶综合回收金80%~85%，银70%~80%。从实际生产指标可以看出，本矿床矿石加工选冶技术性能良好，矿石为易选冶矿石。2010年，技改工程完成后，冶炼厂冶炼规模为2000 t/d，生产能力可达到2650 t/d，年处理原矿约87.45万t。

找矿增储一直是矿山可持续发展中的重要工作。近年来伴生元素尤其是微量元素在找矿中得到广泛重视，利用矿物地球化学特征指导找矿工作，如以黄铁矿的Te-Se元素组合作为Au成矿指示元素，以方铅矿的Pb作为Ag的矿化指示元素，以黄铜矿中Co-As元素组合作为Cu成矿指示元素，深边部找矿均有所突破。近期井下地质工作在深部花岗岩与变质岩基底接触带中发现高品位薄矿脉，更加深刻理解了接触带构造的控矿意义（丘志钊和王翠芝，2019）。在主矿体的南部找到小型硅化破碎角砾岩型金矿，而小型金矿体的西边又发现了产出于火山岩盖层（粗安岩）和紫金山复式岩体（中细粒花岗岩）不整合界面之间的脉状银多金属矿体（钟荣兴，2017；邱永桢，2020）。

# 第七节　湖南锡矿山低温热液型锑矿床

## 一、矿山简介

锡矿山锑矿田位于湖南省中部冷水江市东北约15km处，是我国超大型锑矿，驰名中外。明末清初开采时，因将锑误认为锡，故命名“锡矿山”。矿田就地加工冶炼，为中国最大的锑业基地。锑的储量和产量居世界首位，被誉为“世界锑都”。1949年以来探明锑储量85.9万t，加上1949年以前采出的矿量，共计锑储量达200多万t（《中国矿床发现史·湖南卷》），目前深边部还有较大的找矿潜力。

## 二、区域地质背景

湘中是华南岩石圈最厚的地区，也是我国锑矿分布最为密集的地区。湘中地区位于扬子板块与华夏板块之间结合带的东南部（图5-29）。

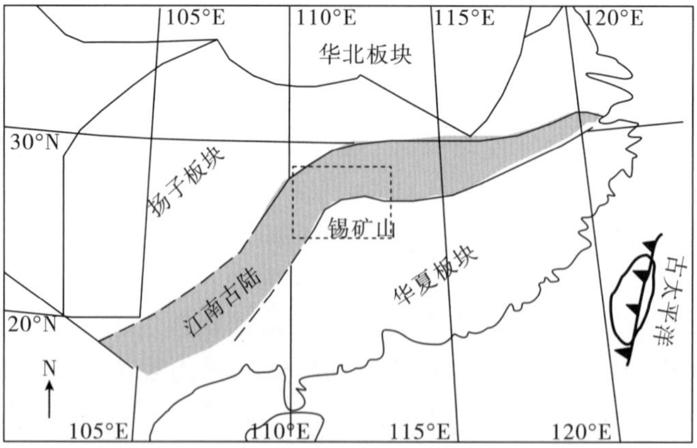


图5-29　湘中锡矿山地区的大地构造位置图
（据胡阿香和彭建堂，2016）

锡矿山锑矿床位于湘中拗陷带（图 5-30）。湘中盆地以西为雪峰弧形造山带，东为 NW 向的沩山隆起带，东南为苗儿岭—越城岭—关帝庙线状隆起带，并以中部近 EW 向的白马山—大乘山—紫云山隆起为界，湘中盆地从内部分为北部的涟源和南部的邵阳两个次级盆地。

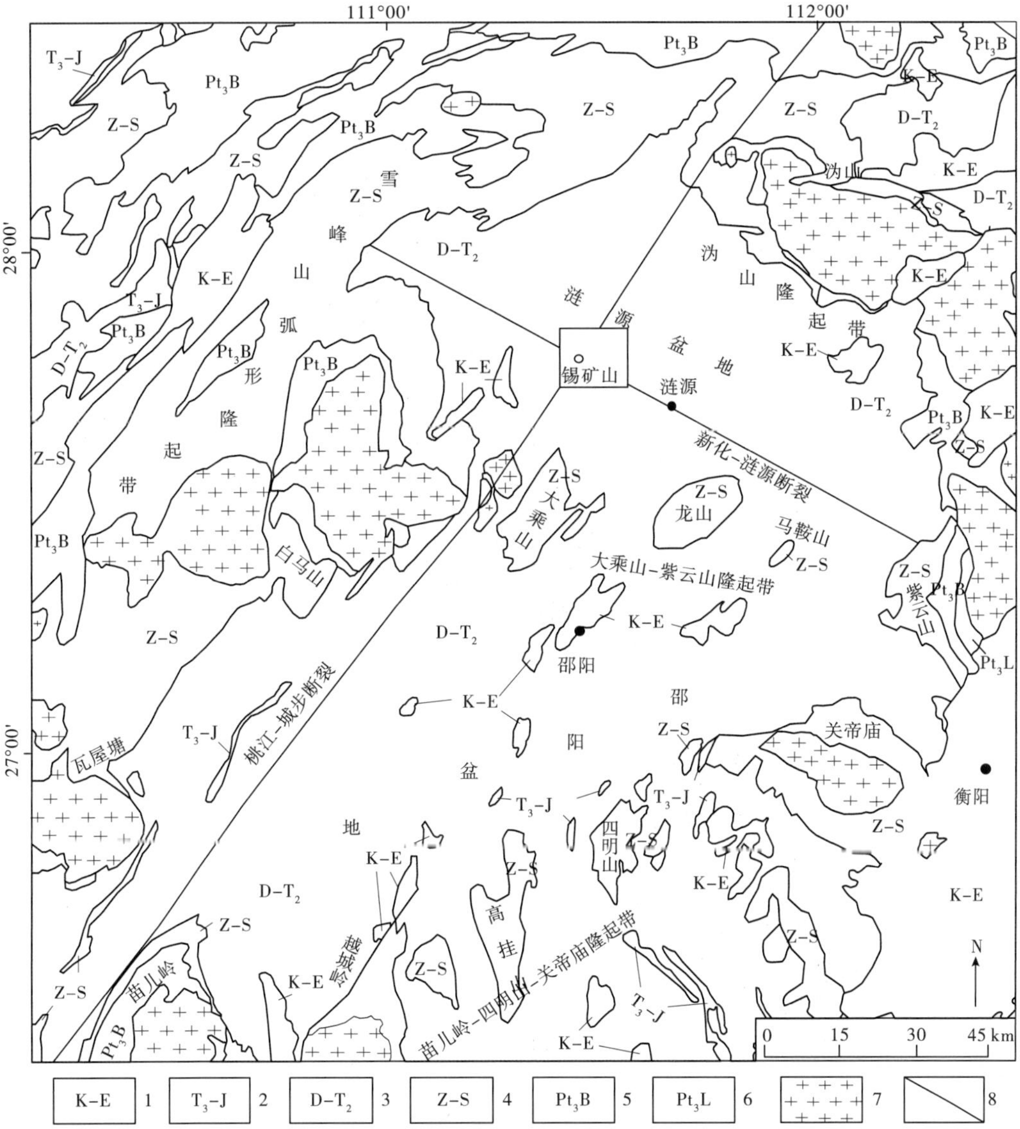


图 5-30　湘中盆地区域地质简图

（据张东亮等，2016）

1—白垩系—古近系；2—三叠上统—侏罗系；3—泥盆系—三叠中统；4—震旦系—志留系；5—新元古板溪群；6—新元古冷家溪群；7—加里东—燕山期岩体；8—区域大断裂

区内出露有泥盆系、石炭系、二叠系，岩浆活动极不发育，与矿化相关的地层主要为上泥盆统佘田桥组的厚层硅化灰岩。区内出露的最老地层是古元古代冷家溪群以及覆盖于其上的板溪群。显生宙以来，该区先后经历了加里东、印支及燕山运动等不同期次的构造变革。

## 三、矿区地质特征

矿床呈 NNE 向展布，长 9 km、宽 2 km、面积 18 $km^2$。成矿受地层、背斜、断裂联合控制（图 5-31）。

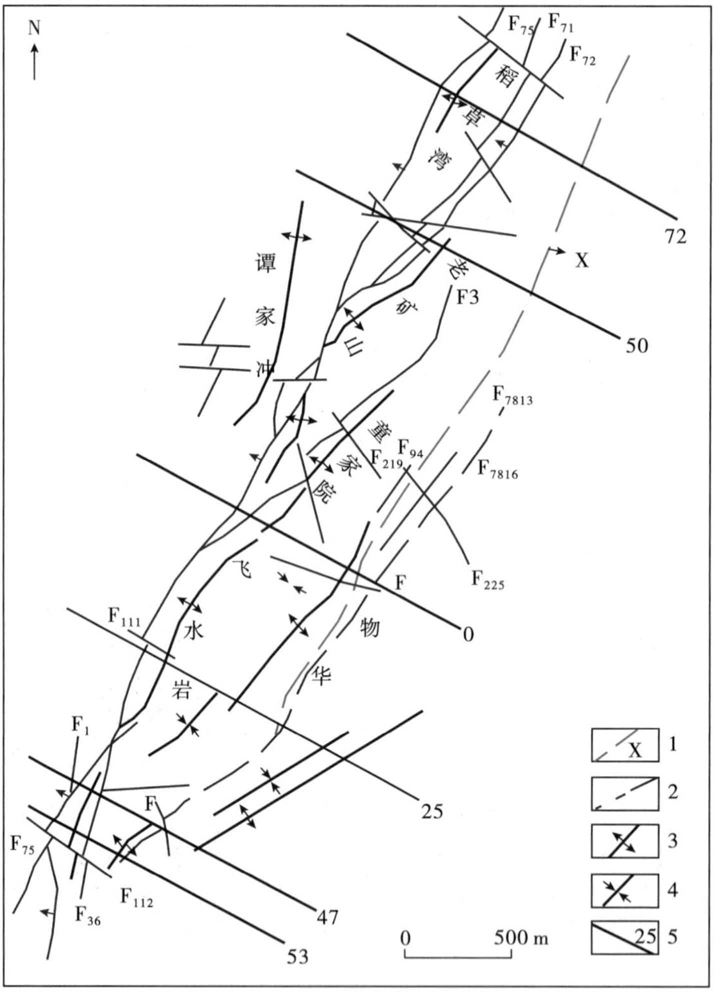


图 5-31　锡矿山锑矿田构造简图

（据唐代文等，2021）

1—煌斑岩脉；2—实测、推测断层；3—背斜；4—向斜；5—勘探线及编号

### 1. 地层

余田桥组中段地层主要有灰岩和白云岩类、页岩类和砂岩类三类岩石，三类岩石呈韵律状互层。矿体主要赋存于上泥盆统佘田桥组灰岩上部的硅化岩（体）中，中泥盆统棋

梓桥组亦含矿。

2. 构造

矿区整体上为老矿山、童家院、飞水岩以及物化四个次一级背斜组成的复式背斜，轴向 NE 30°。矿区分为南、北两区。南区为飞水岩矿床、物华矿床，北区为老矿山矿床、童家院矿床，分别对应四个次级背斜，矿体呈层状、似层状、侧羽状。其中，飞水岩和童家院两个矿床规模最大。

3. 岩浆岩

矿区东部出露的煌斑岩是该区唯一的岩浆活动产物。煌斑岩呈脉状产出，受 NE 向断裂控制侵入上泥盆统佘田桥和锡矿山组中，与围岩呈明显的侵入接触关系。在前期的工作中，对锡矿山煌斑岩锆石 U-Pb 定年所得的结果为 3300±700 Ma，表明盆地基底中含有古老的地壳物质（张东亮等，2016）。

## 四、矿床地质特征

与矿化有关的地层主要为泥盆系上统佘田桥组的厚层硅化灰岩。矿区构造线方向为 NE 25~30°，以褶皱为主，全区构成一“覆舟式”大背斜——锡矿山背斜，其上又有次级较小的背斜和向斜。西部大断层沿锡矿山背斜轴部通过，为一正断层，垂直断距为 700±900 m，是区内主要的导矿构造。

锑矿体产于 F75 断层下盘佘田桥组中部灰岩段的顶部，多数沿层间破碎裂隙和由褶皱引起的层间剥离空隙充填交代而成，背斜轴部矿化最为富集。佘田桥组上部页岩段和长龙界页岩具明显的遮挡层作用，使含矿热液于其下伏的灰岩中富集成矿。复式背斜西部被 $F_{75}$ 断层切割，为区内主要的导矿构造。$F_{75}$ 断裂（或称西部大断裂）贯穿整个矿区范围，为锡矿山矿床的一条主干断裂，由若干次级断裂组成。走向 NE 25°左右，呈舒缓波状，倾向 NW，上陡下缓，属正断层性质。上盘出露地层为石炭系，下盘出露泥盆系。

从浅部向深部，断裂构造或裂隙对矿体的控制作用越来越明显，背斜的控矿作用越来越弱，直至消失。反之，越往浅部，背斜的控矿作用越明显，直至断裂控制作用逐渐消失，显示了明显的构造分层控矿特点。

按矿体产出层位，自上而下划分了Ⅰ、Ⅱ、Ⅲ、Ⅳ号矿体（图 5-32），但老矿山矿床上部的Ⅰ、Ⅱ号矿体已剥蚀掉，只留存Ⅲ号、Ⅳ号矿体，主要受断裂控制，呈交错穿层产出，Ⅳ号矿体主要发育于棋梓桥组上部的生物礁灰岩及灰岩互层带中（唐代文等，2021）。矿体受构造和地层双重控制，共有 3 种产状：层状及似层状矿体、脉状矿体、复合型矿体。①层状、似层状矿体：分布于西部大断层东侧佘田桥组硅化灰岩中，总体产状与灰岩一致，但不规则，局部切割围岩。②带状矿体：分布于破碎硅化带中，形态上具有带状特点，横向上具明显分带性，受断层控制。③鞍状矿体：产于带状矿体转折处两组构造交汇部位，一般埋藏较浅，矿化较好，形态较复杂。

矿区围岩蚀变现象普遍，类型多样，具有多期叠加的特点，可见硅化、方解石化、重晶化、黄铁矿化，尤以硅化普遍，矿体一般位于硅化带上部。与矿化关系密切的常见蚀变矿物有石英、方解石、重晶石、萤石、黄铁矿等。

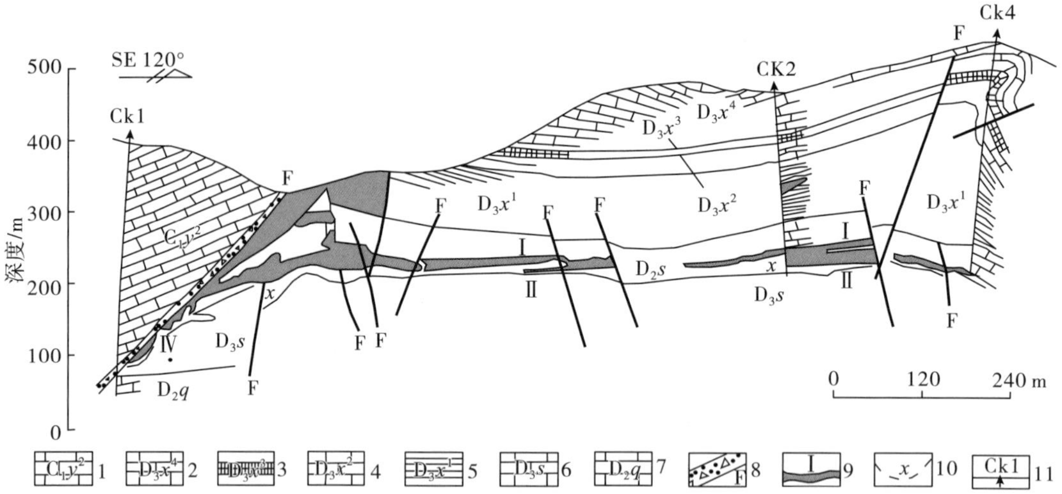


图 5-32　湖南锡矿山锑矿田 31 线地质剖面图

（据翟裕生等，2011）

1—刘家塘石灰岩；2—马牯脑石灰岩；3—泥塘里铁矿层；4—兔子塘灰岩；5—长龙界页岩；6—佘田桥组页岩、石灰岩、砂岩；7—棋梓桥组石灰岩；8—断裂；9—矿体及编号；10—硅化及界限；11—钻孔及编号

## 五、矿石特征

矿物成分较单一，矿石矿物主要有辉锑矿，少量黄铁矿，脉石矿物以石英为主，次为方解石。石英主要是早期硅化形成以后与辉锑矿共生。方解石呈粒状、块状、细脉状与辉锑矿共生。矿石构造有浸染状构造、脉状-网状构造、角砾状构造、致密块状构造、条带状构造等。矿石具自形/半自形/他形粒状结构、充填结构、交代结构等（图版 10）。

## 六、矿床成因与成矿模式

锡矿山锑矿是世界上罕见的超大型富厚锑矿床，地学工作者对此进行了广泛的研究，对其形成机制提出过很多观点。其主要分歧点表现在对成矿物质来源究竟是以地层来源为主，还是以深部岩浆来源为主。目前主要存在两种主要观点：一种观点认为该矿床为层控型低温热液锑矿床，主成矿温度一般小于 200℃，成矿流体形成与渗流循环地下水有关，成矿物质可能主要来自含矿建造或下伏的矿源层，国内学者多以这一观点为主，也是国内矿床学教材中所持的观点（姚凤良和孙丰月，2006；翟裕生等，2011）。另一种观点认为其为中-低温岩浆热液矿床，成矿物质来源于矿区深部隐伏的岩浆侵入体（刘焕品等，1985）。

层控型低温热液锑矿床的观点，一般认为矿床的成矿流体属于低温低盐度热水溶液。辉锑矿的形成温度 215～135℃（姚凤良和孙丰月，2006）。流体盐度为 $w$(NaCl) 为 2.59%～5.8%，流体的 $\delta^{18}O$ 值为 -0.61‰～5.47‰。辉锑矿的硫同位素值变化范围大（$\delta^{34}S$= -3.6‰～16.3‰），指示成矿溶液并非单一岩浆水或大气水，而可能是地层中经过雨水-岩反应的混合水，在环流过程中由地层供硫，成矿物质来自矿源层（前泥盆系地层）。深成隐伏岩体是成矿流体的主要热源。成矿流体温度降低及酸化是辉锑矿沉淀的直接原因。成矿也有与燕山晚期—喜马拉雅早期拉张构造-深部上升流体活动有关的观点（翟裕生等，2011）。

矿体明显受构造及其岩相特征控制。矿体具体受断裂交汇部位附近的次级短轴背斜轴部控制，倾伏背斜的倾伏端及其翼部被纵向陡倾角断裂构造所切穿的部位控制，是断裂导矿与背斜构造圈闭的体现。岩性组合控矿表现为易于硅化蚀变交代的砂质碳酸盐岩与隔挡层泥质岩所构成的岩性圈闭（陶琰等，2002）。矿床成矿规律主要表现三个方面：①矿区整体具背斜形态，断层发育且以张性正断层为主，规模及断距都较大，矿体分布与构造分布相关；②地层控矿特征明显，矿体赋存于佘田桥组灰岩段中，矿层上覆的页岩是成矿良好的屏蔽层，含矿层中的灰岩（或砂岩）与薄层页岩互层易形成储矿空间，对成矿非常有利；③成矿与硅化关系密切，矿体产于硅化灰岩中，没有硅化也就没有矿化（薛超等，2021）。

为了指导找矿，基于成因认识，前人归纳过多种控矿因素，建立了相应的成矿模式，但其中最有代表性和最有影响的还是低温热液成矿观点和背斜加断裂（俗称“背斜加一刀”）的控矿模式。这种模式强调 3 个主要控矿因素：地热流体的通道；矿体定位或成矿物质沉淀的空间；成矿地球化学障（包括成矿物理化学条件的变化，页岩提供的屏蔽作用等）。这种模式重点表达控矿构造特征，从浅部向深部，断裂构造或裂隙对矿体的控制作用越来越明显，背斜的控矿作用越来越弱，直至消失。而与之相反，越往浅部，背斜的控矿作用越明显，直至断裂控制作用逐渐消失，显示了明显的构造分层控矿特点。从下到上可分为 3 层特征各异的控矿构造，相应地控制了 3 层矿体，可归纳为“三层楼”构造控矿模式（戴塔根和陈国达，1999）。

最近 Long 等（2023）基于硫同位素精细研究成果（锡矿山矿床垂向上近 500 m（-604 m～-106 m），认为深部矿体硫同位素组成具有相对均一的 $\delta^{34}$S 值（+6.8～+8.4‰），深部矿体 $\delta^{34}$S 代表着初始流体的硫同位素组成；浅部辉锑矿的硫同位素变化大

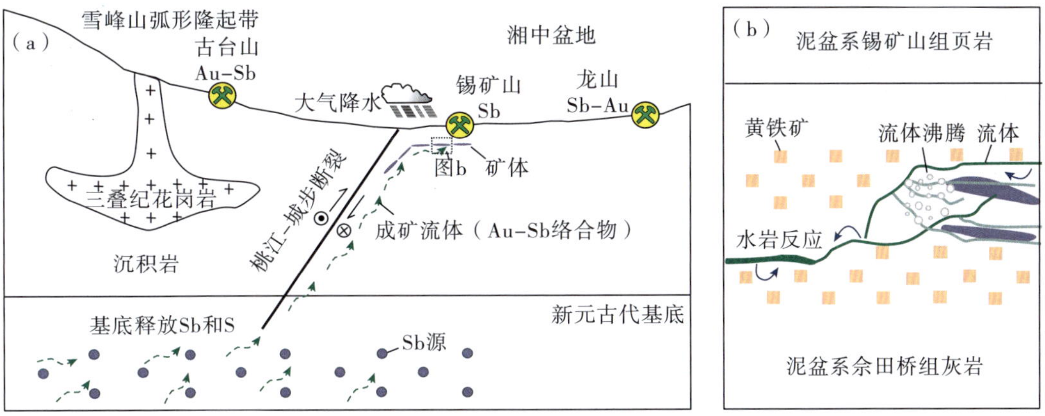


图 5-33　锡矿山金属迁移循环模式

（据 Long et al.，2023）

（a）锡矿山区域锑成矿作用（成矿流体运移示意图）；（b）热液成矿过程（流体沸腾和水岩反应）

（+3.5~+16.3‰），受控于一系列热液过程；辉锑矿低 $\delta^{34}S$ 值与流体沸腾有关，水-岩反应可能导致局部辉锑矿具有重硫同位素组成。硫同位素显示巨量锑和硫来源于古元古代基底岩石，建立了完整的锡矿山金属迁移循环模式（图5-33），陆内造山诱发变质基底释放巨量锑和硫，随成矿流体沿深大断裂上升，最终在泥盆纪页岩盖层之下发生大规模成矿（Long et al.，2023）。

## 七、矿山开发综合利用

锡矿山锑矿于1897年正式开采。新中国成立前的半个多世纪，法、英、美等帝国主义国家的资本家先后把手伸进了锡矿山，帝国主义、封建主义和官僚资本主义联合对这块宝地进行掠夺性开采，累计生产锑品40多万吨。

锡矿山产的不是锡，而是锑。这里面有个非常有趣的典故。明朝末年（1541年），中国发现了世界最大的锑矿产地——湖南锡矿山。但当时把锑误认为锡，故命名为锡矿山。至清光绪十六年（1890年）经化验始知是锑。中国是世界上发现、利用锑较早的国家之一。《史记》记载："长沙出连锡"。秦墓出土文物的秦代箭，经光谱分析含锑，由此可知中国对锑的利用很早。当时不叫锑，而称"连锡"（刘许生，2011）。

梅山人在锡矿山锑矿开发利用中做出了巨大贡献。1898年，清朝政府将锡矿山官矿局设置于冷水江漩塘湾。至1908年，来到锡矿山的梅山人在矿区辛勤工作短短10年间，使锡矿山锑产量占全世界产量一半，锡矿山被冠以"世界锑都"的美誉（杨异伦，2010）。1908年，精明的商人梁焕奎在长沙成立华昌公司（法国人赫尔士莱德发明了炼锑制氧提炼纯锑的专利）。华昌公司利用赫氏专利制炼纯锑，锡矿山矿砂或生锑，多为其收购提炼。随后几年间，华昌公司实际垄断了全省的炼销大权，影响了锡矿山矿商的权益。1914年，欧战爆发，作为弹药原料的锑价格猛涨，锡矿山迎来鼎盛时期，该地区成立的采矿公司达130余家，冶炼厂30多家，矿山人口达16万，成为"山中之城"。1920年发明了土法氧炉后，土法氧炉发展成为锡矿山炼厂的通用炉型。1951年7月，中央重工业部有色金属管理局中南分局第五工业学校在锡矿山开办，招收学生420人，设采矿、冶炼等7个专业，这些学员毕业后奔赴全国各地，被称为"山上的黄埔军校"。后来，这批人成为我国有色金属工业技术的中坚力量。

锡矿山锑业开发120多年的开发，为世界锑业做出的巨大贡献。从1949年开始，锡矿山不断总结前人的经验，开展技术创新。目前，已获得54项国家、省部级科技大奖，18项国家专利，采矿、选矿、冶炼，都获得长足发展。1957年，锡矿山间接法生产三氧化二锑获得成功，改变了锡矿山产品单一，只产锑、锭的历史，也改变了氧化锑依赖进口的局面。1963年3月，锡矿山发明了鼓风炉，挥发熔炼硫化锑浮选精矿，降低了冶炼成本，提高了回收率。之后，鼓风炉不断扩大，现在已达到4.5平方米，是目前世界上最大的锑冶金炉，日处理量达150 t以上，冶炼回收率达96%。同时，也形成了具有锡矿山特色的文化。2007年1月，员工代表大会重新确认了"世界锑都永创一流"的企业精神，体现了锡矿山人坚韧不拔的意识，反映了锡矿山人团结务实的品质，折射了锡矿山人放眼世界的胆略，构筑了锡矿山人永创一流的气魄（杨异伦，2010）。

我国是世界上的产锑大国，目前锑产量占世界的 80% 左右，其中有 1/3 产自锡矿山（王文杰，2018）。锡矿山的锑矿开采大部分仍采用“崩塌法”“放大炮”等传统的开采方式，造成地面塌陷、崩塌、滑坡、边坡失稳等，诱发地质灾害，导致当地的土壤和水中重金属含量严重超标，大气污染问题严重，地面塌陷造成当地居民不得不搬迁。针对这些问题，当地部门采取措施，因地制宜解决当地的环境问题（曾智英等，2013）。2009 年，国家发改委将锡矿山治理纳入湘江流域重金属污染治理项目。2010 年，冷水江市区域重金属污染综合整治项目获国家批准，争取到专项治理资金 6300 万元，砷碱渣处理一期项目获得国家专项资金 8400 万元。为从根本上改善锡矿山地区的生态环境，2010 年 3 月，冷水江市掀起了锡矿山地区涉锑企业整治风暴，对污染严重的涉锑企业进行了彻底整治，只保留了 8 家年生产能力大于 5000 t 的合法锑冶炼企业。另外，冷水江市启动了营造防污抗污林生态工程，开展了长达 7 年的防污抗污树种选择试验和研究，选出适生树种，为锡矿山地区的植被恢复打下了关键的技术基础（湖南省林业厅，2016）。

## 第八节　贵州水银洞卡林型金矿床

### 一、矿山简介

水银洞金矿床位于灰家堡金矿田的东部，是黔西南卡林型金矿的典型代表，由水银洞、雄黄岩、簸箕田和纳秧四个矿段组成，为全隐伏（埋深 150～1400 m）的超大型矿床，探明资源量达 290 多吨（谭亲平等，2020）。

### 二、区域地质背景

滇黔桂“金三角”是指由区域性 NE 向弥勒—师宗深断裂、EW 向个旧—宾阳深断裂、NW 向南丹—昆仑关深断裂围限的三角形夹块。区域上位于扬子准地台西南缘与华南加里东褶皱系西缘右江褶皱带的结合部位。成矿作用与右江裂陷带的产生、发展与演化密切相关。

成矿构造环境表现为地块边缘裂陷槽拉张与挤压两种环境的交替演化。两个大地构造单元接合部位不同级别断裂构造控制和制约金矿集中区和区内不同矿床、矿田和矿带的形成及空间分布。水银洞金矿区为滇黔桂“金三角”独具特色的层控型金矿集中产出区域，次级构造位于贞丰、者相、大山、兴仁四点连线圈出的弱应变域内的强应变带—灰家堡背斜（王砚耕等，1994）。水银洞超大型金矿与紫木凼大型金矿、太平洞大型金矿共同组成黔西南灰家堡矿田。水银洞金矿区位于右江褶皱带与扬子陆块的接合处，黔西南金矿集区灰家堡背斜的东段（图 5-34）。夜郎组和龙潭组为矿床中主要的含矿地层，容矿岩石主要为碳酸盐岩、不纯碳酸盐岩，次为碎屑岩。矿田范围内无岩浆岩出露。

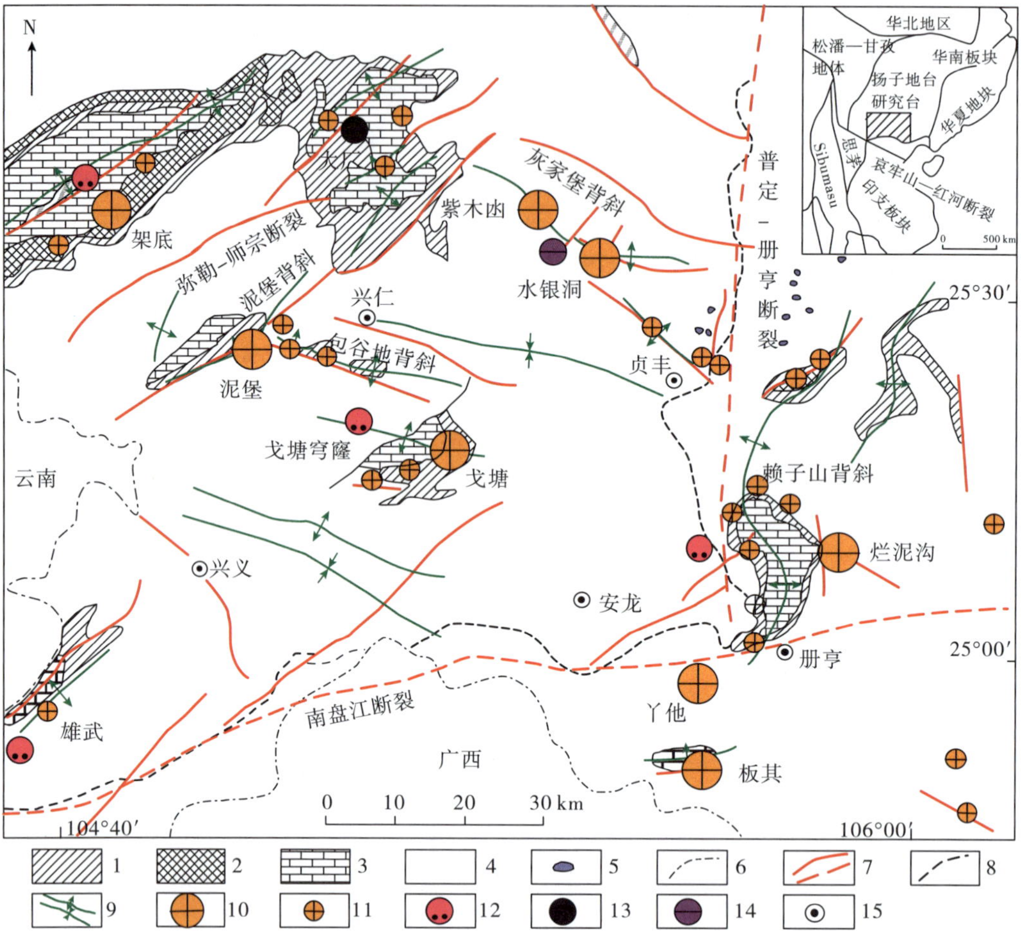


图 5–34 黔西南地区区域地质矿产图

（据杨成富等，2020）

1—上二叠统含生物碎屑砂岩和页岩；2—中二叠统溢流玄武岩；3—中二叠统灰岩；4—三叠系砂岩、砂泥岩；5—碱性–超基性岩脉；6—省界；7—断层或断裂；8—相界；9—背斜或向斜；10—金矿床；11—金矿点；12—汞矿床；13—锑矿床；14—汞–铊矿床；15—县或市

## 三、矿区地质特征

### 1. 地层

矿区地层从下至上依次有二叠系中统茅口组，二叠系上统龙潭组、长兴组和大隆组，三叠系下统夜郎组和永宁镇组。另外，在茅口组和龙潭组之间的沉积间断不整合界面附近，存在有区域性构造作用形成并经热液蚀变作用改造的角砾岩带，称为“构造蚀变体”（谭亲平等，2020）。

### 2. 构造

区内发育的断裂构造主要有 EW 向、近 SN 向和 NE 向三组。沿背斜轴线附近发育有近 EW 向逆断层，控制了矿田内“层控矿”产出。叠加的 NE 向构造主要控制了矿田内汞矿和铊矿的产出。近 SN 向组构造则为成矿后期构造，对矿体起破坏作用。

灰家堡背斜是水银洞矿区内的主干构造（图 5-35），总体为宽缓短轴背斜，西段轴向为 NW 向，两翼基本对称，东段水银洞矿区内转为近 EW 向，呈北翼陡、南翼缓的不对称形态（谭亲平等，2020）。

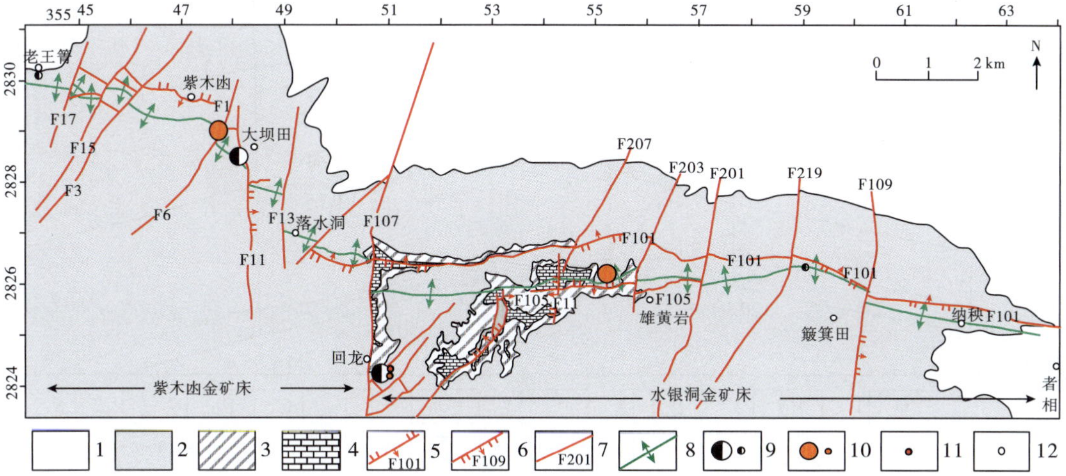


图 5-35　灰家堡金矿田地质图

（据徐碧良等，2020）

1—永宁镇组；2—夜郎组；3—长兴至大隆组；4—龙潭组；5—逆断层及其编号；6—正断层及其编号；7—性质不明断层及其编号；8—背斜轴；9—汞矿床（点）；10—金矿床（点）；11—铊矿点；12—地名

## 四、矿床地质特征

水银洞金矿体受构造蚀变体、灰家堡背斜和相关逆断层的联合控制，主要包括“断控型”和“层控型”矿体（图 5-36）。

“断控型”矿体分布在受背斜近轴部低角度逆冲断层控制的浅部，矿体呈板状、透镜状沿破碎带产出，其产状与断层产状基本一致。“层控型”矿体是水银洞金矿体的主要产出类型，主要产于灰家堡背斜近核部生物碎屑灰岩和构造蚀变体中。背斜核部向两翼 800~1500 m 范围内控制了“层控型”金矿体的产出，远离背斜核部矿体逐渐消失，产状与岩层产状一致，呈层状、似层状，走向上波状起伏、空间上多个矿体上下重叠（谭亲平等，2020）。

## 五、矿石特征

矿石中金属矿物主要为黄铁矿、毒砂、赤铁矿、辉锑矿（偶见）、辰砂（偶见）、雄（雌）黄（偶见）等。脉石矿物有石英、白云石、方解石、水云母、绢云母、高岭石、萤石、海绿石、沸石、有机碳等。硅化、白云石化、黄铁矿化与金矿成矿关系极为密切，凡金矿产出部位皆有这“三化”组合。矿石构造主要为稀疏浸染状构造和微脉状或微条带

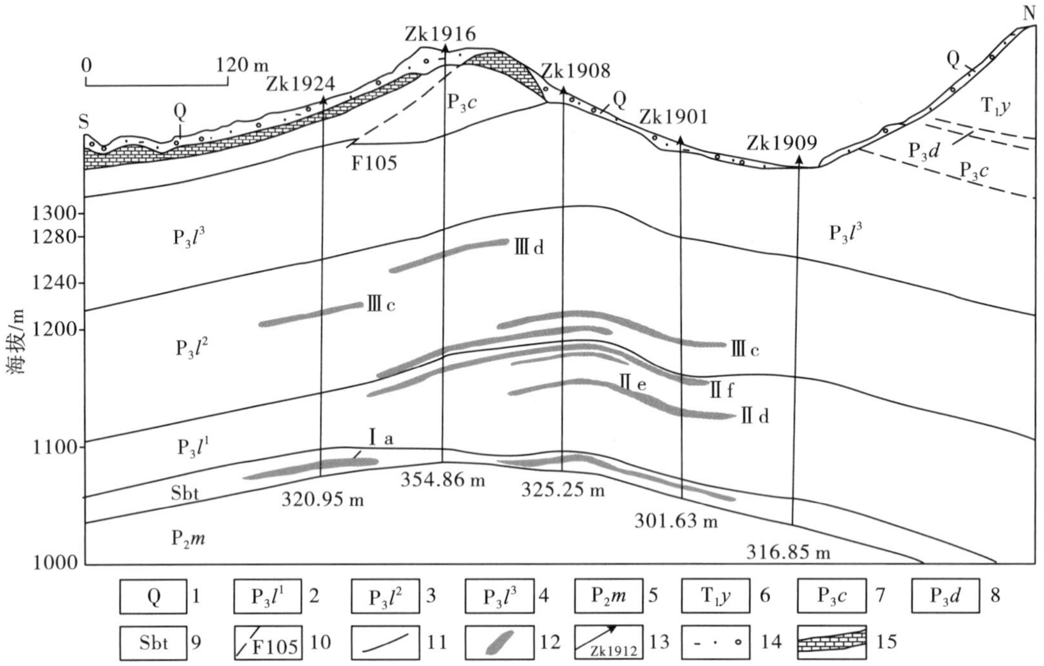

图 5-36　水银洞金矿区中矿段 19 勘探线剖面图

（据赵静等，2018）

1—第四系；2—龙潭组第一段；3—龙潭组第二段；4—龙潭组第三段；5—茅口组；6—夜郎组；7—长兴组；8—大隆组；9—构造热液蚀变体；10—断层及编号；11—地层界限；12—金矿体；13—钻孔及编号；14—泥砂砾；15—灰岩

状构造。矿石结构主要为莓球状结构、半自形-自形晶结构、他形粒状晶结构、五角十二面体结构、聚晶结构、包含晶或连晶结构等（赵静等，2018）。

黄铁矿是金的主要载体。含金黄铁矿粒度主要在 0.5～50 μm 之间，呈莓状、球状、皮壳状、环带状等产出。沉积期黄铁矿多呈自形立方体或五角十二面体晶型，粒度较大，多呈条带（纹）状产出。热液期黄铁矿明显表现为两个阶段：第一阶段为沿沉积期的不规则状或草莓状黄铁矿，内核生长成的砷黄铁矿环带；第二阶段为金沉淀后于砷黄铁矿环带外的黄铁矿生长表层，金主要赋存于热液成因的砷黄铁矿环带中。

## 六、矿床成因与成矿模式

矿物流体包裹体的激光拉曼光谱研究结果表明，除纯 $CO_2$ 相包裹体之外，其他类型流体包裹体中都含有较高的 $CH_4$、$N_2$ 和 $CO_2$。流体包裹体显微测温结果表明，主成矿期流体包裹体的均一温度为 200～220 ℃，盐度为 5%～6%。初步压力计算表明，成矿流体具有很高的压力（100～200 MPa），显示了超压流体的性质（夏勇，2009）。

通过地质地球化学的综合研究和成矿作用有关问题的讨论，水银洞金矿床成矿模式可概括为：印支晚期至燕山早期本区盆地演化历史结束，地层褶皱、断裂、深大断裂和岩浆活动的发展、异常高地温、较深的埋藏，使地壳深部和上地幔形成了富含挥发分活动元素的成矿流体，并浸取了基底和深部富 Au、Hg、Sb、As 和 Tl 等的地层岩石中的成矿元素而成为超压成矿流体。此时由于地壳以挤压封闭的应力状态，超压成矿流体被封存在深部与岩石圈，处于强力平衡状态中（刘建中，2008；靳晓野，2017；覃赞飞等，2018）。燕山晚期，本区处于拉张伸展状态，偏碱性超基性岩脉（筒）的惯入，基底早已有的断裂再度复活，并与盖层断裂一起切穿地壳，破坏了超压成矿流体的封存条件，断裂系统就像抽水泵一样，成矿流体汇聚并进入地壳上部，在有利部位 Au 被快速沉淀富集形成金矿床（图 5-37），Hg、Sb、As、Tl 等成矿元素也在相应的部位沉淀成矿。最终，形成我们今天所见到的黔西南地区卡林型金矿成矿在区域上 Au-Hg-Sb-As-Tl 密切共生或伴生，而各自矿床又有分异的现象（夏勇，2009）。

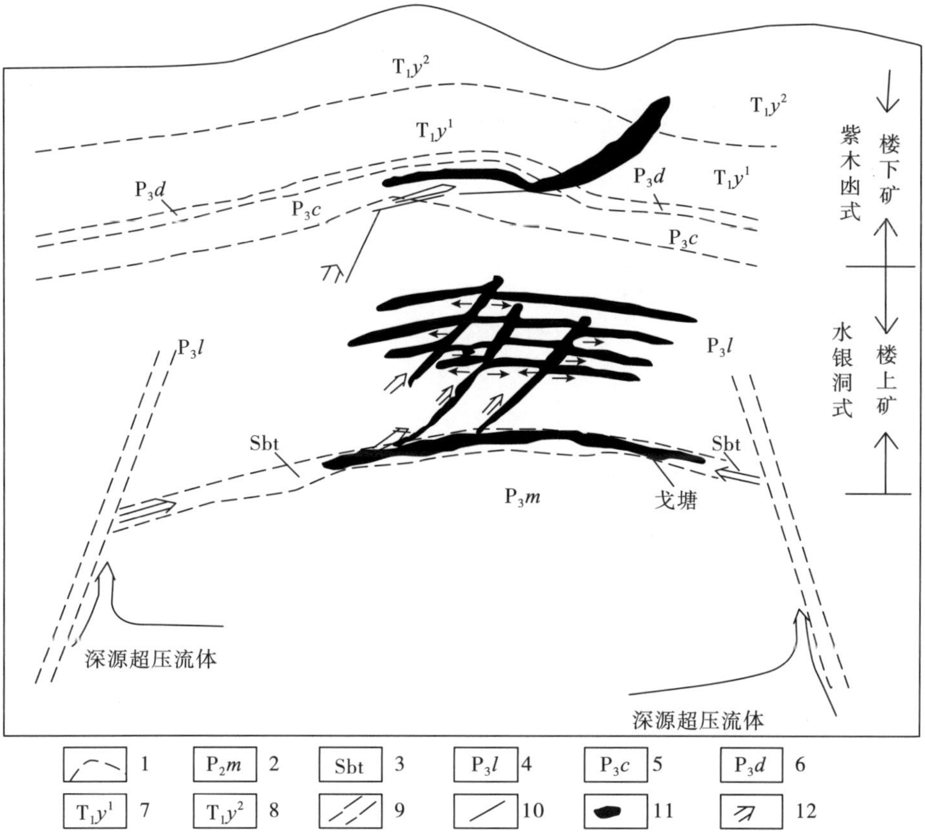


图 5-37　黔西南水银洞层控卡林型金矿床“两层楼”矿体分布及成矿模式

（据夏勇等，2009）

1—地层界线；2—茅口组；3—构造蚀变体；4—龙潭组；5—长兴组；6-大隆组；7—夜郎组一段；8—夜郎组二段；9—深大断裂；10—断层；11—金矿体；12—矿液运移方向

这种产于沉积碳酸盐岩中的卡林型金矿，具有中低温超高压热液成矿的特点。矿床的形成，受深大断裂和浅部沉积地层层状构造控制的深部成矿热流体与大气降水形成的对流系统控制（吴松洋，2019），卡林型金矿床的矿石在超高压带和正常静水压力带的瓶颈段沉淀（图 5-38）。

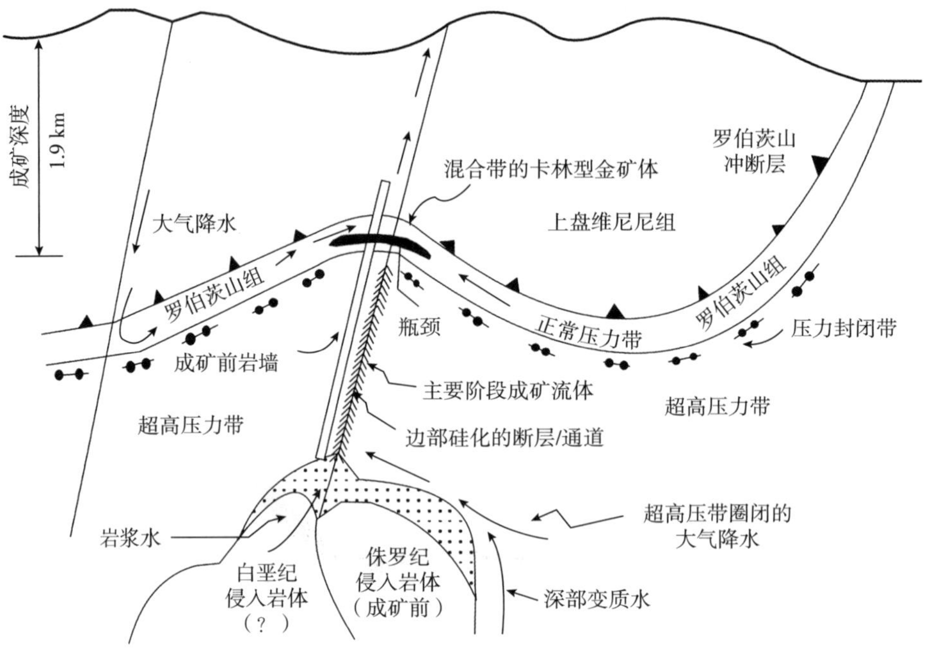


图 5-38　卡林型金矿床综合成因模式

（据翟裕生等，2011）

卡林型金矿床的矿石在超高压带和正常静水压力带的瓶颈段沉淀

## 七、矿山开发综合利用

贞丰水银洞金矿是贵州地矿局矿产资源开发总公司、105 地质队和福建紫金矿业集团股份有限公司合作风险勘查开发的第一座微细粒浸染型原生金矿项目，该矿床采用氰化浸出的先进生产工艺，成功提炼出色泽优美、纯度很高的黄金。该项目成功地将矿区的资源优势转化为社会的经济优势，并且创新性的选矿技术也成功解决了卡林型金矿选矿难的问题，弥补了国内在原生矿上开采的技术空白，对国家在国际上的找矿勘查地位起到稳步提高的作用。

贵州水银洞的金矿是继美国卡林型金矿之后的世界第二大金矿，且伴生有“三稀”矿产丰富。“三稀”资源指的是稀有金属、稀土元素和稀散元素构成的矿产资源，是国家明确的“下一代战略型矿产资源”。“三稀”元素是极为重要的战略性资源，是现代尖端科技不可或缺的原材料。自 2019 年，水银洞金矿的三稀矿产得到国内相关研究部门及学者的广泛关注。贵州横跨扬子板块和南华活动带两个大地构造单元，岩浆岩分布较少，武陵地质活动期以后，黑岩系、含煤岩系、铝铁岩系、磷块岩系分布广泛，沉积厚度较大，为“三稀”元素的储存打下了坚实的物质基础（张赛杰，2019）。贵州水银洞地区，在燕山晚期，受到特提斯洋和太平洋板块的双构造作用，该地区的热液活动频繁，形成规模巨大的汞、金、锌、铅等低温热液矿床。其中在卡林型金矿体中及其周缘发现常与金相伴生的汞-锑-砷矿三稀矿产，汞-锑-砷矿化与金矿一样受到灰家堡背斜的控制，与金共同组成矿田。中元古宙到新生代地层中都发现汞-锑矿床。在多个已探明的汞矿带和几十个地层中发现了汞矿床，包括世界上第一个独立的铊矿床，富含 U、Mo、Zn、Tl、Se、Te、Cd、Re、In 等“三稀”元素部位常与构造热液蚀变岩系有关（何邵麟等，2012）。水银洞金矿所处的茅口组地层中还发现了铅锌矿型的三稀矿床，铅锌矿常伴生有 Cd、Ga、In、Sr、Se、Ag 等有益元素（贵州省地质矿产局，1986），其中 Cd 具有成为超大型矿床的潜力。另外，金矿的外围还存在钨锡矿床。

# 第九节　云南金顶密西西比河谷型铅锌矿床

## 一、矿山简介

云南金顶铅锌矿，位于云南省兰坪县城正南约 5 km 处。1965 年，云南省地矿局勘探发现兰坪金顶铅锌矿，并于 1983 年完成《云南省兰坪县金顶铅锌矿详细勘探地质报告》，铅锌共计 1553 万 t，属超大型矿床，是我国第二大铅锌矿。矿床中共生、伴生有镉、铊、天青石（规模均为大型，储量位居中国前列）及银、硫、石膏等多种有用矿产。矿石质量好，易采可选，邻区水电资源丰富，已列为西南铅锌工业基地。

## 二、区域地质背景

金顶铅锌矿床位于西南三江造山带中段兰坪-思茅坳陷北部、中生代内陆断陷盆地边缘，处在哀牢山—红河断裂带与澜沧江断裂带所夹持的南北向断裂带之间（图 5-39）。

澜沧江断裂以西为印度板块，哀牢山—红河断裂以东为扬子板块。兰坪-思茅盆地演化受控于盆地所处的构造背景，经历了不同性质的盆地演化，对盆地内矿床的形成起着不同的控制作用。中晚三叠世，受澜沧江洋盆向东俯冲挤压，兰坪-思茅盆地经历洋盆闭合造山后，逐渐转化为（弧后）前陆盆地，侏罗纪—白垩纪时期处于陆内造山带环境接受陆相碎屑沉积。至白垩纪晚期，兰坪地块普遍经受了印度次大陆的消减俯冲挤压。至新生代古近纪时期，印度次大陆与亚洲大陆碰撞使青藏高原东端遭受挤压、逃逸、走滑，局部形成拉分盆地，但总体遭受挤压，使兰坪盆地受到金沙江造山带与澜沧江造山带的双向挤压，从而形成对冲推覆构造。在德钦燕门至白济汛一带，对冲推覆构造甚至将盆地完全覆盖，同时将昌都盆地与兰坪盆地分隔开来，东部的中生代地层大规模向西逆冲推覆，形成众多的倒转地层或飞来峰。兰坪-思茅盆地中北部由侏罗系、白垩系及古近—新近系红层沉积构成，东、西两侧矿床分带存在差异。澜沧江断裂以西，沿碧罗雪山岩浆弧发育中三叠世玄武岩（细碧岩）和流纹岩组合，产有民乐、文玉等铜矿床，具有铜-铁矿床的找矿前景，与东川—大红山一带的东川群火山岩类似；东侧随着中生代金沙江洋盆向西俯冲，形成黑矿型铅锌多金属矿床，另有研究认为这些矿床均与盆地卤水作用有关，矿体受硅钙面、断裂的控制，直接产于三合洞组碳酸盐岩中。兰坪-思茅盆地中的矿化和矿床以铅锌矿、铜矿为主，见少量天青石矿、石膏矿等，除沉积的石膏外，主要与区域盆地卤水活动有关，含矿地层较多，包括三叠系、侏罗系和古近系—新近系。

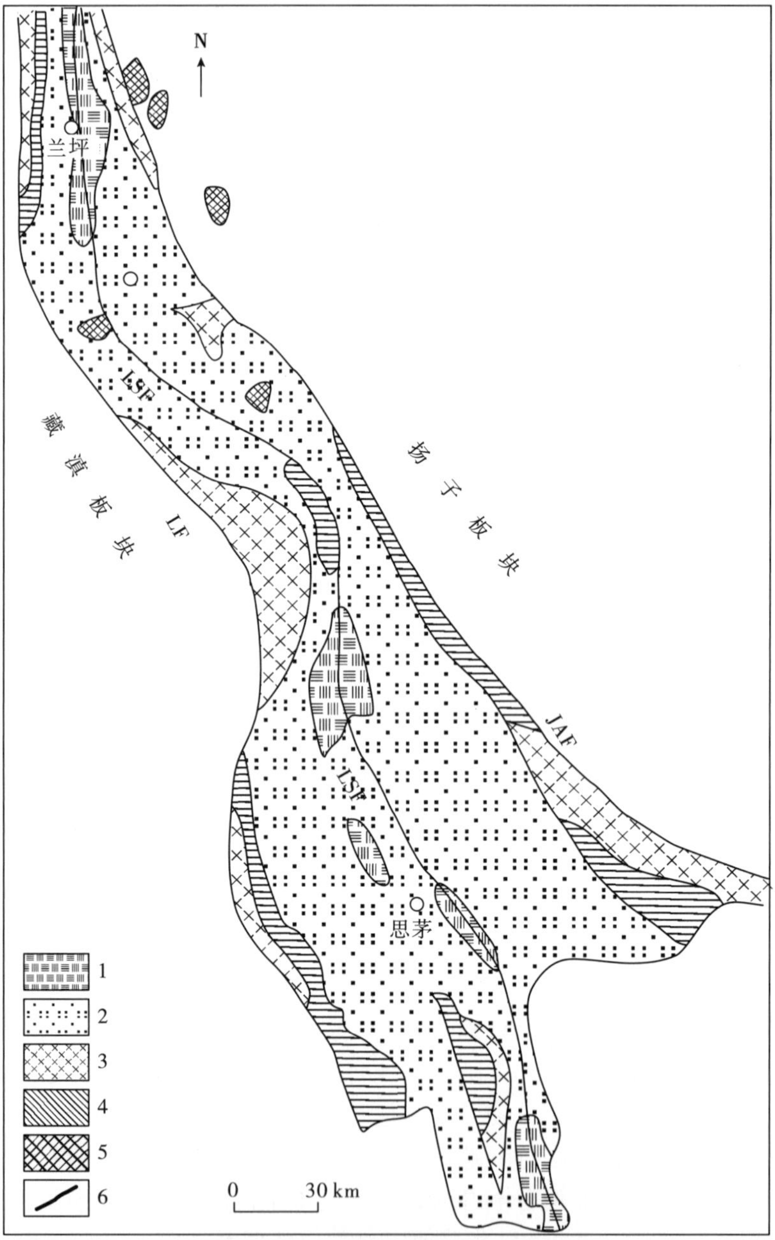


图 5-39　兰坪-思茅盆地地质构造略图
（据李足晓，2013）
1—古近系—新近系；2—侏罗系—白垩系；3—三叠系；4—古生界；5—喜马拉雅期碱性岩；
6—主要断裂及编号；JF—金沙江断裂；LF—澜沧江断裂；LSF—兰坪-思茅断裂

## 三、矿区地质特征

金顶铅锌矿床位于沘江断裂西侧，宏观上为一顶部宽缓的穹隆构造，由北厂、架崖山、蜂子山、西坡、南厂、白草坪和跑马坪等 7 个矿段组成（图 5-40），面积约为 11 $km^2$。

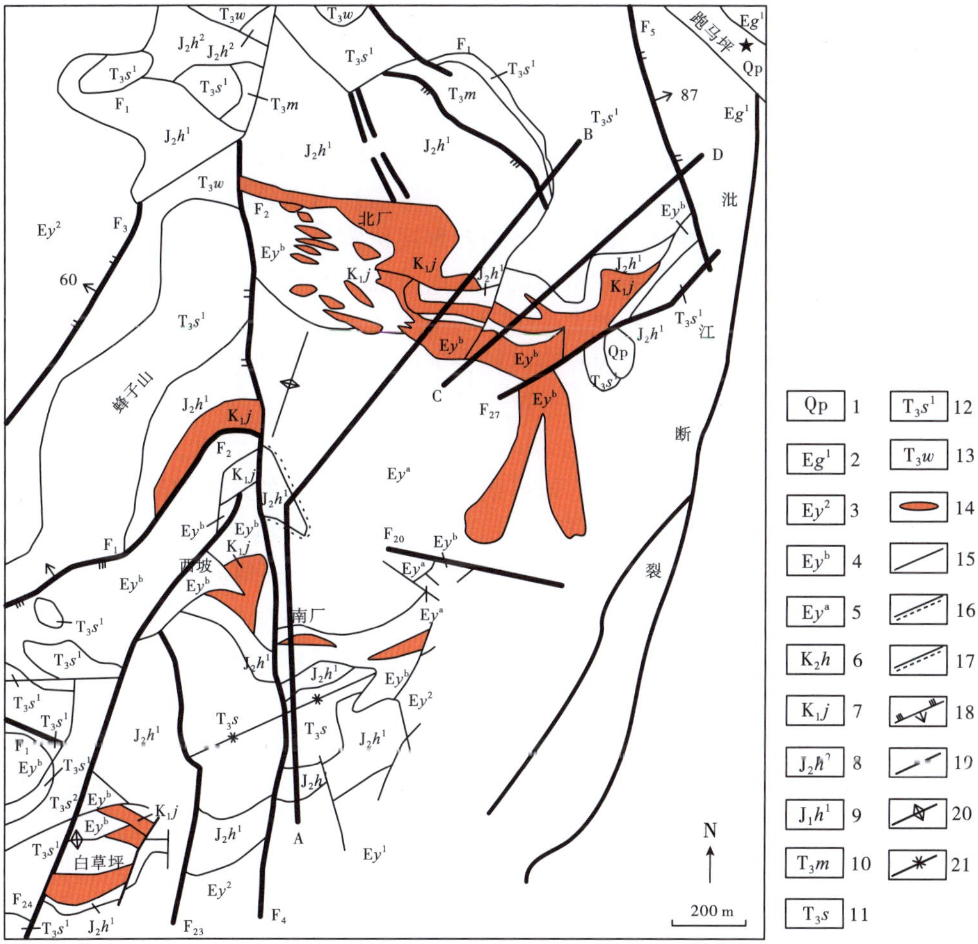


图 5-40 金顶铅锌矿矿区地质图

（据李群和包志伟，2018）

1—第四系砾岩及砂岩；2—古新统果郎组泥质粉砂岩、细砂岩；3—古新统云龙组泥砾岩，夹石膏和粉砂岩；4—古新统云龙组含石膏灰岩角砾岩、粉砂岩；5—古新统云龙组含灰岩角砾的细砂岩、粉砂岩；6—上白垩统虎头系组细粒石英砂岩；7—下白垩统景星组石英砂岩和砂质灰岩角砾岩；8—中侏罗统花开佐组粉砂质泥岩；9—中侏罗统花开佐组粉砂岩和细砂岩；10—上三叠统麦初青组粉砂质泥岩；11—上三叠统三合洞组钙质泥岩；12—上三叠统三合洞组含燧石、沥青白云质灰岩；13—上三叠统挖鲁扒组泥岩和粉砂岩；14—铅锌矿体；15—地质界线；16—不整合界面；17—正断层；18—逆断层；19—不明性质断层；20—背斜；21—向斜矿区地层分为原地系统和外来系统，外来系统推覆于原地系统之上。外来系统已经发生倒转，从上至下依次为上三叠统三合洞组、中侏罗统花开佐组和下白垩系景星组，各组之间均以次级逆冲断裂接触。原地系统包括古新统云龙组、上白垩系南新组和虎头组。兰坪盆地火山岩浆活动主要集中在盆地东西侧，并受控于深大断裂带，呈条带状展布。盆地中部出露岩浆岩很少，断裂控制明显，规模较大的有云龙皂角厂岩体、永平卓潘岩体和洱源上邑村岩体。

矿区地层是本矿的主要控矿条件。出露地层有三叠系、侏罗系、白垩系和古近系—新近系。总体显示该区地层显示从海相→海陆交互→陆相沉积的演化特征。

三叠系包括三合洞组、挖鲁八组、麦初箐组。三合洞组，浅海-滨海相沉积，岩性为浅灰色、灰色细晶-微晶灰岩、灰质砾岩、碳质灰岩、薄层泥质灰岩和泥岩互层。挖鲁八组，浅海-滨海相沉积，深灰色、灰黑色泥岩，泥灰岩和少量泥质粉砂岩组成。麦初箐组，海陆交互相沉积，下部以海陆交互相为主，主要岩性为杂色泥岩夹薄层细砂岩，上部为陆相沉积，岩性为杂色细砂岩、泥岩夹砂岩及煤层侏罗系。

侏罗系主要出露花开佐组和坝注路组地层，由海陆交互相、河相、湖相地层组成。花开佐组，由紫红色泥质粉砂岩、粉砂岩、细砂岩夹浅灰、灰白色石英砂岩组成的多个韵律层构成；坝注路组，为一套红色陆源碎屑沉积，下段主要为紫红色粉砂质泥岩、泥质粉砂岩夹粉砂岩、细砂岩；上段以紫红、灰紫色细砂岩为主，夹少量细砾岩、粉砂岩等，具水平层理。

白垩系出露景星组、南新组地层。景星组，金顶矿区出露的景星组地层与区域上略有不同，仅出露和保存了景星组底部河流相沉积地层，缺失上段地层，岩性为厚层状细粒石英砂岩、砂质砾岩、角砾岩及灰质角砾岩。南新组，河流相-三角洲相沉积，下段为紫红色岩屑石英细砂岩与粉砂岩、泥质粉砂岩、粉砂质泥岩等不等厚互层夹多层钙质及复成分砾岩，具平行层理和不规则交错层理；上段以石英砂岩为主，夹粉砂岩及复成分砾岩，与下伏地层景星组为渐变整合接触。

古近系—新近系主要有古新统云龙组和三营组地层。古新统云龙组为一套湖相含盐沉积，早期为浅湖相沉积，以紫红色、砖红色陆源细碎屑沉积为主，夹少量薄层泥晶白云岩，白云质灰岩及石膏（其他地区较少见白云岩及石膏），水平层理发育；中期湖盆上升为干涸蒸发沉积，沉积有紫红色含盐泥砾岩和粉砂岩互层，顶部为灰绿色含膏盐化泥晶白云岩；晚期为浅湖相沉积，沉积了紫红色、砖红色泥岩，泥质粉砂岩夹少量灰绿色薄层泥灰岩。三营组，仅在兰坪县金顶—福东村一带出露，NE 向延伸，局限于现代盆地。由土黄色泥岩、粉砂岩、细砂岩、砂岩组成的韵律层为主，部分夹有含砾砂岩、薄层砾岩及煤层，局部见有泥灰岩薄层，岩层未固结、松散，各地因岩性、出露、保留情况不同，出现岩性及韵律略有差异。

## 四、矿床地质特征

金顶矿区的矿体主要为脉状、板状和透镜状产在逆冲推覆构造（$F_2$）中及其上下的景星组（上含矿带）和第三系云龙组上段灰色夹紫红色灰岩角砾岩（下含矿带）（图 5-

41)。矿体分布集中在 11 km$^2$ 范围内，共含矿体 129 个，多呈层状、似层状产出。矿体长 600~1450 m，延伸 370~800 m，平均厚 27.31~42.2 m，富矿比例大，铅锌合计品位达 9.44%。赋矿地层景星组和云龙组上段的岩性都是高孔隙度、高渗透率的岩石，有利于成矿热液的流动。矿体顶板及底板均为以泥岩为主的细碎屑岩层，起到上下隔挡层作用，形成圈闭有利于成矿。

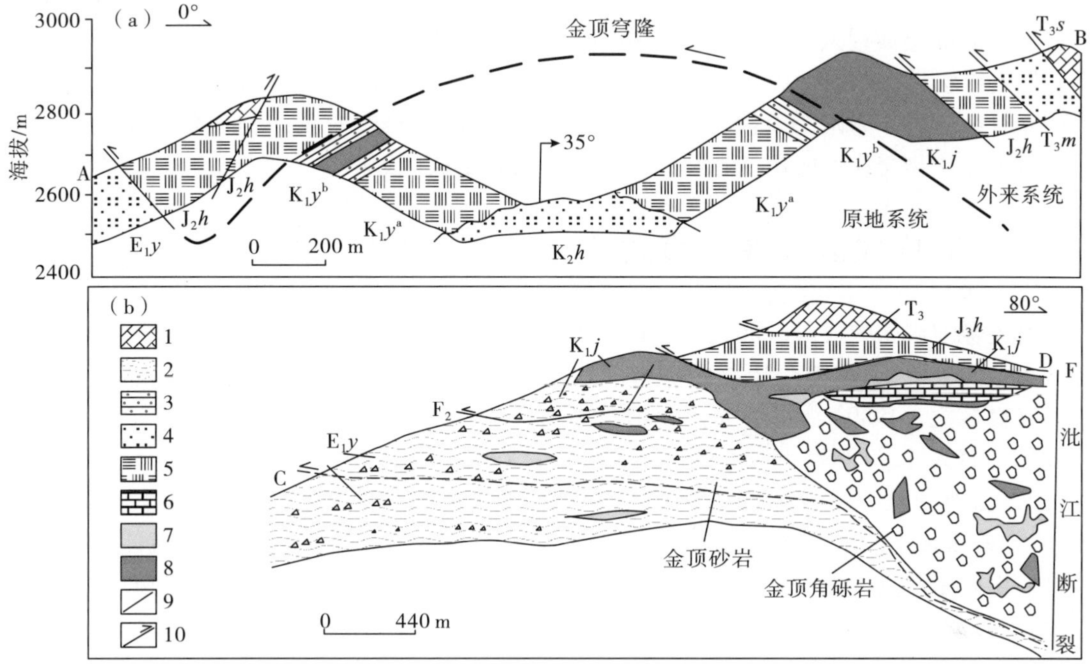


图 5-41　金顶矿床典型剖面简图

（据李群和包志伟，2018）

1—灰岩；2—泥岩、泥砂岩和砂岩；3—粉砂岩；4—石英砂岩和粉砂岩；5—粉砂岩和泥岩；6—泥质灰岩；7—石膏/硬石膏；8—矿体；9—推测断层；10—逆断层

矿区内的围岩蚀变常见有重结晶作用、黄（白）铁矿化、重晶石-天青石化、白云石化、方解石化、赤铁矿化、石膏化以及褪色作用等。围岩蚀变作用主要见于上含矿带勐野井组中段石英砂岩建造以及下含矿带勐野井组下段灰质角砾岩建造中。

## 五、矿石特征

矿区主要发育 3 种类型的原生铅锌矿石：砂岩型、含灰岩角砾砂岩型和灰岩角砾岩型（图版 11）。砂岩型矿石的碎屑成分主要为石英，胶结物主要为碳酸盐、石膏以及一些黏土矿物，矿化呈浸染状或稠密浸染状分布于胶结物中，交代方解石及石膏，部分高品位砂岩矿石可见脉状充填的方铅矿。含灰岩角砾砂岩型的角砾主要为灰岩，多成菱角状，一般在几厘米到几米范围内，除灰岩角砾外还有少量泥岩、粉砂岩角砾。砂质成分胶结灰岩角砾，且矿化多分布于砂质成分中，呈浸染状或稠密浸染状分布。这种类型的矿石在北厂矿段与砂岩型渐变过渡。灰岩角砾岩型矿石中，黄铁矿、闪锌矿、方铅矿与方解石、天青石交代灰岩角砾间钙质胶结物或胶结灰岩角砾，这类矿石往往以角砾为中心形成胶状矿化，主要出现于架崖山矿段和跑马坪矿段。三者的矿物组分大致相同，金属矿物主要为闪锌矿、方铅矿、黄铁矿、白铁矿，还有微量的黄铜矿、磁黄铁矿等，非金属矿物有天青石、重晶石、石膏和硬石膏。

金顶矿床存在非常复杂的角砾岩和大量的石膏，其中角砾岩主要分为底劈-侵位角砾岩（与围岩断层或侵入接触关系）和构造-膏溶角砾岩（由推覆构造和膏溶作用造成）两类。脉石矿物以方解石、碎屑石英为主，少量白云石、碎屑长石、黏土矿物等。矿区方解石产状复杂，可分为两个阶段：早阶段方解石作为陆源碎屑的胶结物，多呈泥晶、细晶状，常被硫化物交代；成矿期方解石主要有脉状和结核状等两种。

## 六、矿床成因与成矿模式

有关金顶矿床的成因，前人有多种观点。金顶矿床研究始于20世纪80年代，早期学者认为是同生沉积-后期改造层控矿床（白嘉芬等，1985）。后来又有中低温非岩浆热液成矿（高广立，1989）、同生沉积-变形叠加成矿（吴淦国等，1989）、喷气（热液）沉积成矿（赵兴元，1989）、岩溶成矿（胡明安，1989）等认识。20世纪90年代以来，兰坪-思茅盆地演化深部控制因素研究显示盆地内存在幔-壳复合成矿作用（尹汉辉等，1990），矿床稀土元素地球化学数据显示成矿物质主要来源于富$CO_2$的地幔流体，提出层控型后生矿床观点（覃功炯和朱上庆，1991）。依据矿床铅同位素组成，认为矿床具有同生沉积-沉积改造-后期幔源铅叠加的复杂形成过程（张乾，1993）。然而更多研究者把金顶矿床理解为陆相热水沉积成因，认为大气成因地下水萃取地层中金属所形成的成矿流体上升到地表同生沉积成矿（胡瑞忠等，1998）。有人提出成矿卤水在成岩过程中沿大断裂向上移动，矿质通过交代碳酸盐岩地层和断层附近的沉积物，沉淀成超大型矿床（Li，1998）等等。薛春纪等（2002）基于金顶铅锌矿床地质-地球化学特征，认为金顶铅锌矿床的成矿作用发生在中-新生代沉积地层中，但成矿并不受岩相地层控制，而受断裂和穹隆构造控制。

李群和包志伟（2018）基于金顶锌铅矿硫化物原位铅同位素组成，认为金顶铅锌矿属于与底劈作用有关的MVT矿床亚类。国内经典的矿床学教材（姚凤良、孙丰月，2006；翟裕生等，2011）也都是将金顶锌铅矿作为国内MVT型矿床的矿床案例。近来成矿年代学研究（王长明等，2022）、硫化物微量元素研究（李相材等，2022）也支持这种观点。此类矿床的形成与非岩浆成因的低温高盐度卤水有关。参与深部循环的地下水或盆地沉积物封存的卤水受地热增温的影响，溶解了地层中的盐分、铅等成分形成含矿的热卤水。此种热卤水沿断裂、不整合面、砂岩及角砾岩等渗透性层运移并在有利的部位沉淀成矿。

尽管金顶矿床的成因前人有多种观点，目前在成矿年龄、成矿流体来源、有机质来源及其与成矿作用的关系等方面有了较为统一的认识，大部分学者还是支持密西西比河谷型（MVT）成因观点。

1）成矿年龄：多种测试手段及方法对矿区矿床成矿时代进行定年，比如用放射性同位素定年、磷灰石裂变径迹、区域地质背景、热事件分析及矿体的产出特征等多种测试手段及方法得到矿区成矿年龄，现已普遍被大家所接受的矿区成矿年龄为 23~57 Ma（Xue et al.，2007）。

2）成矿流体来源：成矿流体的性质、来源及演化分为不同期次，即矿区上三叠统三合洞组灰岩中的地层水含有丰富的有机质为主矿化期成矿流体的来源，而矿化后期成矿流体主要来源于大气降水，成矿金属可能来源于上三叠统三合洞组灰岩和喜马拉雅期岩浆岩（唐永永，2013）。

3）有机质来源及其与成矿作用的关系：金顶铅锌矿床有机质为烃源岩，其主要来源于三叠系残留海相碳质泥岩及富碳泥灰岩，而在矿区也找到了油气和古油气藏遗迹，表明了油气藏可能在金顶铅锌矿床成矿前就已经形成了。因此可以初步判定矿区大规模成矿的主要原因是古油气藏中硫化氢等还原性气体在矿区聚集，铅锌离子（团）与气藏中硫化氢的快速反应而集中沉淀，在金顶穹隆中形成超大型矿床（Xue et al.，2006）。

4）矿床成因：金顶铅锌矿床与密西西比河谷型（MVT）铅锌矿床类似，又有一定差异，主要强调控矿构造的作用，沿深大断裂可能有隐伏的岩浆活动的贡献，可能属比较特殊的新类型（图 5-42）。

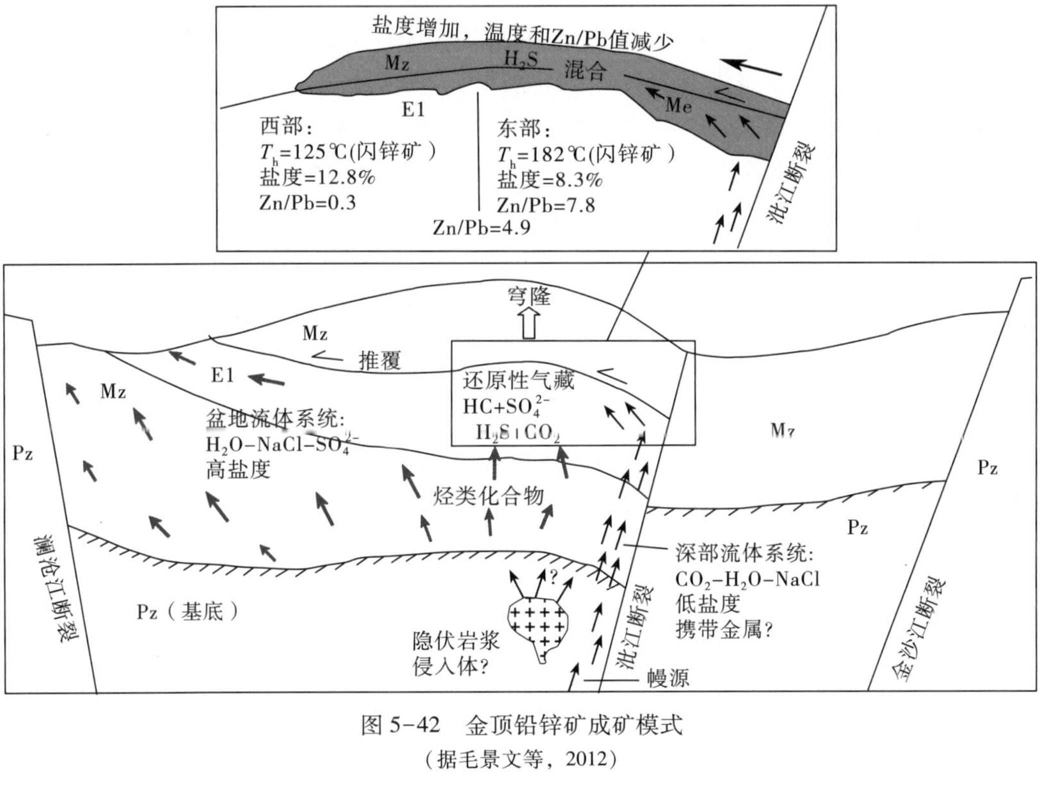


图 5-42　金顶铅锌矿成矿模式
（据毛景文等，2012）

## 七、矿山开发综合利用

金顶矿床于 20 世纪 60 年代初被发现，1965 年后由云南省地矿局第三地质大队开展详查和勘探工作，并先后于1984和1989年提交了详勘报告，2003年云南金鼎锌业有限公司成立后矿山进入机械化大规模开采阶段（李足晓，2013）。设计年产铅锌金属22万t。

金顶铅锌矿床除了有相当大规模的铅、锌储量以外，还有相对高储量的伴生元素，伴生元素主要为银、镉、铊。镉在各类矿石中的平均含量为$1386\times10^{-6}$，而在尾矿中$240\times10^{-6}$，在选矿过程中镉已经得到了回收利用。相对于镉，尾矿坝中的铊平均含量为$42\times10^{-6}$，而各类矿石中的铊元素平均含量为$57\times10^{-6}$，在选矿过程中，铊基本上没有进行回收利用（姜凯，2013）。

兰坪金顶铅锌矿是目前国内规模化开采的最大铅锌矿山，其85%以上的储量由露天开采，云南金鼎锌业有限公司从2006年起在兰坪金顶铅锌矿露天开采中应用台阶中深孔微差爆破和预裂爆破技术取得了良好的经济效益和技术效益（刘俊锋，2017）。在露天爆破开采创造良好的经济效益和技术效益的同时，也带来了矿区土壤及近矿河流系统的Zn、Cd等重金属污染等环境问题。镉是世界上公认的13种优先考虑的污染元素和被俗称的重金属“五毒”之一。铅锌矿床是镉富集最常见的场所，而闪锌矿可构成富镉的工业矿物。云南金顶铅锌矿是我国最大的铅锌矿床，露天开采的矿体以氧化矿或半氧化矿矿体为主，露天开采地表扰动大，大量堆积的废矿石、废水、尾矿、冶炼废渣等在表生风化淋滤作用下，导致大量镉等重属元素从矿石中释放出来并向表生环境迁移，给当地生态环境造成了污染，使沘江水质呈恶化趋势并影响澜沧江水质（李航等，2007）。

兰坪金顶铅锌矿区土壤中，部分地区Zn离子交换态含量超过国家土壤环境质量标准（Ⅲ级）中总量标准1倍以上，而Cd离子交换态含量平均是Ⅲ级总量标准的5倍，Cd污染要更加严重（李瑞萍等，2009）。距金顶铅锌矿矿山75 km的河段沉积物中，浅层沉积物中4种金属元素（Cd、Zn、Pb、As）均污染严重（李瑞萍等，2010）。宋静宜等（2019）沘江流域铅锌重金属含量的时空分异研究显示：河段水体、床沙、悬沙中Pb和Zn含量显著高于矿区上游河段，在暴雨-洪水过程中更加显著；季节上，枯水期水体、床沙中Pb和Zn的平均含量均高于汛期；暴雨条件下矿区河段水体Zn含量显著高于Pb，而悬沙中Pb和Zn最高含量均显著高于矿区上游约50倍。因此，兰坪金顶铅锌矿开发对沘江流域土壤和河流泥沙的Pb和Zn含量影响极大，尤其是在暴雨-洪水过程中，应加强对暴雨径流产生的重金属污染物采取相应措施，削减重金属污染物的迁移。

# 第六章　热水喷流沉积矿床典型案例

## 第一节　热水喷流沉积矿床一般特征及分类

### 一、热水喷流沉积矿床的概念

热水喷流沉积成矿作用泛指不同成因的（含矿）热水喷溢出海底的过程中，在喷流口以下的热液在通道中通过充填、交代作用，在喷流口以上的海底则通过与冷海水之间的相互作用，使热水中所携带的物质组分分别在热液通道和海底沉淀下来而富集成矿的过程。这种作用使热水中的矿质富集并形成的矿床，称为“喷流沉积矿床（exhalative sedimentary deposit）”。

### 二、热水喷流沉积矿床的一般特征

热水喷流沉积矿床具有如下几方面的特征：①矿床伴有典型的喷流岩（exhalite，热水沉积岩），以此区别于其他类型矿床。这些岩石主要是硅质岩、条带状含电气石岩或电气石岩、条带状含长石岩或富长石岩、透辉岩与透闪岩（或双透岩）、重晶石或石膏层等。②矿床具有层控及时控特征。在某一地区内矿体往往赋存于一定层位，如长江中下游断裂坳陷带中铁、铜矿床多产于中石炭统黄龙灰岩下部。③这类矿床的矿体往往呈层状、似层状或透镜状产于地层中，矿体一般随地层褶皱而褶皱。部分矿床具典型的“双层”构造，上部为层状矿体，下部为细脉状、筒状含矿蚀变体。④矿体和矿石具有微层理甚至微细沉积韵律，常具有顺层条带状、顺层揉皱等构造以及显微球粒状、同心环带、生物和鲕状等结构，反映了同生沉积的特征。此外，矿石中常广泛发育胶黄铁矿。⑤具有与现代海底热水喷流成矿作用相似的两套成矿系统。Hutchison（1988）认为热水通道周围有明显的蚀变，层状矿的下盘也具有蚀变，而上盘一般不具有蚀变现象，并称之为不对称蚀变作用（底蚀构造）。Large（1992）的研究指出上盘也有微弱的蚀变现象。

### 三、热水喷流沉积矿床的分类

块状硫化物矿床类型、特征以及成矿机制研究等都已经形成比较完整的体系（李文渊，2007），喷流沉积矿床划分为块状硫化物矿床和贫硫化物型喷流矿床两个大类，在此基础上，再进一步划分若干类型。

### 1. 块状硫化物矿床

块状硫化物矿床，不同学者从不同的角度提出了不同的分类方案，主要依据容矿岩石、矿物组成或成矿元素组合、大地构造环境等方面特征。姚凤良和孙丰月（2006）的方案，首先把块状硫化物矿床分为 VMS 型和 SMS 型两类（表 6-1）。

**表 6-1 块状硫化物矿床的分类及特征**

| 类型 | 亚类 | 容矿岩石 | 大地构造环境 | 成矿时代/Ga | Hutchison 的分类 |
|---|---|---|---|---|---|
| VMS | 诺兰达型 | 分异完全的玄武岩到流纹安山岩岩套，火成碎屑岩，杂砂岩 | 消亡板块边缘上的俯冲带 | 太古宙（>2.5）<br>古元古代（>1.8）<br>前寒武纪—泥盆纪 | 原始型 Zn-Cu（Ag-Au） |
| | 黑矿型 | 双峰（?）拉斑玄武岩，钙碱性熔岩套，火山碎屑岩 | 会聚板块边缘的岛弧火山带和弧后盆地 | 古元古代（>1.8）<br>奥陶纪<br>中生代<br>古近纪—新近纪 | 多金属型<br>Pb-Zn-Cu（Ag-Au） |
| | 塞浦路斯型 | 蛇绿岩套，拉斑玄武岩 | 扩张洋中脊，和蛇绿岩套有关 | 寒武纪—奥陶纪<br>中生代 | 含铜黄铁矿型<br>Cu，Au |
| | 别子型 | 基性岩，拉斑玄武岩（?），杂砂岩，页岩（?） | 弧前海沟 | 新元古代 1.2~0.8<br>中生代 | 铜-锌黄铁矿型<br>Cu-Zn（Au） |
| SMS | 沙利文型 | 页岩（泥岩）浊积岩 | 大陆裂谷 | 中元古代 1.7~1.0<br>寒武纪—泥盆纪 | 以碎屑岩为容矿围岩的类型 Zn-Pb（Ag） |
| | 银矿山型 | 灰岩、白云岩为主，砂岩、页岩 | 陆架，同生断裂控制的盆地 | 新元古代~1.0<br>密西西比斯 | 以碳酸盐岩为容矿围岩的类型 Zn-Pb（Ag） |

（据姚凤良和孙丰月，2006）

### 2. 贫硫化物型喷流矿床

现代喷流成矿作用除了形成块状硫化物矿床外，还可形成其他类型的矿化，如低温喷流作用正在形成硫酸盐、铁的氧化物-硅酸盐-锰的氧化物以及可能的含钴的锰氧化物结壳等矿化。但目前相关研究程度要比块状硫化物矿床低得多，应该说尚缺乏系统的研究，更无合理的分类方案。

综上，块状硫化物矿床国外的矿床研究比较深入，我国这类矿床，由于形成时间一般比较早，经后期构造活动，多发生变质改造，研究相对比较深入的有红透山铜矿床。因而，就以此矿床作为国内这类矿床的典型案例。

# 第二节　辽宁红透山VMS型块状硫化物铜矿床

## 一、矿山简介

红透山铜矿的前身是清原金铜矿，建于1939年，至今已有50年的历史。日伪时期以选金为主，选矿厂日处理能力为50～100 t。1948年，开始修建恢复工作，至1949年7月，树基沟坑口、张胡沟坑口和清原选矿厂正式投入生产，至1951年清原选矿厂形成。

## 二、区域地质背景

矿区大地构造位置处于华北地台北缘东段辽东台背斜铁岭—靖宇古隆起的中部，南部为太子河凹陷，其北部为泛河凹陷，是我国典型的太古宙花岗岩-绿岩地体分布区（图6-1）。西部与依兰—依通断裂接壤，北部与赤峰—开原断裂相接，并向东延入吉林省桦甸市。

## 三、矿区地质特征

红透山地区绿岩带由不完整的“三位一体”岩系组成（图6-2），其下部为基性岩（夹科马提岩），中部为中酸性火山岩，上部为火山-沉积碎屑岩。红透山岩组绿岩带赋存在大面积底辟侵入的花岗岩（TTG）中，规模较大的有红透山-树基沟绿岩带、大荒-稗子沟绿岩带、孤家子-红旗山绿岩带，此外尚有若干个小规模的绿岩带（体）。

**1. 地层**

红透山铜矿即赋存于红透山-树基沟绿岩上部岩段底部的薄层互层岩系中，岩石类型主要为黑云斜长变粒岩，以黑云斜长变粒岩、黑云斜长片麻岩与角闪斜长片麻岩互层为特点，并夹有黑云夕线变粒岩、含石榴黑云斜长石英浅粒岩、直闪斜长变粒岩等。该薄层互层岩系是红透山铜锌矿床的主赋矿围岩，与铜锌金矿（化）关系十分密切。

**2. 构造**

矿区主体构造形式为一个NWW向展布的倒转向斜构造。褶皱为一陡倾、轴面近南倾的倒转向斜构造，显示是对先期褶皱构造叠加的结果，变形特征上体现出紧闭式的顶厚翼薄特点，并有层内、层间韧性断层相伴产出。褶皱轴面波状起伏，显示后续横跨式褶皱作用的叠加改造。后期构造叠加主体上以脆性断裂构造为主，大致划分为2期：早期以NNE向断裂构造形成并充填有辉绿岩脉，系吕梁期构造岩浆活动叠加的结果；晚期以NE向、NW向共轭断裂系的出现和闪长玢岩充填为特征，该期断裂构造不仅切割先期褶皱构造，而且切错辉绿岩脉等。

**3. 岩浆岩**

红透山铜锌矿区内有多种岩浆岩，但岩体规模都比较小。其中有早期形成的橄榄岩，

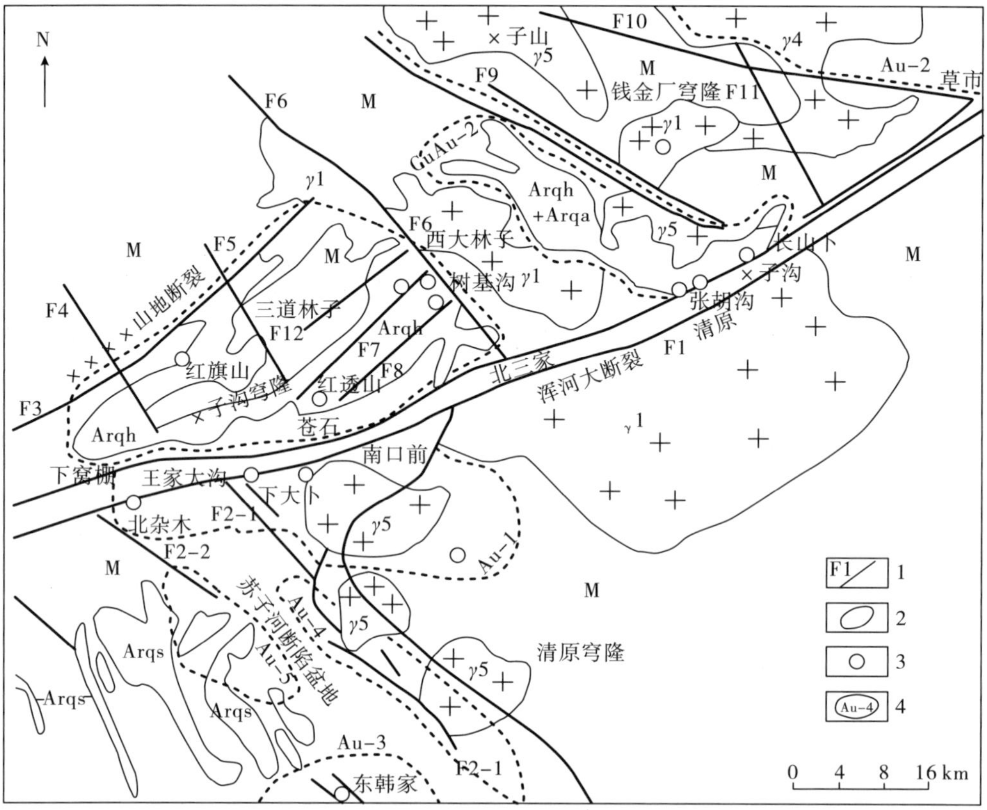


图 6-1 清原地区构造地球化学分区图

（据杨福田等，2003）

1—断裂；2—花岗岩穹隆；3—金、铜矿床；4—地球化学区带；γ5—燕山期花岗岩；γ4—似斑状花岗岩；γ1—太古宙花岗岩；Arqna—南天门组绿岩；Arqh—红透山组绿岩；Arqs—石棚子组绿岩；M—混合岩类

这些岩浆岩的形状大多都是不规则的，有的分布在云母片麻岩，有的分布在角闪片麻岩。在所有的岩浆岩中，团山子岩体是规模最大的。在后期也形成了多种岩浆岩，这些岩浆岩主要是呈岩墙产出的，岩石种类主要包括煌斑岩、玄武岩、伟晶岩，还有橄榄岩等。后期形成的辉绿岩主要呈脉状，其中夹杂着层状矿体和红透山组围岩。通过对辉绿岩的研究，发现其和矿体接触的地方没有发生矿变和蚀变。因此，可以推断在发生成矿作用、构造发生变形等活动后的一段伸展时期才是辉绿岩形成的时间。

红透山铜矿位于华北地台北缘太古宙龙岗地块之浑北绿岩区内，直接控矿构造单元为红透山-树基沟绿岩带。红透山岩组绿岩经历了太古宙 3 幕变形作用改造，形成形态复杂、叠加强烈构造形迹组合。红透山铜矿位于红透山倾竖倒转向斜的转折端部位，矿体受控于褶皱转折端及其两翼层间、层内韧性断层内。

## 四、矿床地质特征

红透山式铜矿矿体与地层关系密切，且受一定层位控制，与地层呈整合关系，因此矿

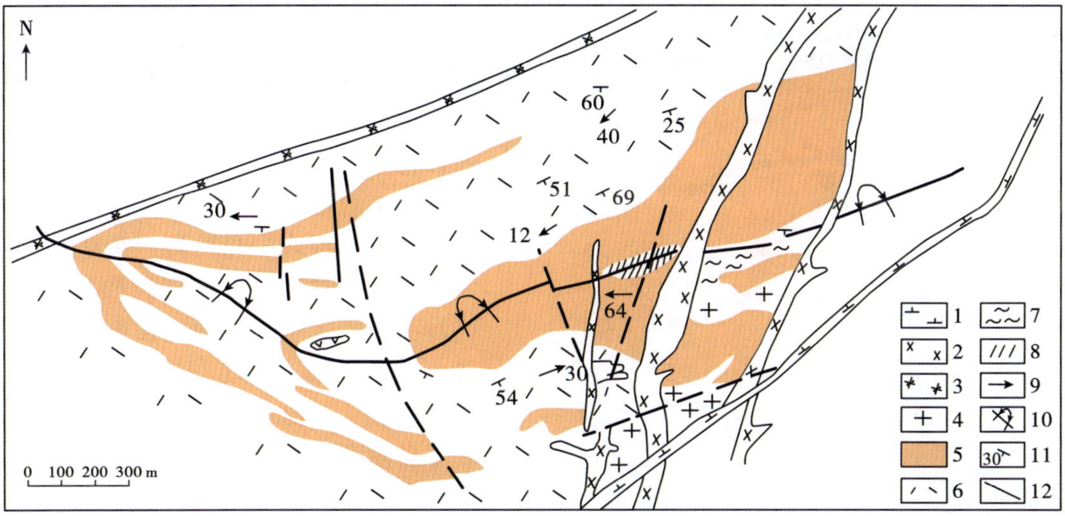


图 6-2　红透山矿区地质简图

（据寇林林等，2014）

1—闪长玢岩；2—辉绿岩；3—橄榄岩类；4—花岗片麻岩；5—黑云斜长片麻岩；6—角闪斜长片麻岩；7—石榴阳起黑云片麻岩；8—铜矿体；9—线理产状；10—倒转向斜；11—片麻理产状；12—断裂构造

体形态表现为层状、似层状；但由于受到后期区域变质、混合岩化、褶皱构造等作用之影响，形成部分脉状、桶状、扁豆状、脉群状等极端复杂多变的形态。原有的层控状的矿体原貌基本消失或保存得极不完整，但总的规律是呈似层状的。矿体在多期复杂的变质作用中，矿质已大幅度的产生塑性流变、重熔、迁移、富集，从而使上盘的矿体的局部地段呈短距离的切层、穿层、跨层现象或使其形态变得极端复杂多变。

红透山式铜矿具有特殊的矿床地质特征，主要表现如下几方面：

1）红透山式铜矿具有“层控性”属性，宏观上受控于红透山岩组绿岩建造。抚顺-清原地区已知矿床（点）58 处，全部集中分布在红透山-金凤岭绿岩带内，即红透山岩组绿岩分布区域内，无一例外。宏观分布上体现出铜矿床与红透山岩组绿岩的亲缘（成因）关系。

2）红透山式铜矿具有“岩控性”属性，铜矿床相对集中分布于上部岩段的薄层互层带内-角闪斜长片麻岩和黑云斜长片麻岩、黑云变粒岩互层带内，说明成矿作用与薄层互层带的空间上亲密联系。

3）红透山式铜矿具有“构控性”属性，矿床往往受控于区域复式向斜构造的核部转折端和两翼，直接容矿构造常常是层内、层间韧性断层（剪切带）；矿床的“同沉积”成矿作用，矿体往往呈层状顺层产出，在宏观和微观尺度上都有其卷入褶皱变形的现象（图 6-3），表明矿体经历同沉积-褶皱变形过程。同时，在宏观和微观尺度上，往往发育有同沉积-变质变形组构特征，如条带状、条纹状、流纹状构造和斑状变晶、花岗变晶、变质双晶等变质、变形特征组合。

4）红透山式铜矿又具有“热液活动叠加成矿”属性，矿体往往呈浸染状、脉状交代充填，热液成矿主要地质现象表现为矿体并非严格顺层，局部切层，在露头尺度上可以观

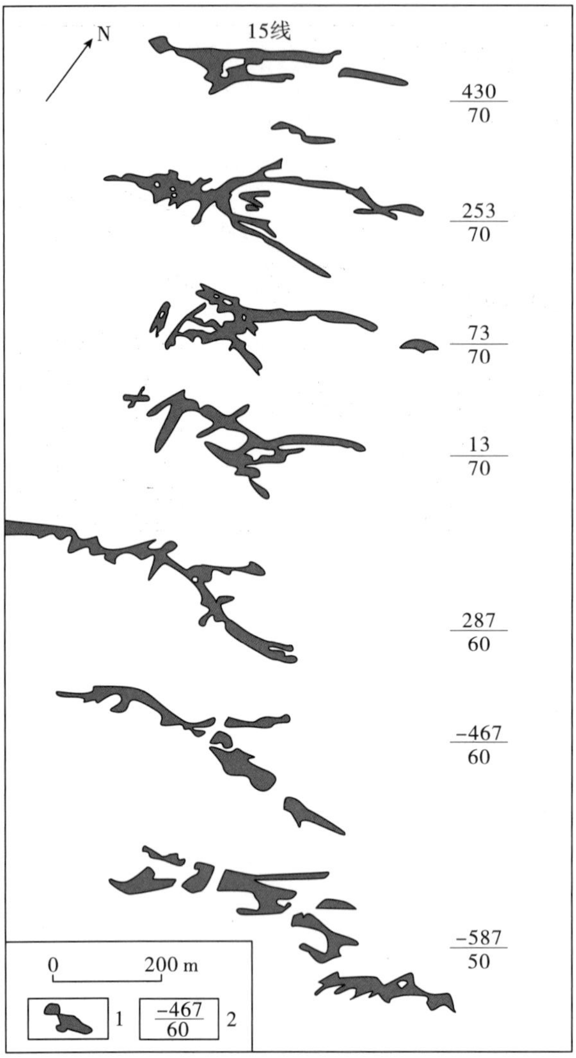


图 6-3　红透山矿区-587 m 以上不同中段主矿体分布图
（据毛景文等，2012）
1—矿体；2—中段标高（m）/矿体厚度（m）

察到矿体穿切片麻理；矿体内可以看到围岩（片麻岩）的捕虏体，捕虏体内保留有完好的片麻岩的组构特点，且表现出较强的蚀变改造特点（高桂荣，2018）。

矿床的近矿围岩蚀变，主要发生在区域变质和混合岩化阶段，为矿床变形变质时期的热液蚀变作用的产物。蚀变的种类并不太多，但蚀变强度普遍为中等，范围有限，蚀变与矿体紧密相连。矿体的上、下盘均有蚀变，但一般上盘较下盘发育，上盘蚀变宽度为 1～20 m。蚀变的主要类型有透闪石化、硅化、金云母化、绢云母化、绿泥石化、滑石化、碳酸盐化以及黑云母褪色化等，从矿体往围岩两侧，蚀变由强变弱，呈现一定的蚀变类型的分带性，蚀变分带总的趋势是透闪石化带、白云母化-绢云母化-硅化带、绢云母化带、绿泥石化带和碳酸盐化带，但绿泥石化和碳酸盐化局限分布，往往沿断裂分布。蚀变形式主要为交代替换和褪色变质。各个矿床的围岩蚀变类型不一，同一矿床不同中段近矿围岩蚀变的对应性也较差。近矿部位出现较高温度的蚀变矿物，远离矿体部位则出现较低温度的蚀变矿物，矿体宽度与蚀变厚度成正比关系，厚度大蚀变宽，厚度小则相反。

## 五、矿石特征

红透山块状硫化物矿床中，块状矿石最能代表海底喷流沉积的原始矿石矿物组成，其主要矿石矿物主要为黄铁矿、磁黄铁矿、黄铜矿和闪锌矿，脉石矿物主要为围岩中的变质矿物及蚀变矿物。矿石的沉积结构-构造已被后期重结晶、变形和高级角闪岩相变质所消除，因而，目前保存的矿石结构构造主要是变质峰期和退变质过程的产物。根据矿石的产状和构造特征，可以将矿石划分成块状、细脉浸染状两种类型（图版 12）。其中，层状和似层状矿体的矿石主要为块状，细脉浸染状矿体的矿石主要为细脉浸染状，其中细脉浸染状矿石发育于块状矿石的两侧。

## 六、矿床成因及成矿模式

红透山铜矿床因其独特的矿床类型在世界范围内占有重要的位置，引起国内外诸多专家和学者的重视并做出了大量的研究工作，取得了众多的成果和进展。20 世纪 60 年代寒光曾提出超变质热液矿床说、胡安国曾提出岩浆期后热液矿床说和江克一的混合岩化热液矿床说，70 年代有辽宁有色地质研究所提出的火山喷气-混合岩化热液改造铜锌块状硫化物矿床说，80 年代中后期，普遍认为红透山矿床应归属于太古宙海底火山喷发形成的块状硫化物矿床。到 2005 年，王恩德、于凤金等将矿床的成因类型定义为受变质变形作用改造的海底火山喷气型块状硫化物矿床。张森等（2007）研究得出硫同位素众值在-1‰~+2‰范围，峰值落在 0~1‰之间，表明成矿物质主要来自幔源（图 6-4），说明矿床中的硫主要来源于太古宙海底火山或热液活动，且没有明显的生物分馏作用。

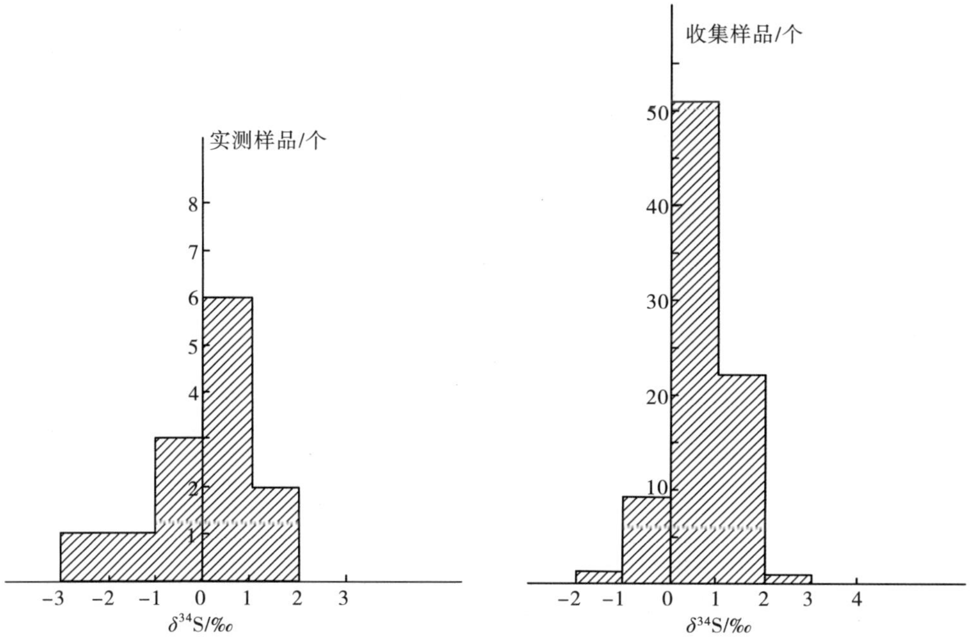


图 6-4　红透山铜矿硫同位素分布直方图
（据张森等，2007）

张雅静（2010、2014）将红透山铜矿床的矿床类型仍定为诺兰达型块状硫化物铜锌矿床。成矿物质可能是由深部基性岩浆在海底火山喷发活动的晚期通过喷气作用所提供的（于赫楠，2013）。在岩浆热源驱动力的作用下向渗透性差的部位运移，并沿着深渗透性的断裂构造喷出地表，热的含矿流体与周围冷的海水混合，在喷流口附近形成块状硫化物矿床，另外在新太古代时期由于海底火山爆发形成的一套富含贱金属的基性-中性-酸性的钙碱性火山岩组合作为盖层岩石，起到了阻隔高温反应带流体渗漏，以及圈闭含矿金属热液阻止其渗漏到海底的作用。块状硫化物矿床形成以后，被随之而来的碎屑岩、安山质火山凝灰岩覆盖（毛德宝等，1997）。

现代学术观点认为红透山铜锌矿床属于沉积变质变形和岩浆热液叠加改造的多因复成矿床（于凤金，2006）。寇林林等（2014）研究也认为，红透山铜矿成矿作用具有多阶段复成因特点，其成因应属太古宙火山（喷气）沉积-变质热液叠加型矿床。

红透山铜锌矿床形成大致经历如下成矿过程：2.8~2.6 Ga 的新元古代时期，大陆漂移和海底扩张使得古陆和洋壳发生碰撞，洋壳向陆壳下俯冲形成岛弧环境，海底火山活动剧烈，在海底玄武岩上沉积了由基、中性成分的钙碱性系列含矿火山岩。在火山喷发间歇期，海水从断裂带或松软层下渗，下部岩石热变质脱水以及岩浆房水汽向上运移，三种水分混合后在地下岩浆房热动力的作用下发生迁移活动，加热后由中心通道口喷出，整体构成一个循环体系。热液在地下加热后与岩石发生淋滤作用携带走大量有用组分，通过中心通道口喷出并就地沉积，形成一个饼状矿层（图 6-5）。随后火山活动覆盖了由安山岩、凝灰岩和碎屑岩组成的盖层，与底部的中-酸性钙碱系列火山岩组成封闭环境，避免后期热液作用金属物质的流出。在 2.5 Ga 太古宙末期，由奥长花岗岩、英云闪长岩、花岗闪长岩组成的 TTG 岩系在大陆环境下侵入，这使得绿岩和原始饼状矿体发生了角闪岩相变质作用。同时，整个岩层受到外力作用发生变形构成封闭的褶皱构造，深变质作用使矿体发生了塑性流动，矿体沿褶皱两翼和转折端的核部等低压区迁移使局部矿体增厚。在后期矿体顺层滑移的同时，也使局部矿体发生富集。原始矿体形成后又发生了 2 次大的变形作用和 3 次较强热液活动，这对矿床的再次富集起到很大的作用（魏有惠和杨东晓，2010）。红透山铜锌（金）矿床成因类型与太古宙诺兰达型 VMS 矿床类似，但矿床形成后又遭受了后期的变质变形改造作用，矿体形态产状及矿化分带等地质特征发生了明显的改变从而形成现今的复式褶皱控矿的红透山变质改造 VMS 矿床（张雅静等，2010）。

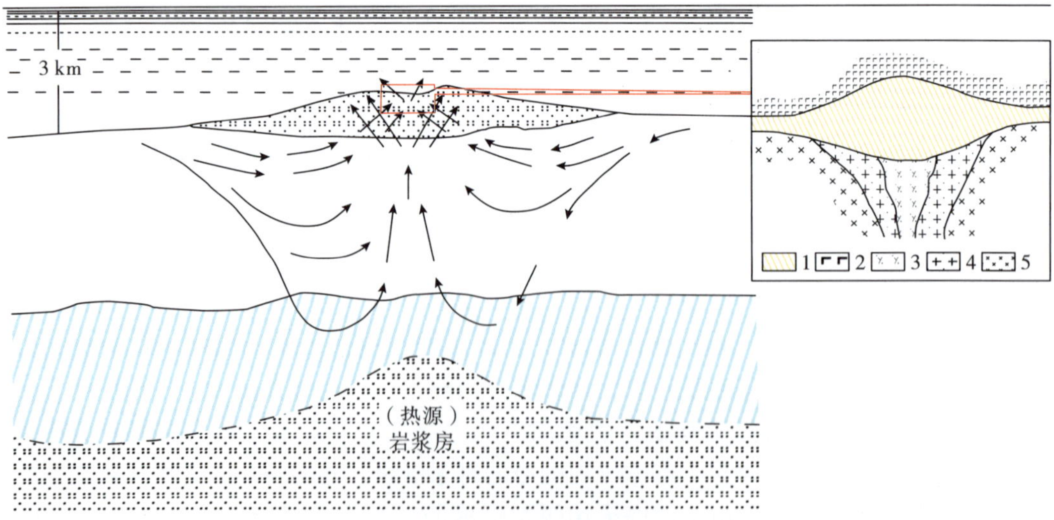


图 6-5　红透山矿床成矿模式图

（据张雅静，2010）

1—块状矿体；2—玄武安山质凝灰岩；3—细脉和浸染状矿体；4—蚀变流纹岩；5—安山岩

## 七、矿山开发综合利用

辽宁抚顺红透山铜矿为一典型含铜黄铁矿型多金属硫化物矿床，并伴生有金银及其他有价值的分散元素。矿山以生产铜精矿、锌精矿和硫精矿为主，综合回收金银。金银主要回收在铜精矿中，同时有少量银回收在锌精矿中。该矿回收的金银产值占矿山总产值的10%以上。工艺矿物学研究显示矿石中伴生金银种类较多，粒度细，嵌存状态复杂。选厂采用优先浮选工艺流程比较适合矿石性质，但因磨矿细度不够，锌精矿中金银回收率不理想，仅分别为3.93%和4.49%。考虑到金银矿物以细粒为主，其浮选效果不好，后对其浮选工艺流程进行改良，通过增加金银选别时间、药剂选择及用量，使锌精矿中金银回收率得以提高（单连军，2009）。

红透山铜矿建矿60余年，以往探获的优良主矿体已基本耗尽，近年来矿山地质找矿工作主要集中于矿区外围及深部。红透山铜矿的探边扫盲及就矿找矿勘探工作，利用坑钻工程取得了阶段性成绩，不仅探明了矿体，增加了资源量，还解决了井下生产中的供矿、通风、采矿等问题，从而得出在老矿山利用“坑钻组合、以钻代坑”方式勘探是寻找深边部矿体，扩充资源量的一个重要途径（赵刚，2019）。另外，在探边扫盲及就矿找矿勘探工作中，地质条件极为复杂，每个工程设计及施工之前，必须从矿山实际情况出发，与矿山生产密切配合，采取地表与井下兼顾，坑探与钻探配合，在高质量、低成本的原则下，全面考虑生产急需和生产便利。在保证找矿效果的前提下，统筹规划、统一安排，合理布置勘探工程，使勘探工程尽可能地为采矿生产所服务，力求做到探采工程“互利互用”，以此提高工程利用率，降低找矿成本，缩短探矿时间。这样既达到了地质找矿的目的，又满足了采矿生产的需要。

# 第七章　风化矿床典型案例

地壳表层的岩石和矿石在大气、水、生物等营力的作用下，发生的物理、化学和生物化学的变化，称为风化作用。由风化产物所组成的岩石圈部分，称为风化壳。风化壳中由风化产物构成的矿床，称为风化矿床（weathering deposit）或风化壳矿床。风化矿床以新近纪—第四纪形成者最为重要。

风化矿床往往位于现代地形表面或近地表处。按其出露形态可分为面型（平面上呈面状、剖面上呈层状或似层状）、线型（沿裂隙或不同岩石的接触带分布）和岩溶型（位于碳酸盐岩溶洞中）三类。它们的分布与原岩出露的范围相近，因此风化矿床还可作为原生矿床的可靠找矿标志。

风化矿床，据其形成作用和地质特征，可以分为残积、坡积矿床、残余矿床及淋积矿床三类。

（1）残积、坡积砂矿床

残积、坡积砂矿床指原生矿床或岩石遭受风化作用，其中未被分解的重砂矿物或岩石碎屑，残留在原地或沿斜坡堆积起来形成的矿床。残积矿床和坡积矿床的关系十分密切，二者通常呈过渡关系，难于截然分开，故也可统称为残坡积矿床。这类矿床的形成，以物理风化为主，因在原地残余或位移距离不大，碎屑一般均具有明显的棱角，甚至保留原来矿物的晶形外貌，无分选性或分选性差，也无明显的层理。残坡积矿床不仅本身具有工业价值，而且是寻找原生矿床的可靠标志。例如：我国南岭地区的许多钨、锡矿床，即是在发现残坡积砂矿之后才进一步找到原生矿床的。残坡积矿床种类不多，分布也有限，但有些较为重要，主要有金、钨、锡、铌、铁、铝土、钽和水晶等的残积、坡积矿床。

（2）残余矿床

残余矿床指原生矿床或岩石经化学风化作用和生物风化作用后，形成的一些难溶的表生矿物，残留在原地表部，其中有用组分达到工业要求时形成的矿床。残余矿床形成的条件是温暖或炎热的潮湿气候，准平原化的高原地形和持久的风化时间。矿床一般呈面型分布，也见呈线型分布者。这类矿床在垂直剖面上往往具有分带现象，并与母岩呈过渡关系。主要矿床类型有残余黏土矿床、残余红土型铁、铝矿床。其中，残余黏土矿在我国占有重要地位。这类矿床形成在温暖潮湿的气候条件下，铝硅酸盐岩石在水、二氧化碳和生物的作用下，可分解出碱金属和碱土金属（去碱作用），他们以各种碳酸盐的形式溶于水中被带走。与此同时，从岩石中分解出来的 $SiO_2$、$Al_2O_3$、$Fe_2O_3$ 等在水中易于变成胶体物质，正负电荷胶体相互作用而发生电性中和，彼此凝聚，结果便产生 $SiO_2$、$Al_2O_3$ 和 $Fe_2O_3$ 的凝胶混合物。由于沉淀的凝胶 $SiO_2$ 和 $Al_2O_3$ 的比例变动很大，于是便形成各种不同的含水硅酸盐矿物，如高岭石、多水高岭石、蒙脱土、白云母等，它们与一些铁的氢氧化物和未分解的矿物（石英、锆英石、金红石等）以及母岩碎块相混合而成为黏土矿床，而形成这类黏土矿床的作用通常被称为黏土化作用。在残余黏土矿床中，最重要的是高岭土矿床和蒙脱土矿床。我国残余高岭土矿床分布甚为广泛，闻名世界的中国瓷器就是以它们作为原料的，如江西星子岭高岭土矿床。

（3）离子吸附型稀土元素矿床

淋积矿床指原岩或贫矿体经化学风化作用，某些易溶物质被水带到风化壳下部的潜水面附近沉淀下来形成的矿床。当地表岩石或矿床受化学风化作用分解时，那些易溶于水的组分中的一部分被带入潜水活动区，成为稀薄的含矿溶液。由于介质性质的改变或与周围的岩石发生交代作用，便可使有用物质发生沉淀而形成矿床，即淋积矿床。淋积矿床的矿体形状多呈不规则的似层状，其次为囊状、巢状等。矿石常具网脉状、浸染状、粉末状、葡萄状、结核状等构造。淋积型的镍、钴、钒、钠、铁、锰、铀等矿床具有较大的工业价值。我国南方离子吸附型稀土元素矿床具有重要工业意义，如福建龙岩离子吸附型稀土元素矿床。

# 第一节　江西星子残余型高岭土矿床

## 一、矿山简介

星子高岭土矿位于江西省庐山市星子镇的会海之西部的大排岭与温泉两地。居庐山东麓，南距南昌市百余千米，北邻九江市，西距景德镇约 120 km。水陆交通方便，矿床规模大，是这类矿床的典型代表，也是景德镇瓷器原料的主要基地。星子高岭土是景德镇的主要高岭土之一，其用量占高岭土的总量 60%~70%。

## 二、区域地质背景

庐山地区地质构造复杂，形迹明显，展现出地壳变化的主要过程（杜景勇，2022）。庐山是一座地垒式断块山，早在震旦纪就在浅海底开始沉积，经过吕梁运动慢慢升高露出水面受到风化剥蚀，后下沉淹没汪洋海水中，直至白垩纪时发生燕山运动，构造运动掀起的“褶皱”重新露出水面，断块继续隆升，从而定型了山的骨架，后又经长期积雪覆盖，到第四纪末地球变暖，再经更强烈的冰川剥蚀。庐山地区内地层除三叠纪外均有系统的出露，构造明显，该区地质构造复杂，形迹明显（图 7-1）。第四纪庐山上升强烈，许多断裂构造形成众多山峰。庐山上升之际，周围相对下陷，鄱阳湖盆地进一步发展，形成鄱阳湖。北部以褶曲构造为主要特征，形成一系列谷岭地貌；南部和西北部则为一系列断层崖，形成高峻的山峰。山地中分布着宽谷和峡谷，周边则发育为阶地和谷阶。

庐山地区出露一套中高级变质杂岩（星子群，时代为古元古宙），并认为其构成了星子变质核杂岩的核部，是江南古陆最古老的结晶基底（王继林等，2021）。星子变质核杂

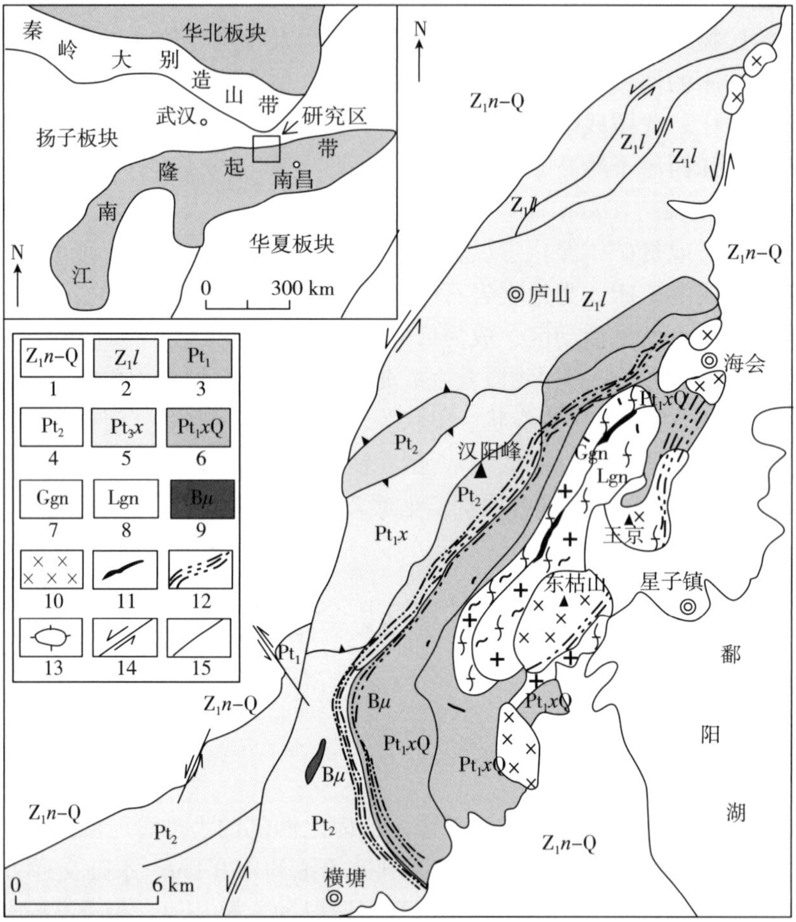


图 7-1　江西庐山星子地区地质略图

（据王继林等，2021）

1—下震旦统—第四系；2—下震旦统莲沱组；3—中元古界横涌组；4—新元古界汉阳峰组；5—新元古界筲箕洼组；6—新元古界星子群；7—观音桥片麻岩套；8—高家岭片麻岩；9—辉绿岩脉；10—花岗岩；11—伟晶岩脉；12—韧性剪切带；13—拆离断层；14—走滑断层；15—地质界线

岩被认为多期形成，构造复杂，其在空间上表现出多层次的特点，由变质-岩浆杂岩核（变质杂岩核）、基底拆离带（基底塑性剪切拆离带）、浅变质褶叠层、上剥离断层（顶板脆性剪切剥离断层）以及未变质盖层（震旦纪—后震旦纪沉积盖层）所组成的（任升莲等，2014；朱清波等，2010）。

本区火成岩有白云母花岗岩、黑云母花岗岩及晚期的细晶岩脉、伟晶岩脉等。花岗岩呈岩株产出，侵入于元古宙地层之中。矿区位于庐山背斜东部。

江西地质构造复杂，岩浆活动频繁，尤以中生代花岗岩、火山岩及各种酸性脉岩发育广泛，后经强烈风化而形成了大量风化残积型高岭土矿床；另外，沉积型和火山岩热液蚀变型高岭土矿床也具有良好的成矿条件。全省已知有高岭土矿床、矿点近百处，以赣东北地区分布最为集中（图 7-2），工业储量及年采量在国内均占有重要地位。

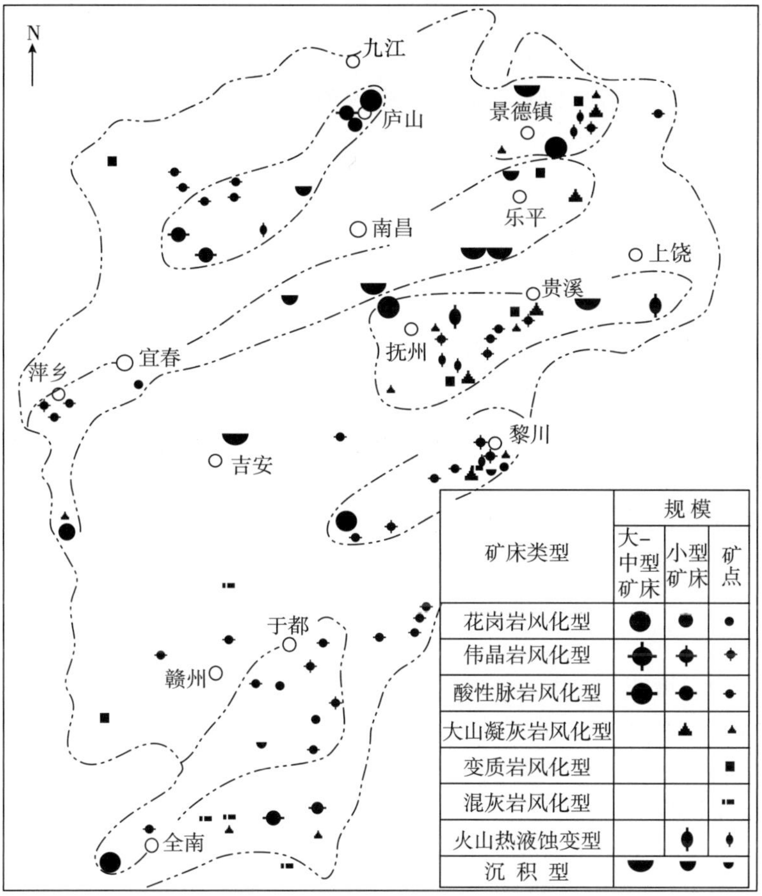


图 7-2　江西高岭土矿分布示意图

（据王发宁等，1986）

## 三、矿区地质特征

矿区全部为花岗岩及花岗伟晶岩（于方等，1997）。高岭土矿床发育在花岗岩及花岗伟晶岩的氧化带内。有分带现象，自上而下可分为①高岭土带：花岗岩中的钾长石，伟晶岩中的微斜长石均已变为高岭土。②风化花岗岩带：不适于开采。③新鲜花岗岩：矿体多隐伏于元古宇或第四纪冰碛层之下，保存了母岩（花岗岩及伟晶岩）的侵入形状和结构构造。

郑国夏等（1965）对花岗岩和伟晶岩中的主要矿物（长石、石英、云母等）进行了系统研究。

### 1. 长石

花岗岩中的长石类矿物，绝大多数呈灰白色，少数为肉红色。粒度一般在 0.3～0.5 cm，具全晶质半自形。花岗岩中的长石主要有钾微斜长石、正长石和钠长石三种。自中心向外高岭土化现象渐增。长石化学成分组成为 $SiO_2=65.13\%$、$Al_2O_3=19.64\%$、$Fe_2O_3=0.6\%$、$CaO=0.21\%$、$MgO=0.13\%$、$K_2O=6.67\%$、$Na_2O=7.40\%$、烧失量为

0.68%。伟晶岩中的长石含量在50%~70%之间，斑晶粗大，长轴为20~40 cm，一般有3~5 cm，小的有1~2 cm。呈浅灰白色，为自形全晶质，具明显的文象结构。有时在伟晶岩中除经常见到石英、云母片以外，尚能见到六角柱状的绿柱石等微量稀有矿物。在高岭土矿体中的伟晶岩内的长石都被风化成高岭土和半风化的长石斑晶。伟晶岩中未风化的长石经化学分析结果为：$SiO_2$ = 65.27%、$Al_2O_3$ = 18.91%、$Fe_2O_3$ = 0.16%、CaO = 0.43%、MgO = 0.21%、$K_2O$ = 11.90%、$Na_2O$ = 3.04%、烧失量 0.72%。

**2. 云母**

从花岗岩及伟晶岩中所见的云母主要有白云母和黑云母两种。黑云母主要分布在黑云母花岗岩之中，含量在10%~20%。其中以0.1 mm×0.1 mm和0.5 mm×0.5 mm的占多数。有部分花岗岩可能由于受后期岩浆侵入时熔融而产生相变，使黑云母和白云母在含量上有明显的增减变化。黑云母中的铁杂质析出后往往把高岭土浸染成黄色或其他杂色，使高岭土中的铁含量相应增加。

伟晶岩中的云母，多数为白云母，黑云母含量很少。白云母呈大片状。长石、云母和石英有明显的分异现象。因而完全可以通过简单的选矿被分离。伟晶岩风化成的高岭土呈色洁白，并成土块状。

**3. 石英**

多呈乳白色和半透明状，具油脂与玻璃光泽，间夹烟灰白色。花岗岩中的粒径多在0.2~1 cm，含量占40%左右。伟晶岩中的石英呈大块状。含量和花岗岩相似。化学组成为 $SiO_2$ = 98.46%、$Al_2O_3$ = 0.57%、$Fe_2O_3$ = 0.18%、MgO = 0.28%、$K_2O$ 痕迹、$Na_2O$ = 0.21%，烧失量0.26%。

上述云母、石英和少量半风化的长石斑晶是高岭土的主要杂质，其含量的多少直接影响到高岭土的含矿率。另外，尚有少量的锆石英、绿柱石、石榴子石、角闪石和磁铁矿等矿物。

## 四、矿床地质特征

矿层厚度受地形及裂隙构造控制，由1~3 m至20~30 m不等。组成高岭土的黏土矿物主要是高岭石，少量水云母。其中混有大量石英和云母。矿石因含杂质不同而色调各异。由花岗岩风化而成的高岭土，含云母碎屑多，呈浅灰色。由黑云母花岗岩风化成的，含氧化铁较多，呈淡黄色。花岗伟晶岩中块体微斜长石风化成的高龄土，不含杂质，颜色洁白，具蜡状光泽，质量最佳，驰名中外景德镇瓷器的原料即来源于此。

**1. 大排岭与庐山矿区**

位于矿床的北部花岗岩株上部，为顶盘岩不连续覆盖的面状风化壳矿床（图7-3），矿体的顶底板为结晶片岩，呈不规则的犬牙状出露，地表为红土化带，呈壳状覆盖。本矿区主要矿脉有四条，呈脉状产出，个别地段以带状和囊状产出。矿体上部绝大多数被第四系所覆盖，少数隐伏于片岩之中。矿体一般与矿区地层倾向一致，主要走向为NNE—SSW，倾向一般在SE 100°~135°，倾角为20°~45°。矿体变化较大，长200~1100 m，厚5~15 m（郑国夏等，1965）。其余尚有小矿脉的分布。

### 2. 温泉矿区

温泉矿区的高岭土主要是花岗岩及伟晶岩风化而成的产物。由白云母花岗岩风化而成的高岭土，矿体较规则，呈小岩株状，沿片岩的断裂或节理充填，因而风化后的高岭土矿床形态也受成矿前片岩中的断裂和节理的形态所控制。伟晶岩主要以宽脉状和细脉状，沿片理、裂隙和节理侵入，为后期气成作用而形成的，产出形态复杂零乱。

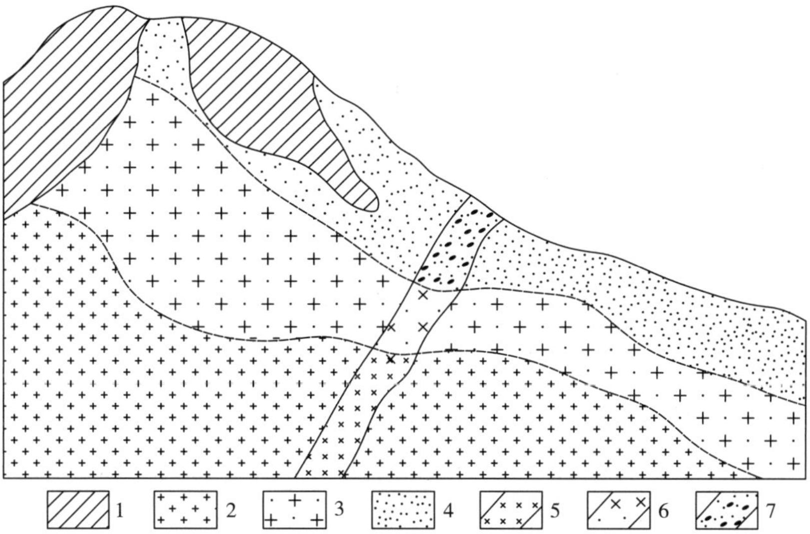


图 7-3　江西星子岭高岭土矿床剖面示意图

（据袁见齐等，1985）

1—前震旦纪片岩；2—花岗岩；3—风化花岗岩；4—由花岗岩风化而成的高岭土；5—花岗伟晶岩；6—风化花岗伟晶岩；7—由花岗伟晶岩风化而成的高岭土

## 五、矿石特征

### 1. 高岭土原矿中主要杂质

星子高岭土的原矿，主要由高岭土、石英、白云母（夹少量黑云母片）及半风化的长石斑晶组成。呈似砂土状产出。高岭土呈白、灰白、黄白和水红等色，呈黏土状。石英呈细粒状，白色和无色透明，但伟晶岩风化的高岭土中的石英呈粗晶块状，不均匀的分布在高岭土原矿中。白云母呈细小鳞片状，散布于高岭土之中。长石绝大部分已风化成高岭土，但尚有少量夹产于高岭土之中，呈半风化的长石斑晶，俗称“墨鱼骨头”。所以，本区的高岭土是未经任何搬运与分选的原生高岭土，经加工淘洗之后才能获得较纯的黏土粉状的高岭土。经筛分析结果，原矿高岭土残留在筛上的主要成分见表 7-1。

**表 7-1　原矿高岭土的主要矿物成分**

| 名称 | 石英 | 长石 | 云母 | 其他 |
|---|---|---|---|---|
| 含量/% | 76~80 | 6~8 | 13~15 | 2~5 |

（据郑国夏等，1965）

### 2. 含矿率的变化

星子高岭土矿床各矿区含矿率如下表（表 7-2）。从表中可以看出，星子高岭土矿床中温泉矿区的矿石品质较好。

**表 7-2　星子高岭土矿床各矿区含矿率**

| 矿区 | 庐山矿区 | 大排岭矿区 | 温泉矿区 |
|---|---|---|---|
| 含矿率/% | 20~35 | 20~40 | 20~50 |
| 平均含矿率/% | 25± | 25~30 | 30~40 |

（据郑国夏等，1965）

### 3. 化学成分上均变化

高岭土在化学成分上的变化主要和成矿母岩的矿物成分、结构、构造、风化的深浅程度、水文、热液、蚀变、地质构造、地形等都有着密切的关系，其中以风化的深浅和母岩的矿物成分为主。

$Al_2O_3$ 的含量变化是随着母岩的风化浅深程度而异，母岩风化深，矿化程度高，$Al_2O_3$ 含量高；母岩风化浅，$Al_2O_3$ 含量就低。母岩的长石含量多，结构粗松，风化深 $Al_2O_3$ 含量高，反之则低。由上而下，$Al_2O_3$ 的含量虽属波状变化，但总的趋向是 $Al_2O_3$ 含量逐渐降低。矿体沿 SSE 方向上 $Al_2O_3$ 含量逐渐增加。沿 NEE 走向上 $Al_2O_3$ 含量也渐渐增高。紧靠顶底板，因硅化作用的关系，其含量降低（庐山和大排岭矿区）。

$Fe_2O_3$ 的变化特点是：在矿体延深方向上，$Fe_2O_3$ 含量波状起伏变化较明显，总的趋势是高-低-高。沿 NWW 方向上 $Fe_2O_3$ 含量逐渐增加。沿 SEE 方向上，则逐渐降低。沿 NEE 方向上 $Fe_2O_3$ 含量逐渐降低（庐山和大排岭矿区）。成矿母岩的长石含量高，黑云母等暗色矿物杂质少，风化深其含 $Fe_2O_3$ 量也低，反之则高。矿床上部的高岭土由于地表浮土中的 $Fe_2O_3$ 沿节理裂隙随水渗入，因而表层高岭土含 $Fe_2O_3$ 较高。靠近顶底板的高岭土，因受围岩触变的影响，因而含 $Fe_2O_3$ 量也比中部高。

以不同的母岩而言，其中以伟晶岩风化而成的高岭土为最好，颜色白，杂质少。但因伟晶岩侵入零乱，而不规则，数量少。花岗岩风化而成的高岭土，虽然数量多，但由于本矿是原生残积矿床，未经任何搬运和分选，母岩中的杂质虽然视风化可以淋失一部分，但云母等杂质没有被彻底淋浴带走，因而高岭土的质量不及伟晶岩风化的好。以矿体层位而论，中间层的质量最好。

## 六、矿床成因与成矿模式

郑国夏等（1965）研究认为本区高岭土的形成，是花岗岩及伟晶岩风化作用的结果，其中花岗岩和伟晶岩中大量长石矿物存在是形成高岭土的主要因素之一。其根据是在全风化带中长石完全被风化成白色土状的高岭土，其中只有比较稳定不易风化的石英残粒存在，而母岩的结构构造已完全被破坏。在半风化带中母岩的结构、构造尚残留部分，但其中大部分长石也被风化成高岭土，部分以半风化的长石斑晶残留其中。在此带中沿母岩裂隙、节理有红色黏土和次生氧化铁渗入和少量高岭土淋浴充填。在未风化带之中，可以清楚地看到未风化的成矿母岩——新鲜花岗岩。

在高岭土原矿中，可以见到大量大于 0.1 cm 粒级的石英颗粒及云母片，这也证明本矿床是未经任何搬运和分选的原生残积的，成矿作用是以物理、化学风化作用为主，其中地形气候环境、地质构造、母岩的矿物成分等起主导作用。在温暖潮湿的气候条件下，由植物腐烂而产生的 $CO_2$、$SO_2$ 和有机酸、大气中的碳酸气作用，加速了母岩的崩解。又因大气降水-地表水-地下水的循环作用，母岩各种矿物发生气化、分解，加速了离子的迁移和富集，同时水的离解作用产生的 $H^+$ 和 $OH^-$，增强了水的活泼性和氧化性。以上的各种作用，使硅酸盐矿物受到剧烈的破坏，使得硅盐中的 Al、Si、Na、K、Fe、Mg、Ca 等阳离子形成氧化和氢氧化物。在酸性的介质条件下，Na、K、Ca、Mg、Fe 等碱金属和碱土金属容易被淋浴带走，而化学性质较稳定的 Si、Al 等离子互相作用形成高岭土等含水硅酸盐黏土矿物。

## 七、矿山开发综合利用

高岭土是以中国江西省景德镇市东 45 km 的高岭村命名的矿种。中国是世界上最早制作瓷器的国家，而高岭土在古今制瓷方面起了关键的作用。江西高岭土矿开采历史悠久，早在 1400 多年前的唐朝，景德镇所产瓷器即享有盛名。高岭土一般含 $Al_2O_3$ 在 25%～30%，$SiO_2$ 在 48%～50%，（$Fe_2O_3$+$TiO_2$）在 1.1%～1.2%。采出的高岭土，多数用水淘洗，除去其中的石英颗粒和大部分云母碎屑。淘洗后的精矿 $Al_2O_3$ 含量增高，$TiO_2$、$Fe_2O_3$ 等组分降低。

高岭土用途广，不同工业部门对高岭土矿石的要求各异。陶瓷工业要求高岭土矿石白度高，Fe、Mn、Ti 等着色和导电性元素含量低，焙烧时使创成品易焙、起泡的杂质少，有一定耐火度，烧后不变形。日用细瓷工业对高岭土要求如表 7-3。

**表 7-3　日用细瓷工业对高岭土要求**

| 组分 | 高岭土 | | | 塑性黏土含量/% |
|---|---|---|---|---|
| | Ⅰ | Ⅱ | Ⅲ | |
| | 含量/% | | | |
| $Al_2O_3$ | >20 | >16 | >19 | 20～30 |
| $Fe_2O_3$ | <0.5 | <0.8 | <1 | <1 |
| $TiO_2$ | <0.5 | <0.8 | <1 | <1 |
| CaO | <0.8 | <0.8 | <0.8 | <2 |
| $SO_3$ | <0.2 | <0.2 | <0.3 | <0.3 |
| $MnO_2$ | <0.1 | <0.1 | <0.1 | — |

（据于方和魏绮英，1997）

在实际工作中各工业部门可自己制订对矿石的质量要求，如景德镇瓷用高岭土矿石质量要求见（表 7-4）。

表 7-4 江西景德镇瓷用高岭土矿石质量要求

| 品级 | 陶洗后的化学成分要求/% | | | | | 物理要求 |
|---|---|---|---|---|---|---|
| | $Al_2O_3$ | $Fe_2O_3$ | $TiO_2$ | CaO+MgO | $SO_3$ | |
| Ⅰ | >35 | <0.5 | <0.3 | <1.0 | <0.3 | 烧结后色白，无斑 |
| Ⅱ | >30 | <0.1 | <0.5 | <1.5 | <0.5 | |
| Ⅲ | >25 | <1.5 | <0.7 | <2.0 | —— | |

（据于方和魏绮英，1997）

# 第二节 福建龙岩离子吸附型稀土矿床

## 一、矿山简介

龙岩市稀土资源较丰富，多属于花岗岩风化壳淋积型稀土矿，为我国中重稀土的重要产区。本区矿床成因类型为风化壳淋积型矿床，工业类型为外生风化壳离子吸附型稀土矿床。

龙岩市为亚热带季风气候，温暖潮湿，在有利的地形地貌条件，区内不同时期的侵入岩在强烈风化下形成大面积的风化壳，为风化壳淋积型稀土矿的富集创造了极为有利条件。在本区矿床以离子吸附形式赋存于风化壳中。含矿风化壳一般风化程度较高，化学风化较强，主要形成红土型和硅铝黏土型两类风化壳。

龙岩稀土多为中钇富铕型，中重稀土含量占稀土总量的50%之多（赵芝等，2019）。2012 年以来新发现 2 个大型、5 个中型、2 个小型矿床和多个矿点，大型矿床如上杭洋坡坑（吴泽有，2015）和龙岩万安（张颐等，2014）。本书以上杭洋坡坑大型矿为例来展示闽西龙岩地区风化壳淋积型稀土矿的地质特征。

## 二、区域地质背景

福建上杭洋坡坑稀土矿位于闽西南坳陷带南部，上杭—云霄北西向构造-岩浆活动带西北部。矿区及外围出露大面积侵入岩，发育有 NE 及 NW 向 2 组断裂构造（图 7-4）。

区域出露地层主要有分布于东北部的晚震旦世黄连组，西南部的下—中寒武统林田组、上泥盆统天瓦山东组、下石炭统林地组、下二叠统文笔山组，东北部的白垩系黄坑组、寨下组、沙县组、崇安组及区内各地的第四系更新统、全新统等多以断块出露。

区内岩浆活动强烈，侵入岩分布广泛，不同时代的侵入岩，主要有印支期碎裂二长花岗岩，燕山早期石英二长岩、二长花岗岩、黑云母花岗岩，燕山晚期晶洞花岗岩、花岗斑岩和隐爆角砾岩。其中，燕山早期花岗岩是形成风化壳离子吸附型稀土矿的主要母岩，分布面积大，岩性主要为似斑状中粒黑云母二长花岗岩和少斑中细粒黑云母花岗岩。岩体分布主要受线型构造控制，呈 NW 向展布。

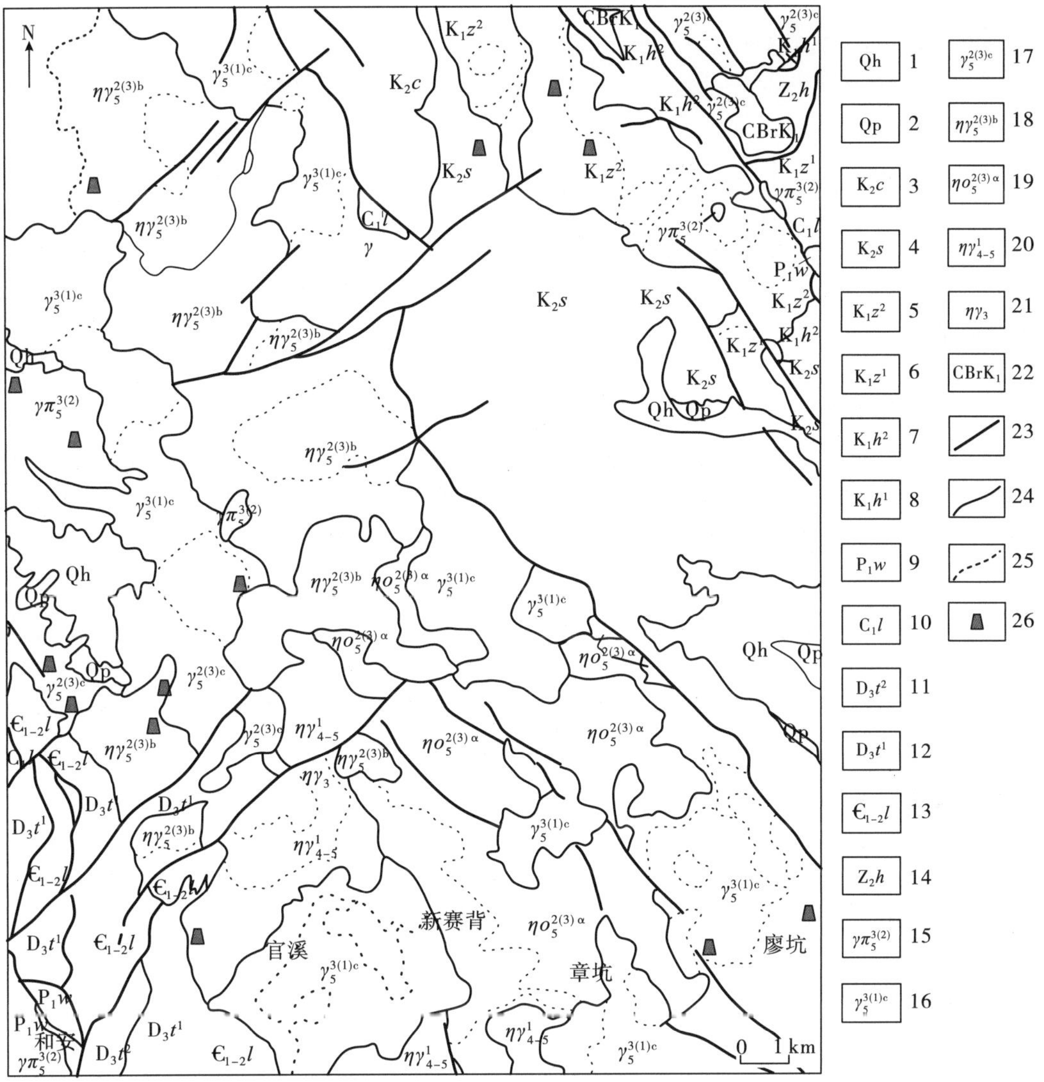


图 7-4　上杭洋坡坑矿区区域地质图

（据吴泽有，2015）

1—第四系全新统；2—第四系更新统；3—上白垩统崇安组；4—上白垩统沙县组；5—下白垩统寨下组上段；6—下白垩统寨下组下段；7—下白垩统黄坑组上段；8—下白垩统黄坑组下段；9—下二叠统文笔山组；10—下石炭统林地组；11—上泥盆统天瓦山东组上段；12—上泥盆统天瓦山东组下段；13—下—中寒武统林田组；14—上震旦统黄连组；15—燕山上期花岗斑岩；16—燕山上期晶洞花岗岩；17—燕山下期黑云母花岗岩；18—燕山下期黑云母二长花岗岩；19—燕山下期石英二长岩；20—华力西—印支期碎裂二长花岗岩；21—加里东期片麻状二长花岗岩；22—隐爆角砾岩；23—断层；24—地质界线；25—假整合界线；26—稀土矿矿点

区内 NW 向断裂带最为醒目。以梯子岭断裂为界，西南部形成岩浆构造带，东北部形成断陷带。岩浆构造带内均为不同时期的侵入岩，并发育有 NW、NE 向断裂。断陷带为白垩系石帽山群杂陆屑-中酸性火山建造和赤石群红色陆屑建造，形成了闽西南铜、金、有色金属和铀矿等重要成矿带。

## 三、矿区地质特征

### 1. 地层

矿区地层不发育，主要为第四系全新统以及上白垩统沙县组。第四系全新统，呈线状沿沟谷分布，主要为冲洪积砂砾、黏土和残坡积物，大部分为农用耕地和居民用地。上白垩统沙县组呈 NW 向带状展布于东北部外围，为一套紫红色陆相碎屑岩组合，以灰紫-紫红色中-厚层岩屑粉砂岩、钙质粉砂岩、粉砂质泥岩为主，夹紫红色中-厚层复成分砾岩、岩屑杂砂岩。

### 2. 构造

矿区构造以断裂为主，主要发育有 NW 向和 NE 向断裂带。

NW 向断裂带：分布于矿区东南部，两端延出区外，属区域上杭—云霄北西向构造带的西北段，断裂走向 320°，倾向 NE，倾角 50°~280°。该断裂带经历张扭-拉张-断陷-挤压的多次活动，控制了沙县组河流-湖泊相红色粗-细碎屑沉积。

NE 向断裂带：分布于矿区中北部，以张扭性正断层为主，走向 50°~80°，倾向 NW，倾角 80°，长度为 1~6 km，宽从数十厘米至数米，断裂带内发育构造角砾岩，主要蚀变类型有硅化、黄铁矿化、钾化。断裂经过岩体处仅有厚度不大的硅化岩出现，作为矿体的夹石，经强烈风化作用后，多呈碎石颗粒状分布。断裂带的次级裂隙、破劈理等构造，使岩石风化作用加剧，有利于矿液的运移、富集和成矿。

### 3. 岩浆岩

侵入岩区内岩浆活动强烈，岩浆侵入活动时期主要为华力西—印支期和燕山早期、晚期。区内华力西—印支期侵入岩主要分布于矿区西南部，岩性以多斑巨斑状粗粒二长花岗岩、似斑状粗粒二长花岗岩、少斑中（细）粒二长花岗岩为主，岩体以普遍碎裂、叶理构造较发育为特征。矿区内燕山早期岩浆侵入活动强烈，分布面积大，是区内风化壳离子吸附型稀土矿的重要成矿母岩，岩性主要为碎裂似斑状中粒黑云母二长花岗岩、少斑中细粒黑云母花岗岩和细粒石英二长闪长岩。岩体分布主要受线型构造控制，呈 NW 向展布。燕山晚期岩浆活动规模较小，岩体呈小面积分布于中东部，岩性主要为细粒含黑云母二长花岗岩和晶洞斑状细粒花岗岩，明显受 NW 向、NE 向断裂控制。区内与稀土成矿相关的岩体主要为燕山早期细粒含黑云母二长花岗岩。岩石多呈中细粒花岗结构，矿物粒度为 0.15~3 mm。局部具似斑状结构，似斑晶为斜长石，粒度为 3~5 mm，基质呈细粒花岗结构。岩石矿物成分主要为钾长石（28%~35%）、斜长石（34%~44%）、石英（21%~22%）、黑云母（6%~8%）及角闪石（1%~2%）等。

## 四、矿床地质特征

矿区由北向南，由双坝塘、观音井、黄砂 3 个矿段组成，矿体分布总面积为 10.861 $km^2$。该区稀土矿属花岗岩风化壳离子吸附型矿床，矿体呈似层状贮存于侵入岩风化壳中，含矿层主要为花岗质砂土层，结构疏松，自然渗透性能良好。顶板主要为黏土层，底板为半风化层或母岩。区内稀土矿在距地表 12~15 m 范围内品位最好，该段范围内岩石以风化状态为主，原岩的结构构造已遭受破坏，大部分长石晶体碎裂，仅残留颗粒状石英，呈疏松砂土状，为区内稀土矿主要储存部位；风化层之下为半风化层，该层介于基岩与风化层之间，厚度为 0.5~2 m，岩石呈松散-块状，依稀可见花岗岩结构，但岩石结构较松散、易碎，局部包裹有小块基岩。半风化层中稀土矿仍具有一定的品位，但相对于风化层稀土含量明显下降，而且由于岩石仍保留有一定的晶体结构，稀土矿的提取成本增加。因此，半风化层中的稀土矿并非主要的研究对象。

（1）矿体规模

双坝塘、观音井、黄砂 3 个矿段，共圈定 209 个矿体，其中主矿体（面积≥0.1 $km^2$）有 33 个，小矿体（面积 <0.1 $km^2$）有 176 个。

双坝塘矿段：位于矿区北部。矿体分布于福全、加庄、寨背、双坝塘、乃康、岩头、佰公塘等地。共圈定矿体 84 个，面积超过 0.1 $km^2$ 的矿体有 13 个，面积为 0.05~0.08 $km^2$ 的矿体有 7 个，其余矿体面积均小于 0.05 $km^2$。矿体走向长度为 500~2410 m，宽度为 200~930 m。

观音井矿段：位于矿区中部。矿体分布于观音井、湖洋、欧坑等地。共圈定矿体 92 个，其中面积超过 0.1 $km^2$ 的矿体有 14 个，面积为 0.05~0.08 $km^2$ 的矿体有 5 个，其余矿体面积均小于 0.05 $km^2$。矿体走向长度为 300~1030 m，宽度为 130~280 m。

黄砂矿段：位于矿区南部。矿体分布于古楼村（东）、大坝里、黄砂、岭背。圈定矿体 33 个，面积大小不等，其中面积超过 0.1 $km^2$ 的主要矿体有 6 个，面积为 0.09 $km^2$ 的矿体有 2 个，其余均为面积小于 0.03 $km^2$ 的矿体。矿体走向长度为 300~1700 m，宽度为 200~300 m。

（2）矿体形态

洋坡坑稀土矿矿床类型属花岗岩风化壳离子吸附型，大多数存于风化壳结构层中的全风化层的中上部。含稀土母岩为燕山早期似斑状中粒黑云母二长花岗岩和少斑中细粒黑云母花岗岩等。全区正地形海拔 310~350 m，最高 442.13 m；负地形即沟谷地带海拔 200~260 m，一般地形平均相对切割深度约 90 m。属典型的丘陵地貌区，也是离子吸附型稀土矿成矿的典型地貌特征。风化壳结构层发育良好，并保存较好、较全，有利于离子型稀土矿成矿。风化层厚度一般为 3~15 m，局部为 20~30 m。含矿层厚度一般为 2~10 m。矿体总体形态较简单，呈面形分布，形成不规则面形矿体，长轴方向与山脊延伸方向一致。矿体在平面上分布形态往往受风化壳分布形态控制，因风化壳受地表径流冲刷切割破坏，矿体连续性受到破坏。矿体形态主要呈椭圆状、长条状、港湾状、不规则状等。低丘山区多呈馒头状随地形分布，规模较大，形态较简单，连续性较好。中丘山区矿体分布形态则相对较复杂，规模较小，连续性较差。矿体在垂直剖面上形态较为简单，总体随地形波浪起伏呈似层状产出。矿体多为隐伏、半隐伏状，矿层多被残积层掩盖，少数直接裸露于地表。形态为长条状、椭圆状、豆荚状。矿体埋深一般在 2 m 以下，3~12 m 为矿床富矿层位。

（3）矿体产状

矿体产状与岩体风化壳、地貌形态基本一致，从山顶向四周呈倾斜似层状。山脊上较平缓，倾角一般为 5°~10°，山坡矿体相对较陡，倾角一般为 15°~25°。离子吸附型稀土矿的底板是实施原地浸矿工艺技术生产中重要因素。勘查区的矿体出露标高一般在 200 m 以上，最高420.3 m。在坡谷及少部分低矮山丘，矿体底板标高可低于当地侵蚀基准面，多数均显著高于当地侵蚀基准面高程。

（4）矿体厚度

矿体厚度是指矿体垂直厚度。双坝塘矿段厚度为1.0~23.3 m，主要矿体厚度为5.5~10.1 m，矿体厚度变化系数为42.9%~63.7%；观音井矿段矿体厚度为1.0~20.95 m，主要矿体厚度为6.45~12.56 m，矿体厚度变化系数41.47%~69.28%；黄砂矿段矿体厚度1.0~19.0 m，主要矿体厚度5.3~7.4 m，矿体厚度变化系数37.0%~60.7%，主要矿体的厚度总体变化较稳定。

## 五、矿石特征

本区矿石的自然类型主要为花岗岩风化的砂土状矿石，多呈疏松砂土状、粉状构造。矿石的工业类型为花岗岩风化壳型。

### 1. 矿石成分

矿体由成矿母岩风化而成，由于在整个风化过程中基岩不断解离，元素迁移、吸附并富集成矿，故与原岩矿物成分不尽相同。主要矿物为高岭土类黏土矿物、中粗-中细粒石英及钾长石颗粒、云母等。造岩矿物主要为中粗-中细粒石英、钾长石、云母及暗色副矿物等。石英呈不规则粒状，粒度一般为1~3 mm，含量为20%~40%。钾长石未风化多呈碎粒状，粒度多数大于2 mm，含量为2%~5%，从地表往下含量增多。云母类有黑云母、水云母，多呈片状，粒度1 mm左右，含量为3%~5%。暗色副矿物含量较少。在不同岩石类型之间，微量元素含量值均较稳定，未有明显变化。次生矿物主要为高岭土类黏土矿物，含量一般在40%以上，从地表往下，含量逐渐减少。矿石（或风化壳）的化学成分与原岩化学成分相比较，$SiO_2$ 含量均低于70%，$Al_2O_3$ 含量为20%~30%，$Na_2O$ 含量普遍偏低，$K_2O$ 含量也变少，CaO 含量降低。

### 2. 矿石结构构造

原岩经风化后，在原地观察其仍具原岩特征。风化壳仍保留原岩的斑状结构（原岩的钾长石斑晶为高岭土类黏土矿物替代），半风化层仍保留块状构造，全风化层则为疏松土状和粉状构造。

### 3. 矿石品位

矿区3个矿段单工程稀土氧化物品位为0.050%~0.426%，主要矿体单工程品位为0.080%~0.141%。品位变化为15.2%~51.67%。稀土组分分布较均匀，品位变化总体较稳定，但随着矿体埋藏部位的变化，矿石品位在垂向上和横向上具有一定的变化规律。根据大量单工程品位数据统计表明，矿石品位在垂向上随着深度变化，矿石品位具上、下贫，中间富特征。矿体单工程矿石品位在区域横向变化呈跳跃形态，但变化值均局限在一定品位（0.05%~0.15%），反映了矿石品位横向变化总体具有相对稳定性（吴泽有，2015）。

### 4. 矿石稀土配分特征与赋存状态

矿石稀土氧化物配分特征显示 $w(\mathrm{LREE})/w(\mathrm{HREE})$ 比值普遍较大，矿区属轻稀土富集特点。中稀土 $Eu_2O_3$配分值为 0.58%～1.02%，$Tb_4O_7$配分值为 0.26%～0.75%，$Dy_2O_3$配分值为 1.4%～4.68%；重稀土 $Y_2O_3$配分值为 6.33%～34.37%，矿区稀土矿配分类型属低钇-中铕型。根据柱浸试验有关矿产品配分分析结果，$Eu_2O_3$配分值为 0.77%，$Tb_4O_7$配分值为 0.45%，$Dy_2O_3$配分值为 2.62%；重稀土 $Y_2O_3$配分值为 15%，显示 $Y_2O_3$配分值低，$Eu_2O_3$配分值中等。矿石中稀土元素贮存状态主要呈离子相，具可交换性吸附态，吸附于黏土矿物的表面或颗粒间，次为类质同象、微固体混入相、矿物相等（吴泽有，2015）。

## 六、矿床成因

矿区的稀土元素主要呈离子吸附状态贮存于花岗岩风化壳中。矿床的成因类型属于次生富集离子吸附型稀土矿床。其形成具有如下特点：

1）矿床的形成与第四纪新构造运动有关。含矿岩体在亚热带潮湿气候条件下，长石被水解，经脱碱去硅、吸水变成高岭石-埃洛石，稀土矿物也被水解形成离子状态，被黏土矿物吸附，部分形成新矿物被水带走流失。随着风化作用不断进行，稀土矿物元素的迁移富集，最后形成了有一定规模的富含稀土并能够经济回收利用的花岗岩风化壳。

2）离子吸附型稀土矿成矿条件。①母岩稀土含量是成矿的内生物质基础；②稀土元素载体的易解离程度是成矿的必要条件；③中温、中湿的亚热带气候是成矿的关键条件；④地表水渗淋形成的 pH 梯度，是稀土分馏、富集和矿体定位的决定因素；⑤新构造活动的地壳上升速率和剥蚀率大体持平衡状态，是风化壳发育和矿体保存的根本条件。花岗岩风化壳离子吸附型稀土矿的形成，受稀土内生条件和表生条件双重控制，其成矿机理表现为有利的成矿母岩与有利的古气候、地貌条件相结合，促使母岩矿物中的稀土元素大量转变为风化壳中呈吸附状态的稀土离子，从而富集成矿。

3）矿区花岗岩风化壳离子吸附型稀土矿床具有成矿物质的来源单一、成矿阶段和矿床成因简单的特点。其成矿物质来自各期次的侵入体，但主要为燕山早、晚期花岗岩。成矿阶段主要经历了含矿（稀土元素）岩体的形成，区域构造演化（地壳抬升）和含矿岩体接受风化、淋滤、富集形成风化壳离子吸附型矿体 3 个阶段。前 2 个阶段主要为第 3 阶段的发生提供条件，对矿化富集没有明显的影响，第 3 阶段主要为矿化富集、形成矿体阶段。在第 3 阶段进行过程中需要必不可少的古地理和古气候条件。

## 七、矿山开发利用

稀土元素，是元素周期表中的一类元素，包括第三副族中原子序数 57～71 的 15 个镧系即镧（La）、铈（Ce）、镨（Pr）、钕（Nd）、钷（Pm）、钐（Sm）、铕（Eu）、钆（Gd）、铽（Tb）、镝（Dy）、钬（Ho）、铒（Er）、铥（Tm）、镱（Yb）、镥（Lu）15 种元素及另外两个与其电子结构和化学性质相似的钪（Sc）、钇（Y）共 17 种元素统称为稀土元素。除钪与钷外，其余 15 种元素在矿石中往往共生存在。因此，稀土一般指剩余的 15 个元素，用 REE 表示。一般把稀土元素分为两组，即镧（La）—铕（Eu）6 个元素为轻稀土或铈族稀土，用 LREE 表示；钆（Gd）—钇（Y）9 个元素为重稀土或钇族稀土，用 HREE 表示。另外，也可根据稀土硫酸盐溶解度的差异，把稀土元素分为轻、中、重稀土三组，即轻稀土（LREE）为 La—Nd 4 个元素，中稀土（MREE）为 Sm—Dy 5 个元素，重稀土（HREE）为 Ho—Y 6 个元素。

风化壳淋积型稀土矿是中重稀土的主要来源，他的开发一直备受稀土工业的关注。风化壳淋积型稀土矿自 1969 年在我国龙南足洞地区发现和工业利用以来，已有近半个世纪的历史，使我国成为世界上最早工业利用该类型稀土矿的国家。随后我国在江西、福建、广东、湖南、广西、云南和海南等南方各省相继发现了风化壳淋积型稀土矿矿床。因为该类型稀土矿含中重稀土高，得到国际市场的极大关注，具有很强的市场竞争力（池汝安，2007）。

福建省是风化壳淋积型稀土矿资源的主要分布省份之一，分布地在闽西的龙岩市和三明市，其中龙岩稀土多为中钇富铕型，中重稀土含量占稀土总量的 50%之多。2012 年以来新发现 2 个大型、5 个中型、2 个小型矿床和多个矿点，大型矿床如大型矿床如上杭洋坡坑（吴泽有，2015）和龙岩万安（张颐等，2014）。龙岩市稀土资源多属花岗岩风化壳淋积型稀土矿，为我国中重稀土的重要产区。

风化壳淋积型稀土矿（原称离子吸附型稀土矿），具有分布广、储量丰富、放射性低、稀土配分齐全、富含中、重稀土元素等特点，是我国特有的一种稀土矿产资源。由于该类型稀土矿中的稀土元素是以水合离子或羟基水合离子吸附在黏土矿物上，无法采用常规的选矿方法富集稀土，国际上也没有同类型矿石采、选的理论和技术可供借鉴。我国稀土科技工作者长期深入南方稀土矿山，调查离子吸附型稀土矿床的地质特征（赵芝等，2019），并发现华南地区广泛分布的离子吸附型稀土矿床原岩虽然主要是花岗岩类，但他们的形成都经历了多期次的、非常强烈的构造-岩浆活动，其中几乎都有幔源物质的参与，这些来自幔源或地壳深部的稀土资源，对形成世界上最具特色的第四纪离子吸附型稀土矿床奠定了良好的物质基础（杨岳清等，2021）。同时，这些稀土科技工作者在极其艰苦的条件下完成了风化壳淋积型稀土矿的勘探、开采、提取与分离等各项科学研究任务，特别是开发出用含电解质的溶液进行离子交换浸取稀土的方法，形成了三代稀土提取工艺，是开创性的科技成果，为我国风化壳淋积型稀土矿的开发与利用做出了重大的贡献。

# 第八章 沉积矿床典型案例

地表岩石或矿石的风化产物以及火山物质、生物有机体等被地质外营力搬运到有利的环境中，经过沉积分异作用沉积下来所形成的矿床叫沉积矿床。

根据沉积成矿作用的方式，沉积矿床一般划分五类：

1）机械沉积矿床（砂矿床）：以机械沉积分异作用为主的沉积矿床。

2）蒸发沉积矿床（盐类矿床）：以蒸发沉积作用为主的沉积矿床。

3）化学沉积矿床：以化学沉积分异为主形成的沉积矿床。其中，胶体化学沉积矿床是化学沉积矿床的重要矿床类型，河北庞家堡铁矿床即是此类矿床的典型代表。

4）生物化学沉积矿床：以生物化学沉积分异作用为主形成的沉积矿床。

5）可燃有机矿床：生物沉积作为主的沉积矿床。

本书以河北庞家堡铁矿床、山东淄博王村黏土矿矿床作为典型矿床。

## 第一节 河北庞家堡铁矿床

### 一、矿山简介

河北庞家堡铁矿床是“宣龙式”铁矿的典型代表，是我国北方最大的沉积型铁矿。“宣龙式”铁矿是我国北方最具代表性的胶体沉积铁矿，其分布于河北省张家口市的宣化—龙关一带，故被命名为“宣龙式”铁矿，矿床规模大，含铁量稳定，品位由中等至富。在近4000 $km^2$ 范围内共有铁矿床24处。

### 二、区域地质背景

大地构造位置位于中朝克拉通北缘中段，处于内蒙地轴与密怀隆起之间的燕辽沉降带西部的宣龙凹陷内（图8-1）。

区内基底为太古宇桑干群古老变质岩系，盖层是中元古界长城系常州沟组、串岭沟组、团山子组及南口系大红峪组、高于庄组。铁矿分布于长城系串岭沟组地层。

长城系各组地层之间为连续沉积，且其厚度在宣龙坳陷中有显著变化（表8-1）。不同时代，不同地点其含矿规模均有所不同（图8-2、表8-2）。

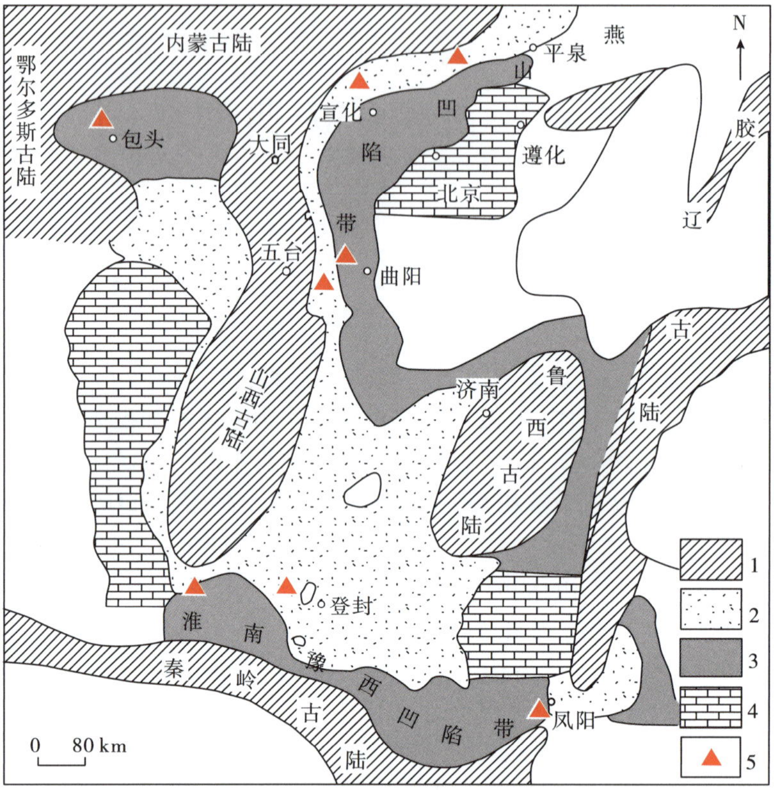


图 8-1 宣龙式铁矿古地理条件示意图
（据袁见齐等，1985）
1—古陆；2—碎屑沉积区；3—泥质沉积区；4—碳酸盐岩沉积区；5—铁矿位置

**表 8-1 长城系各组地层厚度表** 单位：m

| 地层 | 龙泉寺 | 烟筒山 | 庞家堡 | 黄草梁 | 辛窑 | 大岭堡 |
|---|---|---|---|---|---|---|
| 团山子组 | 114 | 174 | 180 | 198 | 225 | 235 |
| 串岭沟组 | 13 | 45 | 62 | 64 | 80 | 91 |
| 常洲沟组 | 24 | 150 | 170 | 174 | 208 | 255 |

（据孙华山等，2009）

**表 8-2 宣龙区北部不同地段矿层厚度表**

| 项目 | 龙泉寺 | 烟筒山 | 庞家堡 | 黄草梁 | 辛窑 | 大岭堡 |
|---|---|---|---|---|---|---|
| 含矿厚度/m | 10 | 20 | 22 | 36 | 41 | 44 |
| 含矿层厚度/m | 0.6~3.3 | 5.7 | 5.5 | 5.9 | 5.0 | 5.6 |
| 铁矿层层数 | 1 | 3 | 4 | 4 | 3 | 3 |
| 铁矿层总厚度/m | 0~1.5 | 3.9 | 3.5 | 3.5 | 3.0 | 3.4 |

（据孙华山等，2009）

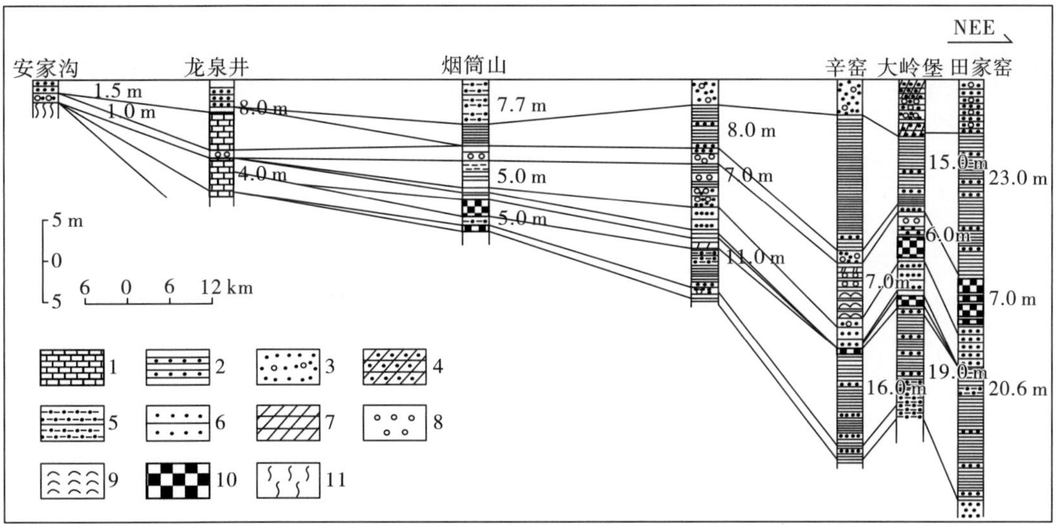


图 8-2　宣龙区北部坏安安家沟至赤城田家窑含矿带对比图

（据孙华山等，2009）

1—白云岩；2—页岩夹薄层砂岩；3—含铁砂岩；4—菱铁砂岩；5—长石砂岩；6—石英岩；7—菱铁矿；8—鲕状赤铁矿；9—肾状赤铁矿；10—块状赤铁矿；11—前震旦纪片麻岩

## 三、矿区地质特征

庞家堡磁铁矿区位于河北省宣化城区东部花家梁村东至李寺山村庄一带，隶属庞家堡镇管辖。1955 年提交的铁矿石资源目前均已采完，矿山早已闭坑。

中元古界长城系为本区出露的主要地层，自上至下有团子山组、串岭沟组、常州沟组，以石英岩、页岩、铁矿层、硅质灰岩、长石砂岩及白云岩为主。含矿层主要在串岭沟组下部，由粉砂质页岩和鲕、肾状赤铁矿（含少量菱铁矿）组成，厚 62 m（梁永生，2019）。

单斜构造，地层走向大致平行于褶皱轴，西部走向近 EW、向东走向呈 NE 60°（图 8-3），倾向 SE，倾角由北向南逐渐变小（40°～20°）区内有正断层及逆断层，前者对矿床东部破坏较大，使矿层呈现梯状排列。

## 四、矿床地质特征

长城系串岭沟组砂页岩中铁矿层分布稳定，具有工业价值。其底板为常州沟组白色石英岩，顶板为黑色砂质页岩。矿体呈层状产出（图 8-4、图 8-5），走向 SE 60°～70°，倾向 SE，倾角 30°，沿走向长 12 km，倾向宽 2 km。铁矿层由下部矿下砂页岩系、中部含矿层及上部矿上砂页岩系组成，总厚度 20～25 m。庞家堡处于宣化向斜北翼，矿区内呈现单斜构造，单斜被一系列近于 SN 向的横断层所切，以致东部下降呈阶梯状。矿区岩浆活动

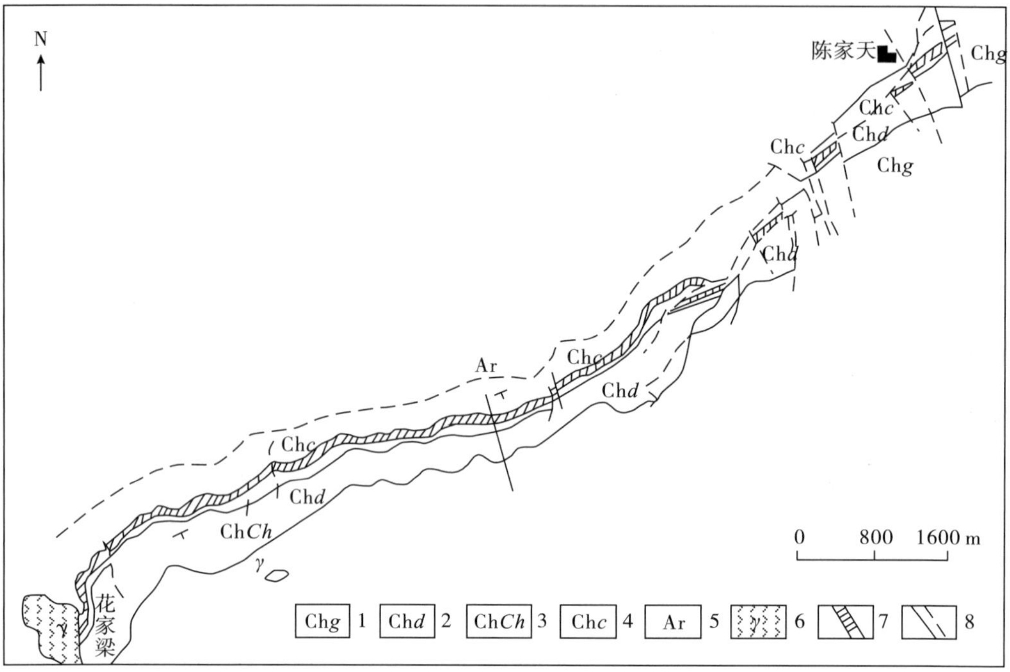


图 8-3 庞家堡磁铁矿区地质简图

（据于方和魏绮英，1997）

1—长城系高于庄组白云岩；2—长城系大红峪组石英砂页岩；3—长城系串岭沟组砂页岩；4—长城系常州沟组石英岩；5—太古宇片麻岩；6—花岗岩；7—含矿层；8—实测与推断断层

不发育，仅在矿区东西两侧出现花岗岩岩株，使庞家堡矿区西端赤铁矿、菱铁矿变质为磁铁矿。

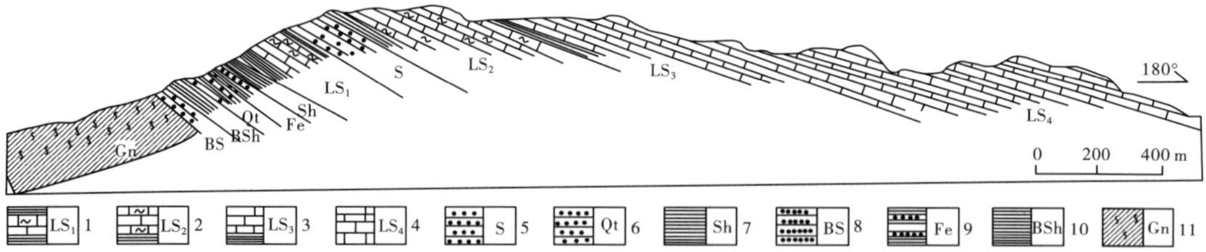


图 8-4 庞家堡铁矿床剖面图

（据邵拥军等，2019）

1—下为灰黑色硅质页岩紫色页岩上为燧石灰岩及硅质页岩；2—灰色暗灰色燧石灰岩；3—底为灰黑色钙质页岩上为灰白色致密灰岩；4—底部为薄层灰黑色泥质灰岩上为灰白色肉红色结晶灰岩；5—粉红色钙质砂岩上为玛瑙层再上为白色石英砂岩；6—下为赤铁砂页岩上为白色交错纹石英岩；7—下为黑色碳质页岩上为灰绿色页岩；8—底部长石砂岩；9—含矿带；10—砂页岩；11—片麻岩

含矿层自上而下由三层铁矿和两层含铁细砂岩及粉砂质页岩组成（图 8-5）：①菱铁矿（0 层）；②鲕状赤铁矿（Ⅰ层）；③细砂岩及粉砂质页岩；④鲕状赤铁矿（Ⅱ层）；⑤细砂岩及粉砂质页岩；⑥肾状赤铁矿。

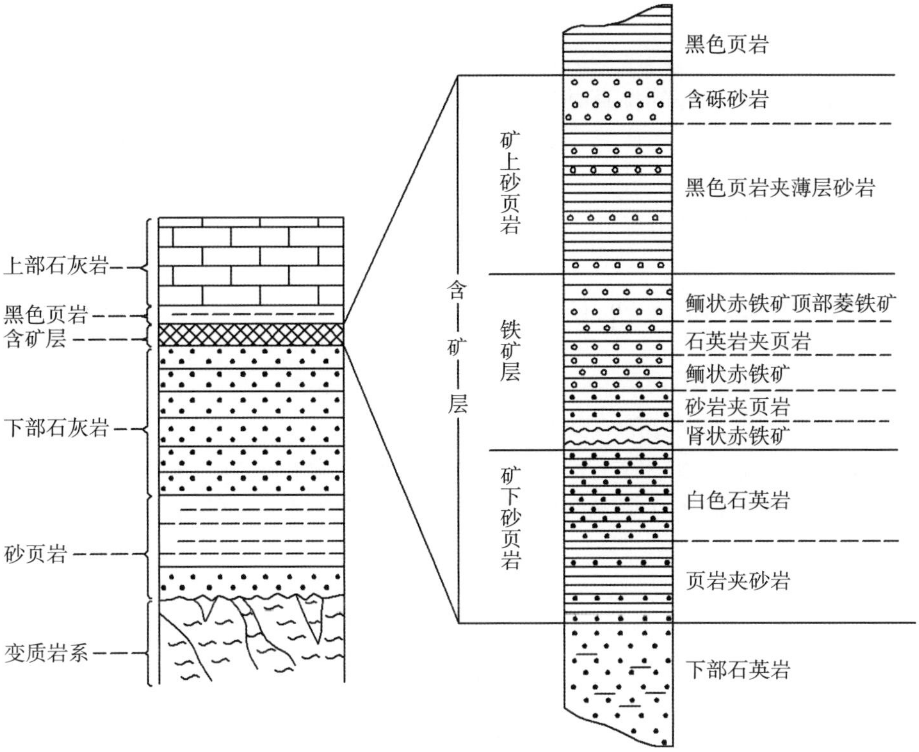


图 8-5　河北宣龙铁矿床地质剖面图
（据翟裕生等，2011）

## 五、矿石特征

矿石矿物主要为赤铁矿、菱铁矿及次生的褐铁矿，部分赤铁矿和菱铁矿变成磁铁矿。矿石构造主要为鲕状、肾状、块状构造；鲕状铁矿石鲕粒中心一般为石英，外壳由赤铁矿和菱铁矿互层或赤铁矿与石英互层组成的同心圆环带构造（图版 13）。赤铁矿鲕粒间大部分为菱铁矿胶结。矿石结构为胶状结构。矿石化学成分结果显示 TFe 平均为 45%。有害组分为 P（0. 15%~0. 2%）和 S（0. 05%~0. 06%）。

## 六、矿床成因与成矿模式

基于河北庞家堡铁矿床的矿区地质特征、矿床地质特征及矿石特征，其形成环境具有两个特点：①形成于动荡的浅海潟湖环境，其主要证据是含矿地层具有波痕、交错层理和泥裂；②总剖面由下至上为：叠层石赤铁矿（肾状）—鲕状赤铁矿—菱铁矿，反映了沉积过程中 Eh 值趋于降低，海水由浅至深的变化。结合区域地质特征，基于“源、运、储、保”的成矿理论，河北庞家堡铁矿床的成矿过程归纳如下：河北庞家堡铁矿床在湿热型气候带条件下形成，铁质主要来自内蒙古陆，其变质岩中的含铁矿物经风化、分解产生大量铁质。陆地上的铁质呈胶体或细小的机械悬浮体被地表径流搬运，周期性地注入海湾盆地中。铁矿的形成与有障壁的海湾盆地关系密切，属潮下高能环境，矿上页岩层与矿下页岩层为成矿提供了良好的保存环境。该矿床的成矿作用为胶体化学沉积分异作用，成因类型属于胶体化学沉积铁矿床，这类铁矿床的铁矿物相在空间上分布具有规律性，即从海盆地边缘向深处依次沉积。碎屑岩、黏土岩、碳酸盐岩和有机岩铁矿物也相应地出现在不同的相——氧化物相、硅酸盐相、碳酸盐相和硫化物相（袁见齐等，1985）。

### 七、矿山开发综合利用

“宣龙式”铁矿是我国北方一个最具代表性的外生铁矿，其分布于河北省张家口市的宣化—赤城龙关一带，即通称的宣龙地区，故被命名为“宣龙式”铁矿，该矿带矿床规模大，含铁量稳定，品位由中等至富，为典型的海相化学和生物化学沉积矿床，被学术界定为该类铁矿床的典型范例（梁瑞等，2013）。这类矿床最主要的特征是矿石具有鲕状构造（翟裕生等，2011）。

随着国内高品位富矿及易选矿资源的日趋枯竭，国内钢铁企业面临着巨大的原料供应压力（杨林，2010），难选鲕状赤褐铁矿资源的开发利用成为我国钢铁资源行业关注的课题（孙志勇，2010）。“宣龙式”铁矿与“宁乡式”铁矿具有相似的鲕状或肾状结构，共同被称为鲕状赤铁矿（李克庆等，2011）。其特点是铁矿物嵌布粒度极细（5~10 μm），与脉石矿物以镶嵌的形式胶结在一起形成大小为0.5~2.5 mm的鲕粒。由于铁矿物结晶程度差、晶体粒度小、嵌布复杂，导致其难以用磁选、重选、浮选等传统选矿技术处理，很难实现铁矿物与脉石矿物的有效分离，是公认的难选矿石（任亚峰和余永富，2005）。研究“宣龙式”赤铁矿的选矿技术难点，有利于实现该类资源的开发利用，同时可为储量更大的“宁乡式”赤铁矿资源的开发利用提供技术借鉴。

基于“宣龙式”鲕状赤铁矿嵌布粒度极细、结构复杂等特点，研究人员进行了磁化焙烧-晶粒长大-磁选新工艺研究。在焙烧温度为800 ℃，煤粉配比10%，焙烧时间45 min的条件下，使赤铁矿还原焙烧成磁铁矿，经过弱磁选，可得到铁精矿品位62.5%，回收率85.5%的良好选矿技术指标。张亚辉等（2013）、刘硕等（2015）采用磁化焙烧-弱磁选工艺进行了选矿试验研究，结果表明，0.2~0 mm的烟煤与-0.074 mm占62%的试样按质量比12%混合，在800 ℃下焙烧45 min，焙烧产物磨至-0.074 mm占89.2%的情况下进行弱磁选（磁场强度为105.6 kA/m），可得到铁品位为62.50%、铁回收率为85.50%的铁精矿。

## 第二节　山东淄博王村黏土矿矿床

### 一、矿山简介

淄博市西宝山矿区王村矿段位于山东淄博市周村区王村镇，区内地表均为第四系，其下为二叠纪石盒子组，矿体赋存于石盒子组万山段地层中，共有两层矿体，矿体呈层状、透镜状产出，矿床埋深较浅，矿体形态、结构简单，品位较均匀，属于二叠世晚期湖相沉积型矿床。

## 二、区域地质背景

西宝山矿区所在大地构造位置，属于华北板块（Ⅰ）、鲁西隆起（Ⅱ）、鲁中隆起（Ⅲ）、泰山-沂山断隆（Ⅳ）之邹平-周村凹陷区（Ⅴ）（孔庆友等，2010）。区域地表大部分为第四系，出露的地层主要有古生代奥陶纪马家沟组，石炭纪—二叠纪月门沟群本溪组、太原组、山西组，二叠纪石盒子组，三叠纪石千峰群，侏罗纪淄博群坊子组、三台组。受构造运动影响，区域内发育一系列近 SN 向及 EW 向的正断层（或压扭性断层）和单斜构造。区域岩浆活动主要为中生代燕山晚期基性侵入岩和岩脉（图 8-6）。

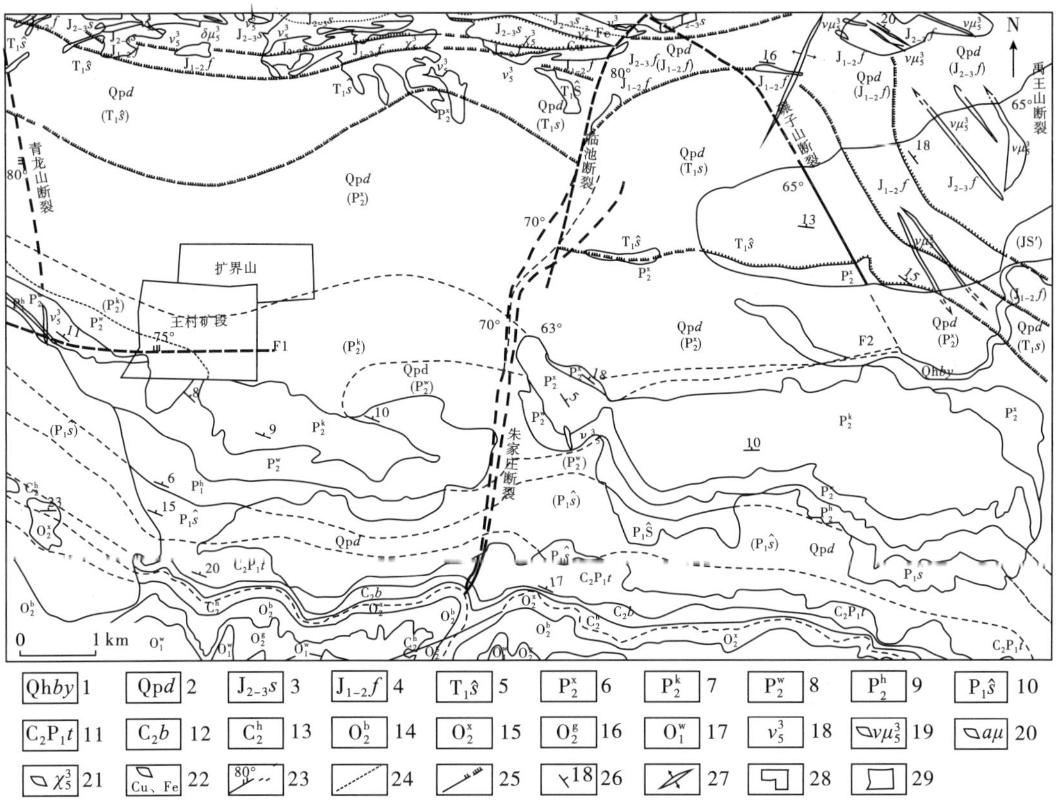


图 8-6　西宝山矿区王村矿段扩界区区域地质图

（据刘东义，2016）

1—第四系白云湖组；2—第四系大站组；3—侏罗系三台组；4—侏罗系坊子组；5—三叠系石千峰群；6—二叠系石盒子组孝妇河段；7—二叠系石盒子组奎山段；8—二叠系石盒子组万山段；9—二叠系石盒子组黑山段；10—二叠系山西组；11—石炭—二叠系太原组；12—石炭系本溪组；13—石炭系本溪组湖田段；14—奥陶系马家沟组新汶段；15—奥陶系马家沟组八陡段；16—奥陶系马家沟组阁庄段；17—奥陶系马家沟组五阳山段；18—苏长辉长岩；19—辉长玢岩脉；20—安山玢岩脉；21—煌斑岩脉；22—铜、磁铁矿石脉；23—实测及推测性质不明断层；24—实测及推测平行不整合界线；25—实测及推测角度不整合界线；26—地层产状；27—隐状背斜；28—扩界区范围；29—山东璞泰矿业有限公司（王村矿段）

## 三、矿区地质特征

矿区地质特征比较简单，主要表现为地层和构造。

**1. 地层**

矿区内地层种类比较简单，地表均为第四系大站组，其下隐伏地层为古生代二叠纪石盒子组，该组可分为黑山段、万山段、奎山段及孝妇河段（图 8-7）。

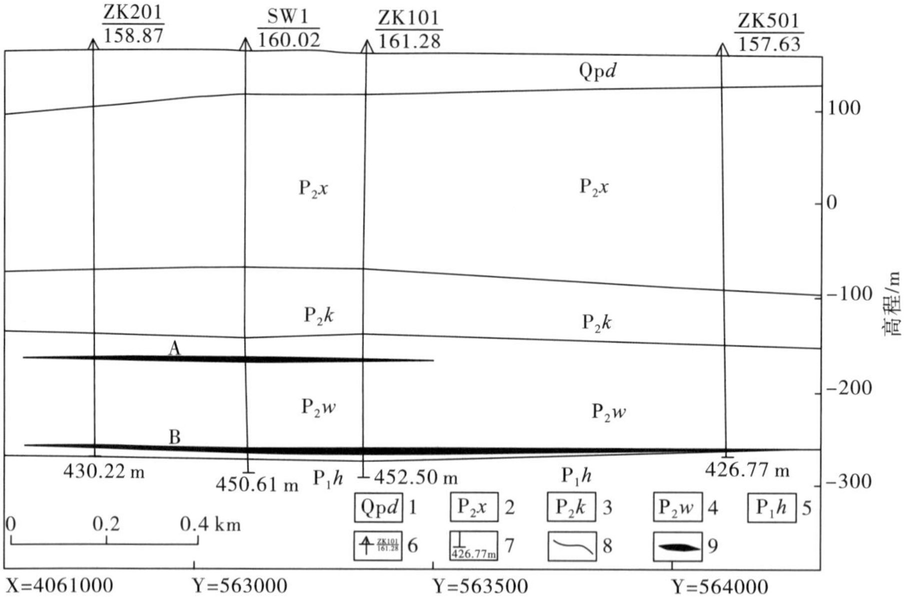


图 8-7　西宝山矿区王村矿段扩界区纵向地质剖面图

（据刘东义，2016）

1—大站组；2—石盒子组孝妇河段；3—石盒子组奎山段；4—石盒子组万山段；5—石盒子组黑山段；6—钻孔剖面位置、编号及高程（m）；7—钻孔轨迹及终孔深度（m）；8—地质界线；9—矿体

（1）古生代二叠纪石盒子组

1）黑山段主要岩性以灰绿色、灰色中粒长石石英砂岩、细砂岩、粉砂岩为主，夹灰-灰黑色、紫色泥岩、泥质粉砂岩，下部含有数层煤线，厚度约 96 m。

2）万山段是本区的重点，是耐火黏土矿的赋矿体，是一套湖相沉积地层，与上覆奎山段砂岩及下伏黑山段地层均呈整合接触，该段岩性主要由灰绿色细粒中薄层长石石英砂岩、细砂岩和灰绿色、紫色砂质泥岩或泥质砂岩、泥岩互层出现，并夹有灰-深灰色黏土岩，灰、灰绿、紫等杂色泥岩构成的岩石组合，局部夹有薄层煤线，以杂色泥岩增多区别于上、下以砂岩为特征的奎山段及黑山段，底以杂色泥岩或“B”层黏土岩底面为界，顶以奎山段灰白色中粗粒中厚层石英砂岩底面为界，厚度为 113.95～135.40 m。本段底部的“B”层黏土岩层位稳定，是区内硬质黏土矿的主要赋存层位。万山段上部有一薄层浅灰-灰色黏土岩，区域上称为“A”层，该层黏土岩位于“B”层黏土岩以上 85.80～105.95 m 处。

3）奎山段连续沉积于万山段地层之上，呈整合接触。岩性多为浅灰、灰白色中粗粒中厚层状石英砂岩，局部夹有长石石英砂岩，石英颗粒多为中粗粒，该段地层砂岩斜层理较发育，为河流相沉积环境，厚度 57.00~77.13 m。

4）孝妇河段连续沉积于奎山段砂岩之上，均被第四纪地层覆盖，其岩性下部为以紫色、灰绿色为主的杂色泥岩、泥质粉砂岩，夹细砂岩；中部为灰色、深灰色细砂岩、泥岩、砂质泥岩；上部为灰黄色、紫色、灰绿色泥岩、泥质粉砂岩夹灰色、黄绿色砂岩，全段组成厚度不等的多个沉积旋回，厚度 174.85~356.39 m。

（2）第四系大站组

该组主要岩性为冲积、洪积相黄色、黄褐色粉土、砂质黏土、亚黏土，局部含有多层砾石和胶结砾岩，厚度为 16.45~60.31 m。

**2. 构造**

矿区构造主要为单斜构造。矿区呈单斜构造形态，岩层总体走向 280°，倾向 10°，倾角 10°~13°，中西部倾角为 10°，东部为 13°，产状较平缓。

## 四、矿床地质特征

矿体赋存于古生代二叠纪石盒子组万山段地层中，上下共计 A、B 两个矿体，分别赋存于万山段地层上部的“A”层黏土岩中及该段地层底部的“B”层黏土岩的下部，受沉积岩层控制，矿体总体呈单斜层状产出。矿体产状与地层一致，总体走向 280°，倾向 10°，倾角较缓，一般在 10~13°之间。A 矿体与 B 矿体上下相距 85.80~105.95 m。

B 矿体为主要矿体，B 矿体呈层状分布，由 9 个钻孔及 2 个沿脉平巷控制，控制矿体走向长度为 1640 m，倾向延深 800.00 m，赋存标高 −222.28 ~ −425.48 m，顶部埋深 385.85~558.65 m。在 4 勘探线至 5 勘探线之间延伸稳定。矿体沿走向及倾向具有膨胀狭缩的特点，矿体沿走向在 1 勘探线以西较厚，厚度为 1.15~5.76 m，平均厚度为 3.68 m，以东逐渐变薄，厚度为 0.82~1.60 m，平均厚度为 1.41 m；沿倾向总体由南向北有变厚趋势。扩界区内该层厚度为 0.82~5.76 m，平均厚度为 2.53 m，厚度变化系数为 46%，属厚度变化较稳定型矿体。矿体平均品位 $Al_2O_3$ = 45.19%，$Fe_2O_3$ = 2.60%，品位变化系数 $Al_2O_3$ 为 5%，$Fe_2O_3$ 为 33%，属品位分布均匀型。扩界区内 $Al_2O_3$品位沿倾向由南向北品位有变小趋势。

## 五、矿石特征

矿石矿物成分主要为高岭石，约占矿石矿物的 90%以上，其次为一水硬铝石，脉石矿物为菱铁矿。矿石结构主要为隐微鳞片状结构和鲕粒状结构。矿石中常见的构造为块状构造，矿石中的高岭石晶体呈均匀分布，其排列无任何方向性，构成块状构造。根据《高岭土、膨润土、耐火黏土矿产地质勘查规范》（DZ/T 0206—2002）中以熟料对矿石品级的要求，按照基本分析结果将 A 矿体划分为Ⅰ级，B 矿体划分为Ⅰ级和Ⅲ级，其中Ⅰ级品 $Al_2O_3$平均含量为 44.44%，$Fe_2O_3$平均含量为 1.80%；Ⅲ级品 $Al_2O_3$平均含量为 45.80%，$Fe_2O_3$平均含量为 3.36%。

## 六、矿床成因与成矿模式

该矿床受沉积地层控制，呈层状分布，A 矿体呈透镜状，B 矿体呈层状。矿石主要矿物成分为高岭石、一水硬铝石。矿床成因为二叠世晚期湖相沉积型矿床，矿床规模为中型、埋藏中等深度，矿体主要呈层状及透镜状，形态、结构较简单，厚度较稳定，品位变化均匀，矿石属于硬质黏土矿。

该矿床类型比较简单，找矿标志明显：①该矿床矿石类型主要为浅灰-深灰色硬质黏土矿。②矿床赋存层位主要为二叠纪石盒子组万山段底部的“B”层黏土岩下部及其上部的“A”层黏土岩中。A 矿体位于奎山段砂岩底部以下 21.40~31.28 m 处的“A”层黏土岩中。B 矿体位于万山段底部的“B”层黏土岩下部，“B”层黏土岩上部有一薄层黑色炭质页岩，该层为“B”层黏土岩即将出现的标志层，“B”层黏土岩的下部即为浅灰-深灰色硬质黏土矿；其下部为以紫色为主的杂色泥岩。标志层清晰，易于区别。

## 七、矿山开发综合利用

耐火黏土矿常与煤、铝土矿、山西式铁矿、硫铁矿、铁矾土、普通黏土等共生，有时还与石灰岩、高岭土等共生，常伴生有镓，应注意综合评价（矿产资源工业要求手册编委会，2012）。

镓是一种稀散元素，为银白色软金属，是在人体温度 37℃下能熔化成液体的金属之一。镓在常温中稳定，因为表面有一层薄氧化膜，即使烧红加热也不再被空气氧化。镓的熔点为 29.78℃，沸点为 2403℃，是液态范围最大的金属。镓的用途非常广泛，将镓装入石英温度计内，可用来测量 1500℃的高温。人们常用这种温度计来测量反应炉、原子反应堆的温度。镓是一种性能优良的电子材料，被誉为“电子工业的脊梁”，是高新技术的基础资源。

铝土矿中，常伴生有镓，是镓的重要资源。据美国报道，世界铝土矿储量中伴生镓储量 10 万 t。中国有丰富的镓资源，产于铝土矿的伴生镓占 50%以上（矿产资源工业要求手册编委会，2012）。如台如临城县西牟—胶泥沟一带耐火黏土矿床中普遍含镓，镓的资源量为 33767.41 t，属大型矿床（付茂英和张文强，2012）。淄博市王村黏土矿的含矿层位就分布有铝土矿（王翠芝等，2005）。含矿层是由“A”层铝土矿和由“A”层硬质黏土矿组成，处于石盒子组构成的含矿岩系的中上部，一般呈单斜产出。“A”层铝土矿和由“A”层硬质黏土矿在矿物成分和化学成分上具有渐变的关系，在厚度上呈互为消长的关系，而且顶板有相当数量的“A”层鲕粒状含铁铝土矿，勘查开发潜力大，前景广阔（陈刚，2014）。

对于耐火黏土矿中镓的回收，主要是从煤焦化烟尘中回收。目前，镓的提取方法主要有两种：①以副产品的形式提取镓。工业上镓主要以副产品的形式从处理铝土矿生产氧化铝时的铝酸钠循环液中以及闪锌矿湿法炼锌工艺的粗锌蒸馏残渣中提取。②萃取法提取镓。在一定的酸度下，采用药剂用一定的反萃取剂可以分别萃取出，并实现镓的有效分离。

# 第九章　变质矿床典型案例

由内生作用或外生作用形成的岩石和矿石，由于地质环境的变化和温度、压力的增高，其矿物成分、化学成分、物理性质及结构构造等发生变化，产生这种变化的地质作用被称为变质作用。遭受变质作用改造过的矿床和由变质作用形成的矿床都称为变质矿床。变质矿床常见类型有如下几种：①沉积-变质铁矿床；②变质磷矿床；③变质金矿床；④石墨矿床；⑤混合岩化热液硼矿床；⑥其类型变质非金属矿床。在这些变质矿床中，沉积-变质铁矿床、石墨矿床最为重要，本章以辽宁弓长岭铁矿床、山东南墅石墨矿床作为典型矿床。

## 第一节　辽宁弓长岭铁矿床

### 一、矿山简介

辽宁弓长岭铁矿床是我国最重要的铁矿床之一。位于辽宁省辽阳市弓长岭地区，分布范围 38 $km^2$。自 1949 年建矿以来，一直是鞍钢的主体矿山和高品位富矿的主要供应地。属海相火山-沉积变质型铁矿床，这类矿床主要分布于鞍山-本溪地区，称“鞍山式铁矿床”。形成于前寒武纪（主要为太古宙到古元古代）的沉积变质铁矿，因其矿石主要由硅质（碧玉、燧石、石英）和铁质（赤铁矿、磁铁矿）薄层呈互层组成，又称为铁（质）-硅（质）建造、条带状铁建造（Banded Iron Formation，简称 BIF）。

### 二、区域地质背景

华北克拉通北临中亚造山带，南邻中央造山带，整体呈倒三角形，是全球最古老的克拉通之一，其前寒武纪岩石主要由太古宙—古元古代变质基底及上覆古元古代末期—古元古代早期盖层组成。鞍山-本溪地区位于华北克拉通东北缘，整体呈弧形分布，区内广泛出露太古宙表壳岩和花岗杂岩体（图 9-1）。

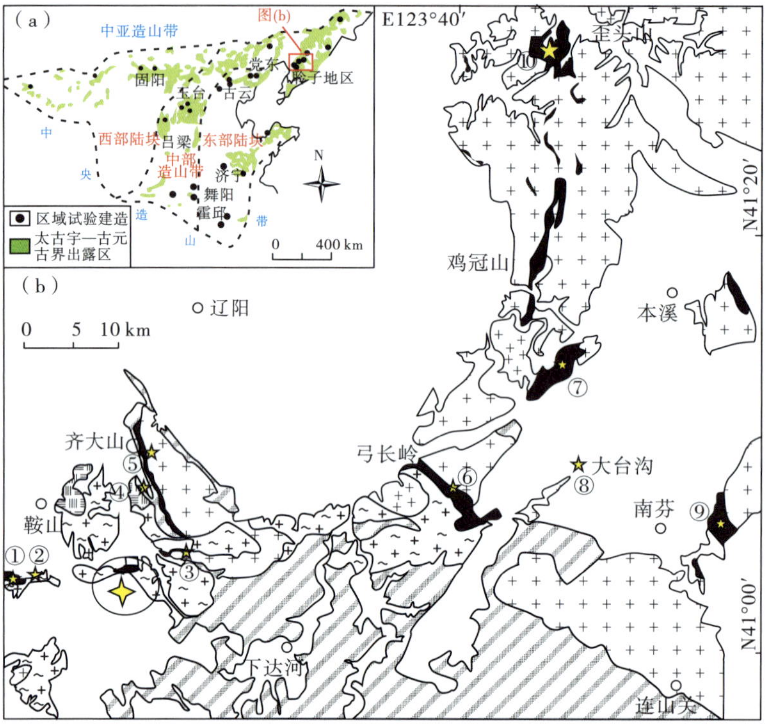


图 9-1 华北克拉通主要 BIF 分布简图（a）和鞍本地区地质简图（b）
（据佟小雪等，2018）

1—2.55~2.53 Ga 鞍山群含 BIF 的表壳岩；2—古太古代辽河群；3—3.8~3.1 Ga 岩石；4—3.0~2.9 Ga 花岗岩；5—2.5 Ga 花岗岩；6—BIF；7—研究区大孤山 BIF；①西鞍山 BIF；②东鞍山 BIF（2544±8 Ma）；③眼前山 BIF；④阳台沟 BIF（2551±10 Ma）；⑤齐大山 BIF（2533±53 Ma）；⑥弓长岭 BIF（2528±10 Ma）；⑦北台山 BIF；⑧大台沟 BIF（2535~2512 Ma）；⑨南芬 BIF（2554±14 Ma）；⑩歪头山 BIF（2548~2533 Ma）

## 三、矿区地质特征

弓长岭铁矿床位于鞍本地区的太古宙绿岩带内，在大地构造上位于鞍山凸起。弓长岭铁矿床可以分为一矿区、二矿区、三矿区及老岭-八盘岭矿区 4 个矿区。其中，二矿区最重要，累计查明资源储量 9.46 亿 t，其中贫矿 7.82 亿 t，富矿 1.64 亿 t（李厚民等，2014）。弓长岭铁矿二矿区位于弓长岭背斜的北翼，矿区起于西北端的寒岭断裂，终于东南端的偏岭断裂（图 9-2）。区内岩浆岩有三期，分别为：弓长岭花岗岩（片麻状、条带状构造，3091±100 Ma）、麻峪花岗岩（2825±11 Ma）、伟晶状花岗岩（李厚民等，2015）。

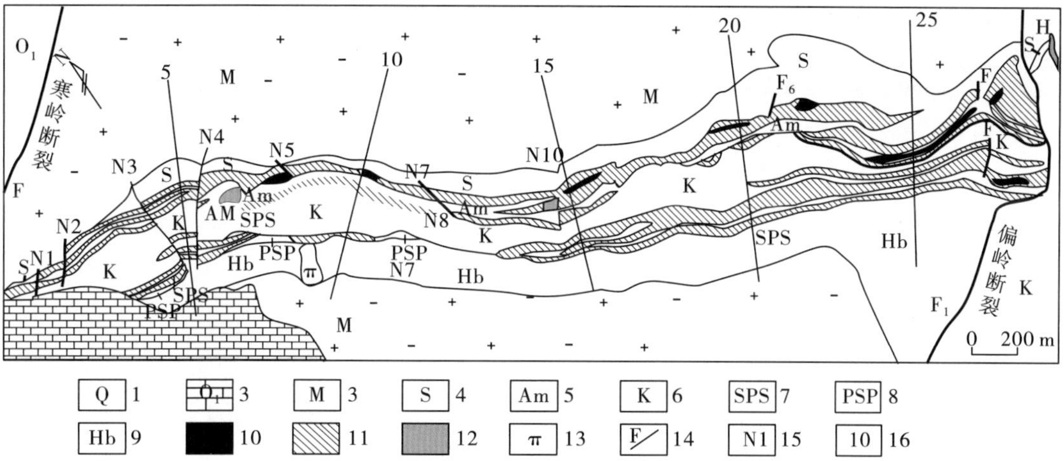


图 9-2　辽宁弓长岭铁矿二矿区地质图

（据刘明军等，2014）

1—第四系；2—下奥陶统；3—上下混合岩；4—硅质岩；5—斜长角闪岩；6—黑云变粒岩（K 层）；7—绿泥角闪片岩；8—绿泥云母片岩；9—底部角闪岩；10—较富铁矿石；11—条带状磁铁石英岩；12—类矽卡岩；13—长英岩脉；14—实测及推测断层；15—横向断层；16—勘探线

## 四、矿床地质特征

二矿区六层铁矿中以 Fe6 最大，其次为 Fe2、Fe4、Fe1、Fe5、Fe3，总长 4800 m，走向 SE 120°~160°，倾向 NE，倾角 60°~80°。矿体呈层状，与围岩产状一致，产状稳定（图 9-3，表 9-1）。此外，在上含铁层顶部硅质岩层中也夹有铁矿，呈盲矿体产出（李厚民等，2014）。

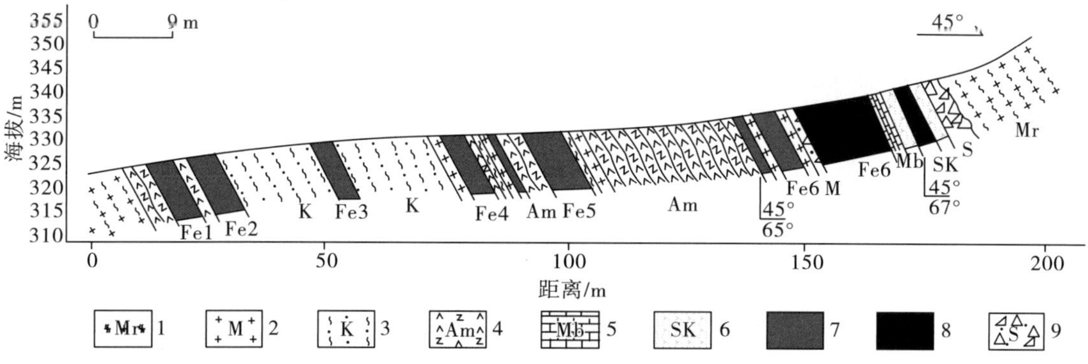


图 9-3　辽宁弓长岭铁矿二矿区剖面图

（据刘明军等，2014）

1—混合花岗岩；2—花岗岩脉；3—黑云变粒岩；4—斜长角闪岩；5—大理岩；6—类矽卡岩；7—贫铁矿；8—富铁矿；9—破碎带

**表 9-1　辽宁弓长岭铁矿床二矿区含矿层及矿体规模简表**

| 矿层 | 产出位置 | 规模 | 资源量占比 |
|---|---|---|---|
| Fe6 | 上含铁岩系最顶部 | 为最大矿体，长 4800 m，厚 5~160 m，垂深 1000 m 以上，北西、中部矿体形态复杂，东南部稳定 | 52. 10% |
| Fe5 | 上含铁岩系中部 | 呈透镜状不连续分布，1~8 线间矿体长 1100 m，厚 6~15 m，延深 150~160 m，11~12 线间矿体长 30~35 m，24 线以东 800 m，厚 4~8 m | 4. 70% |
| Fe4 | 上含铁岩系下部 | 长 4500 m，延深 1000 m，厚 2~12 m | 0. 50% |
| Fe3 | K 层 | 西段长 365 m，厚 8-10 m，最厚 18 m；东段长 1350 m，厚 1. 8~6. 0 m | 14% |
| Fe2 | 下铁矿带 | 沿走向分三段，长分别为 1220、980、2468m，厚 10-30 m，最厚 40 m | 19. 20% |
| Fe1 | 下铁矿带 | 沿走向分两段，西段长 1680 m，厚 10~30 m；东段长 2320 m，厚 3~20 m，局部 50 m | 8. 30% |

（据李厚民等，2015）

矿区内既有贫铁矿体又有富铁矿体，贫铁矿体资源储量大于富铁矿体。已探明富铁矿体 138 个，主要产出于 Fe6 层。富铁体大多呈层状、似层状，其空间展布与贫铁矿一致，倾向 NE，倾角 60°~90°，最大富铁矿体走向长 2840 m，厚 1~30 m，延深大于 600 m（李厚民等，2014）。贫矿体呈层状、似层状赋存于上部和下部两个含铁岩系之中，赋矿围岩以斜长角闪岩为主（刘明军等，2014）。

矿区围岩蚀变发育，主要有镁铁闪石石榴子石岩、绿泥石榴子石岩和石榴子石岩等，呈似层状、脉状、透镜状，主要产出在富铁矿体的顶底板、内部以及富矿体层间的构造虚脱部位，与磁铁富矿呈截然接触，界线明显，厚度从十几米到几十米不等。蚀变岩具有明显的分带特征（图 9-4），自富铁矿体向外，依次是绿泥镁铁闪石岩、镁铁闪石铁铝榴石岩、镁铁闪石石榴绿泥岩、绿泥岩、黑云绿泥岩，磁铁矿化明显，从近矿到远矿随石榴子石的含量降低磁铁矿含量也随之降低。

## 五、矿石特征

依据矿石矿物成分和品位，矿石分为磁铁矿贫矿石、假象赤铁矿贫矿石、磁铁矿富矿石和赤铁矿富矿石（夏建明，2013）。贫铁矿石条带状构造明显，富铁矿石为块状构造（图版 14）。贫矿石的脉石矿物除了石英外，常常还含有少量阳起石、透闪石、绿泥石、黑云母和磷灰石等。富矿石的矿石成分主要为磁铁矿和石英，其次有角闪石、镁铁闪石，局部有少量的赤铁矿。矿石品位一般为含铁 25%~40% ，富矿石含铁可达 60% 以上，硫和磷含量均较低，工业价值较大。

**1. 磁铁贫矿石**

磁铁贫矿石是本区分布最广的铁矿石，这种矿石按结构可分为条带状磁铁贫矿和块状磁铁贫矿。磁铁贫矿石的主要金属矿物为磁铁矿、次要的金属矿物有赤铁矿、褐铁矿。非金属矿物有石英、角闪石类、绿泥石等。

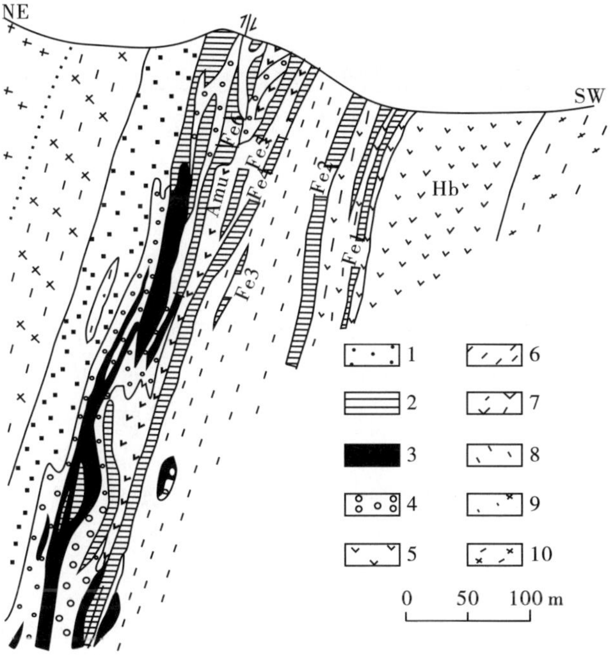


图 9-4　辽宁弓长岭铁矿二矿区剖面图

（据王恩德等，2012）

1—硅质岩层；2—磁铁矿岩；3—富铁矿体；4—蚀变岩；5—斜长角闪岩；6—中部纳长变粒岩；7—中部片岩；8—底部片岩；9—混合花岗岩；10—弓长岭混合岩

（1）条带状磁铁贫矿石

在二矿区和独木-八盘岭矿区条带状磁铁贫矿石主要分布于 Fe1、Fe2、Fe3、Fe4、Fe5 中，第六层铁矿（Fe6）也有。在一、三矿区分布于 Fe1 和 Fe2 中，其中 Fe2 分布较少。肉眼可见的条带按其宽度可分为粗条带、中条带和细条带三种宽度等级。粗条带宽度 >5 mm；中条带宽度为 2~5 mm；细条带宽度为 1~2 mm。在整个矿层中，矿石的条带状构造常呈有规律的变化。在局部范围中，常常是以某一宽度等级的条带为主，另有 1~2 种其他宽度等级的条带。

条带构造通常是由黑、白两色条带所组成的。矿石中黑白条带的累计厚度比例一般为 3∶1~1∶3。黑色条带所占的比例越多，铁矿石品位越高；白色条带所占的比例越多，则铁矿石品位越低。黑色条带主要含磁铁矿，偶尔有少量的假象赤铁矿和褐铁矿。还有极少量的石英、阳起石、透闪石等。白色条带主要含石英，次为阳起石、透闪石、绿泥石、黑云母、磷灰石及少量的磁铁矿。有时在黑色条带和白色条带之间还夹有阳起石条带，如在一矿区出现的阳起石含量较高的阳起磁铁石英岩，矿石呈纤柱状变晶结构，条带状构造。

（2）块状磁铁贫矿石

块状磁铁贫矿中的铁矿物主要为磁铁矿，偶尔有假象赤铁矿和少量的褐铁矿。非金属矿物主要为石英，次为角闪石类，极少量的磷灰石。另外，还含极少量的绿泥石、碳酸盐矿物以及黄铁矿和黄铜矿等。块状磁铁贫矿多分布于二矿区第六层铁矿中，此种矿石所占比例较少，在一、三矿区主要分布于 Fe1 中。

一般而言，磁铁贫矿石呈灰黑-钢灰色，细粒变晶结构，条带状或块状或局部显块状构造，镜下观察为粒状变晶结构。矿物成分中石英含 55%，磁铁矿含 35%，可见少量绿泥石、白云母、假象赤铁矿。石英呈他形粒状，粒度 0.03~0.35 mm。磁铁矿半自形-他形粒状，粒度 0.015~0.3 mm，主要填隙在石英粒间，少量包裹在石英粒内。假象磁铁矿为交代磁铁矿形成，保持磁铁矿假象。

**2. 假象赤铁矿石**

假象赤铁矿石在二矿区主要分布在第六层铁 18 剖面东南部分，18 剖面以西只有零星分布。东南区最深在-500m 还有这种矿石。另外，Fe1、Fe4、Fe5 和 Fe6 层内也有少量的假象赤铁矿石。在一、三矿区一般分布于矿体与混合岩接触处，主要分布于 Fe2 矿体中，往深部逐渐变小。

假象赤铁矿石：钢灰色，有时略显褐红，条纹状或块状，粒状变晶结构，条痕呈樱红色，具弱磁性。金属矿物有假象赤铁矿、镜铁矿、磁铁矿和褐铁矿。非金属矿物以石英为主，少部分见有角闪石类矿物、绿泥石及碳酸盐矿物。假象赤铁矿分布于磁铁矿晶体解理中，呈格子状，或将磁铁矿的颗粒完全交代，有时磁铁矿尚未被完全交代，而残存在假象磁铁矿内部，从而形成过渡矿石。这种矿石规模不大，矿物成分主要为石英、假象赤铁矿、磁铁矿，次为阳起石、绿泥石及少量的碳酸盐矿物。镜铁矿为鳞片状晶体，一般呈长片状，长度约为 0.2~1 mm，当镜铁矿较多时，组成镜铁石英岩。褐铁矿一般不多，呈块状集合体分布。石英占 60%~70%，呈他形的均粒晶体，并有波状消光。

**3. 磁铁富矿石**

磁铁富矿石在二矿区主要分布在第六层铁矿之中，在第五层、第四层、第三层、第二层及硅质层中也有分布。地表较少，深部较多。东南区较少，中央区和西北区较多。在独木-八盘岭矿区分布于 Fe6、Fe4、Fe3 层中。在一、三矿区主要分布于 Fe1 褶皱核部。

磁铁富矿石：呈黑色，致密块状，呈细粒或粗粒结构。磁铁富矿中主要金属矿物有磁铁矿，偶尔有赤铁矿。非金属矿物有石英、石榴石、镁铁闪石、绿泥石、方解石等。另外，还有极少量的石墨、黄铁矿、黄铜矿、菱铁矿等。磁铁矿一般占 70%~90%，他形，呈均粒嵌晶结构，粒度 0.1~1.0 mm，一般为 0.2~0.7 mm。石英：含量 10%~30%，呈半自形或他形，晶粒大小为 0.1~0.2 mm。黄铁矿和黄铜矿二者常共生，分布不均匀，一般呈细脉状，沿裂隙分布，有时为浸染状。

磁铁富矿中的磁铁矿有两个世代，第一世代的磁铁矿颗粒细，粒径在 0.02~0.03 mm，晶形不完整，与石英呈镶嵌结构。第二世代的磁铁矿呈半自形或自形，颗粒粗，粒径在 0.5~2.0 mm。一般认为第一世代磁铁矿是条带状磁铁石英岩沉积变质阶段的矿物，第二世代磁铁矿则是在形成富铁矿时，高温变质热液对第一世代的细粒磁铁矿进行改造，再结晶和再生长而形成的。

**4. 赤铁富矿石**

赤铁富矿石在二矿区主要分布在东南区第六层铁中。赤铁富矿呈钢灰色，稍带暗红，致密块状。组成矿物主要为镜铁矿、石英，偶尔有白云母等。在一、三矿区 Fe1、Fe2 褶皱核部偶见。镜铁矿呈鳞片状，晶粒 0.2~2 mm，略有定向排列，占 60%~90%。石英为不均匀分布，占 10%~40%。白云母位于镜铁矿晶体之间，晶片大小在 0.5~4 mm 之间，含量不多。

## 六、矿床成因与成矿模式

关于区域变质铁矿的成因，目前研究比较多的具铁（质）-硅（质）建造、条带状铁建造的 BIF 型铁矿床，大多数研究者认为其形成经历了沉积和变质改造两个阶段。即早阶段由海底沉积铁质和硅质，初步富集铁质，后经晚阶段区域变质作用改造形成变质铁矿。磁铁矿为主的富矿体主要由混合岩化变质热液交代形成（翟裕生等，2011）。

BIF 产于世界各地前寒武纪地盾区和地台区。它的形成与前寒武纪地壳演化密切相关，根据矿床的形成时代及含矿建造的不同，分为阿尔戈马（Algoma）型和苏必利尔（Superior）型。阿尔戈马型铁矿主要形成于新元古代（约为 2500 Ma）以前。铁矿的形成在空间和时间上与优地槽海底火山活动密切相关，世界各地此类含铁建造都发育于新太古界的绿岩带中。苏必利尔型铁矿主要分布在古元古代地槽区。建造形成于冒地槽性质的开阔海盆地中，形成时代以 2200~1800 Ma 为主，某些地区也有小于 1800 Ma 者。铁矿建造的地层层序火山岩较少，自下而上一般为白云岩、石英岩、红色或黑色铁质页岩、铁矿建造、黑色页岩和泥质板岩。目前矿床学家已提出 BIF 等类型矿床的热水喷流沉积成矿模式，很好地解释了 BIF 的成因。比较公认的看法是热水沉积成矿是海底（或湖底）深部高密度的硅质热卤水通过同沉积断裂上涌，携带大量的 Fe、Cu、Pb、Zn 等成矿物质，喷出海底地表与冷水混合在喷口附近所产生的沉积成矿作用。阿尔戈马型 BIF 和苏必利尔型 BIF 可能分别属于近喷口附近和远离喷口的热水喷流沉积矿床。张连昌等（2012）概括出了 BIF 铁矿的板块构造成因模式（图 9-5）。

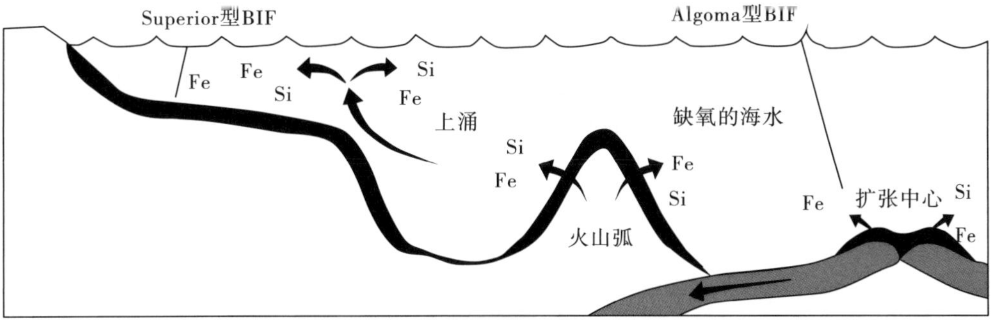


图 9-5　BIF 铁矿的板块构造成因模式
（据张连昌等，2012）

我国此类矿床称为鞍山式铁矿，广泛分布于华北地台北缘。弓长岭二矿区黑云变粒岩的年龄约 27 亿年（万渝生和刘敦一，1993），表明该矿区 BIF 沉积于 27 亿年左右。变质辉长岩的斜锆石和岩浆锆石 SHRIMP U-Pb 定年结果为 2110±31 Ma，捕获锆石年龄为约为2.95 Ga（董春艳等，2012）。李厚民等（2014）获得弓长岭蚀变岩中热液锆石的SHRIMP U-Pb加权平均年龄为1840±7 Ma，代表了富含石榴子石的蚀变岩的成岩年龄，因而也可能代表了富铁矿石的形成年龄，因此推测磁铁富铁矿的形成是条带状磁铁石英岩在1.9~1.8 Ga时华北克拉通基底隆升与裂谷-非造山岩浆事件所产生的热液交代作用形成了磁铁富铁矿。

对于弓长岭铁矿床富铁矿石的成因有诸多争论，主要有三种认识：①热液改造成因，原始沉积的较贫铁矿石经过热液改造，形成了富铁矿（程裕淇，1957）。②原始沉积成因，根据野外地质现象，富矿与贫矿整合接触，虽有后来的热液作用，但对富矿的形成作用不大（陈光远等，1984）。③菱铁矿分解成因，由于前人在研究中发现弓长岭较富铁矿石中含有石墨，所以认为原始沉积的菱铁矿经变质作用分解成含石墨的富铁矿（李曙光等，1983）。目前，富铁矿为后期热液改造成矿已基本达成共识，认为贫矿石被后期热液改造，去硅后形成富矿石（李厚民等，2014），但对热液的来源还存在争议。刘明军等（2014）认为矿区中较贫铁矿石是一种典型的化学沉积岩，形成于海底火山活动有关的海洋环境，成矿物质主要来源于海底高温热液和海水，由于太古宙的海水沉积物有海底热液的混入使深部海水表现出明显的Eu正异常。

## 七、矿山开发综合利用

鞍山式铁矿床，属于海相火山-沉积变质型铁矿床，产于辽宁省鞍山市、本溪市一带。其分布最广，是我国最重要的铁矿床。不仅数量居于首位（约占总储量的50%），而且由于矿床储量规模一般较大（大中型矿床储量占本类矿床的90%），单个矿体的规模和厚度较大，埋藏不深，不少矿床可供露天开采，加之矿石类型以磁铁矿为主，矿床的分布又比较集中，使该类铁矿床在开发利用上占了极大的优势。

国外的富铁矿资源（TFe含量超过50%）主要来自长期稳定的古老克拉通上早前寒武纪铁建造（BIF）经过后期风化淋滤作用形成的赤铁矿石。虽然我国的华北克拉通等古老地块也发育早前寒武纪BIF，并经历了强烈的变质变形作用，但是由于地块活动性强导致缺乏充分风化淋滤作用的条件，因而赤铁矿富矿很少，铁矿石以TFe含量30%左右的沉积变质型磁铁贫矿为主。弓长岭铁矿床是一个大型沉积变质型铁矿床，其中二矿区的磁铁富矿（TFe大于50%）达大型规模，是我国最重要的沉积变质型磁铁富矿。对该富矿成因目前已基本达成共识，认为是条带状铁建造沉积后受后期叠加改造作用形成的，富矿体成矿时发生了强烈的围岩蚀变，形成以石榴子石为特征矿物的蚀变岩（李厚民等，2014）。厘定热液叠加作用形成富铁矿的时代对于在华北克拉通内寻找此类富铁矿具有重要的意义。

我国铁矿资源有两个特点：一是贫矿多，贫矿储量占总储量的80%；二是多元素共生的复合矿石较多。此外，矿体复杂，有些贫铁矿床上部为赤铁矿，下部为磁铁矿。我国东北地区是我国重要的铁矿区，主要分布在辽宁省的鞍山（包括大弧山、樱桃园、东西鞍山、弓长岭等）、本溪（男芬、歪头山、通远堡等）等地，部分矿床分布在吉林省通化附近。鞍山矿区，是目前我国储量开采量最大的矿区，是鞍钢、本钢的主要原料基地。鞍山矿区矿石的主要特点：①除极少富矿外，约占储量的98%为贫矿，含铁量20%~40%，平均30%左右。必须经过选矿处理，精选后含铁量可达60%以上。②矿石矿物以磁铁矿和赤铁矿为主，部分为假象赤铁矿和半假象赤铁矿。其结构致密坚硬，脉石分布均匀而致密，选矿比较困难，矿石的还原性较差。③脉石矿物绝大部分是由石英组成的，$SiO_2$ 含量在40%~50%。

冶金部马鞍山矿山研究院谷素清（1989）研究认为，鞍山式铁尾矿具有矿物组成简单、$SiO_2$ 含量较高、粒度较细等特点，并开展用尾矿制作各种建筑材料及从尾矿中回收有用组分的研究结果，并提出了尾矿综合利用的几种有效途径。综合回收铁矿物常伴生的具有工业价值的有硫、磷、钒、钛、石英等矿物资源。鞍山式铁矿尾矿中的 $SiO_2$ 含量普遍比较高，综合利用途径很是广阔。尾矿除可直接做筑路材料或建筑材料外，也可加入少量黏结剂加工成墙体砖、墙、地面装饰砖等，为建筑业提供了重要的廉价资源，具有较大的经济效益和社会效益。鞍山式铁矿尾矿中还含有金，是火山沉积的中基性岩本身含有微量金造成的，部分矿山已开展从铁矿尾矿中回收金。如通钢板石沟铁矿地测部门提出选矿场尾矿10万t，尾矿中含有 $0.3\times10^{-6}$~$1.8\times10^{-6}$ 的金，估算总量约150~300 kg，应加强矿床的综合利用，提高企业经济效益（王书丹，2002）。近年来，国内学者发现华北克拉通鞍山式铁矿床中新发现铌钽矿化类型（李立兴等，2022）。

不能忘记新中国成立前那段日本对鞍山式铁矿掠夺性开采的历史。仅1920—1932年间，日本对掠夺铁矿的鞍山生铁销售状况就达200余万吨（曹国群和张旗，2017）。日本侵略者从我国东北大量掠夺战争资源，扩充军备，而这一历史教训也将永远被后人所铭记。

## 第二节 山东南墅石墨矿床

我国是石墨资源比较丰富的国家，尤其是在山东、黑龙江、山西、内蒙古等地已形成了产业基地。但是，新兴产业的快速发展，尤其是以石墨烯为标志的新材料异军突起，对石墨矿的地质找矿提出了新的要求，即已将晶质石墨作为主要类型而不再强调隐晶质石墨的评价（王登红等，2019）。山东莱西南墅石墨是典型的优质晶质石墨，可以作为石墨矿床的典型案例。

### 一、矿山简介

南墅石墨矿床在山东省胶东半岛的莱西县境内，位于南墅镇西北约3 km。矿区范围南北长7.5 km，东西宽6 km，为我国重要的晶质石墨重要产地和出口创汇企业之一。该矿已有半个世纪的开采历史，南墅石墨矿从明代起至民国期间，到此开矿采样者络绎不绝，而真正意义上的开采则是从民国三十二年（1943年）日军占领南墅石墨矿区开始。几经周折，到20世纪80年代中期，经过40余年的发展矿采进入高峰期，于1997年停产闭坑。

## 二、区域地质背景

石墨矿产于胶东隆起栖霞复背斜的南翼。地层走向近 EW 向，倾向 S，属新元古代胶东群（图 9-6）。胶东群可分为上下两组，下部化山组为黑云母变粒岩、钾长浅粒岩及斜长角闪岩；上部旌旗山组主要为角闪斜长片麻岩和大理岩。石墨矿产于旌旗山组的上部层位中。根据岩石组合及石墨矿层的赋存特点，可分为 3 个岩石组合：

1）大理岩、角闪斜长片麻岩夹石墨片麻岩组合。本组合以蛇纹石化橄榄石大理岩和角闪斜长片麻岩互层为主，夹有石墨片麻岩、石榴斜长片麻岩及少量斜长角闪岩、透辉岩、长石透辉岩和石英岩等。最大厚度为 420 m 左右。该组合含第一层石墨矿。

2）角闪斜长片麻岩夹大理岩和石墨片麻岩组合。本组合以角闪斜长片麻岩为主，夹金云母大理岩、方镁石橄榄大理岩和石墨片麻岩。此外，有少量黑云变粒岩、斜长角闪岩等。最大厚度为 950 m 左右。该组合含第二层石墨矿。

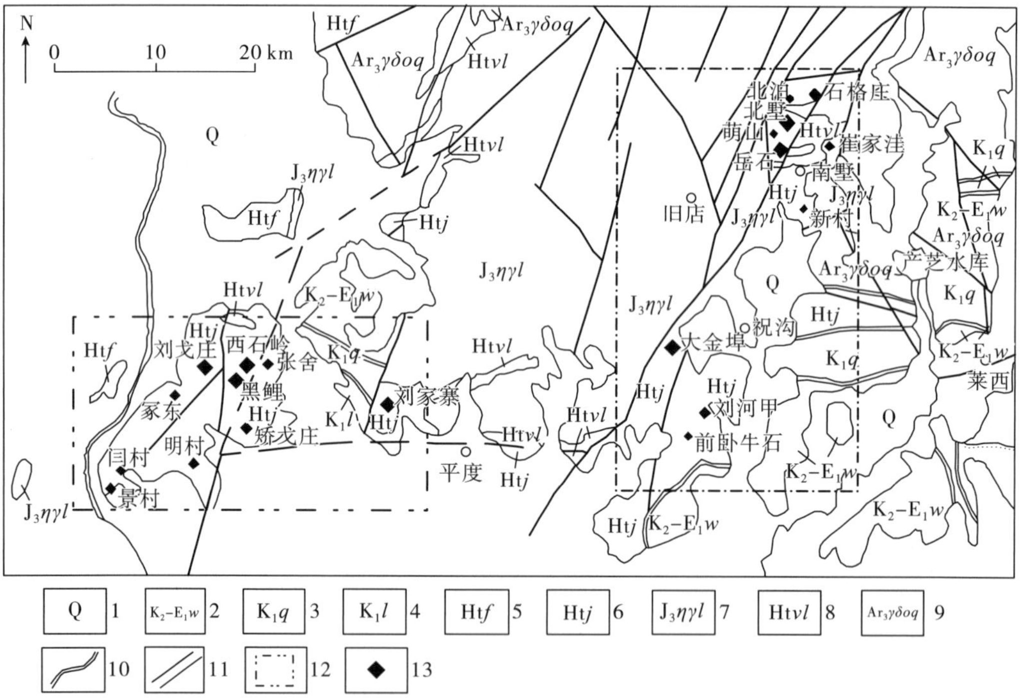


图 9-6　山东平度—莱西北部地区石墨矿区域地质图

（据王帅等，2017）

1—第四系；2—白垩纪王氏群；3—白垩纪青山群；4—白垩纪莱阳群；5—古元古代粉子山群变粒岩；6—古元古代荆山群变粒岩和片麻岩；7—中生代玲珑序列二长花岗岩；8—古元古代莱州序列变辉长岩（斜长角闪岩）；9—新元古代栖霞序列含角闪黑云英云闪长质片麻岩；10—不整合地质界线；11—实测/推测断层；12—研究区范围；13—矿床位置

3）大理岩角闪斜长片麻岩组合。本组合以白色大理岩、蛇纹石化橄榄大理岩和角闪斜长片麻岩互层为主。最大厚度约 510 m。该组合有少量含石墨的地层，但基本不构成工业矿体。

石墨建造的主要岩石组合为白云质大理岩、角闪斜长片麻岩和石墨片麻岩，各类岩石在剖面上所占的厚度依次为：角闪斜长片麻岩（厚度占60%以上）、白云质大理岩（25%左右）、石墨片麻岩（7%~8%）。其他岩类仅占6%~7%。故此可称为“石墨-大理岩-片麻岩建造”。其原岩为一套含火山岩的黏土质和半黏土质及镁质碳酸盐沉积建造。变质相为含方解石的高角闪岩相。

石墨矿石类型有片麻岩型、透辉石岩型、混合岩型三种。片麻岩具有典型的副变质组合特征，其中矽线石、磷灰石等是典型的副变质矿物。南墅石墨矿的原岩为富含有机质的陆源碎屑沉积，并含有硅质白云岩及基性火山物质，其后经历了区域变质及混合岩化。石墨是区域变质作用的产物。大理岩（透辉石岩）类及片麻岩类中均未发现紫苏辉石，属角闪岩相产物。混合岩化仅使矿石局部重结晶，而热液蚀变作用不影响石墨的赋存状态（王克勤，1988）。

## 三、矿区地质特征

该矿区在约100 $km^2$ 面积的断块凹陷中，由于地层复杂褶皱，石墨矿层广泛出露，主要矿床有院后、刘家庄和岳石等。

区内地层为古元古代荆山群变质岩系。含矿岩系可分上、下2个亚组：下部亚组为角闪混合片麻岩、斜长角闪岩、石榴斜长片麻岩（含少量石墨）和浅粒岩。上部亚组为白云质大理岩、斜长角闪片麻岩和石墨片麻岩，夹薄层斜长角闪岩、透辉岩、黑云变粒岩等。区内石墨矿体主要产于上部亚组岩层内（图9-7）。

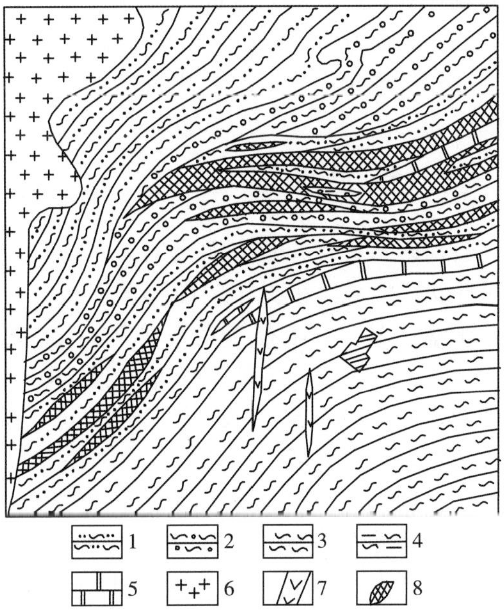


图9-7　南墅石墨矿岳石矿区地质示意图

（据姚凤良等，1983）

1—花岗片麻岩；2—石榴子石片麻岩；3—正长片麻岩；4—石墨片麻岩；5—大理岩；6—花岗岩；7—辉长岩；8—石墨矿体

## 四、矿床地质特征

南墅石墨矿主要包括岳石庄、刘家庄、院后等矿床。含石墨达工业品位（3%）以上的石墨片麻岩就是石墨矿层。矿体呈层状、似层状或扁豆状与围岩整合接触，界限比较清楚。

为了便于了解其矿床地质特征，前人对比了两个主要矿床（岳石庄和刘家庄矿床）的主要地质特征。岳石庄矿床、刘家庄矿床均由数个矿带（体）所组成，但各矿带（体）的赋存特征、矿带（体）的产状、形态及规模也都存在一定的差异（王克勤，1988）。①在岳石矿床中，矿体主要赋存于石榴斜长片麻岩内和石榴斜长片麻岩与大理岩之间，石墨矿石的赋存形式为石墨片麻岩；刘家庄矿床中，矿体主要赋存在蛇纹石化大理岩及石榴斜片麻岩中，以及两者的接触处。②矿体的产状基本与围岩片理方向一致，但倾向有所改变。③矿体均为似层状、透镜状。

院后矿体基本为扁豆状，长约600 m，最厚达80 m左右，向北倾斜，倾角70°左右。矿体直接围岩为透辉岩、微斜长石透辉岩和白云质大理岩。院后矿体以北80 m外，在南北向约270 m东西长约600 m的面积内，由数层厚度不等（数米到20 m）的石墨矿层经褶曲形成复杂的矿层群，包括矿层群在内，自刘家庄往西，石墨矿层延展约2 km到小沽河东岸，即为刘家庄矿体。其北盘围岩主要是石榴斜长片麻岩，南盘主要是白云质大理岩、靠近矿体常有透辉岩和长石透辉岩分布。岳石矿体主要分布在小沽河西岸，长1000余m，为复式矿体，总计厚度为100~200 m左右。围岩有混合岩化石榴斜长片麻岩、石榴黑云片麻岩、角闪斜长片麻岩、蛇纹石化大理岩和透辉石岩，有花岗伟晶岩脉穿切矿体。

褶皱作用对矿体的形态有一定的影响。如从岳石到刘家庄是一个轴向东西的背斜，该背斜轴在刘家庄和院后之间发生了“之”字形弯曲，使矿体形态也随之变化。次一级的小褶皱，轴向基本是南北向，其产状由缓倾斜到平卧，尚见有拖褶皱。褶皱一般发育在岩层性质较软或单一岩层中，或软、硬岩层的相间部位。

## 五、矿石特征

石墨矿石中存在着多期叠加的矿物组合。石墨可分为晶质和非晶质两类。非晶质石墨矿呈膜状、质软，多见于层面和劈理面中，呈块状或长条状，一般含碳为2%~7%，最高可达14%，其主要赋存于岳石矿区的第三层矿体中，分布局限，又难于分选。晶质石墨呈鳞片状，其垂直c轴的平面宽度自140~2150 μm，其中500~800 μm者居多，石墨在矿石中的含量一般为5%~10%，少部分可达15%，固定碳含量较高（>97%），而挥发分和硫等的含量均显著低于工业要求，故质量优异。

矿石中与石墨共生矿物主要有黑云母、透闪石、石英和斜长石，其次有白云母、微斜长石和少量的斜黝帘石、石榴子石、磷灰石和榍石等。混合岩化叠加的矿石，早期有透辉石化和微斜长石化，在晚期热液作用中，大量的斜长石分解为细粒黝帘石和绢云母，角闪石则发生了纤闪石化。矿石中的锆石呈细小团球形分布于变质矿物晶粒间，为原始沉积的碎屑。黄铁矿、磁黄铁矿和少量的闪锌矿、黄铜矿等硫化物，可能是在富含有机质的还原条件下原始沉积的。金属硫化物在矿石中含量可达百分之几，在选矿过程中作为副产品回收。此外，金红石主要产于石墨矿体底盘和夹层的石榴斜长片麻岩中，局部可达1%~2%，也作为副产品回收。金红石呈磨圆形、不规则形和针状自形晶体，它们的透明度各不相同，有的为红色透明、有的不透明。有的则中心不透明，而边缘渐变为红色和透明。

矿石的结构为鳞片变晶结构。矿石的构造主要有片麻状、条带状和花斑状3种。片麻状构造矿石主要分布于岳石矿体中，石墨鳞片大小不一，较均匀地分布在矿石中，且大致呈定向排列。条带状构造矿石也主要分布于岳石矿体中。在石墨透闪片麻岩型矿石内，常见到石英+斜长石组成细条带和透闪石+石墨组成细条带，两种条带相间平行排列。在石墨黑云母透闪片麻岩型矿石内，常见到石墨+黑云母组成细条带，石墨+透闪石组成另一细条带。另外还有由石英+斜长石组成的浅色细条带，各种条带相间平行排列。这反映了原始沉积的不同成分微层理构造。花斑状构造矿石主要分布于院后矿体中，石墨鳞片比前二者粗大；最大延长可达 5.72 mm，其主要特点是石墨集中成堆，分布于其他矿物颗粒之间，但晶片排列方向杂乱。在花岗伟晶岩脉旁边，石墨矿石重结晶明显，晶片变得粗大，并集中成不规则的脉状-斑杂状分市。在透辉岩、透闪石岩等夹石与石墨矿石交接处，也见有局部变为粗晶矿石。由粗鳞片石墨组成的脉状体，脉宽 1 cm 左右，分布极少。

根据主要矿物共生组合及含量，可将矿石分为 6 种类型。①石墨透闪片麻岩：石墨 10%、透闪石 70%，其余为石英、斜长石，有的有少量微斜长石、斜黝帘石。②石墨黑云母片麻岩：石墨 5%~8%，黑云母 15%左右。斜长石+石英 80%左右。③石墨黑云母透闪片麻岩：矿物成分界于石墨透闪片麻岩和石墨黑云母片麻岩之间。④石墨片麻岩：暗色矿物只有石墨。石墨 10%左右，石英 30%左右，斜长石 60%左右。⑤石墨石英透闪片岩和石墨白云母石英透闪片岩：不含长石矿物。⑥石墨透闪岩：石墨+透闪石。不同矿石类型在矿床中的分布往往有一定的规律性，如从岳石矿床第 3 勘探线来看，底部为石墨透闪片麻岩，往上依次为石墨黑云母透闪片麻岩→石墨白云母石英透闪片岩→石墨黑云母片麻岩。

近年来，石墨矿石根据赋矿岩石类型，矿石又划分为 3 种主要类型。①片麻岩型矿石：鳞片粒状变晶结构，片麻状构造。脉石矿物为斜长石、石英、角闪石、黑云母等，含量随具岩性而变化；石墨含量 5%~20%；副矿物为磷灰石、锆石等。②混合岩型矿石：鳞片粒状变晶结构，条带状构造。主要矿物为钾长石（50%）、斜长石（20%）、石英（15%），石墨、黑云母约含 5%。矿石由基体与脉体组成。脉体主要为钾长石，其次石英。基体成分主要为斜长石、钾长石与部分透闪石、石墨、黑云母、石英等；③透辉石岩型矿石：柱粒状变晶结构。主要矿物为透辉石（90%）、蛇纹石（0~5%），石墨含量 5%~10%。可见透辉石化、透闪石化、蛇纹石化、绿泥石化脉。

一般而言，片麻岩型、透辉石岩型矿石中，石墨鳞片较小，大小在 6~0.01 mm 之间，但多为 0.4~0.1 mm，混合岩型矿石中，石墨鳞片大些，可达 6~15 mm，但 6~8 mm 居多。

## 六、矿床成因与成矿模式

关于本矿床的成因，存在有两种观点，为无机派和有机派。无机派认为石墨是碳酸盐转化而来的，转化的因素是为区域变质作用，还有人认为与花岗岩侵入接触有关，其主要理由是认为地质历史早期生物不发育，缺少有机碳质来源，而在矿区有大量的沉积碳酸盐岩，可提供丰富的碳质来源，在各种地质作用过程中可以转化成石墨，形成石墨矿床，有机派主张石墨是由原始生物有机体转化而来，认为前寒武纪可有大量低等生物发育，其遗体埋藏于地层中可转化为有机质，提供丰富的碳质来源，经区域变质重结晶作用形成石墨矿床。这一观点得到碳同位素的普遍支持（兰心俨，1982）。至于本区存在的少量脉状石墨的成因，一般认为是由于在变质过程中局部地段变质热液的作用，使呈半流状体的有机碳渗入裂隙或两种地质体的接触部位而形成的。花斑状石墨则是由于混合岩化、花岗岩化的热力作用，使片麻状石墨重结晶促使甚为微小的再活化迁移而造成的。

总体上，南墅石墨矿为沉积变质成因，在混合岩化作用中受到一定的改造。对于南墅石墨变质的形成条件，前人做了大量工作。一般来说，区域变质型石墨矿形成时代越老，变质程度越深、鳞片越大。大鳞片石墨形成于角闪岩相-麻粒岩相，小鳞片石墨形成于绿片岩相-角闪岩相。南墅石墨矿床，变质级别达角闪岩相麻粒岩相，通过与石墨共生变质成因黄铁矿等时线图可以看出，区域变质作用成矿发生的时代为 1779±25 Ma（李超等，2015）。山东省地矿局第四地质队对南墅石墨矿变质相进行多组矿物的温度、压力估测，认为南墅地区主期变质温度为 760~875 ℃，压力在 0.5 GPa 左右，属低压相系麻粒岩相，从而使得原岩中的碳质在更有利的环境中结晶成晶片大的晶质石墨矿床。边敏等（2018）认为区域变质型石墨矿石墨生成温压条件 $T$=600~700℃，$P$=5.5~6.5 kbar（550~650 MPa），相当于区域变质高压角闪岩相的形成环境。刘浩龙等（1995）依据分析的区域变质型石墨矿的矿质来源、区域变质成矿成矿条件及成矿标志，总结出本类矿床的成因，建立了成矿模式（图 9-8）。

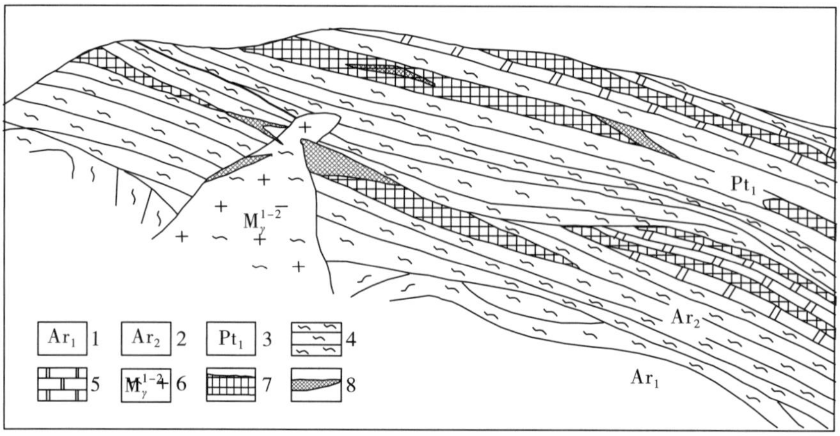


图 9-8　区域变质型石墨矿床模式图

（据高怀忠 2005 年转引自刘浩龙等（1995））

1—古太古界；2—新太古界；3—古元古界；4—结晶片岩；5—大理岩；6—混合花岗岩；7—石墨矿体；8—石墨富矿体

不同研究者，成矿模式略有差异，但成矿物质来源、成矿过程基本一致。成矿物质来源主要是有机碳，也可能有少量来自碳酸盐岩中的无机碳。成矿可分为 2~3 个阶段：①沉积阶段，在较稳定的浅海及潟湖（尤其是还原性的）环境中沉积了一套富含有机质的泥（页）岩、粉砂质泥岩、泥灰岩及碳酸盐岩；②区域变质阶段，上述沉积岩在经受中、高级变质过程中有机碳发生重结晶作用形成石墨，原岩中的碳酸盐也可发生重组合及碳氧化物的还原作用形成石墨；③混合岩化阶段，在发生混合岩化的情况下部分矿体可能遭受破坏，但部分矿体可在混合岩化过程中发生石墨的重结晶作用，使石墨片度增大，质量提高。

## 七、矿山开发综合利用

### 1. 南墅石墨矿开发简史

南墅石墨矿的勘查与开采较早。早在1926年河北省人张景山曾到南墅进行石墨矿产调查，准备在刘家庄采矿，但因与山东人丁世生发生矿权之争而中止。1936年，张会若在《矿冶》发表《山东矿产分布及储量》一文，其中介绍了南墅石墨矿。1943年，日本人曾在南墅设采场及选厂采选石墨，1945年日本投降时停产。新中国成立后，1949年，华东工业部矿产勘测处应山东省政府有关部门的邀请，来矿区勘查石墨矿，1950年3月编写《山东莱阳县南墅石墨矿简报》，对该区石墨矿作了初步评价，认为区内石墨分布甚广，矿石质量上佳，是我国罕见的石墨产地。20世纪50年代后期，矿山生产逐步走上正轨，迫切要求详细查明石墨矿产资源，以作为生产建设的地质依据。1957年2月冶金部地质局华北分局501队，对正在开采的岳石矿区开展了系统而全面的地质勘探工作，并于1958年5月，提交了《山东省莱西县南墅石墨矿岳石矿区详细勘探总结报告》。1959年12月，该勘探报告通过了山东省储委的审查批准，为此后的矿山生产建设提供了设计依据。1958年，501队在结束岳石矿区勘探后，随即转入刘家庄矿区普查，1959年1月提交了《山东省莱西县南墅石墨矿刘家庄矿区普查勘探总结报告》。1962年3月，山东省储委重新复审岳石矿区勘探报告，认为勘探程度和地质研究程度不够，要求重新补勘，同年，由建筑材料工业部非金属地质公司103队对岳石矿区进行补充勘探，于1964年12提交了新版《山东省莱西县南墅石墨矿岳石矿区补充勘探总结报告》，1965年5月，该勘探报告通过了山东省储委的审查批准。之后30年在开采的同时，对矿区进行了大量的勘探工作。至1991年底，岳石矿区和刘家庄矿区累计探明石墨矿工业储量271.9万t，远景储量121.5万t。1997年停产闭坑后，废弃矿坑逐渐形成了硕大的含氟酸性废水坑，严重威胁了南墅区域的水环境安全，被中央环保督察组重点挂牌督办，成为当地政府和周围村民的“心头之痛”。2018年，五矿勘查在与莱西市政府的合作中了解了岳石矿坑存在废水的问题后，主动要求到现场调研考察。在经过反复多次论证后，五矿勘查承接下“无人敢接、无人能治”的南墅环保难题。2020年6月，山东省生态环境厅到岳石矿坑实地考察，决定正式撤销对岳石矿坑的重点挂牌督办。南墅废弃矿坑摇身一变，成为了真正的景观湖，重获新生。

### 2. 石墨矿产资源国内外研究现状

近年来，由于石墨烯行业的高速发展，石墨矿产得到国内外的广泛重视。我国（2016）将晶质石墨列为战略新兴矿产，欧盟（2017）、美国（2018）均将天然石墨被列为关键矿产。我国加强了对石墨成因的研究及晶质石墨矿产的开发利用。石墨是我国优势矿产，资源储量居世界第一，截至2016年，查明石墨矿床共181处（国土资源部，2016），保有石墨资源储量3.65亿t，其中晶质石墨矿床147个，晶质石墨（矿物量）3.00亿t，占资源储量的82.19%。晶质石墨主要分布在黑龙江、内蒙古、四川、山西、山东、河南、湖北等20个省份，其中黑龙江省晶质石墨资源储量1.29亿t，居全国第一，占全国晶质资源储量的42.98%。

我国石墨资源具有如下的特点：①石墨资源丰富，但分布不均，呈现出东多西少的特点，以黑龙江省为最多，黑龙江、内蒙古、山东石墨矿为中国石墨矿三大产地（李超等，2015）。②石墨矿床类型多样。石墨矿床类型主要为区域变质型接触变质型、岩浆热液型和混染同化型。区域变质型石墨矿床主要产于古老地台地块周缘的变质岩系中，接触变质型石墨矿床主要位于滨太平洋构造域活动大陆边缘活动带。各种类型石墨矿床中的石墨碳同位素均显示其来源于沉积地层中有机质，混染同化型相对较少。③区域变质型石墨矿是我国石墨矿床的主要类型，研究程度较高。这类矿床储量大，占总资源储量82%，也是我国主要的石墨矿床工业类型。区域变质型石墨矿多产于前寒武纪的中、深变质岩系中，矿体多呈层状、似层状和透镜状产出，主要矿石类型为石墨片麻岩和石墨片岩（张天宇等，2014）。这类矿床主要成矿期为中太古代—古元古代区域变质成矿期、中元古代—早寒武世浅变质成矿期、晚古生代（泥盆纪—石炭纪）浅变质成矿期，其中以中太古代—古元古代区域变质成矿期为主要成矿期。区域变质型石墨矿床沉积时代主要为元古宙，变质作用发生在中条期晋宁期和加里东期（李超等，2015）。颜玲亚等（2018）总结出的中国区域变质型石墨成矿三个阶段及成矿模式以及成矿要素，对于区域变质型石墨矿的找矿工作更具有指导意义。

# 第十章　国内找矿模型案例

被誉为“中国第一大金矿”的紫金山金（铜）矿所在紫金山金铜钼矿田矿产种类多、储量大、矿床类型多样，是国内矿床学成矿研究的重要基地，也是国内资源勘查高度集成的矿集区勘查的典范。因此，本书安排紫金山矿田找矿模型作为国内找矿勘查模型的案例。锂金属是当前最重要的战略新兴关键矿产之一，甲基卡锂资源储量居我国第一，在我国战略新兴关键矿产开发利用中占重要地位，其综合找矿模型值得借鉴学习。

## 第一节　福建紫金山矿田找矿模型

福建紫金山金铜钼矿田位于福建省龙岩市上杭县境内，该矿田内分布有被誉为“中国第一大金矿”的紫金山金（铜）矿床，该矿床是在中国大陆发现的首例石英-明矾石型浅成低温热液铜金矿床（张德全等，1991）。紫金山铜金矿床自从20世纪80年代由陈景河等人发现之后，在近几十年的时间内由紫金矿业有限公司开展了详细的勘查、钻探及开采工作，并得到了全国地质科研院所及相关生产单位的大力协助，现已取得了大量的非常具有远景价值的科研成果。紫金山金铜钼矿田的勘查实践，是矿集区勘查的典范。由于矿田内矿产种类多种，矿床类型多样，是我国大陆境内研究比较深入的斑岩-浅成低温热液成矿系统（华仁民等，2002；黄仁生，2008；张德全等，2003，2005），为矿床研究提供了重要素材和研究方法。

### 一、紫金山矿田勘查概况

紫金山矿集区位于福建省上杭县城北约15 km处，是一个典型的与陆相火山活动有关的斑岩-浅成低温热液型铜钼金矿床成矿系统，分布于长14 km、宽4 km范围内，已探明高硫化热液型特大型金、铜矿床各1处，低硫化热液型大型银多金属矿床2处，斑岩型铜钼矿床1处，中小型铜、金矿床3处。近年来在该矿集区找矿取得的重大进展，提出创新性地质找矿的实践经验：一是开展三维地质建模；二是开展蚀变矿物短波红外光谱测试和解译，建立蚀变找矿模型；三是注重物化探资料的应用和二次开发，建立物化探找矿模型；四是以大量真实的生产技术经济指标为基础、以资源利用最大化为原则，开展矿床动态评价，指导成矿预测，提高找矿效率，提出综合评价找矿模型。

## 二、紫金山矿田的成矿地质背景

紫金山矿集区位于华南加里东褶皱系东部，东南沿海火山活动带的西部亚带，闽西南晚古生代坳陷带的西南部，NE 向宣和复背斜与 NW 向上杭云宵深大断裂交汇处（高天均，1998）。

区域出露地层有下震旦统浅变质岩系，上泥盆统河口相-滨海相碎屑沉积，石炭系海相、陆相、海陆交互相碎屑沉积（区域铁锰多金属的重要含矿层位），三叠系陆相盆地碎屑岩，白垩系石帽山群陆相火山-沉积岩，其中下组分布于紫金山火山机构周边，与成矿关系密切，是本区最重要的铜金银含矿层位，上组大面积分布于上杭盆地中，为矿集区成矿后的产物，对早期矿化信息有屏蔽作用。第四系零星分布于沟谷阶地。

区域构造活动十分强烈，以 NE 向和 NW 向为主，NE 向主断裂与 NW 向断裂交汇处控制了区域矿床、矿点的产出和 NE 方向的展布及火山机构的产出，NE 向复式背斜控制了本区岩浆的侵入，是本区的控岩控矿构造。

区域火山-侵入岩发育，燕山早期酸性岩（花岗岩和二长花岗岩）沿背斜轴部侵入，成为紫金山地区最主要的地质体和矿化围岩（中细粒花岗岩），燕山晚期火山岩浆热液（花岗闪长岩类）侵入作用主要受 NW 向断裂构造及其与 NE 向构造结点控制，构造结点常成为火山活动中心。燕山早期和燕山晚期侵入岩分别属于 S 型和 I 型花岗岩。位于矿田中部的紫金山穹隆式多旋回火山活动与铜、金、银矿化有密切的成因和时空联系。

经过多年的勘查工作，在紫金山矿集区内，已探明金 399.82 t，银金属量 6339 t（含紫金山铜矿伴生银 2389.11 t），铜 413.66 万 t，钼 11 万 t，勘查并发现了紫金山特大型铜金矿床、悦洋大型银多金属矿床、罗卜岭大型铜（钼）矿床、五子骑龙中型铜矿床、龙江亭铜多金属矿床、二庙沟铜多金属矿床，大岩里、猴子石矿点等（据戴茂昌，2011）。

## 三、紫金山矿田成矿模型

矿集区内对各矿床生产开发后，其深边部及外围投入的地质找矿勘查取得了重大进展和突破，综合研究也提高了对矿集区成矿地质条件、成矿规律的新认识，如对斑岩型矿床与磁异常的关系，矿集区 F1-1、F1-4 对成岩成矿的控制作用，盆地边缘“三层结构”的找矿意义，罗卜岭似斑状花岗闪长岩的划分及对成矿作用的新认识，发现紫金山火山机构不是向 NE 倾斜而是向 SW 倾斜的证据等。在前人工作成果的基础上，以大量勘查成果为依据，创新性认识、补充完善矿床成矿模式（图 10-1），为建立找矿模型、指导下一步的地质找矿工作提供依据。

## 四、紫金山矿田找矿模型

### （一）紫金山矿田找矿方法

为建立紫金山矿田深部各类矿床的勘查模型，在首先分析矿田物性条件基础上，在已

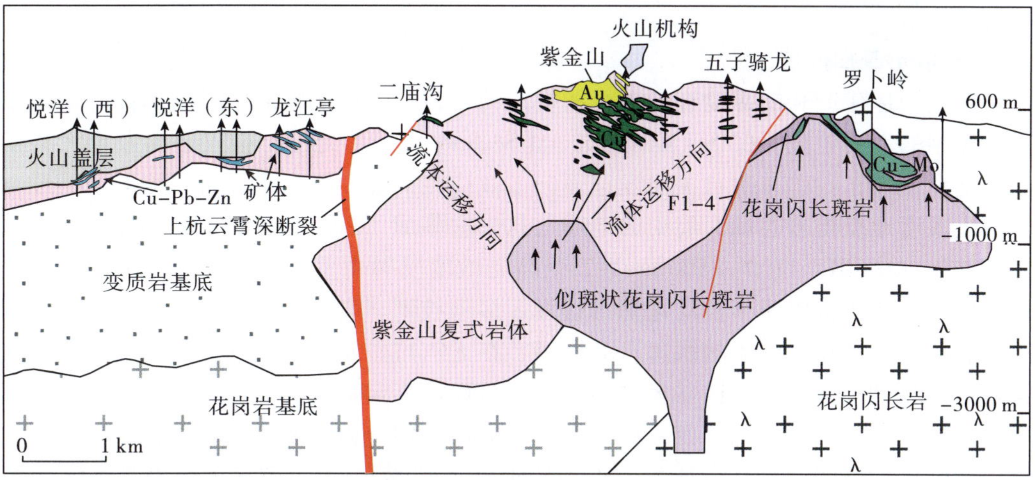


图 10-1　紫金山矿集区成矿模式

（据张锦章等，2013）

知矿床及其周边开展了大量物探、化探方法试验（祁进平等，2012）。主要有如下几方面：

（1）高精磁测及其在斑岩铜钼矿勘查中的应用

在罗卜岭矿区开展了高精度磁测工作，圈出正磁异常背景内的负磁异常带，该带指示了蚀变花岗闪长岩的分布范围，已发现的隐伏斑岩铜钼矿体均分布在此负磁异常带内，而且矿体底界深度与磁异常值具有一定的相关关系，利用磁异常特征辅助钻孔设计取得了很好的勘查效果。

（2）连续电导率成像系统（EH4）探测火山机构

根据紫金山北部大岩里勘查区震旦系和泥盆系变质碎屑岩电阻率高（3000~4000 Ω · m），而英安玢岩、次火山岩电阻率低（600　1000 Ω · m）的特征，采用连续电导率成像系统（EH4）对大岩里地区的赤水火山机构进行探测，查明了火山机构的形态和产状，为该区火山机构深部的钻探探索提供了重要依据。

（3）被动源面波法探测隐伏矿体试验

产于中生代火山盆地的悦洋银矿床具有典型的“三层地质结构”，即中生代火山岩盖层、中生代花岗岩体和震旦系沉积岩基底，中生代中细粒花岗岩为主要的含矿层，区分深部的“三层地质结构”是寻找“悦洋式”矿床的关键。在该矿区开展了被动源面波剖面勘探试验，根据垂向 Vx 变化可区分出三层结构，与悦洋银矿床的“三层地质结构”吻合极好，这为该区寻找“悦洋式”矿床提供了一种新手段。

（4）原生晕模型与近红外光谱结合及深部成矿预测

采用化探原生晕方法对紫金山高硫化型金铜矿床垂向约 1557 m 的岩芯进行系统研究，根据元素分带特征和不同成分明矾石的分布规律，查明了不同温度矿化和蚀变分布规律，进而示踪了成矿流体来源，预测了深部隐伏斑岩的可能位置。

## （二）新的勘查技术——近红外光谱

### 1. 岩芯光谱扫描仪

钻探是固体矿产和能源勘查最重要的投入项目，也是矿山地质人员获取深部地质信息和品位控制的重要手段。CMS（Core Mineral Scanner）岩芯光谱扫描仪是国家重大科学仪器专项基金支持，我国首次自主研发，面向工业应用的地面高光谱设备，能够帮助勘查工作者最大限度地获得岩芯和岩屑中的地质信息。它集成了近红外（VNIR：350~1100 nm）和短波红外（SWIR：1100~2500 nm）2 个高灵敏度反射光谱，配合自动化机械平台，高清晰图像获取和拼接以及半自动化光谱解译等多项技术，实现了对岩芯钻探、岩屑钻探和粉末样品的连续或指定间隔的快速自动扫描，在无需特殊制样、无损样品的前提下，快速获得地质样品的红外反射光谱并且自动解译为定性或半定量的矿物信息，以客观的方式为地质调查、矿产勘查和资源开发，提供空间上的矿物组合以及矿物化学变化的信息，实现三维空间的矿物填图，这是传统的人工地质编录无法做到的。CMS350A 岩芯光谱扫描仪是由南京地质调查中心研发的系列扫描仪中首个投入野外试验应用的产品，在紫金山矿产勘查中初步应用。例如明矾石与紫金山铜矿化（体）关系最为密切，但并不是所有明矾石化蚀变带内都有铜矿化。因此，对明矾石的光谱特征进行了详细的分析，以期发现明矾石的化学成分变化规律及其与铜矿化的关系。现有数据中明矾石的 1480 nm 峰的变化一定程度上反映了成矿热液的流动特点，基于岩芯扫描仪的海量数据，可以精细地反演出成矿热液来源及其在空间的运移路径，为认识成矿规律和进一步的勘查和资源评价提供重要依据（李晶等，2013）。

### 2. 典型蚀变矿物的光谱特征

紫金山矿田成矿系统为斑岩-浅成低温热液矿矿系统，主要的蚀变矿物包括绢云母、伊利石、地开石、明矾石、高岭石、叶蜡石、绿泥石等，还有石膏、方解石等，借助岩芯光谱扫描仪中这些矿物的光谱特征可以将其快速检测出来。

1）地开石：光谱特征表现为双峰，特征吸收峰位置为 1380 nm、1410 nm、2180 nm 和 2210 nm 附近，后者吸收强度大于前锋。两对主峰的尖锐程度和吸收强度的变化，反映地开石结晶程度的差异。

2）明矾石：明矾石是典型的高级泥化蚀变矿物，在高硫化型矿床中最常见，也见于斑岩矿床的顶部。特征吸收峰位置为 1480 nm、1768 nm，后者为硫酸根的特征峰值。

3）绢云母、伊利石：绢云母、伊利石的光谱特征类似，唯一不同的是绢云母的水峰吸收强度不如伊利石。特征吸收峰位置为 1410、1910、2210、2348 nm 附近。绢云母 K、Na 含量的变化会影响铝羟基吸收波长的变化。通常，含 Na 较多，铝羟基吸收波长越靠近 2190 nm 附近（富铝），含 K 较多，铝羟基波长靠近 2210 nm 附近（贫铝）。以 2206 nm 为阈值，TSG 数据解释，将小于 2206 nm 的富铝绢云母定义为钠云母，大于 2206 nm 的贫铝绢云母定义为白云母，统称为绢云母。

4）高岭石：高岭石在近红外光谱上的特征表现为 1400 nm 和 2200 nm 附近有两对双峰，分别是 1390 nm、1410 nm 对峰和 2160 nm、2200 nm 对峰，与地开石一样，后峰吸收强度略大于前锋，结晶度的差异可以导致两对双峰的相对锐度和深度的不同。高岭石结晶度判断为 2160~2165 nm 随着结晶度的增加，尖峰向长波方向移动。原地高岭石结晶度好，峰形相对比较尖锐。搬运型的高岭石结晶度低，峰形相对较缓。

5）叶蜡石：叶蜡石与明矾石一样，叶蜡石亦是紫金山地区典型的高级泥化蚀变矿物。叶蜡石的特征吸收光谱是在波长 1390~1396 nm 之间及 2160~2170 nm 之间分别有一个非常尖锐的吸收峰。本研究区内，叶蜡石通常与高岭石、明矾石叠加产出。

6）绿泥石：绿泥石是热液矿床中青磐岩化带的主要蚀变矿物之一，常与绿帘石和方解石共生。其区别于其他蚀变矿物的近红外典型特征吸收峰为 2250 nm 。绿泥石近红外光谱中铁羟基吸收峰 2250 nm 的位置会随着 Fe 和 Mg 的在绿泥石中的含量变化而变化。以 2250 nm 为阈值，富铁绿泥石铁羟基吸收峰一般在 2260 nm 附近，富镁绿泥石的铁羟基吸收峰一般在 2240 nm 附近，铁镁绿泥石铁羟基吸收峰多集中在 2250 nm 附近。

7）石膏、方解石：石膏的主吸收峰在 1940 nm，而其特征峰为 1450、1490 和 1540 nm 的三步阶梯峰；碳酸盐的特征峰出现在 2300~2340 nm 之间，其中方解石的特征峰出现在 2340 nm 左右；菱镁矿的特征位于 2310 nm 附近；白云石的特征峰在 2320~2325 nm 附近出现，次级吸收峰在 2154 nm 附近。

### （三）多种勘查找矿模型

按照紫金山矿田成矿模式，依据各矿区矿床地质特征及物性条件，重新分析各矿区的成矿主要控矿因素，建立了相应的找矿模型。

**1. 三维地质模型**

基于已有的丰富的地质勘查资料建立了紫金山矿田三维综合地质模型，该模型以 27.8 万 m 岩芯和 5.8 万 m 坑道编录及其测试数据为基础，结合了地质、矿化、蚀变、地球物理和地球化学信息，全面展示了紫金山矿田斑岩型、高硫化物型和低硫化物型铜金多金属矿床的三维空间分布规律及其与物探、化探、遥感等找矿信息的关系，该模型已被广泛应用于紫金山矿田铜金多金属矿床的勘查和预测工作（祁进平等，2012）。

随着矿业软件的应用，三维建模指导找矿越来越多为局部找矿和深部找矿所应用。对于已探明的矿床，以矿床成因模型为基础，利用矿业软件建立三维地质模型，能直观预测成矿区域，指导探矿工程布置。如悦洋银多金属矿床，矿体对基底相对凹陷、中间夹层为中细粒花岗岩，具有成矿专属性，通过此成矿专属性建立的地质体三维空间模型，预测矿床或矿体，指导边深部、外围找矿。通过建立矿体三维模型，直观分析矿体的空间分布规律，指导寻找新矿体，在紫金山铜矿深部发现并探明了Ⅺ号铜矿带。

**2. 地质-蚀变模型**

利用便携式近红外矿物分析仪，开展勘查应用试验，将近红外光谱分析技术在紫金山矿田的勘查工作中全面推广，已累计完成超过 100000 m 岩芯的光谱测试，获得超过 33000 个数据，不仅为矿田三维模型的建立提供了基础数据库，而且为地表填图、岩芯编录、蚀变带划分、取样设计等勘查工作提供了大量的、准确的蚀变矿物信息，提高了勘查工作质量和效率。例如紫金山金铜矿蚀变分带模型，为建立紫金山金铜矿的地质-蚀变模型提供了依据（蒋姣姣等，2015）。

（1）紫金山金铜矿的蚀变特征

紫金山金铜矿的蚀变特征是以强硅化、地开石化带为中心，呈现半环状分带。自上而下蚀变带表现为：强硅化-地开石化带（Q-Dic）；明矾石-地开石-绢云母化带（Alu-Dic-Ser）；蜡石-明矾石-地开石-绢云母化带（Pyr-Alu-Dic-Ser）、叶蜡石-绢云母化带（Pyr-Ser）。

（2）紫金山铜金矿明矾石相对含量找矿标志

硅化-地开石化基本控制了金矿体的产出，明矾石-地开石-叶蜡石化带与铜矿化的关系吻合较好，明矾石相对含量大于20%的区段基本控制了铜矿（化）体的产出。

（3）紫金山铜金矿矿化热液中心分析

明矾石丰度等值线图的综合剖面成果显示，由SE向NW（0—3—7线），蚀变及矿化明显减弱，表明酸性流体的活动中心可能在0线（ZK006～ZK008的200 m标高）附近，成矿流体从东南深部向北西浅部运移，温度逐渐降低减弱，铜元素发生沉淀富集，形成铜矿（化）体。

（4）紫金山金铜矿红外光谱矿物定量预测方法探索

紫金山铜矿主要蚀变矿物光谱PLS定量模拟计算结果与XRD实测结果相关性，PLS模拟结果与实测矿物定量结果的相关关系R2在0.867到0.971之间。鉴于黏土矿物对矿石的工程地质以及优化磨矿、浮选工艺参数具有重要的意义，该模型的建立对矿山实现地质冶金优化将奠定重要的数据基础。

（5）明矾石蚀变参数与矿化关系探索

明矾石与紫金山铜矿化（体）关系最为密切，但并不是所有明矾石化蚀变带内都有铜矿化。根据1480 nm特征吸收峰的波长位置变化，发现样品自SE向NW方向，该特征峰的波长逐渐降低即显示成矿流体自SE（即火山机构中心）向NW方向温度逐渐降低，且相对低温的明矾石与成矿关系更为密切。这表明通过明矾石的光谱特征可以推测成矿热液的流动方向，这为预测紫金山深部的成矿远景提供了新的工具。

**3. 地质-地球化学勘查模型**

采用地球化学勘查原生晕方法对紫金山高硫化型金铜矿床垂向约1557 m的岩芯进行了系统研究，根据元素分带特征和不同成分明矾石的分布规律，查明了不同温度矿化和蚀变的分布规律，进而示踪了成矿流体来源，预测了深部隐伏斑岩的可能位置（戴茂昌，祁进平，2012；祁进平等，2012；刘光永等，2014）。

紫金山为Au、Cu、Ag、Mo、W、Pb、Bi等多金属成矿区，受区内NE向、NW向、近EW向和近SN向断裂构造、火山机构、隐伏中酸性岩体的综合控制，原生晕结构研究呈现出明显的矿化分带（图10-2）。

选择典型勘探线剖面，矿化带头晕和尾晕累乘比值评价矿体剥蚀情况。$I_{Au}=(Au \times Ag \times Bi)/(Sn \times Cu \times W)$，$I_{Cu}=(As \times Sb \times Bi)/(W \times Sn)$，具有以下六种水平：①金矿体浅部（地表）$I_{Au}>7$，$I_{Cu}<1$；②金矿体中上部累乘指数$I_{Au}>5$；③金矿体中部$I_{Au}>1$，$I_{Cu}>1$；④金矿体下部，铜矿体前部$I_{Au}<1$，$I_{Cu}>2$；⑤铜矿体中部和中下部$I_{Au}<1$，$0.1<I_{Cu}<1$；⑥铜矿体尾部$I_{Au}<1$，$I_{Cu}<0.1$。各勘探线剖面上计算了矿体剥蚀指标，-200 m标高之下均为6类指数特征，因此，矿床深部不具有如-200 m标高之上铜矿体的找矿前景。

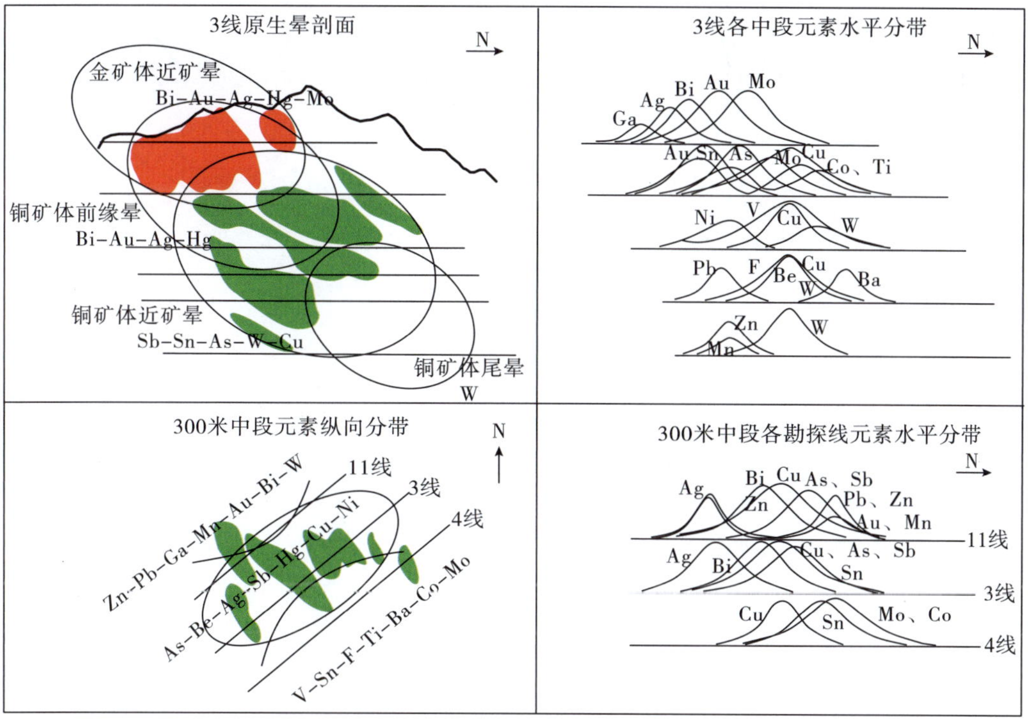


图 10-2 紫金山金铜矿铜矿体地质-化探找矿模型
（据戴茂昌，2011）

紫金山矿床原生晕是多期次成矿作用叠加的结果，矿床在早期岩浆热液期形成了（Cu、Mo（Au））、Pb、Zn、Ag、Mn 的原生晕分带结构，后期浅成热液期形成的高硫化物型矿化叠加了早期的原生晕结构，形成紫金山矿床的叠加原生晕结构。与典型的斑岩矿床原生晕分带结构相比，紫金山矿床深部的 Pb、Zn、Ba、Mn（Ag）的元素组合与典型斑岩矿床边缘带元素组合相似。因此，认为高硫化型矿化在 0 m 标高之下趋于尖灭，深部不具有高硫化物型矿床的找矿前景，但由于铜矿体深部具有斑岩型矿床边缘晕的特征，可对深部斑岩矿床找矿前景进行进一步研究和评价。

**4. 综合找矿模型**

综合找矿一般指地、物、化、遥手段并进，力求异常重叠预测成矿靶区。对于矿集区或成矿带找矿，着重总结已知矿体与物探异常和化探异常之间的关系，特别是物化探异常资料的二次开发，进行三维数字化，建立物探找矿模型和化探找矿模型，指导预测成矿靶区和重型探矿工程布置。如紫金山东矿段（罗卜岭矿区），通过分析研究发现了矿体位置与磁异常的密切关系，即磁异常等值线与隐伏似斑状花岗闪长岩体顶界有对应关系（图 10-3），并结合红外光谱特征指导局部和深部找矿。

（1）首先研究罗卜岭磁异常特征及地质意义

1∶25000 的高精度磁法测量显示，罗卜岭地区为一正磁异常，异常强度大，分带性好。罗卜岭正磁异常外带（100 nT）呈椭球状，长轴为 SN 向，约 3 km，短轴约 2 km，异常

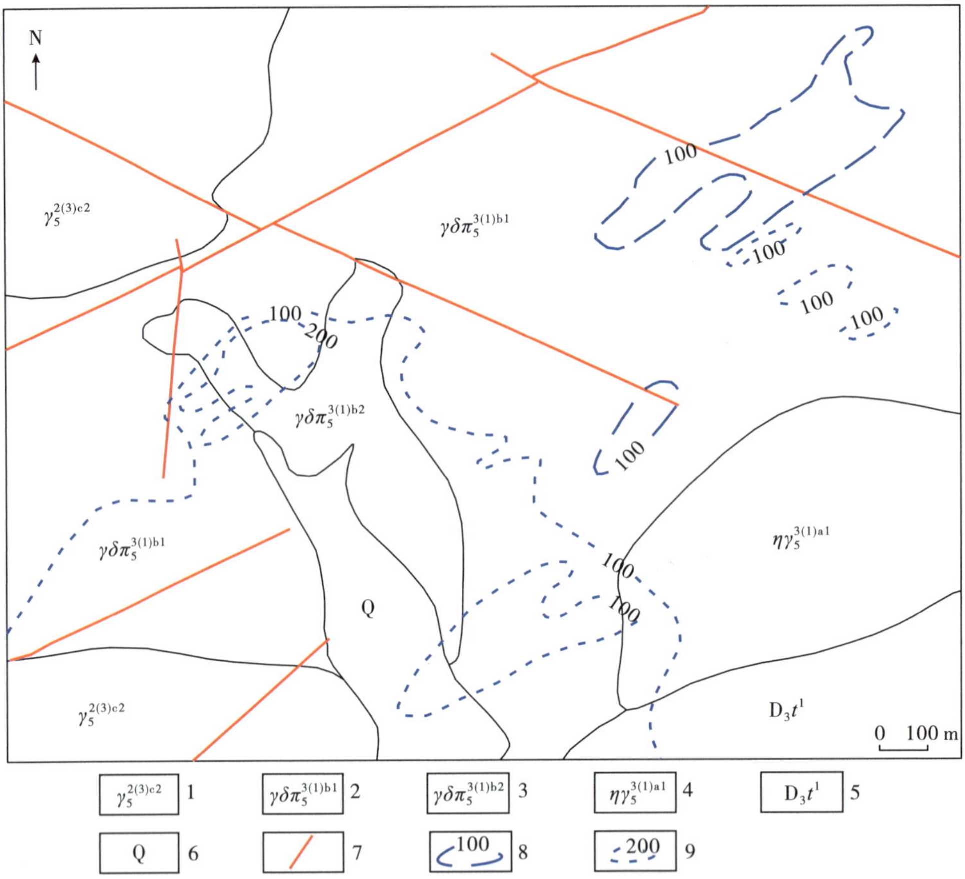


图 10-3 罗卜岭矿床地质简图及磁异常等值线图

（据王乾杰等，2010）

1—五子龙岩体细粒花岗岩；2—四坊岩体中细粒花岗闪长岩；3—罗卜岭岩体花岗闪长斑岩；4—才溪岩体中粗粒二长花岗岩；5—天瓦炭组下段石英砂砾石；6—第四系；7—断层；8—负磁异常（nT）；9—正磁异常（nT）

面积几乎与矿区大小等同：异常中带（200 nT）形态复杂，主要分布于罗卜岭南部，并呈枝状向北延伸：内带（400 nT）呈三个孤立的异常存在，分布于中带异常的北东、南西及南东侧，异常最大值可达 567 nT，异常值不随地形起伏而变化，表明非露地表磁性体所致。

罗卜岭磁异常特征的地质意义：环状磁异常是斑岩矿床的标志性特征之一，斑岩矿床的矿化体通常分布在环状磁异常的中心或外围，亦即高磁到低磁的过渡带。常见斑岩矿床的磁异常特征可分两种类型：①斑岩矿床剥蚀较浅时，通常形成负磁异常，环绕高磁异常。引起这种磁异常分布的原因是中心的高级泥化和绢英岩化蚀变带表现为低磁异常，而外围的青磐岩化蚀变带或弱蚀变的表现为高磁异常。②斑岩矿床剥蚀较深时，通常形成中心高磁异常，环绕低磁异常。引起这种磁异常分布的原因通常是，剥蚀造成矿床中心磁铁矿富集的钾化蚀变带出露或接近地表，形成高磁异常中心，而外围的绢英岩化和泥化蚀变表为低磁异常。

罗卜岭斑岩铜钼矿矿床的磁异常特征表现为后一种情况，然而形成此异常的原因却不尽相同。根据前人对该区侵入岩的物性分析和测量，本区的花岗闪长岩类和二长花岗岩均普遍具有较强磁性，而花岗闪长岩磁性最强，但其强烈蚀变者，磁性明显减弱或消失。罗卜岭地区地表出露的花岗闪长岩和花岗闪长斑岩均已遭受强烈的绢云母化蚀变而基本不具有磁性，而作为矿体底板的隐伏似斑状花岗闪长岩则相对新鲜且磁性较强。因此，推测本区内正磁异常可能反映了似斑状花岗闪长岩的侵位深度。据此，统计了位于不同强度磁异常等值线上的钻孔。研究发现其中揭露的似斑状花岗长岩顶板深度和标高具有如下特征：①负磁异常区内，钻孔中的似斑状花岗闪长岩顶面标高在 230 m 之下，隐伏深度超过 330 m；②0 nT 磁化强度等值线对应的似斑状花岗闪长岩顶面标高 120～130 m，隐伏深度在 270～530 m 之间；③大于等于 100 nT 磁异常范围内，钻孔中似斑状花岗闪长岩顶面标高小于 410 m，隐伏深度小于 270 m。数据统计结果显示，似斑状花岗闪长岩侵位越高，正磁异常越明显。利用钻孔数据建立的似斑状花岗闪长岩的顶面三维模型和顶面等高线图，更直观地显示了地面磁测结果与似斑状花岗闪长岩侵位深度的良好关系。

（2）磁异常等值线在勘探中的应用

罗卜岭铜钼矿体位于似斑状花岗闪长岩体与花岗闪长岩的接触部位，斑岩铜钼主矿体紧贴似斑状花岗闪长岩顶板，总体产状呈现北东翼缓，北西和南东翼陡的环状展布（图 10-4）。因此，在勘探工作中，似斑状花岗闪长岩作为钻孔内的终孔标志。了解该岩体的顶面形态，将为本区找矿起重要的指导作用（王乾杰等，2010）。

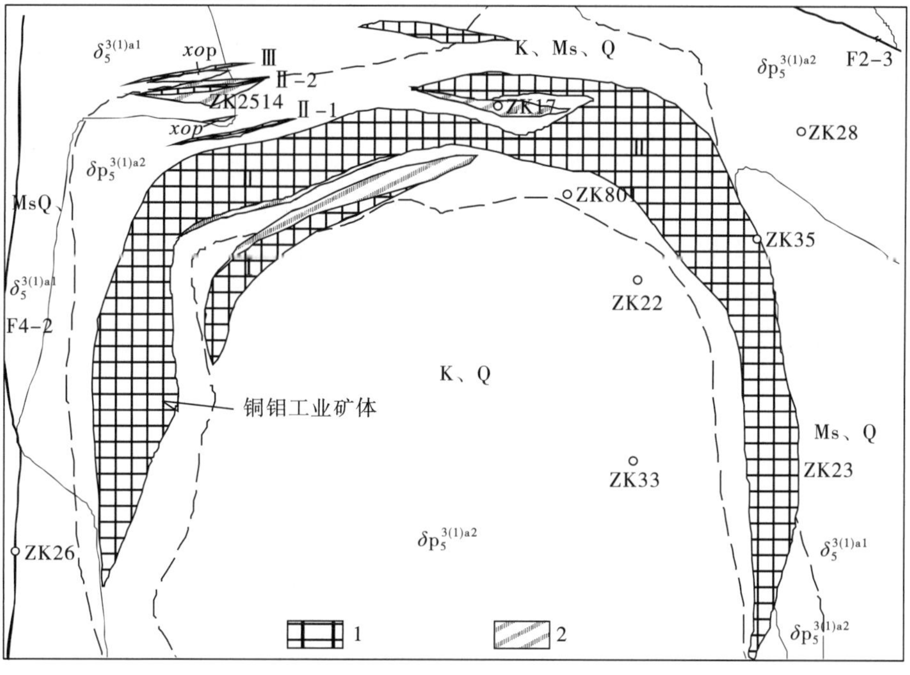


图 10-4　罗卜岭铜钼矿 300 m 标高采用当量指标图定矿体形态

（据张锦章，2010）

1—级内品位；2—级外品位

（3）岩芯光谱扫描仪测试

对于钻探岩芯，利用岩芯光谱扫描仪（CMS）进行全孔岩芯扫描。利用该技术发现了紫金山矿田与斑岩铜钼矿体密切相关的贫铝绢云母和伊利石的 Al-OH 波长大于 2205 nm 这一光谱特征，帮助勘查人员发现肉眼难识别的低品位矿体。通过分析，总结出有矿和非矿时绢云母的特征（铝羟基波长差异），划分矿化带，根据蚀变矿物参数不同，区分蚀变矿物形成的温度环境，示踪流体来源和运移路径，寻找新矿体（张锦章等，2013）。

（4）蚀变带划分

根据钻孔原始地质编录成果、镜下鉴定和近红外光谱矿物测试分析数据，结合液体包裹体研究成果认为：矿段存在一个蚀变中心，其位置大概与中寮岩体顶面突起部位相一致，存在多期次蚀变矿化特征，并且晚期蚀变矿物叠加于早期蚀变矿物中，空间上表现出蚀变分带。

罗卜岭铜钼矿围岩蚀变依据蚀变矿物组合一般可划为六个蚀变带（图 10-5）：①（弱）钾化-绢英岩化蚀变带（K-Phl）；②绿泥石化-绢英岩化蚀变带（Chl-Phl）；③高岭石化-黄铁绢英岩化蚀变带（Kl-Phy）；④地开石化-硅化蚀变带（Di-Q）；⑤明矾石化-地开石化-硅化蚀变带（Alu-Di-Q）；⑥绢云母-硅化蚀变带（Ms-Q）。

（5）三维地质建模

罗卜岭铜（钼）矿床属斑岩型矿床，矿体主要赋存于中寮岩体外接触带的花岗闪长斑岩和花岗闪长岩中，局部分布在中细粒花岗岩中。矿床可划分为四个矿体，在空间上基本上为隐伏矿体（局部出露地表），矿体空间形态总体呈马鞍状向外侧展布，中部矿体平缓，向北西和南东边矿体产状较陡。北东边矿体产状逐步变缓，南西边矿体近似水平，其中Ⅳ号以蓝辉铜矿为主，Ⅱ号矿体为主矿体（黄海燕，2013）。

Ⅱ号矿体为铜钼矿体，是罗卜岭斑岩型铜钼矿床的主矿体，容矿岩石以花岗闪长斑岩为主，约占75%，花岗闪长岩占25%。矿体在空间上总体呈 NE—SW 向放置的马鞍状。容矿岩石以花岗闪长斑岩为主，少量是花岗闪长岩，与成矿关系密切的蚀变类型为弱钾化、弱绿泥石化和绢英岩化。矿石矿物以黄铜矿为主，其次为辉钼矿。200 m 标高以上矿体紧贴在中寮岩体外接触带，呈半圆形展布，200 m 标高以下矿体，赋存于花岗闪长斑岩内及外接触带（花岗闪长岩）中。

（6）矿石特征研究

在光谱测试基础上，进行矿石组构研究。罗卜岭铜钼矿床的矿石特征与一般的斑岩型矿石特征一致。金属矿物以金属硫化物为主，包括黄铁矿、黄铜矿、蓝辉铜矿、辉钼矿、斑铜矿、铜蓝、方铅矿、闪锌矿，偶见磁铁矿、赤铁矿、金红石等。黄铁矿主要赋存在Ⅱ号、Ⅲ号和Ⅳ号矿带的矿体中；黄铜矿主要赋存在Ⅱ号和Ⅲ号矿带的各矿体中；蓝辉铜矿主要赋存在Ⅳ号矿带的主矿体中，Ⅲ号矿带近上部的矿体偶见出露；辉钼矿主要赋存在深部Ⅰ号矿带矿体中。其他金属矿物含量很少，仅局部地段见到。非金属矿物以石英和绢云母（白云母）为主，含量分别占50%和20%以上，其次为泥化蚀变矿物地开石、叶蜡石、伊利石、高岭石、蒙脱石，钾化蚀变矿物钾长石、黑云母以及青磐岩化蚀变矿物绿泥石、绿帘石。此外还有少量硬石膏、方解石、长石、角闪石、榍石、白钛石、磷灰石、锆石、

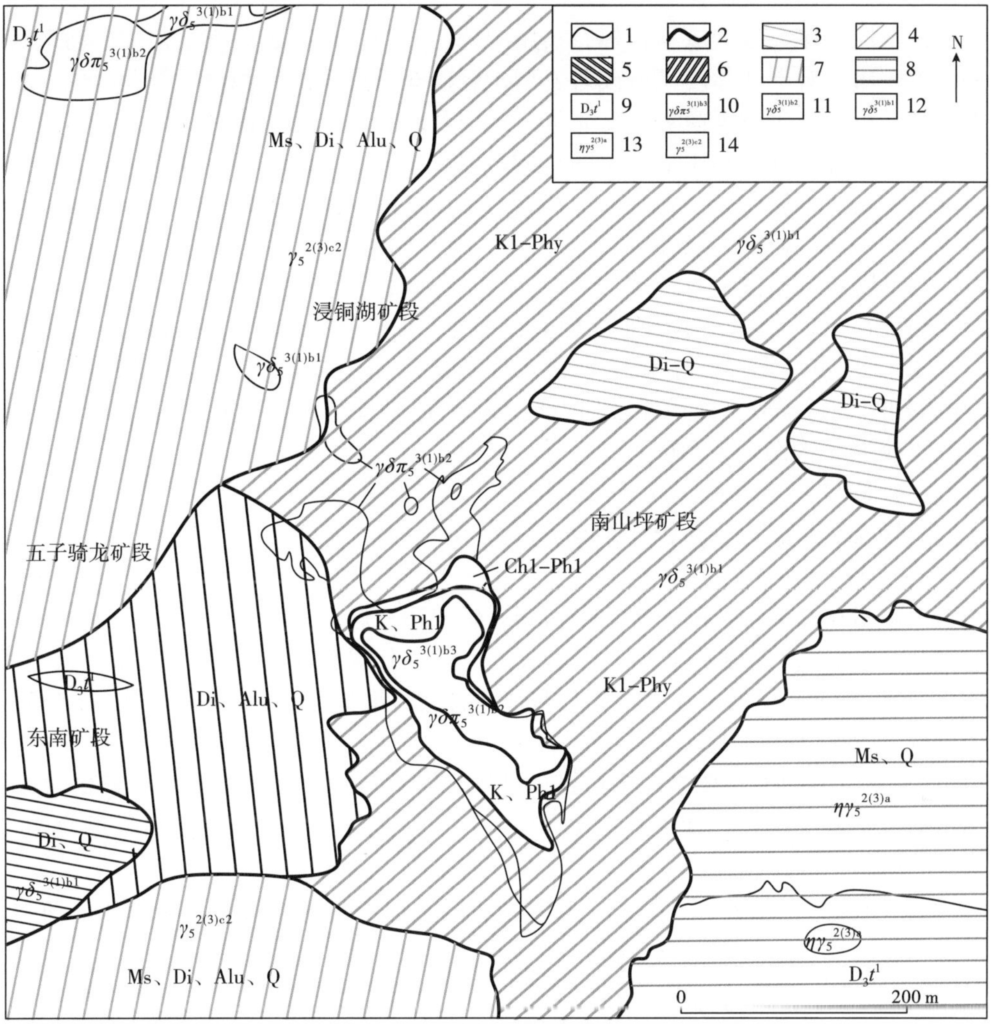


图 10-5　罗卜岭铜钼矿围岩蚀变水平分带特征

（据赖晓丹等，2020）

1—地质界线；2—蚀变界线；3—Di-Q 蚀变带；4—K1-Phy 蚀变带；5—Ch1-Ph1 蚀变带；6—K-Ph1 蚀变带；7—Ms、Di、Alu、Q 蚀变带；8—Ms、Q 蚀变带；9—天瓦炭组下段石英砂砾岩；10—似斑状花岗闪长岩；11—花岗闪长斑岩；12—花岗闪长岩；13—似斑状中粗粒二长花岗岩；14—中细粒花岗岩

黄玉、电气石等。矿石主要构造类型有浸染状、脉状、网脉状构造。矿石主要结构类型有他形粒状结构、半自形-自形粒状、填隙和充填结构、包含结构和交代残余结构和共结出溶结构。他形粒状的黄铁矿、黄铜矿、辉钼矿；弯曲鳞片状自形辉钼矿分布于绢云母之间。

### 5. 综合评价

传统方法往往是先找矿，再对矿床的开发进行技术经济评价，注重找矿而忽视经济开发和资源利用的最大化，结果是找到的矿可能在当前技术经济条件下暂无开采价值，或伴生、低品位资源未能得到充分利用。与此在观念上不同的是，矿业企业的找矿更注重资源开发利用的可能性，紫金矿业在已生产的矿山中，积累了大量真实可靠的技术经济指标，特别是针对不同矿体类型的成本指标，实用的采选方法，在矿床勘查过程中，动态利用工业指标评价矿床，对于细脉浸染型或斑岩型矿床，降低边界品位和最低工业品位，增大夹石剔除厚度，可能使矿体规模变大变完整，选用合理的采矿方法达到降低采矿成本，达到矿床开发经济合理、资源利用最大化的目的。对于多金属矿床，伴（共）生有用组分多，按各自的工业指标评价矿床，造成分采分爆的困难，采用当量指标，把伴（共）生组分折合成主元素来评价矿床，会更实际意义。如紫金山金矿，在矿床勘探时，边界品位按 $0.5\times10^{-6}$ 来圈定矿体，通过采选技术创新和管理创新，生产圈定矿体的边界品位不断降低，到目前已是 $0.2\times10^{-6}$，矿体厚度变大，形态完整，露采剥离量减少，成本降低（张锦章，2010）。罗卜岭铜钼矿床和悦洋银多金属矿床，在详查和生产探矿过程中，把伴（共）生有用组分折合成主成矿元素的当量指标，适当调整夹石剔除厚度，矿床评价同样获得理想的效果（张锦章，2011）。

### 五、紫金山矿田矿产勘查启示

紫金山矿田经过多年的勘查实践得出如下矿产勘查启示：

1）提出或完善紫金山矿集区矿床模式，提高了找矿效率，地质找矿取得重大成果，在 50 $km^2$ 的范围内，新增金金属量 237.56 t，铜金属量 212.15 万 t，银金属量 4359.29 t 和钼金属量 10.53 万 t。

2）以大量真实的生产技术经济指标为基础，勘查过程中开展动态综合评价（动态工业指标和当量工业指标）矿床越来越显示出重要性，是生产与地质勘查有效结合的结果，资源开发利用达到最大化。

3）应用短波红外光谱仪，配合矿业软件，准确识别蚀变矿物，示踪成矿流体，建立三维蚀变找矿模型，在找矿勘查中将发挥有效直观的作用。

4）地、物、化、遥综合找矿方法已为大家所接受，要强调的是物、化资料的二次开发研究，建立物探找矿模型和化探找矿模型，指导成矿预测。

## 第二节　四川甲基卡隐伏区稀有锂金属综合找矿模型

锂金属是重要的战略新兴关键矿产之一。目前世界锂资源消耗呈几何级倍数增长（付小方和张光明，2018），寻找超大型稀有锂金属隐伏矿已是中国矿床学界的一大重要课题。甲基卡地处青藏高原东南缘，是中国乃至世界上最大的以锂为主的稀有金属矿田之一，而且铍、铌、钽、铯可综合利用，具有广阔的开发前景（付小方等，2019a）。20 世纪 70~80 年代，四川省 402、404 地质队在甲基卡中南部累计发现花岗伟晶岩脉 498 条，共查明矿（化）脉 114 条，仅对 No.134 等 17 条伟晶岩矿脉进行了详查勘探，就确立其锂资源储量居中国第一。因此，甲基卡地区的锂金属勘查及其成果，不仅对于锂这个战略新兴关键矿产的开发利用还是作为一类稀有金属矿床的成矿研究，都具有非常重要的意义。

## 一、甲基卡稀有锂金属勘查概况

甲基卡广为第四系覆盖，以往的找矿和勘查工作主要局限在南部就脉找矿。通过对超大型X03锂矿床的找矿实践，建立了岩浆-变形-变质-成矿四位一体控矿要素和成矿模式（付小方等，2017），归纳总结了地质-地球物理-地球化学异常的内在关联，从远景区分析、找矿靶区圈定、矿床（矿）预测定位的层次与流程，建立的第四系掩盖区隐伏稀有锂金属的综合找矿模型，在指导稀有金属找矿中取得了快速突破，是一个典型的成功实例（付小方等，2019b）。因此，本部分就重点介绍对甲基卡锂矿研究比较系统的付小方等人所建立的综合找矿模型。

## 二、甲基卡区域成矿地质背景

在青藏高原北部横跨2800 km的巨型的松潘—甘孜—甜水海造山带，包括甲基卡，马尔康的李家沟和新疆喀喇昆仑的白龙山等超大型和大型锂矿床均沿此带分布（图10-6）。

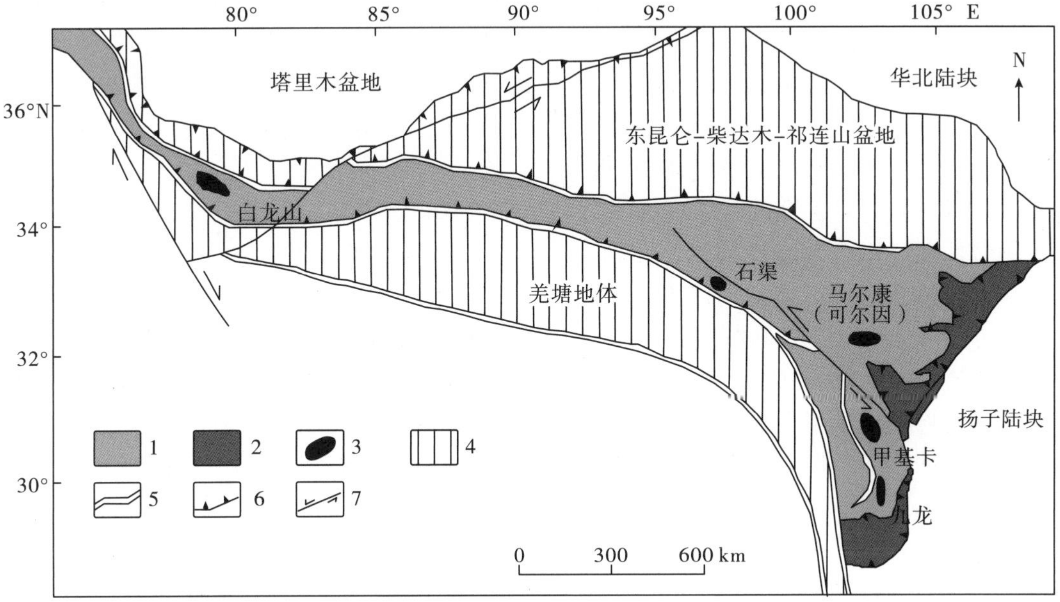


图10-6 青藏高原北部的松潘-甘孜-甜水海造山带位置图

（据许志琴等，2019）

1—松潘—甘孜—甜水海造山带的三叠系；2—松潘甘孜造山带中古元古代—古生代地层；3—锂矿带位置；4—周围地体；5—缝合带；6—逆冲断裂；7—走滑断裂

该巨型锂矿带赋存于巴罗式变质的三叠纪复理石地层中，自中生代晚期以来，该造山带多层次推覆-滑脱，特别是深部的滑脱作用过程伴随着地壳局部熔融，曾先后经历了SN向和EW向非共轴挤压收缩，在三叠系西康群复理石双向挤压收缩背形构造横跨叠加部位形成了浅部构造层次含锂的伟晶岩脉相伴的“花岗岩浆底辟穹隆群”。松潘—甘孜造山带中部的雅江被动陆缘中央褶皱-推覆带中段，长征、容须卡、甲基卡、瓦多以及木绒等地发育有椭圆形和圆形穹隆体，产在具有巴罗式低/中压-高温变质组合（矽线石-十字石-红柱石-石榴子石-黑云母）的三叠系西康群变质复理石岩系中，推测三叠系变质地层下可能存在大型的隐伏花岗岩基或热流体。这些穹隆构造曾被称作为热隆（许志琴等，1992）、花岗岩浆底辟穹隆（侯立玮和付小方，2002；付小方等，2017）和片麻岩穹隆（许志琴等，2019）。区内花岗伟晶岩（矿）脉，成群产布于这些穹隆体周缘的构造裂隙中。该区已发现稀有金属矿产地10余处，其中以甲基卡矿田规模最大（付小方等，2014、2015、2016）。

## 三、甲基卡矿田地质特征

### （一）矿田地质特征

甲基卡矿田受岩浆底辟穹隆控制，穹隆体由花岗岩体、伟晶岩脉以及晚三叠世西康群复理石沉积经动热变形-变质而成的构造片岩组成，呈近SN向展布（图10-7）。

花岗岩侵入于上三叠统侏倭组和新都桥组地层中，在南部马颈子和中北部的甲基甲米呈岩株、岩枝状出露，呈丘状正地貌。花岗岩主体未出露，仅出露边缘相，在岩体顶部仍见保留有上三叠统地层的残余顶盖。重力布格异常推断花岗岩主体隐伏于地表以下0~2000 m，呈近南北向不规则椭圆形展布，在甲基甲米以北逐渐延伸至深部，向NNW向倾伏，向东侧伏，顶面起伏不平（图10-8）。

二云母花岗岩以含锂辉石、高挥发分副矿物电气石、磷灰石以及石榴子石为特征，为高钾钙碱性强过铝质S型花岗岩，富含Li、Rb、Cs、Be、Ta、Nb、Sn、W等稀有金属元素，显示轻稀土元素富集、重稀土元素亏损，具有中等的负铕异常，属于富含稀有金属Li-F的二云母花岗岩（梁斌等，2016）。二云母花岗岩锆石同位素年龄为（223±1）Ma，伟晶岩成岩成矿时代为（214±2）~（216±2）Ma（王登红等，2005），表明成岩成矿作用时代相近，均发生于印支晚期，是松潘—甘孜陆内碰撞造山作用的产物。

巴罗型动热变质带以花岗岩为中心，向外依次发育十字石带、红柱石十字石带、红柱石带以及黑云母带。动热变质带大致呈SN向展布，面积约240 $km^2$，与重力布格异常推断隐伏花岗岩基的分布范围大致一致。在花岗岩株（枝）和伟晶岩（矿）脉外接触带发育电气石、堇青石热接触蚀变带，并切割了巴罗型变质带。在穹隆后期滞后伸展和热松弛阶段，又叠加了退变质作用的产物绢云母和绿泥石。花岗伟晶岩（矿）脉，主要受成穹前和成穹期构造裂隙系统的控制。构造变形样式大体以穹隆体为中心，向外呈系列式变化。十字石、红柱石、石榴子石、黑云母等具变斑晶剪切旋转及不对称结晶尾特征，在穹隆体顶部主要遭受垂直压扁作用，S3片理以横向转换为主，在穹隆体周缘则表现为呈环形向外倾斜，并具正向伸展滑移特点。区内花岗伟晶岩（矿）脉主要分布于穹隆顶部及其周缘成穹前或成穹期裂隙中。控脉（矿）裂隙类型主要有剪张裂隙、单一剪切裂隙、雁行状扭-张裂隙、X型网状裂隙、张性封闭型裂隙及层间裂隙。控脉裂隙走向均为近SN向，多数向西缓倾，倾角20°~50°为主，向深部倾角有变缓之势。

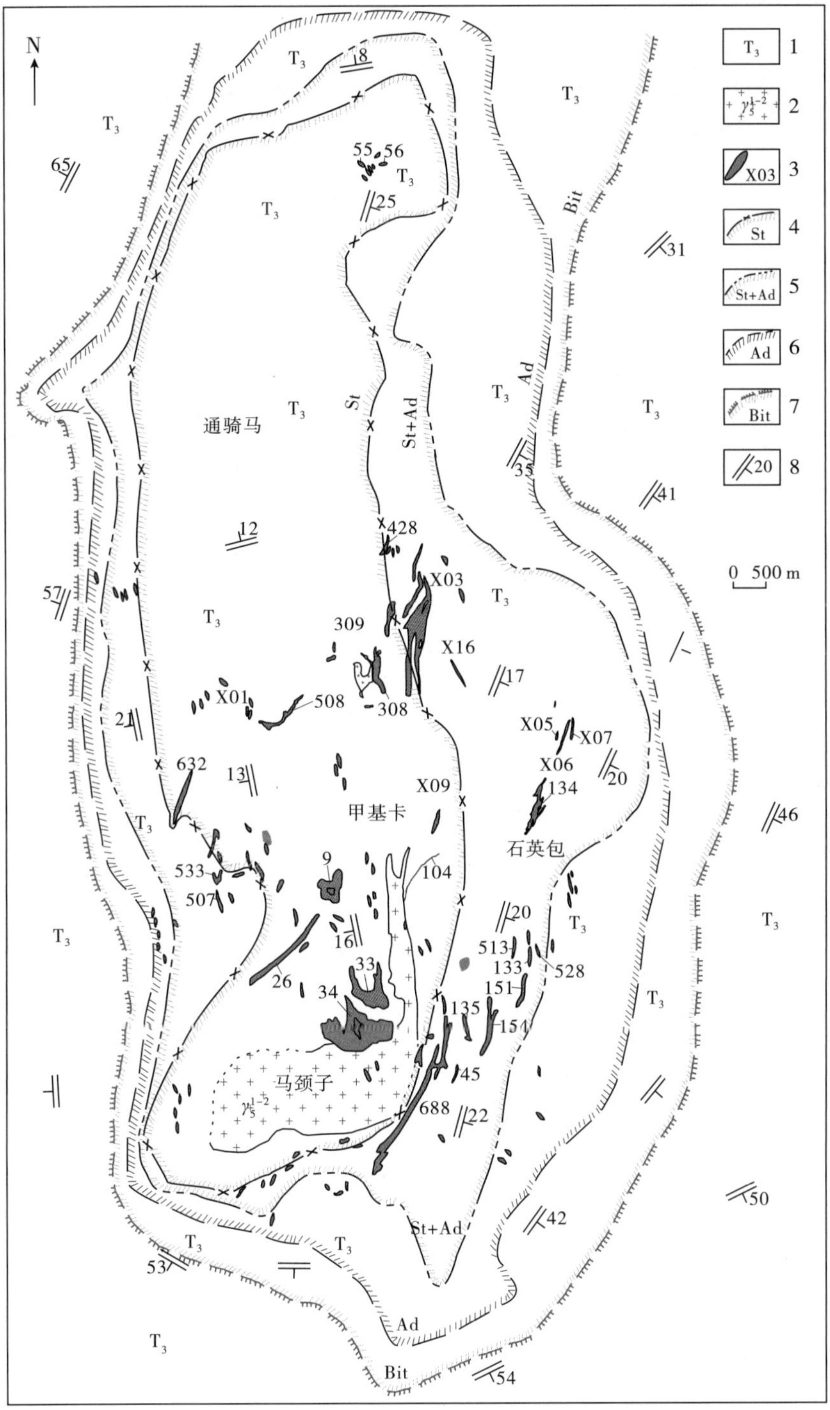


图 10-7　甲基卡矿田地质矿产略图

（据付小方等，2017）

1—上三叠统西康群；2—二云母花岗岩；3—伟晶岩（矿）脉及编号（X03 为 4300 m 标高投影）；4—十字石带；5—十字石红柱石带；6—红柱石带；7—黑云母带；8—片理产状

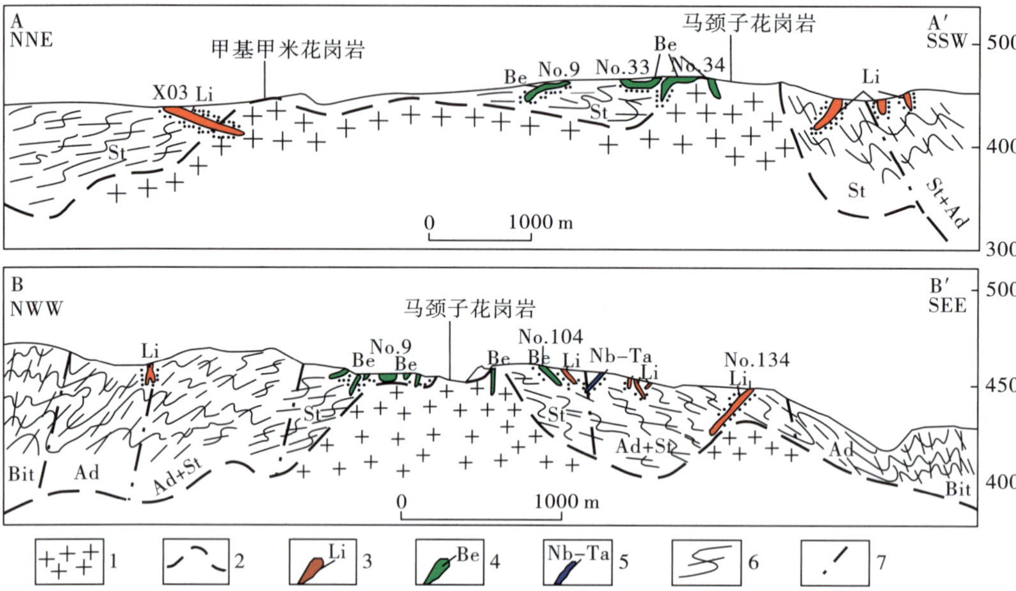


图 10-8　甲基卡花岗岩-岩脉-构造-变质穹隆构造图

（据付小方等，2019b）

南北向和东西向地质剖面图，曲线为重力推断花岗岩顶界面

1—二云母花岗岩；2—重力异常推断的岩体顶面；3—锂矿脉；4—铍矿脉；5—铌钽矿脉；6—片理；7—各带间界线；St—十字石带；Ad+St—红柱石+十字石带；Bi—黑云母带

甲基卡共发现花岗伟晶岩脉 509 条。主要呈分枝复合脉状、似层状、岩盆状产出，一般长 100~800 m，最长的 X03 脉达 2400 m，厚 1~125 m。由花岗岩体中心向外，大致分带依次为：微斜长石型（Ⅰ）→微斜长石钠长石型（Ⅱ）→钠长石型（Ⅲ）→钠长石锂辉石型（Ⅳ）→钠长石锂云母型（Ⅴ）→石英脉带（唐国凡等，1984），但相邻的伟晶岩带多相互重叠。围绕花岗岩岩珠（枝）由内向外大致具有 Be→Li→Nb+Ta→Cs 的分带变化。根据稀有金属伟晶岩脉的成因机制、矿化类型、形成富集方式等主要特点，将伟晶岩脉划分为：岩浆液态不混溶脉动式充填-交代型伟晶岩脉和岩浆分异-交代型伟晶岩脉（付小方等，2017）。

该矿田已发现含稀有金属矿（化）脉有 378 条，约占岩（矿）脉总数的 66%，并显示以锂为主，次为铍、铌、钽。具有工业价值的矿（化）脉有 124 条。规模达到超大型、大型及中型以上的矿床（脉群）有 20 余处。矿床工业类型主要有以 X03、309、134、154、668、632 号脉为代表的锂辉石细晶-伟晶岩矿床、528 脉为代表的铌钽铁矿伟晶岩矿床以及 09 脉为代表的绿柱石伟晶岩矿床。区内大多数伟晶岩（矿）脉不具有著名的新疆可可托海 3 号脉（邹天人等，2005）那样典型的对称结构带特征，而是呈微晶毛发-细晶粒状-中粗粒梳状锂辉石互层的韵律式条带。

### （二）典型矿床特征（以 X03 矿床为例）

X03 矿床（脉）位于甲基卡矿田北东部的麦基坦。行政区属雅江县木绒乡管辖。海拔 4300~4600 m，地形地貌属丘状高原区。地表 80% 被第四系覆盖。锂辉石伟晶岩矿

（化）脉侵位于上三叠统新都桥组的构造裂隙中，围岩为十字石二云母片岩、十字石红柱石二云母片岩。近脉围岩蚀变主要有电气石化、堇青石化，后期受热松弛的影响，绢云母、绿泥石化等退变质作用明显。

构造处于甲基卡岩浆底辟穹隆的北东侧，受穹隆体控制，总体表现一致。发育层间顺层掩卧褶皱，枢纽缓倾或近水平，S3 片理产状片理产状走向为 30°~40°，总体向南东向缓倾，倾角一般在 12°~18°。少数地方还保留有构造叠加置换的现象。变斑晶不对称结晶尾和剪切 S-C 组构，指示了运动学方向由 NWW 向 SEE 向的正向滑移。矿体受剪张裂隙控制，钻探证明 X03 脉与西侧的 309 脉相连，并与甲基甲米二云母花岗岩枝（308 脉）相连通（图 10-9），构成了开放型的导矿和控矿系统（付小方等，2017）。矿（体）脉形态以分枝复合大脉为主。地表仅出露有零星露头。矿（体）脉长 2400 m，平均厚度为 36 m，最厚处达 124 m。矿（体）脉走向 20°~30°，向西缓倾，倾角 20°~35°。延伸至 300~500 m。X03 脉向南尚未封闭，正在勘查控制中。矿石结构根据矿物结晶粒度和形态可分为微晶毛发结构、细晶结构、中粗粒梳状结构、巨晶粒状结构。其中以微晶毛发结构、细晶结构为主的矿石占 80%左右，其次是中粗梳状结构的矿石。构造以发育微晶毛发-细晶粒状-中粗粒韵律式条带为特征，带宽数厘米至数十厘米不等，显示了快速充填冷却结晶和脉动的特点。

主要脉石矿物为钠长石、钾长石（微斜长石、条纹长石）、石英、白云母等。稀有金属矿物主要为锂辉石，其次有少量锂云母、腐锂辉石、锂电气石、磷锂锰矿、铌钽铁矿、绿柱石、曲晶石、磷锂锰矿等，主要稀有金属工业矿物为锂辉石，次为铌钽铁矿、绿柱石。主要副矿物有锡石、电气石、金红石等。

矿石成因类型属于钠长石-锂辉石型花岗伟晶岩。矿石自然类型为梳状锂辉石型、微晶毛发状和细晶粒状锂辉石型以及巨晶柱状锂辉石型。矿床工业类型主体为微晶-细晶锂辉石矿石。X03 脉矿化比较均匀，全脉矿化，$Li_2O$ 品位为 1.47%，其含量从上而下呈锯齿状振荡变化。向下至 4200 m 海拔标高，矿化开始减弱，逐渐变为以细晶及微晶锂辉石为主体的条带。另外，共伴生的 Be、Nb、Ta、Rb、Cs 及 Sn 的品位等均达到了综合利用的工业要求。

## 四、甲基卡综合找矿模型

### 1. 成矿规律及成矿模式

付小方等（2017）建立了甲基卡式花岗伟晶岩稀有矿床成矿模式，主要基于如下地质特征及成矿规律：①矿床主要产于被动大陆边缘，碰撞造山双向挤压地壳加厚、先热后隆和局部熔融作用加强，形成了强过铝质、富含 Li、Be、Cs、Rb、Ta、Hf、W、Sn 等稀有金属成矿元素以及 F 等元素的花岗岩及伟晶岩。稀有金属成矿物质主要来源于二云母花岗岩岩浆，西康群复理石碎屑沉积围岩可能也有一定的贡献。②二云母花岗岩与伟晶岩都产于岩浆底辟穹隆和巴罗型变质带内，伟晶岩（矿）脉环绕二云母花岗岩体呈环带状分布，总趋势是在降温过程中形成的（唐国凡等，1984）。P-T-T-D（压力-温度-时间-成矿阶段）轨迹显示具有变形-变质-岩浆-成矿四位一体的特点（侯立玮等，2002）。③穹隆体的变形在热隆体顶部主要表现为纯剪切，在其周缘则表现为正向简单剪切。在岩浆

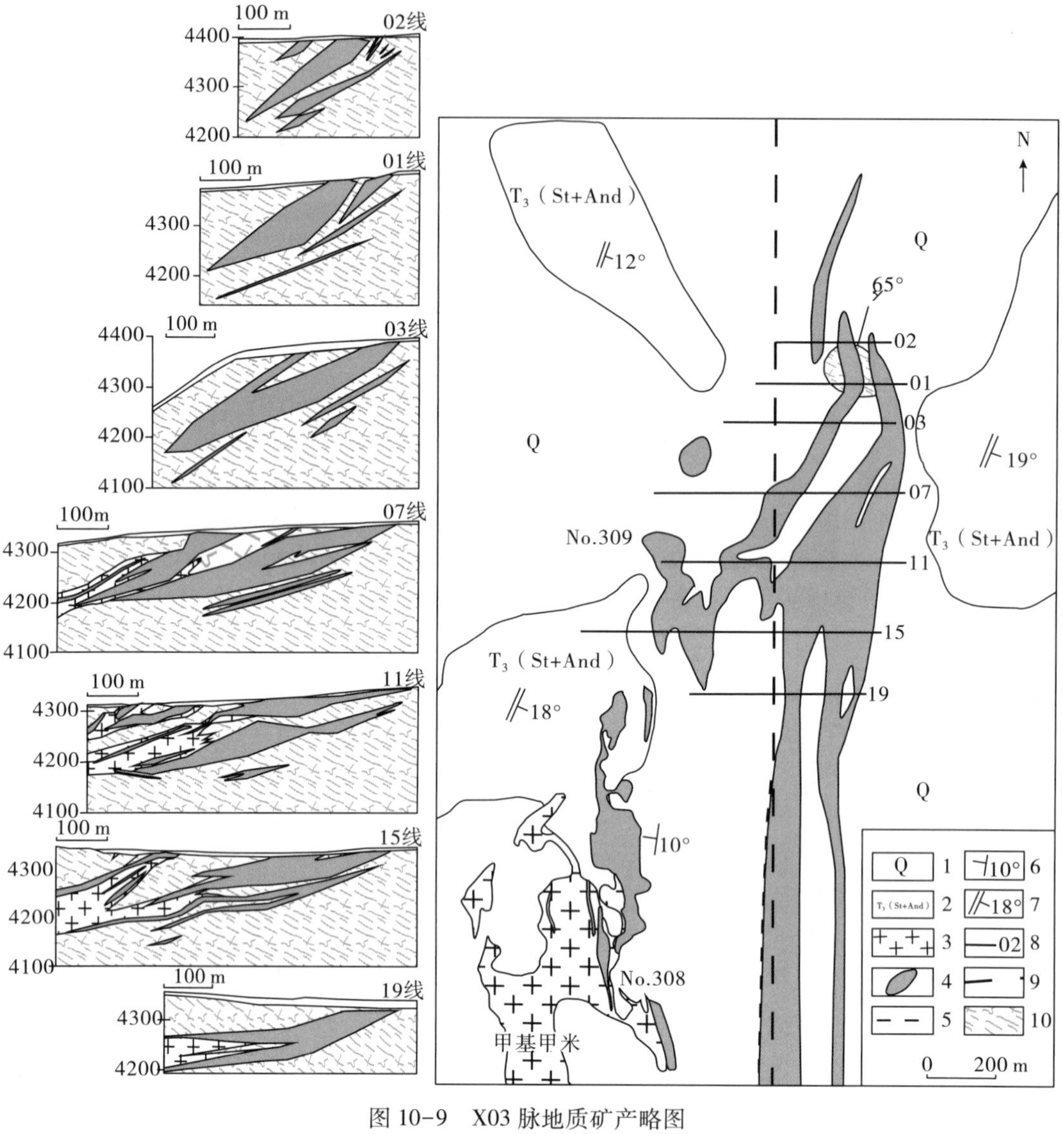


图 10-9 X03 脉地质矿产略图

（据付小方等，2019a）

1—第四系覆盖区；2—上三叠统十字石红柱石二云母片岩；3—二云母细粒花岗岩；4—伟晶岩矿脉及编号（X03 为 4300 m 标高投影）；5—堇青石电气石角岩带；6—片理产状；7—伟晶岩脉接触产状；8—勘探线及编号；9—矿权界线；10—十字石红柱石二云母片岩；St—十字石；And—红柱石

底辟侵位转化伸展机制的过程中，发育一系列张性和剪张裂隙，为伟晶岩熔体上升提供了良好的通道和聚集场所，从而控制了稀有伟晶岩矿（脉）床的产出。容矿构造类型由岩体冷凝裂隙-层间裂隙、张裂隙、剪切裂隙组成。大多数裂隙处于相对开放状态，与二云母花岗岩和伟晶岩岩浆源保持着联通（付小方等，2015、2017）。④随着壳熔花岗岩浆底辟上侵，压力快速降低，加大了稀有金属、挥发分等组分与硅酸盐熔体的不混溶程度，形成了富含稀有金属的液态不混溶 Li-F 花岗伟晶岩浆源，这为在开放型裂隙系统的脉动式多期次充填-交代作用（少数属“岩浆分异-自交代型”）下，甲基卡主要伟晶岩矿脉为何不具对称结构分带，形成规模巨大的微晶-细晶岩型锂辉石矿石提供了一种解释。

**2. 甲基卡式稀有金属矿床综合找矿模型**

单一找矿模型及其应用，一般突出了各种找矿标志，为获得它们有效的成矿关联信息，从找矿靶区确定、矿床预测、矿体预测的层次与流程，建立了甲基卡式稀有金属矿床的综合找矿模型，如表 10-1 所示。

**表 10-1 甲基卡式花岗伟晶岩型稀有金属床综合找矿模型**

| 层次与流程 | | 找矿标志及找矿准则 | 找矿技术方法 |
|---|---|---|---|
| 找矿靶区确定 | 地质标志 | ①构造单元：松潘—甘孜造山带被动陆缘残余海盆滑脱-推覆褶皱带<br>②双向挤压收缩背形构造横跨叠加部位<br>③中生代壳熔型花岗岩浆浅层次底辟穹隆顶部及周缘<br>④含矿地层为晚三叠世西康群复理石浅变质碎屑岩<br>⑤环绕穹隆体发育黑云母-铁铝榴石-十字石（红柱石）-蓝晶石和矽线石渐进动力热流变质特点的片岩带和热接触角岩带 | 1∶20 万、1∶25 万区域地质调查报告及区域地质构造专著综合分析研究<br>野外重点调查 |
| | 物化遥标志 | ①小比例尺区域重力低剩余重力异常区<br>②小比例尺区域航磁 $\Delta T$ 弱磁异常区<br>③小比例尺民水系沉积物 Li、Be、Rb、Cs 异常增高区<br>④与穹隆体核部花岗岩、伟晶岩、细晶岩、断裂带有关的环形和线形影像，以及重力和磁源重力资料反演得到的花岗岩顶界面信息 | 1∶100 万、1∶50 万重力异常图和 1∶100 万、1∶50 万磁异常资料收集<br>1∶20 万 Li 元素地球化学异常资料收集<br>高分辨率遥感解译<br>甲基卡 1∶2.5 万重力测量 |
| 矿床预测 | 地质标志 | ①距穹隆体核部花岗岩体顶部及外接触带 0~1000 m<br>②穹隆体顶部及周缘层间剥离空间，以及纵、横控矿控岩裂隙系统，尤其是与花岗岩连接的开放型裂隙系统<br>③近岩（矿）围岩具云英岩化、电气石化气液蚀变 | 甲基卡 1∶1 万地质填图 |
| | 物化探标志 | ①土壤化探 Li、Be 异常浓集中心突出，与 Be、Rb、Cs 异常套合好<br>②综合地质剖面及钻孔中，原生岩（矿）脉对应 Li、Rb、Cs 高值区段，与成矿具有成因联系的花岗岩 Li、F、B 含量较高<br>③大比例尺视电阻率大于 8000 Ω·m 的南北条状异常带，指示存在伟晶岩、细晶岩和花岗岩，电阻率曲线波峰对应高阻异常体顶部，电阻率越大异常体厚度越大 | 甲基卡 1∶1 万土壤化探<br>甲基卡地区综合地质剖面及验证钻孔岩芯取样分析资料<br>甲基卡 1∶5000 激电测量 |
| 矿体预测 | 地质标志 | ①含矿伟晶岩转石残坡积及基岩露头<br>②具岩浆液态不混溶脉动式充填-交代型和岩浆结晶分异-自交代成因特征花岗伟晶岩<br>③钠长锂辉石型花岗伟晶岩脉的出现 | 1∶2000 地质追索填图<br>坡残积锂矿石“追根溯源”<br>探地雷达（超高频电磁波）探测<br>便携式取样钻 |
| | 物化探标志 | 经大比例尺激电高阻异常定位和土壤化探异常定性，预测有资源体存在，并经钻探验证见矿的部位 | 地质、地球物理、地球化学等单一找矿模型综合研究，与钻探验证 |

（据付小方等，2019b）

## 五、甲基卡综合找矿启示

纵观国内外隐伏超大型稀有矿床的发现史，即可知道甲基卡稀有锂矿床的找矿突破不是一蹴而就的，尤其是在找矿难度日益增大的情况下，单一的异常找矿方法已不能适应找矿需要。在总结成矿规律的前提下，遵循“从已知到未知、从理论到实践、再理论再实践”的原则，通过深入分析矿床的地质、地球物理勘探、地球化学勘探等资料，归纳总结出地质-地球物理-地球化学的综合异常特征，建立的第四系覆盖区稀有金属矿床综合找矿模型，在指导快速找矿方面取得了突破，打破了第四系浮土草甸覆盖区“无矿”的禁锢，是一个成功的实例。甲基卡穹隆体的顶部及两翼，封闭条件良好，区内除已查明的矿化伟晶岩脉外，尚可能有隐伏矿脉存在。第四系覆盖面积大。仅就脉找矿寻找出露地表的伟晶岩（矿）脉，前景仍然是有限的。地球物理测量显示，矿田内尚有不少隐伏矿脉存在，找矿潜力大。下一步找矿应继续加强矿田深部地质结构、花岗岩基深部的延伸及岩石组合特征、伟晶岩（矿）脉的垂直分异及形成富集规律等研究，继续深入探索，关注重力异常推断的隐伏花岗岩株（枝）形成“小穹隆”周缘的浅部隐伏且与花岗岩株相连的伟晶岩（矿）脉，尤其是应开展深部锂等稀有金属的资源潜力评价工作。

# 第十一章　国外找矿模型案例

在当前对矿产资源需求剧增而找矿难度越来越大，以及我国矿业“走出去”战略深入实施的背景下，如何选择一种科学、完善、有效的矿产评价体系，成为矿业相关企业必须要面对的课题。非洲矿产资源丰富，其中大多数国家地质工作程度低，吸引着国外投资，但又受当地矿业投资政策变化、工作时间、资金投入等多方面的制约。目前以地质勘查为前提，结合地球物理、地球化学的多元信息综合找矿方法，其经济、快速之优势受到越来越多的重视，进而逐渐成为地质找矿工作者的首选。铁矿石是钢铁工业的“粮食”，而沉积变质型铁矿又是富铁矿石的重要来源，塞拉利昂马邦托地区铁矿资源丰富，前人在该区建立的地质-地球物理找矿模型得到了有效验证，可以作为寻找国外沉积变质型铁矿的典型案例。津巴布韦金矿资源丰富、勘查程度也较低。近年来，津巴布韦政府加大了矿业投资鼓励力度。自 1980 年中津两国建立外交关系以来，双边务实合作成果丰硕，中津关系堪称中非团结合作的典范。津巴布韦 Chelsea East 金矿区中津合作多元信息综合找矿效果好，亦可作为国外综合勘查技术典范。

## 第一节　塞拉利昂马邦托地区铁矿预测模型

马邦托地区位于塞拉利昂北方省，盛产铁、金（李玉嵩等，2014；马林霄，2015；董少波等，2016）。近年发现了巴伐亚（Gpafaya）、索克亚（Sokoya）等大型铁矿，逐渐成为非洲重要铁矿资源基地。郝玉军等（2019）在马帮托区内巴伐亚铁矿床地质特征的基础上分析区域铁矿成矿规律，建立成矿模式和预测模型，并得到地质-地球物理工作验证，对强覆盖区铁矿寻找具有指导意义。

### 一、区域成矿条件

塞拉利昂位于非洲大陆西侧的西非克拉通西南缘，全国 80%的面积出露太古宙结晶基底，仅在大西洋沿岸地区出露新生代盖层和早古生代盖层。马邦托地区位于塞拉利昂中东部，苏拉山—坎格瑞丘陵弧形构造带的中南段（图 11-1），西与早古生代罗克莱德斯（Rokelides）造山带相邻（Williams 等，1982）。

研究区出露地层除沟谷第四系外，全部为由中太古宙（$Ar_2$）和新元古代（$Ar_3$）变质岩构成的结晶基底。中太古宇由 LG-深变质的同造山花岗岩组成，主要岩性有斑状变晶条带状片麻岩、辉石眼球状片麻岩、混合花岗岩、混合片麻岩、糜棱岩等；新太古宇坎布衣超群（Kambui Supergroup）为一套绿岩带建造，主要岩性为：下部 Ls-中基性岩浆岩变

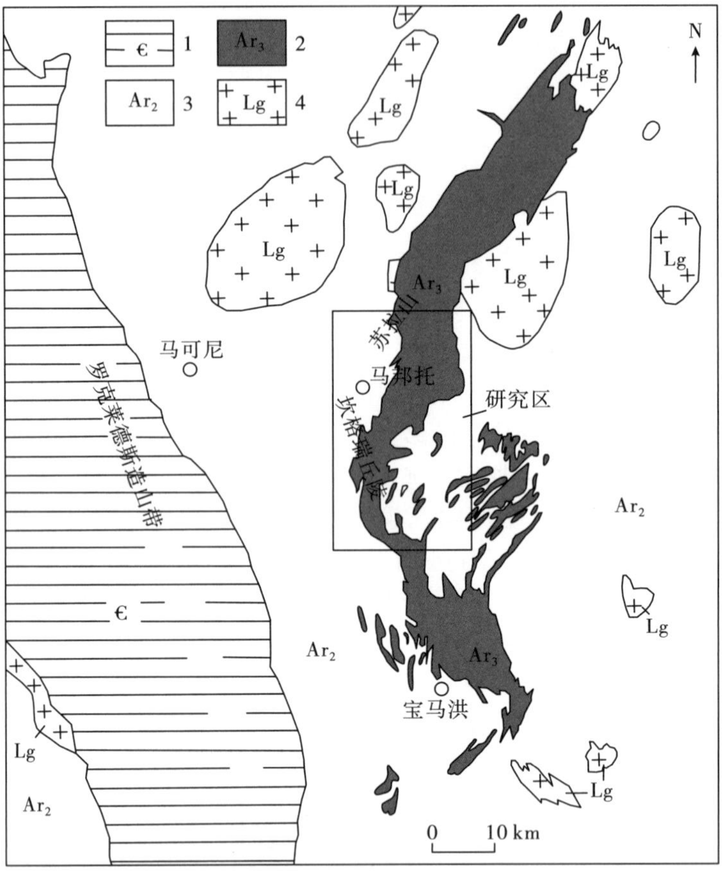


图 11-1　马邦扎地区区域地质图

（据郝玉军等，2019）

1—寒武系页岩、砂岩、正石英岩、安山熔岩、玄武岩、凝灰岩；2—新太古代坎布衣超群中基性岩浆岩变质岩、碎屑岩变质岩；3—中太古代深变质同造山花岗岩；4—新元古代晚期斑状变晶花岗岩、花岗闪长岩等

质岩，上部 Lt-碎屑岩变质岩。研究区位于苏拉山—坎格瑞丘陵弧形构造带由 NNE 向 NNW 的转折部位，主体构造为 NNE—NNW 向褶皱、断裂构造。研究区岩浆活动主要集中在太古宙，中太古宙同造山花岗岩活动频繁，新元古代坎布衣期海底火山活动剧烈、以基性—超基性岩浆喷发为主，坎布衣期后仍有小规模的花岗岩、花岗闪长岩等沿近 SW 向的线性构造侵入。太古宙后，本区逐渐平稳，形成稳定的克拉通。

## 二、巴伐亚铁矿床地质特征及成矿模式

### 1. 巴伐亚铁矿区地质特征

研究区铁矿资源丰富，近年来已经发现了巴伐亚、索克亚等铁矿床。巴伐亚铁矿床以 F1 断裂为界，由南、北 2 个矿段组成，总体沿绿岩带呈 NNE—NE 向（图 11-2）。

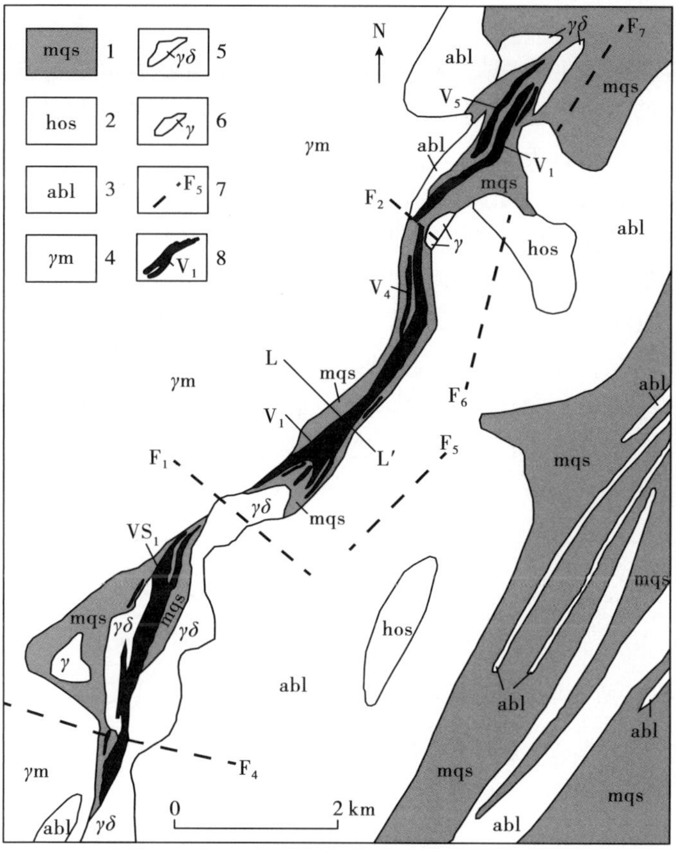


图 11-2　巴伐亚铁矿区地质图
（据郝玉军等，2019）
1—云母石英片岩；2—角闪石英片岩；3—斜长角闪岩、斜长角闪片麻岩；4—混合花岗岩；5—斑状变晶花岗闪长岩；6—花岗岩；7—断裂；8—主要铁矿体及编号

（1）地层

矿区出露地层全部为太古宙结晶基底。中太古界由混合花岗岩（7 m）组成；新太古界由中基性岩浆岩变质岩、碎屑岩变质岩组成。中基性岩浆岩变质岩主要岩性有角闪石英片岩、斜长角闪片麻岩、斜长角闪岩等；碎屑岩变质岩主要岩性有云母石英片岩、磁铁石英片岩等。

（2）构造

矿区位于绿岩带内，主体构造为 NE—NNE 向的褶皱、断裂，另外叠加了后期 NW 向、近 EW 向的断裂。NE—NNE 向褶皱、断裂控制着绿岩带、地层、铁矿体整体分布；NW 向、近 EW 向断裂为成矿后构造，对矿体形态破坏较大。

（3）岩浆岩

绿岩带形成后，新元古代晚期矿区岩浆活动仍较为强烈，花岗岩、花岗闪长岩等沿断裂、褶皱构造呈岩脉状或呈小规模岩株状产出。

## 2. 巴伐亚铁矿矿床地质特征

(1) 矿体特征

矿体全部赋存在绿岩带碎屑岩变质岩内，赋矿岩性主要为磁铁石英片岩，次为磁铁云母石英片岩、含石榴子石磁铁石英片岩。围岩主要为云母石英片岩、含磁铁矿云母石英片岩，少量矿体围岩为角闪石英片岩，矿体与围岩呈整合接触或呈渐变接触关系。矿区有 2 条规模较大的铁矿体，分别为北矿段 V 矿体、南矿段 VS 矿体、V 矿体，矿体走向延伸 5600 m，倾向延深超过 1000 m，矿体厚 14～238 m、平均厚度 109 m，厚度变化系数 57.2%；平均品位 TFe 为 29%、MFe 为 22%，品位变化系数 TFe 为 6.4%、MFe 为 12%。VS 矿体走向延伸 3200 m，倾向延深超过 700 m，矿体厚 4190 m、平均厚度 97 m，厚度变化系数 58.2%；平均品位 TFe 为 29%、MFe 为 20%，品位变化系数 TFe 为 3.3%、MFe 为 8.3%。其余矿体规模较小，为主矿体因构造、岩体侵入撕裂分离出的小矿体，与主矿体平行产出。矿区铁矿体整体呈层状、似层状，局部因夹石多而分枝复合。矿体产状较为稳定，与地层一致（图 11-3）。

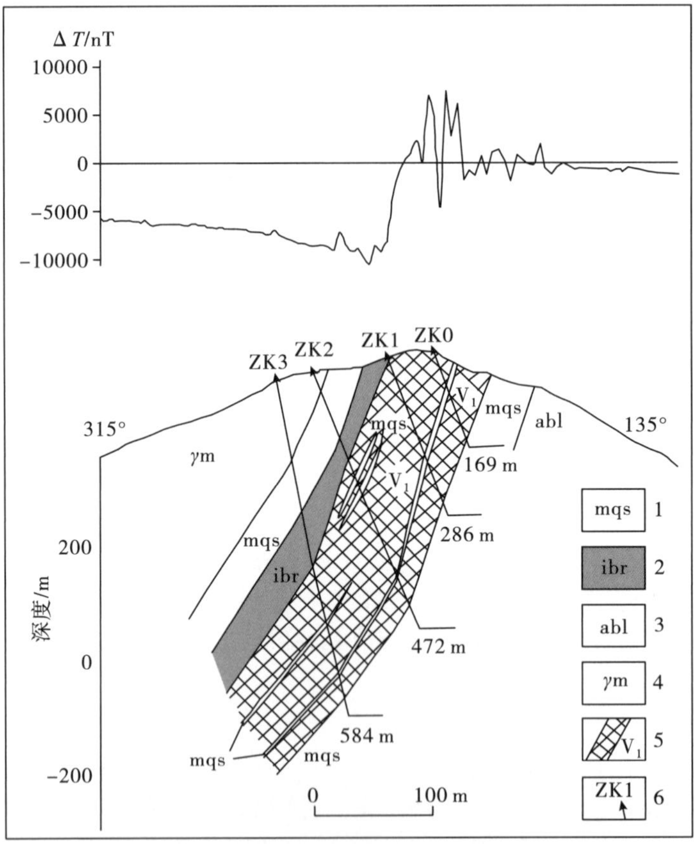


图 11-3 巴伐亚铁矿 L—L′线地质高磁综合剖面图

（据郝玉军等，2019）

1—云母石英片岩；2—磁铁石英片岩；3—斜长角闪岩、斜长角闪片麻岩；4—混合花岗岩；5—磁铁矿体及编号；6—钻孔施工位置

（2）矿石特征

矿石中矿物成分简单。金属矿物主要为磁铁矿及地表氧化次生的赤铁矿、褐铁矿，另有少量的含铁硫化物黄铁矿、磁黄铁矿、黄铜矿等。脉石矿物主要为石英，次为普通角闪石、黑云母、石榴子石等。矿石结构以细粒柱状、粒状变晶结构为主，次为鳞片状变晶结构、交代溶蚀结构。矿石构造以条带状构造、条纹状构造为主，次为块状构造、浸染状构造。

铁以磁性铁为主，主要赋存于磁铁矿中，占有率85.16%；其次为赤铁矿和褐铁矿，占有率5.83%；其余为硅酸铁和硫化铁，占有率9.01%。矿石自然类型为微细粒条纹-条带状石英型磁铁矿石，工业类型属需选铁矿石。

**3. 矿床成因及成矿模式**

研究区铁矿空间分布最显著的特点是受一定的地层层位控制，全部产出于新元古代绿岩带中基性岩浆岩、变质岩-碎屑岩、变质岩-铁硅建造内。铁矿体赋存在磁铁石英岩中，矿体与地层呈整合接触。研究区内的巴伐亚、索克亚铁矿床地质特征类似，均产出于新元古代绿岩带内，具有规模大、品位低的特点，矿体与围岩整合接触、产状与地层产状一致，矿石组分简单、主要由磁铁矿和石英组成，具有典型的条带状构造。巴伐亚铁矿床为沉积变质型铁矿，类似于我国的鞍山式铁矿（图11-4）。

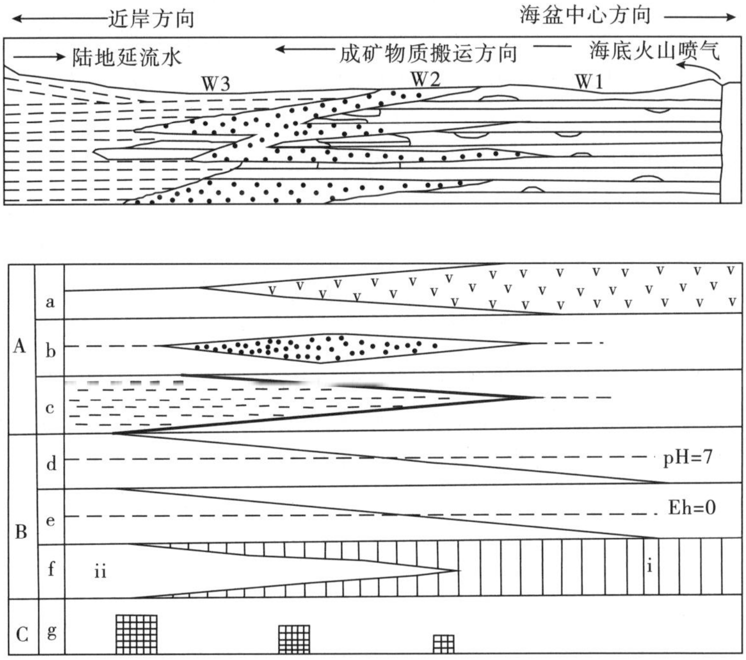


图11-4　太古宙条带状磁铁石英岩成矿环境模式图

（据刘军，2008）

I—沉积成矿水体环境；W1—强酸性水环境；W2—酸碱性交替环境；W3—中酸性—弱碱性水环境；II—地层原岩建造剖面；A—地层原岩组成；B—沉积水体特征；C—铁矿床发育特征；a—海底火山喷溢的基性火山岩；b—海底火山喷发的中酸性凝灰质火山岩；c—陆源泥质-粉砂质泥积岩；d—水体中的酸碱度；e—水体中的氧化电位；f—水体成分；g—矿床规模；i—海底火山影响的酸性水；ii—陆地径流水影响的中性—弱基性水

沉积变质型铁矿的成矿模式研究者众多，一般将其分为两个阶段，一是沉积成岩阶段、二是叠加改造阶段（李厚民等，2012；肖凡等，2015；徐英霞等，2015；时培哲等，2017）。

新元古代早期苏拉山—坎格瑞丘陵一带处于古岛弧环境，频繁的海底火山活动将大量富含铁质的基性—超基性岩浆喷发到海底形成基性洋壳。海底岩浆活动加热海水形成热流从基性洋壳中大量淋滤出 Fe、Si 等元素，同时海底热泉喷发出富含 Fe、Si 元素的热液。热液在海水对流作用下涌到海陆边缘，由于温度、压力、Eh、pH 等环境因素的改变而沉淀。由于热流的上升是周期性的，因此形成了条带状铁硅建造。铁硅建造沉积后，本区又经历了绿片岩相—角闪岩相的区域变形变质作用，铁硅建造发生分异，铁质成分重结晶形成磁铁矿、硅质成分形成石英，并且矿物发生重结晶，颗粒变粗，变成沉积变质型铁矿。随着区域变质作用的发展，该区叠加了 NW 向、近 EW 向断裂构造，花岗岩、花岗闪长岩等侵位，一方面破坏了原有矿床，另一方面也使得铁矿中的铁质进一步重组富集，形成富铁矿。另外，西非克拉通形成后，本区持续隆起抬升经历了长期的风化淋滤作用，在地形有利地段形成了氧化铁富矿体。索克亚铁矿原生铁矿体形成了厚 1350 m 的氧化铁矿体，TFe 平均品位 53%。

**4. 矿床地球物理特征**

（1）磁性参数

本区花岗岩、混合花岗岩、云母石英片岩、角闪石英片岩、斜长角闪片麻岩、斜长角闪岩等均显示弱磁性，磁化率一般在 $0\sim1000\times10^{-5}$ SI 之间；而磁铁石英片岩磁性较强，磁化率 $876\times10^{-5}\sim62668\times10^{-5}$ SI、几何均值 $16916\times10^{-5}$ SI，且显示磁铁矿含量越高、磁化率越高。

（2）航磁异常特征

巴伐亚铁矿位于区域 6 个航磁异常中的 Y5 航磁异常区内。Y5 异常整体走向北东，轴向长度约 14 km，最宽处 5 km，呈负-正-负-正-负的分布特征，以负磁异常为主（图版 15a）。3 个负异常呈北东向串珠状分布，南部负异常长轴 2. 9 km，短轴 1. 6 km，负极值为-1090 nT，走向 45°；中部负异常长轴 3. 1 km，短轴 1. 4 km，负极值为-2820 nT，走向 40°；北部负异常长轴 1. 9 km，短轴 1. 2 km，负极值为-646 nT，走向 60°。铁矿体产出部位与负磁异常位置相当，倾向低缓负磁梯度带方向；小规模正磁异常中心部位对应了花岗岩、花岗闪长岩出露位置。巴伐亚村附近的正异常轴向呈北西向，与 F1 断裂位置大致相当。F1 断裂将原为同一矿体的 V1 和 $VS_1$ 错断，但沿 F1 断裂侵位的花岗闪长岩同时也造成了 VI 矿体南部局部膨大、变富。

（3）地面高磁特征

1∶2000 高精度磁法剖面测量结果显示：矿床 ΔT 变化范围在-18705. 20～33948. 90 nT 之间。矿区中部存在一条长 6000 m 的磁异常带，与铁矿体出露位置大致相当。正磁异常与负磁异常的结合部一般对应铁矿体的上盘地表出露位置，负磁异常位置对应矿体倾向延深方向。

## 三、塞拉利昂马邦托区域铁矿找矿预测模型

以巴伐亚等铁矿床地质特征及产出环境，并结合物探特征等建立了本区沉积变质型铁矿预测模型，见表 11-1。

表 11-1　马邦托地区沉积变质型铁矿预测模型

| 要素 | | 描述内容 |
|---|---|---|
| 地质环境 | 大地构造位置 | 西非克拉通，苏拉山—坎格瑞丘陵弧形构造带中南部 |
| | 成矿时代 | 新元古代 |
| | 赋矿层位 | 坎布衣超群绿岩带，中基性岩浆岩、变质岩-碎屑岩、变质岩-铁硅建造 |
| | 赋矿岩性 | 磁铁石英片岩、磁铁云母石英片岩、含石榴子石磁铁石英片岩 |
| | 断裂构造 | NNE 向、NW 向、近 EW 向断裂构造 |
| | 褶皱构造 | NNE—NNW 向褶皱 |
| | 岩浆岩 | 矿区东部见有大量的基性、超基性岩浆岩、变质岩分布；矿体附近见有诸多花岗岩、花岗闪长岩呈岩脉状或小规模岩株状产出 |
| | 变质作用 | 经历大面积的区域变形变质作用，变质程度可达绿片岩相—角闪岩相 |
| 矿床特征 | 矿体规模 | 矿体产状与地层一致，主矿体走向延伸长 5600 m，倾向延深超过 1280 m，矿体厚度 14～238 m、平均厚度 109 m，变化系数 57.2%。矿体规模大 |
| | 矿石品位 | 平均品位 TFe 为 29%，MFe 为 22%，品位变化系数 TFe 为 6.4%，MFe 为 12%。矿石品位较低、稳定 |
| | 矿体形态 | 主矿体厚度较为稳定，矿体呈层状、似层状，局部因含夹石而分支复合 |
| | 矿石组构 | 矿石结构以细粒柱、粒状变晶结构为主，次为鳞片状变晶结构、交代溶蚀结构；矿石构造以条带状构造、条纹状构造为主，次为块状构造、浸染状构造 |
| | 矿物组合 | 矿石金属矿物主要为磁铁矿及地表氧化次生的赤铁矿、褐铁矿；脉石矿物主要为石英，次为普通角闪石、黑云母 |
| | 围岩和夹石 | 围岩和夹石为云母石英片岩或磁铁石英片岩，少量为角闪石英片岩 |
| | 地表找矿标志 | 矿体地表露头，条带状磁铁石英片岩滚石、铁帽 |
| 物探特征 | 1∶5 万航磁 | 矿体产出位置一般对应负磁异常，异常规模越大，矿体规模越大，极值越高，矿石越富。矿体倾向与低缓负磁梯度带方向一致 |
| | 地面高磁剖面 | 磁异常剖面形态基本可以反映铁矿体形态。正磁异常与负磁异常的结合部一般对应铁矿体的上盘地表出露位置，正磁异常对应矿体地表出露位置，负磁异常位置对应矿体倾向延深方向 |

（据郝玉军等，2019）

## 四、塞拉利昂马邦托区域找矿方向及找矿标志

区内有 6 个航磁异常沿苏拉山—坎格瑞丘陵呈串珠状分布（图 11-5）。Y1 异常位于中太古宇混合花岗岩中，不具备沉积变质型铁矿成矿条件。Y2、Y3、Y4 等异常区也进行了地质勘查。经验证均为矿致异常，但勘查程度不高。Y5 异常经地质勘查，探获巴伐亚铁矿。铁矿石资源量近 28 亿 t；Y6 异常探获索克亚铁矿，铁矿石资源量近 5 亿 t（塞拉利昂北方省 SOKOYA 矿区铁矿详查报告，中色地科矿产勘查股份有限公司，2015）。两矿床均未见底，仍有扩储空间。

基于巴伐亚、索克亚铁矿的勘查经验和矿床地质特征，马邦托地区乃至整个西非强覆

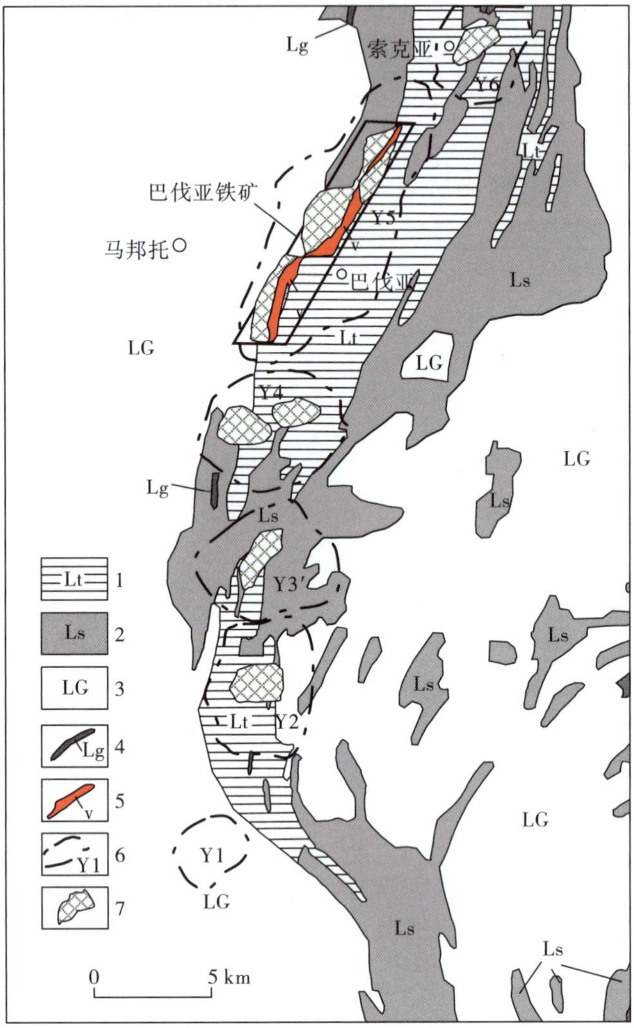


图 11-5　马邦托地区铁矿预测图

（据郝玉军等，2019）

1—新太古宇碎屑岩、变质岩；2—新太古代中基性岩浆岩、变质岩；3—中太古代混合花岗岩；4—新元古代晚期花岗岩、花岗闪长岩等；5—巴伐亚铁矿区矿体地表出露位置；6—航磁异常；7—预测铁矿体水平投影位置

盖区沉积变质型铁矿找矿标志如下：①地层标志，西非地区沉积变质型铁矿均产出于新元古代绿岩带内。②物探异常，航磁测量能快速有效的圈定铁矿找矿靶区、负磁异常对应铁矿体投影位置，大比例尺高磁测量能准确定位铁矿体，反映矿体形态。③条带状磁铁矿滚石和风化后的“铁帽”是最直接的铁矿床地表反映。④地貌标志，沉积变质型铁矿的赋矿岩性为磁铁石英岩，质地坚硬、化学性质稳定、不易风化，易形成正地形。

## 五、塞拉利昂马邦托区域找矿勘查启示

1）塞拉利昂马邦托地区位于苏拉山—坎格瑞丘陵弧形构造带的中南部，铁矿成矿地

质条件优越。

2）马邦托地区的铁矿床产出于新元古代绿岩带建造内，具有规模大、品位低的特点，矿体产状与地层产状一致，矿石主要由磁铁矿和石英组成，具有典型的条带状构造。矿床类型为沉积变质型铁矿，类似于我国的鞍山式铁矿。

3）马邦托地区的铁矿找矿潜力仍然巨大。该区岩（矿）石特性（尤其是磁性）差异较大，地质-地球物理方法勘查效果较好。区内巴伐亚、索克亚铁矿床仍有扩储空间，Y2、Y3、Y4 异常区也有探获大型-超大型铁矿的潜力，并且 Y2 异常区为寻找富铁矿的有利地段。

## 第二节　津巴布韦 Chelsea East 金矿床综合找矿模型

Chelsea East 金矿区位于津巴布韦首都哈拉雷北东约 130 km 处。津巴布韦金矿资源丰富，主要产于津巴布韦中北部地区的太古宙花岗岩—绿岩地体中，是非洲第二大黄金资源国，资源量仅次于南非（李如满等，2010）。但受矿产资源分布专属性限制，矿业活动主要集中在津巴布韦中部，而东北部地区的金矿开采活动多限于小规模的个体行为，比较系统的地质勘查工作近于空白。因此，津巴布韦北东部地区金矿勘查开发潜力巨大。

### 一、区域成矿背景

在大地构造上，Chelsea East 金矿床位于津巴布韦克拉通东北部边缘 Dindi 绿岩带之上，北与近 EW 向展布的新元古代赞比西活动带相接。区内广泛出露太古宙绿岩和花岗质片麻状杂岩，古元古代基性岩脉或岩床较为发育，不同期次和不同规模的褶皱和断裂构造活动较为剧烈（Jelsma and Dirks，2000）。该区是津巴布韦重要的贵金属和稀有金属矿产聚集区之一（Bartholomew，1990）。

区域出露地层主要为新太古代 Bulawayo 群和 Shamva 群，两者呈角度不整合接触，其中 Bulawayo 群为区域内最主要的含金层位（Mugumbate，2003）。

区内岩浆侵入活动较为强烈，据岩性特征、接触关系、侵入序次和地质时代等，可将侵入岩归并为太古宙 Madziwa 花岗质杂岩体和古元古代基性脉岩（Hofmann et al.，2000）。与构造蚀变岩型、石英脉型金矿化关系比较密切的为太古宙 Madziwa 花岗质杂岩体内早期的富角闪质英云闪长片麻岩和英云闪长质片麻岩。

区域内褶皱及断裂构造极其发育。褶皱构造总体表现为一复式向斜构造，褶皱轴向为近 EW 向，其北翼被区域性的 Southern Cross—Chibanda Dam 逆冲推覆断层带所破坏。断裂构造大致分为两期，即早期的韧性断层和晚期的脆性断层破碎带。韧性断层以 SEE 向韧性剪切糜棱岩带为主，叠加有 SE 向和近 EW 向次级糜棱岩带，区内绿岩带型金矿化主要产于绿岩带和韧性剪切带的重叠部位。脆性断层按走向大致分为三个不同方向的断层组合，断层产状一般较陡，与硫化物型金矿化关系比较密切的为发育在片麻状英云闪长岩中的近 EW 向的张性断层系（Campbell and Nasbet，1994）。

区域变质作用在全区表现较为一致，均以强变形和浅变质为主。动力变质作用主要沿区域性动力变质构造带及其次级构造带分布，尤其在绿岩带和花岗质片麻状杂岩接触带部位或绿岩带内部表现最为突出，此类变质作用与区域性的金成矿作用关系极为密切。

## 二、矿区地质特征

Chelsea East 金矿矿区地质并不复杂，新太古代老地层为主体，近东西断裂构造发育，岩浆岩局部出露（图 11-6）。

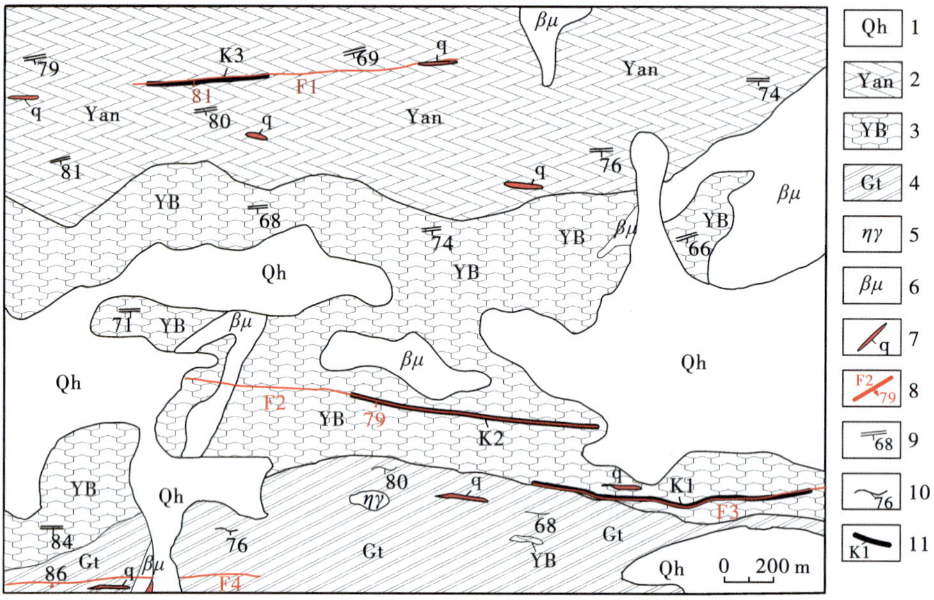


图 11-6 Chelsea East 金矿区地质简图

（据闫红圃等，2015）

1—第四系；2—变玄武安山岩；3—变玄武岩；4—英云闪长质片岩；5—细粒二长花岗岩；6—辉绿岩；7—石英脉；8—断层及产状；9—片理产状；10—片麻理产状；11—矿体及编号

### 1. 矿区地层

矿区出露地层相对简单，主要为新太古代 Bula-wayo 群 Ar3Yum 组，按岩性可划分为上、下两个岩性段，即变玄武安山岩段（Yan）和变玄武岩段（YB），这两个岩性段中均具有明显的金矿化。变玄武安山岩（Yan）段（下段），位于矿区北部，东西向展布，岩性以变玄武安山岩为主，局部见有变质英安岩，未见底。变玄武岩（YB）段（上段），位于矿区中部，呈近 EW 向展布，东、西两端被第四系覆盖，局部被古元古宇辉长岩、辉绿岩脉或岩床侵入，岩性主要为变玄武岩，在韧性变形带内以黑云绿帘阳起片岩为主，次为长英质糜棱岩和绢云绿泥片岩等。

### 2. 矿区构造

矿区位于津巴布韦克拉通北部 Dindi 绿岩带内 Gwiwinzara 复式向斜南翼，有两个次级背斜和向斜构造，属紧闭型线型褶皱，为控制矿区地层分布的主要构造。翼部出露地层主要为 Bulawayo 群 Ar3Yum 组，地层倾角一般在 70°~85°。受北部区域性边界断裂——Southern Cross—Chibanda Dam 逆冲推覆断层带的影响，区内除发育上述近 EW 向展布的背向斜褶皱构造外，还发育一组近 EW 向展布的脆-韧性剪切构造带和脆性断层带，它们为区内的主要控矿构造。

### 3. 矿区侵入岩

区内岩浆侵入活动频繁，且具有多期次活动的特征，主要有新太古代酸性侵入岩和古元古代基性侵入岩，岩性以英云闪长质片麻岩、细粒二长花岗岩及辉绿岩为主。其中，新太古代英云闪长质片麻岩和细粒二长花岗岩主要分布于矿区南部，与北部的 Bulawayo 群 Ar3Yum 组变玄武岩段（YB）主要为侵入接触关系，局部为断层接触关系。古元古代辉绿岩分布于矿区中-东部，主要呈岩席状或岩床状侵入于新太古代 Bulawayo 群 Ar3Yum 组各岩性段和新太古代英云闪长质片麻岩中。

### 4. 变质作用

同区域上的变质作用一样，矿区内也经受了两种不同的变质作用，即区域变质作用和动力变质作用。区域变质作用表现为区域低温动力变质，变质岩石以出现劈理化和重结晶为特征，变质程度属葡萄石相—低绿片岩相。尽管目前对此类岩石的变质年龄还不十分清楚，但对于区内金矿化的初步富集可能具有一定的影响。动力变质作用主要沿韧性和脆性断裂构造带分布，表现为糜棱岩化作用和碎裂岩化作用，相应地形成了糜棱岩化系列岩石和碎裂岩化系列岩石。U-Pb 和 Sm-Nd 同位素资料显示，区域上大规模的构造变形和逆冲推覆构造的形成年龄为 2590~2630 Ma（Frei et al.，1998），对区内构造蚀变岩型金矿的进一步活化和富集具有重要作用。

## 三、地球化学找矿

### 1. 1∶5 万水系沉积物测量

1∶5 万水系沉积物测量显示，Au、Ag、As、W、Sb 等的变异系数大于 1.5，属于极强分异型元素，Cu 变异系数在 1.5~2.0 之间，属于强分异—分异型元素，这些元素也是区内的主要成矿元素或成矿指示元素；致矿系数仍以 Au、As 最高，表明 Au 富集成矿的可能性比较大。为了解区内元素之间的相关程度，分析元素组合与地质构造背景的依存关系，采用 R 型聚分析对全区水系沉积物测量的各元素进行研究（图 11-7）。

区内元素分为 Au-As-Sb-Ag-Cu-Zn、Mo-Pb 和单 W3 组相关组合。第一个组合特征属典型的中低温热液成矿类型，其中 Au-As-Sb 和 Cu-Zn 相关系数更大，关系更为密切，其次为 Cu-Zn-Ag；W 与其他元素间的相关性较差。本区的成矿作用以 Au-As-Sb 低温元素组合热液为主，并伴有局部的 Cu-Zn 中温元素组合热液活动。成矿元素组合分析同样反映了区内存在一定的金及多金属成矿潜力。

根据区内成矿元素地球化学特征，1：5 万水系沉积物测量在 Mutawatawa 地区共圈出以金为主的综合异常 31 个，其中 Chelsea East 金矿区内分布有 3 个，与金矿床成矿关系较为密切的为 17-甲 2-1 Au-Ag-Pb-W-Mo-As 综合异常（图 11-8）。

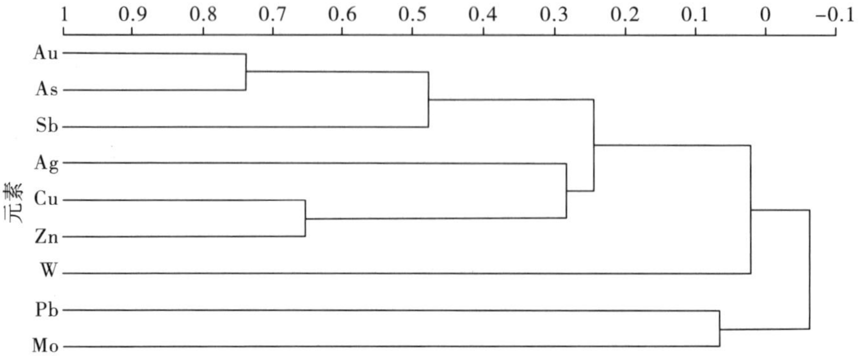


图 11-7 Mutawatawa 地区元素 R 型聚类分析谱系
（据闫红圃等，2015）

该异常以 Au 为主，伴生有 Ag、As、Pb、W、Mo 等，Au 异常大致呈椭圆形、NW 走向展布，具内、中、外三级浓度分带；Au 异常强度高、面积大、浓集中心明显，最大值达 $2260\times10^{-9}$，这可能因为用于分析测试的水系沉积物样品中有颗粒金的存在。异常区出露地层主要为新太古代 Bulawayo 群 Ar3Yum 组，主要岩性为变玄武岩和变玄武安山岩，局部被辉绿岩脉或岩床侵入；东南部有少量新太古代英云闪长质片麻岩；北部和东南部发育有三组近东西向的脆、韧性断层。综合分析，认为该异常成矿地质条件良好，具有寻找以金为主的多金属矿的巨大潜力。

**2. 1：1 万土壤地球化学测量**

在 1： 5 万水系沉积物测量的基础上，针对 Chelsea East 金矿区内成矿地质条件较好的 17-甲 2-1 异常及其外围开展了 1：1 万土壤地球化学测量，土壤测量面积 10.5 $km^2$。结果表明，该异常在矿区内。进一步分解为 11 处 Au 单元素地球化学异常（图版 15b），异常重现性较好，其中 K1、K2 和 K3 号金矿体分别位于 14-Au 异常、10-Au 异常和 5-Au 异常内。通过 1：1 万土壤地球化学测量，缩小了找矿靶区，为下一步的地质勘查工作提供了重要依据。

## 四、地球物理找矿

**1. 工作方法选择**

Chelsea East 金矿区内矿化岩石主要为强片理化黑云绿帘阳起片岩，其具有较明显的硅化、绢云母化、黄铁矿化和微弱的方铅矿化，主要围岩为变细粒斜长角闪岩。电性参数测定结果，黑云绿帘阳起片岩电阻率为 100~300 Ω·m，极化率 1.0%~3.0%；变细粒斜长角闪岩电阻率为 300~600 Ω·m，极化率 1.5%~2.0%。比较而言，矿区内主要矿化岩石黑云绿帘阳起片岩具有低阻、高极化的电性特性。因此，在 1：1 万土壤地球化学测量的基础上，为指导进一步找矿和工程施工，择优选取其中的 14-Au 土壤异常，垂直异常长轴按 50 m 线距和 20 m 点距布置 13 条激电测量剖面（选用近场源激电法，仪器直接采集供电电流 $I$、一次电位 $\Delta V$、自然电位 SP、视电阻率 $\rho_s$ 和视极化率 $\eta_s$ 等参数（傅良魁

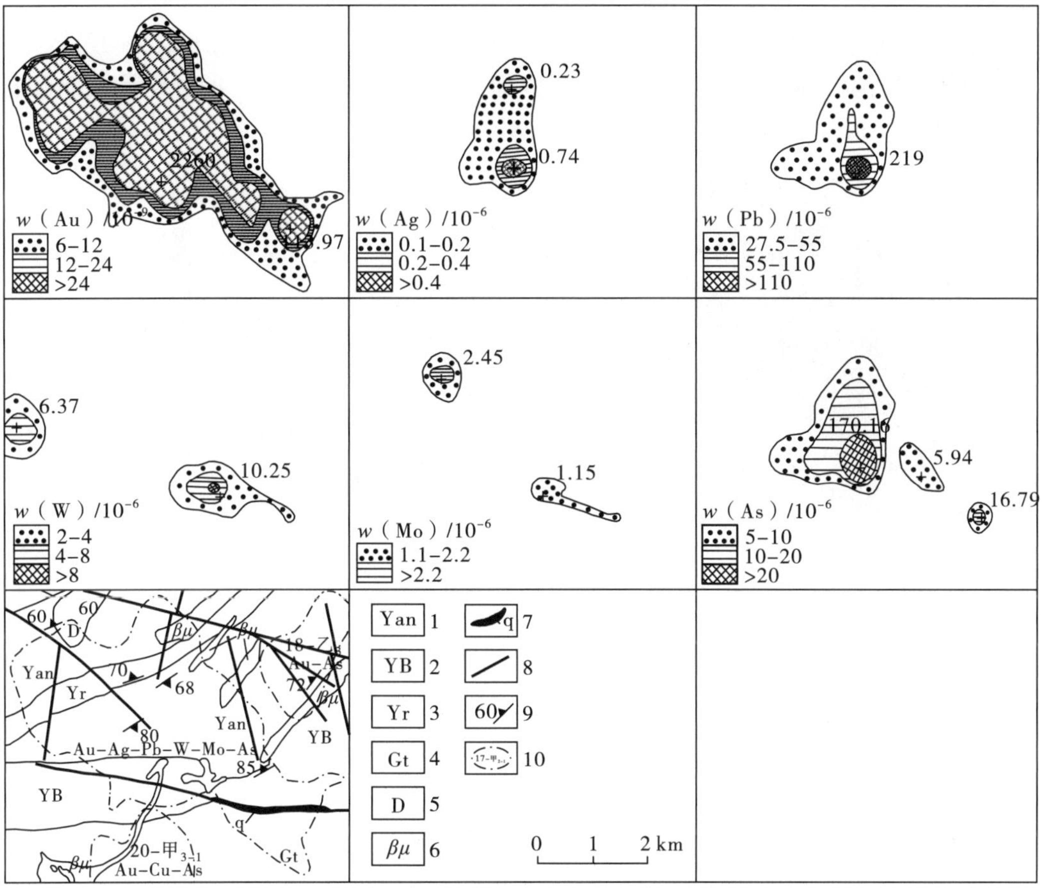


图 11-8　Mutawatawa 地区水系沉积物测量 17-甲 2-1 异常剖析

（据闫红圃等，2015）

1—变玄武安山岩；2—变玄武岩；3—流纹质熔岩；4—英云闪长质片麻岩；5—粗玄岩；6—辉绿岩；7—石英脉；8—断层；9—片理产状；10—化探综合异常及编号

等，1986），总长度 5500 m。结果表明，激电异常与区内已圈定的金矿体之间具有很好的对应关系，对地表未揭露的隐伏矿体具有很好的预测，在该地区指导工程施工和找矿效果显著。

## 2. 异常解释参数选择及应用效果

Chelsea East 金矿区 14-Au 土壤异常的 $\rho_s$ 和 $\eta_s$ 平面等值线图显示，视电阻率和视极化率等值线虽呈现出一定的异常，但并不明显，难以区分究竟是矿致异常还是围岩干扰异常。结合矿区地球物理特征，即主要矿化岩石黑云绿帘阳起片岩，相对于围岩虽表现为低阻、高极化的电性特征，但极化率及电阻率差异并不是特别明显。为进一步确定异常性质及异常形态，准确评价低缓异常区的激电异常，经过对激电测量视极化率 $\eta_s$ 和视电阻率 $\rho_s$ 数据进行整理，计算得到了视激电电导率 $J_s$，并绘制 Chelsea East 金矿区 14-Au 土壤异常 $J_s$ 平面等值线（图 11-9）。$J_s>1.2\ (\Omega\cdot m)^{-1}$ 的异常大致有 4 处，均呈条带状展布，走向近 EW，彼此近于平行排列，其中Ⅰ号异常位于激电测量区西北部，宽约 11 m，长约 250 m，

$J_s$ 最高值为 2.33 $(\Omega \cdot m)^{-1}$；Ⅱ号异常规模相对最大，位于激电测量区中部，向西未封闭，宽约 10 m，长度大于 700 m，$J_s$ 最高值为 3.25 $(\Omega \cdot m)^{-1}$；Ⅲ号异常位于激电测量区东部，向东未封闭，宽约 14 m，长约 230 m，$J_s$ 最高值为 1.85 $(\Omega \cdot m)^{-1}$；Ⅳ号异常位于激电测量区东南部，向东未封闭，宽约 16 m，长约 90 m，$J_s$ 最高值为 6.93 $(\Omega \cdot m)^{-1}$。

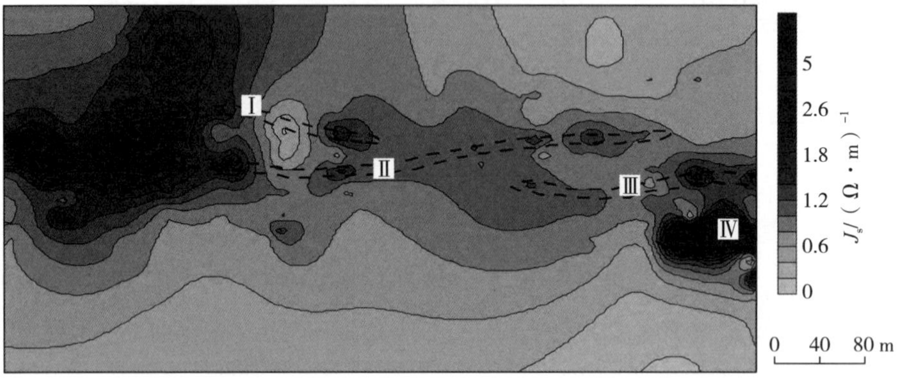


图 11-9 Chelsea East 金矿区 14-Au 土壤异常 $J_s$ 平面等值线

（据闫红圃等，2015）

## 五、综合找矿方法有效性验证

依据 1∶1 万土壤地球化学测量及地球物理测量成果，优选土壤 14-Au 异常区内激电Ⅱ号 $J_s$ 异常进行探槽和钻探工程验证（图 11-10）。该激电 $J_s$ 异常位于 Chelsea East 金矿

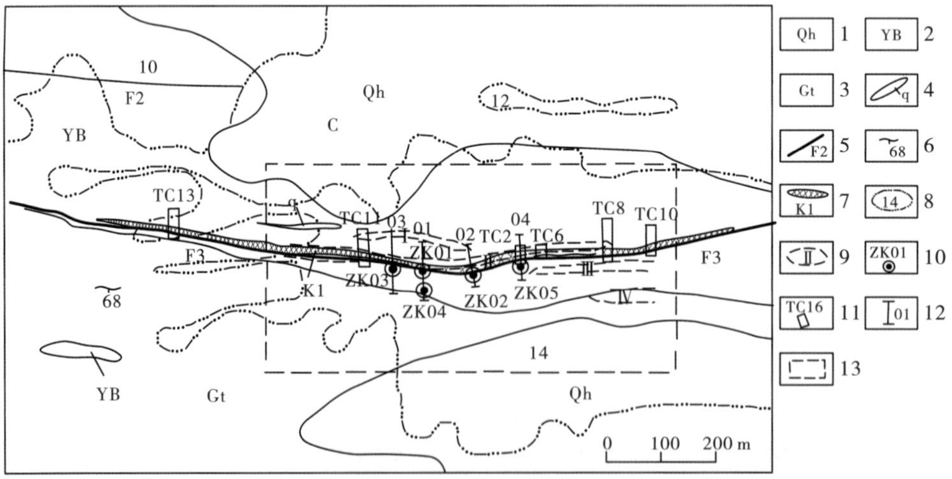


图 11-10 Chelsea East 金矿区Ⅱ号异常地质及工程分布

（据闫红圃等，2015）

1—第四系；2—变玄武岩；3—英云闪长质片麻岩；4—石英脉；5—断层及编号；6—片麻理产状；7—矿体及编号；8—土壤测量 Au 异常及编号；9—激电测量 $J_s$ 异常及编号；10—钻孔及编号；11—探槽及编号；12—勘探线及编号；13—激电测区范围

区 Ar3Yum 组变玄武岩（YB）段（上段）内部及其与新太古代英云闪长质片麻岩的接触部位，其东部为韧-脆性剪切构造蚀变带；地表露头常见有绢云母化、硅化、褐铁矿化、黄铁矿化和方铅矿化等蚀变，成矿潜力巨大。通过工程验证，在地表及地下 70~150 m 处分别发现了 K1 金矿体及 Kf-1 贫金矿体（图 11-11）。

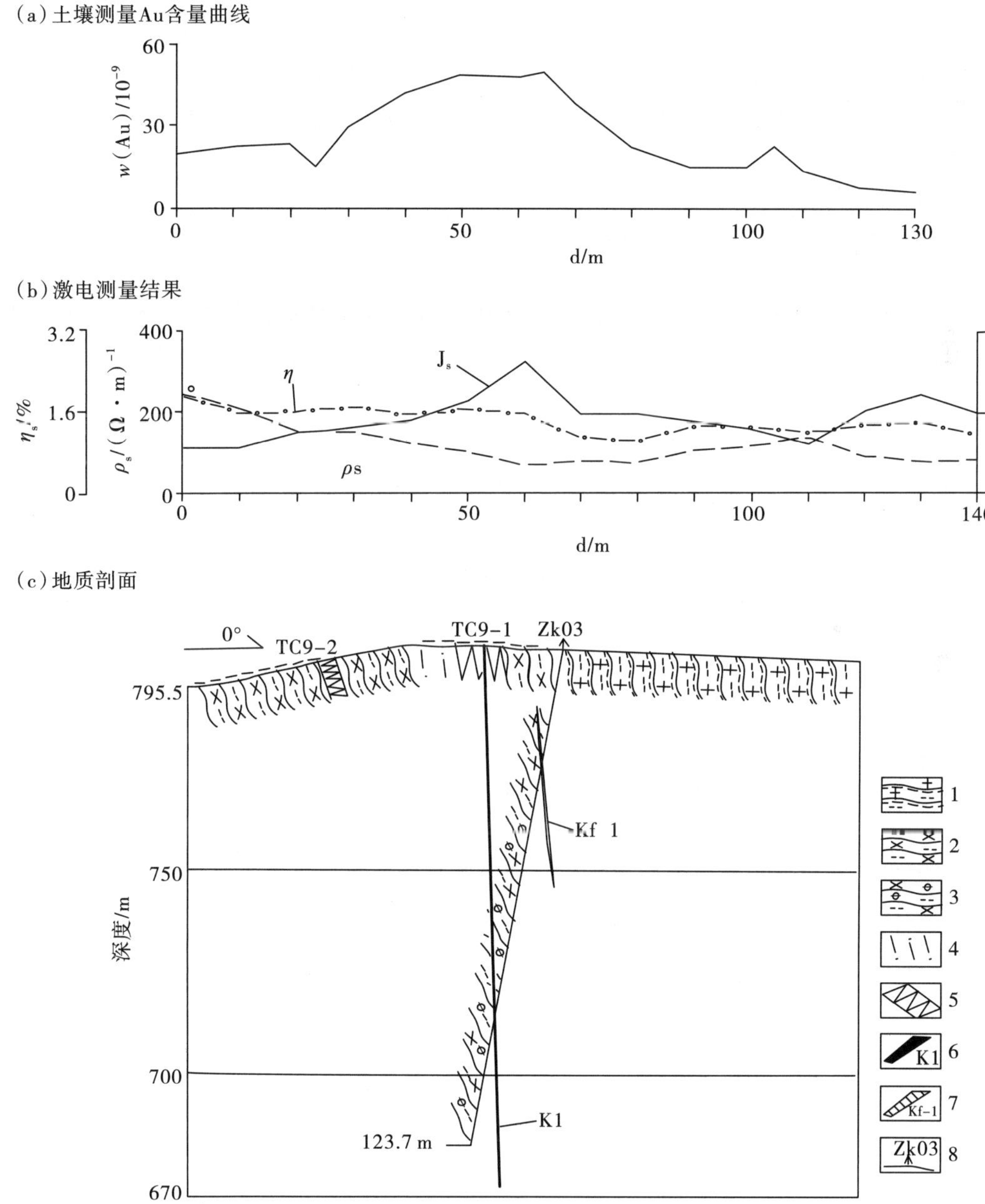


图 11-11　Chelsea East 金矿区 03 号勘探线地质及物、化探综合剖面

（据闫红圃等，2015）

1—黑云母花岗片麻岩；2—黑云母扬起片岩；3—黑云绿帘扬起片岩；4—糜棱岩；5—石英脉；6—金矿体及编号；7—贫金矿体及编号；8—钻孔位置及编号

矿石自然类型为含金石英脉和硅化绢云母化糜棱岩（包括黑云绿帘阳起片岩、长英质糜棱岩和白云石英片岩等），其中以硅化黑云绿帘阳起片岩为主，石英脉型金矿石多呈细脉状、网脉状或透镜状分布于硅化黑云绿帘阳起片岩矿石之中。地表控制 K1 矿体长度为 1520 m，沿倾向控制矿体最大斜深为 312 m。矿体呈板状、似层状，形态总体较为简单，分布稳定，连续性较好，沿走向具分枝复合现象。矿体总体走向 91°，倾向主体 164°~193°，倾角 68°~85°。矿体厚 0.92~5.64 m，平均厚 1.95 m。矿体金品位（1.20~17.30）$\times10^{-6}$，平均品位 3.88 $\times10^{-6}$，矿化属相对均匀型。限于勘查工作周期和资金制约，到目前为止并未对激电Ⅰ、Ⅲ和Ⅳ号的 $J_s$ 异常进行工程揭露验证，相信通过今后的工作可以在该区取得找矿突破。

## 六、多元信息综合找矿模型

多元信息综合找矿方法是指在矿床勘查过程中，通过对地质矿产及地球化学、地球物理等资料的信息提取，获得与找矿有关的地层、构造、岩浆岩等控矿因素及地球化学异常、地球物理异常，研究其与成矿的关系及成矿规律，并总结出多元信息综合找矿模型，以指导进一步的找矿工作（宁墨奂等，2013）。根据对 Chelsea East 金矿区成矿地质特征及地球化学、地球物理等多元找矿信息的综合研究，初步建立了本区金矿的综合信息找矿模型（表 11-2）。

**表 11-2　Chelsea East 金矿区多元信息综合找矿模型**

| | | |
|---|---|---|
| 地质背景 | 地层 | 以 Bulawayo 群浅变质基性-中酸性火山岩建造为主，主要岩性为变玄武岩、安山岩、英安岩及与其对应的火山矿屑岩等 |
| | 构造 | 以近 EW 向和 NWW 向韧-脆性剪切带和脆性断层带为主，发育有 NE 向和近 SN 向脆性断裂构造破碎带 |
| | 岩浆岩 | 主要为新太古代英云闪长质片麻岩和细粒二长花岗岩 |
| 露头标志 | 矿体露头 | 绿岩中的强片理化带以及绿岩和英云闪长岩中的脆性断层破碎带，相对围岩，岩石的颜色相对较浅，多呈绿灰色或灰褐色，含有硅化石英细脉或网脉，富矿地段偶见黄铁矿、黄铜矿和方铅矿分布 |
| | 围岩蚀变 | 矿体顶、底围岩主要为变质玄武岩（斜长角闪岩）、英安质凝灰岩、黑云绿帘阳起片岩；围岩蚀变种类有硅化、绢云母化、黄铁矿化（褐铁矿化）、绿帘石化、钾化（黑云母化），局部具有方铅矿化、黄铜矿化（孔雀石化）和碳酸盐化 |
| 地球化学标志 | 水系沉积物异常 | 绿岩区，金异常下限 $6\times10^{-9}$，花岗质杂岩分布区，金异常下限 $4\times10^{-9}$，异常区面积 2~135 $km^2$，平均浓度（18~289）$\times10^{-9}$，浓度分带及浓集中心明显，主要伴生异常元素为 Ag、As、Sb、W、Mo，伴生元素异常与金异常套合较好 |
| | 土壤异常 | 金异常下限 $5\times10^{-9}$，异常区面积 0.2~0.27 $km^2$，浓度分带及浓集中心明显，平均含量（7~64）$\times10^{-9}$，中心异常强度可达 $500\times10^{-9}$ 以上，浓集中心位置与矿体基本一致 |
| 地球物理标志 | 激电异常 | 视激电电导率 $J_s>1$ $(\Omega\cdot m)^{-1}$ 的异常，指示金矿化构造带分布范围；$J_s>1.2$ $(\Omega\cdot m)^{-1}$ 的异常，指示金矿化体具体位置 |

（据闫红圃等，2015）

## 七、Chelsea East 金矿区勘查启示

1）研究区开展 1∶5 万水系沉积物测量和 1∶1 万土壤测量，快速圈定异常并缩小找矿范围，并在此基础上有针对性地开展大比例尺地球物理测量以指导工程施工，可以取得较高的工作效率和找矿效果，这种勘查方法和手段仍为当前行之有效的找矿方法。

2）从 1∶1 万土壤地球化学测量成果来看，金异常与含金构造蚀变带关系密切。异常浓集部位常与金矿（化）体分布位置相对应，对缩小找矿靶区和工程布置起到了很好的指示作用。

3）地球物理勘查要针对特殊的地理景观区，工作方法选择尤为重要，它关系到最终勘查效果的优劣。在激电异常解释过程中对不同参数的慎重选择，不同参数对不同导电性极化体的反应能力不尽相同，如 ηs、ρs 主要反映极化体的极化强弱和导电性好坏，Js 则可以突出低阻、高极化体，压制高阻、低极化体的非矿异常。因此，在复杂地电条件下多参数配合使用对地质找矿十分必要。

4）基于 Chelsea East 金矿区勘查工作总结的多元信息综合找矿模型，南部非洲不同自然景观区的金多金属矿勘查评价具有借鉴意义。

5）Chelsea East 金矿床的发现再一次证明，在地质找矿过程中，应遵循“由已知到未知、由面到区（检查区）、由区到点，循序渐进”的工作原则。利用勘查区已有的工作资料，结合地质、物化探甚至遥感信息提取等多种手段取得的多元信息进行综合找矿，可以起到事半功倍的找矿效果。

# 参考文献


白嘉芬，王长怀，纳荣仙．1985．云南金顶铅锌矿床地质特征及成因初探［J］．矿床地质，4（1）：1-9．

边敏，程林，姚敬劬．2018．区域变质型晶质石墨矿石墨生成的热力学分析［J］．矿产与地质，32（1）：97-100．

曹国群，张旗．2017．浅谈日本帝国主义对鞍山矿业资源的掠夺及影响［J］．“九一八”研究，第16辑：189-196．

陈柏林，高允．2022．江西德兴铜厂斑岩铜矿床细脉型矿体含矿裂隙系统研究［J］．矿床地质，41（6）：1093-1107．

陈从喜，崔荣国，李政，等．2020．高技术矿产的内涵、分类及应用前景［J］．国土资源情报（高技术矿产专辑），10：5-11．

陈刚．2014．山东淄博A层黏土矿成矿地质特征及成矿规律［J］．辽宁化工，43（6）：734-736．

陈光远，黎美华，汪雪芳，等．1984．弓长岭铁矿成因矿物学专辑［J］．矿物岩石，2：1-249．

陈景河．1999．紫金山铜（金）矿床成矿模式［J］．黄金，7：8-13．

陈景河．2020．紫金山金矿资源裂变与创新开发工程实践——“矿石流五环归一”矿业工程管理模式［J］．黄金，41（9）：6-11．

陈骏，王汝成，朱金初，等．2014．南岭多时代花岗岩的钨锡成矿作用［J］．中国科学：地球科学，44（1）：111-121．

陈学明．1992．粤北地区层控矿床的构造演化成矿模式衙找矿预测［M］．北京：地质出版社．

陈衍景，Franco P，赖勇，等．2004．胶东矿集区大规模成矿时间和构造环境［J］．岩石学报，20（4）：907-922．

陈毓川，朱裕生．1993．中国矿床成矿模式［M］．北京：地质出版社．

陈毓川．2002．建立我国战略性矿产资源储备制度和体系［J］．国土资源（1）：20-21．

程光锁，刘卫东，褚志远，等．2020．山东蒙阴县西峪金伯利岩带深部综合地球物理特征及其意义［J］．地质学报，94（9）：224-234．

程裕淇．1957．中国东北部辽宁山东等省前震旦纪鞍山式条带状铁矿中富矿的成因问题［J］．地质学报，37（2）：153-180．

池汝安，田君．2007．风化壳淋积型稀土矿评述［J］．中国稀土学报，25（6）：641．

戴茂昌，祁进平．2012．福建省紫金山铜金矿床原生晕结构特征及深部找矿前景评价［J］．矿床地质，2012（增），31：387-388．

戴茂昌．2011．福建省紫金山铜金矿床钻孔原生晕结构特征及深部找矿前景探讨［D］．武汉：中国地质大学．

戴塔根，陈国达．1999．锡矿山锑矿控矿构造——“三层楼”模式及其意义［J］．中南工业大学学报，30（4）：342-344．

单连军．2009．红透山铜矿伴生金银的赋存状态及在选矿产品中的走向［J］．有色矿冶，25（1）：

18-21.
董春艳，马铭株，刘守偈，等．2012．华北克拉通古元古宙中期伸展体制新证据：鞍山-弓长岭地区变质辉长岩的锆石 SHRIMP U-Pb 定年和全岩地球化学［J］．岩石学报，28（9）：121-128.
董少波，曾瑞垠，朱江建，等．2016．塞拉利昂北方省 Gpafaya 铁矿地质特征及成因浅析［J］．矿产勘查，7（4）：683-690.
杜景勇．2022．庐山地区矿床地质构造类型研究进展［J］．世界有色金属，4（上）：1-3.
方名辉．2015．德兴铜矿伴生金的分布规律与二次评价［J］．铜业工程，131（1）：65-70，88.
冯岳川，邱昆峰，王大钊，等．2022．胶东玲珑金矿区碲化物形成条件及其对金富集过程的约束［J］．岩石学报，38（1）：63-77.
付小方，郝雪峰．2016．四川甘孜州甲基卡地区发现超大型稀有锂辉石矿床［J］．中国地质调查成果快讯，2（17/18）：4-5.
付小方，侯立玮，梁斌．2017．甲基卡式花岗伟晶岩型锂矿床成矿模式与三维勘查找矿模型［M］．北京：科学出版社.
付小方，侯立玮，王登红．2014．四川甘孜甲基卡锂辉石矿矿产调查评价成果［J］．中国地质调查，1（3）：37-43.
付小方，侯立玮，阮林森，等．2019a．新兴关键矿产—四川稀有稀土稀散资源及开发利用［M］．北京：科学出版社．23-66.
付小方，黄韬，郝雪峰，等．2019b．综合找矿模型在甲基卡隐伏区稀有锂金属找矿中的应用［J］．矿床地质，38（4）：751-770.
付小方，袁蔺平，王登红，等．2015．四川甲基卡矿田新三号稀有金属矿脉的成矿特征与勘查模型［J］．矿床地质，34（6）：1172-1186.
付小方，张光明．2018．中国锂资源亟待上升到国家战略层面统筹发展［J］．中国改革，400（4）：94.
傅良魁，李金铭，史元盛．1986．近场源激发极化法［M］．北京：地质出版社.
高广立．1989．论金顶铅锌矿床的地质问题［J］．地球科学，14（5）：467-475.
高桂荣．2018．红透山铜锌矿床地质特征及成矿模式浅析［J］．世界有色金属，24：84-85.
高怀忠．2005．矿床模式（资料库）．武汉：中国地质大学（武汉）.
高天钧，黄仁生，1998．福建省上杭紫金山矿田铜金银矿床类型及对比［J］．火山地质与矿产，19（4）：283-294.
高文远，2018．攀枝花层状侵入体中矿物微观结构和微量元素对成矿过程的指示［D］．沈阳：东北大学.
高亚林，乔富贵，卢健全，等．2014．金川铜镍硫化物矿床中特富矿分布特征及成因［J］．地球科学与环境学报，36（1）：68-79.
高亚林，汤中立，宋谢炎，等．2009．金川铜镍矿床隐伏富铜矿体成因研究及其深部找矿意义［J］．岩石学报，25（12）：3379-3395.
宫润潭，吕瑞发．1989．金矿地质科研与找矿探矿实践相结合的范例［C］．国际金矿地质与勘探学术会议论文集．沈阳：东北工学院出版社.
龚益彬．2008．新技术公司钼精矿加工生产综述及发展对策［J］．铜业工程，4：18-20.
谷素清．1989．鞍山式铁矿选矿尾矿的综合利用［J］．金属矿山，7：48-51.
贵州省地质矿产局．1986．贵州省区域矿产志［M］．贵阳：贵州省地质矿产局.
郝玉军，尹展，吴碧娟，等．2019．塞拉利昂马邦托地区铁矿地质特征及找矿预测［J］．矿产勘查，10（3）：668-674.
何建璋．2003．可可托海三号脉铍矿石的综合利用［J］．新疆有色金属，4：22-24.

何邵麟，潘自平，李朝晋，等. 2012. 贵州“三稀”元素矿床特征及找矿前景分析［J］. 贵州地质，29（1）：1-6.
何潭振. 2017.“地球天书”记录了多少神奇：新疆可可托海地质公园迈入“世界级”［J］. 地球，6：87-89.
何益. 2016. 攀枝花层状岩体钪的地球化学特征及富集规律［D］. 成都：成都理工大学.
何月华. 2012. 提高德兴铜矿伴生元素钼的回收试验研究［J］. 铜业工程，115（3）：28-29，40.
侯立玮，付小方. 2002. 松潘-甘孜造山带东缘穹隆状变质地质体［M］. 成都：四川大学出版社.
胡阿香，彭建堂. 2016. 湘中锡矿山中生代煌斑岩及其成因研究［J］. 岩石学报，32（7）：2041-2056.
胡宝群，高海东，申玉科，等. 2014. 玲珑金矿大开头矿区 Bi 特征及指示意义［J］. 物探与化探，38（6）：1134 -1139.
胡明安. 1989. 试论岩溶型铅锌矿床的成矿作用及其特点：以云南金顶矿床为例［J］. 地球科学，14（5）：531-538.
胡瑞忠，钟宏，叶造军，等. 1998. 金顶超大型铅-锌矿床氦、氩同位素地球化学［J］. 中国科学（D辑），28（3）：208- 213.
胡受奚，周顺之，刘孝善，等. 1982. 矿床学（上）［M］. 北京：地质出版社.
湖南省林业厅. 2016. 冷水江百年矿山重披绿装［J］. 国土绿化，2：56.
华仁民，陆建军，陈培荣，等. 2002. 中国东部晚中生代斑岩-浅成热液金（铜）体系及其成矿流体［J］. 自然科学进展，12（3）：240-244.
黄崇轲，白冶，朱裕生. 2001. 中国铜矿床［M］. 北京：地质出版社.
黄海燕. 2013. 姑田铜（钼）矿床与罗卜岭斑岩型铜（钼）矿床蚀变岩石的对比研究［D］. 福州：福州大学.
黄仁生. 2008. 福建紫金山矿田火成岩系列与浅成低温热液—斑岩铜金银成矿系统［J］. 地质力学学报，14（1）：74-86.
黄霞光，罗国清，李亚平. 2016. 攀西钒钛磁铁矿中钪的赋存状态研究［J］. 有色金属（选矿部分），6：1-4，10.
黄新硕，王硕，单鹏飞，等. 2022. 从青花瓷到三元锂电池：关键金属钴的前世今生［J］. 矿物岩石地球化学通报，41（6）：1318-1322.
黄宣镇. 2002. 世界金刚石矿产分布概况［J］. 中国非金属矿工业导刊，6：29-31.
霍庆龙. 2014. 胶西北中生代陆内岩浆核杂岩拆离-滑脱带成矿与深部预测［D］. 北京：中国地质大学（北京）.
简胜，杨玉珠，张晶，等. 2016. 提高德兴铜矿伴生钼选矿回收率的研究［J］. 矿冶工程，36（3）：39-43.
江思宏，梁清玲，王少怀，等. 2017. 福建紫金山铜金矿科学基地研究［M］. 武汉：中国地质大学出版社.
姜凯. 2013. 云南兰评金顶紹锌矿床的矿物学和地球化学研究［D］. 昆明：昆明理工大学.
蒋姣姣，祁进平，陈培章，等. 2015. 基于岩心光谱扫描的紫金山金铜矿蚀变矿物填图应用［C］. 中国地质学会 2015 年学术年会论文集，6-8.
焦建刚，汤中立，闫海卿，等. 2012. 金川铜镍硫化物矿床中富铜矿石铂族元素特征及矿床成因［J］，西北地质，45（4）：242-253.
金章东，朱金初，李福春. 2002. 德兴斑岩铜矿成矿过程的氧、锶、钕同位素证据［J］. 矿床地质，21（4）：341-349.
靳晓野. 2017. 黔西南泥堡、水银洞和丫他金矿床的成矿作用特征与矿床成因研究［D］. 武汉：中国地质大学.
孔庆友，邹国强，方宝明，等．2010．山东省矿产资源储量报告编制指南［M］．济南：山东省地图出版社.
寇林林，韩仁萍，张森等．2014．辽宁清原红透山铜矿成矿特征和成因探讨［J］．矿床地质（增刊），33：411-412.
矿产资源工业要求手册编委会．2012．矿产资源工业要求手册（修订本）［M］．北京：地质出版社.
赖晓丹，张锦章，祁进平，等．2020．福建紫金山矿田罗卜岭斑岩型铜钼矿地球化学立体探测示范［J］．地球学报，41（6）：963-976.
兰恒敏，王伟霞，张明凯．2019．山东黄金玲珑金矿：红色基因、赤诚本色［J］．山东国资，3：28-32.
兰恒敏，徐建新，许永红，等．2017．山东黄金“百吨矿”双星闪耀［J］．山东国资，11：49-52.
兰心俨．1982．山东南墅前寒武纪含石墨建造的特征及石墨矿床的成因研究［J］．长春地质学院学报，3：30-42.
李超，王登红，赵鸿，等．2015．中国石墨矿床成矿规律概要［J］．矿床地质，34（6）：1223-1236.
李凤鸣．2012．典型矿床基本特征及研究方法．https：//www．taodocs．com/p-91167029．html.
李海波．2006．山东蒙阴褐色金刚石的显微塑性变形特征研究［D］．北京：中国地质大学（北京）.
李航，朱长生，谭显龙，等．2007．云南金顶超大型铅锌矿床（矿）石中镉的分布及富集特征［J］．矿物学报（增），381-382.
李厚民，刘明军，李立兴，等．2014．弓长岭铁矿二矿区蚀变岩中锆石 SHRIMP U-Pb 年龄及地质意义［J］．30（5）：1205-1222.
李厚民，刘明军，李立兴．2015．弓长岭沉积变质型富铁矿床［M］．北京：地质出版社.
李厚民，王登红，李立兴，等．2012．中国铁矿成矿规律及重点矿集区资源潜力分析［J］．中国地质，39（3）：559-580.
李洁，钟军伟，于洋，等．2013．赣南西华山花岗岩的云母成分特征及其对岩浆演化与成矿过程的指示［J］．地球化学，42（5）：393-404.
李洁．2015．华南中生代稀有金属花岗岩岩浆演化与热液作用过程的矿物学约束［D］．广州：中国科学院研究生院（广州地球化学研究所）.
李晶，祁进平，修连存，等．2013．岩芯光谱扫描仪在紫金山矿产勘查中的应用［J］．矿物学报，2013（增）：2020-2021.
李克庆，王立宁，倪文，等．2011．宣龙式铁矿焙烧还原-磁选工艺及其影响因素［J］．北京科技大学学报，33（2）：153-156.
李立兴，李厚民，付建飞，等．2022．华北克拉通鞍山式铁矿床中发现新类型铌钽矿化［J］．中国地质：49（4）：1353-1354.
李群，包志伟．2018．云南金顶超大型锌铅矿成因的铅同位素制约［J］．地球化学，47（2）：169-181.
李如满，刘峰，柳凤娟．2010．浅论津巴布韦韦康尼玛拉（Connemara）金矿床地质特征及其找矿意义［J］．矿产与地质，24（3）：210-212.
李瑞萍，王安建，曹殿华，等．2009．兰坪金顶铅锌矿区土壤重金属 Zn、Cd 分布特征研究［J］．地质论评，55（1）：126-133.
李瑞萍，王安建，曹殿华，等．2010．西沘江沉积物剖面重金属元素分布特征［J］．地质通报，29（9）：1384-1389.
李世勇，李杰，宋明春，等．2022．胶东玲珑金矿田成矿特征和成矿作用［J］．地质学报，96（9）：3234-3260.
李曙光，支霞臣，陈江峰，等．1983．鞍山前寒武纪条带状含铁建造中石墨的成因［J］．地球化学，2：

162-169.
李文渊. 2007. 块状硫化物矿床的类型、分布和形成环境［J］. 地球科学与环境学报，29（4）：331-344.
李悉奎. 1999. 沧桑巨变五十年-兼论江西钨工业发展思路［J］. 有色金属工业，8：40-42.
李相材，王京彬，祝新友，等. 2022. 云南金顶铅锌矿床硫化物电子探针分析及其对矿床成因的指示［J］. 地质通报，41（4）：626-641.
李晓峰，毛景文，张作衡. 2003. 斑岩铜矿中铂族元素的研究现状及展望［J］. 矿床地质，1：95-98.
李晓峰，韦星林，朱艺婷，等. 2021. 华南稀有金属矿床：类型、特点、时空分布与背景［J］. 岩石学报，37（12）：3591-3604.
李晓琴. 2013. 攀枝花地区矿产综合利用现状与发展探讨［J］. 中国资源综合利用，31（8）：35-38.
李新昊，谢桂青，李伟，等. 2018. 鄂东矿集区宝团山金铜矿床地质特征、赋矿岩体锆石 U-Pb 年龄和 Hf 同位素组成及其地质意义［J］. 地质通报，37（7）：1346-1359.
李玉嵩，张妍，张涛，等. 2014. 塞拉利昂区域成矿特征与找矿远景分析［J］. 中国矿业，23（2）：75-78.
李足晓，2013. 金顶铅锌硫化物矿石自然类型及组构研究［D］. 北京：中国地质大学（北京）.
梁斌，付小方，唐屹. 2016. 川西甲基卡稀有金属矿区花岗岩岩石地球化学特征［J］. 桂林理工大学学报，36（1）：42-49.
梁清玲，江思宏，白大明，等. 2015. 福建紫金山矿田浅成低温热液型矿床成矿物质来源探讨：H、O、S、Pb 同位素地球化学证据［J］. 矿床地质，34（3）：533-546.
梁瑞，张秀云，赵军，等. 2013. “宣龙式”铁矿地质特征及其成因分析［J］. 国土资源，52（1）：135-140.
梁有彬，李艺. 1997. 中国铂族元素矿床类型和地质特征［J］. 矿产与地质，11（3）：7.
梁永生. 2019. 冀西北“宣龙式”铁矿中磁铁矿特征及成生机制［D］. 北京：中国地质大学（北京）.
林全胜. 2006. 福建武平悦洋银多金属矿床特征及成因探讨［J］. 福建地质，25（2）：82-88.
刘超，陈甲斌. 2020. 全球钴资源供需形势分析［J］. 国土资源情报（高技术矿产专辑），10：27-33.
刘东义，2016. 淄博市西宝山矿区王村矿段扩界区耐火黏土矿矿床地质特征［J］. 低碳地产，19：584.
刘光永，戴茂昌，祁进平，等. 2014. 福建省紫金山铜金矿床原生晕地球化学特征及深部找矿前景［J］. 物探与化探，38（3）：434-440.
刘焕品，张永龄，胡文清，等. 1985. 湖南锡矿山锑矿床的成因探讨［J］. 湖南地质，4（1）：28-39.
刘家铎，张成江，李佑国，等. 2007. 攀西地区金属成矿系统［M］. 北京：地质出版社.
刘家齐，汪雄武，曾贻善，等. 2002. 西华山花岗岩及钨锡铍矿田成矿流体演化［J］. 华南地质与矿产，3：92-96.
刘建中，夏勇，张兴春，等. 2008. 层控卡林型金矿床矿床模型—贵州水银洞超大型金矿［J］. 黄金科学技术，3：1-5.
刘敬党. 2006. 辽东地区下元古宇镁硼酸盐矿床控矿模型及其勘查与评价研究［D］. 北京：中国地质大学（北京）.
刘军. 2008. 辽宁省弓长岭铁矿富铁矿成因及成矿模式研究［D］. 北京：中国地质大学（北京）.
刘俊锋. 2017. 兰坪金顶铅锌矿露天开采微差爆破和预裂爆破技术应用效果分析［J］. 科技博览，17：398-399.
刘连登，陈国华，吴国学，等. 2000. 中国金矿地质研究与评述［J］. 黄金，21：1-16.
刘连登，孙振佐，陈国华，等. 2002. “超大玲珑”块金发现与思考［J］. 中国科学（D 辑），32（8）：653-659.

刘美玉，苏尚国，姚远，等. 2020. 金川岩浆铜镍（铂）硫化物矿床中两类橄榄石的发现及其成矿意义［J］. 岩石学报，36（4）：187-209.
刘明军，李厚民，薛春纪，等. 2014. 辽宁弓长岭铁矿床二矿区矿石及类矽卡岩的地球化学特征及其找矿意义［J］. 地质学报，88（10）：1889-1903.
刘硕，张亚辉，张家，等. 2015. 宣龙式鲕状赤铁矿石磁化焙烧—弱磁选试验［J］. 金属矿山，467（5）：77-80.
刘文元，刘羽，邱小平. 2012. 硫钼锡铜矿在中国的首次发现及矿物学特征［J］. 矿物学报，32（4）：493-497.
刘文元. 2015. 福建紫金山斑岩—浅成热液成矿系统的精细矿物学研究［D］. 北京：中国地质科学院.
刘许生. 2011.“国际上 70% 的辉锑矿，从他这里流出”［J］. 国土资源导刊，4：89-91.
刘玄，范宏瑞，胡芳芳，等. 2015. 沉积岩型层状铜矿床研究进展［J］. 地质论评，61（1）：45-63.
刘艳. 2011. 胶东玲珑金矿成矿流体特征研究［D］. 北京：中国地质大学（北京）.
刘羽，刘文元，王少怀. 2011. 紫金山金铜矿二元铜硫化物成分特点的初步研究［J］. 矿床地质，30（4）：735-741.
卢宜冠，郝波，孙凯，等. 2020. 钴金属资源概况与资源利用情况分析［J］. 地质调查与研究，43（1）：72-80.
鲁美，申硕果，王碧雪，等. 2015. 紫金山铜金矿床与悦洋银多金属矿床中金、银的赋存状态研究［J］. 矿物学报，35（S1）：235-236.
鲁美，申硕果，王碧雪，等. 2016. 福建紫金山矿田金、银赋存状态及黄铁矿标型研究［J］. 现代地质，30（2）：303-315.
吕古贤，霍庆龙，袁月蕾，等. 2017. 胶东金矿陆内构造岩浆核杂岩隆起-拆离带蚀变成矿［J］. 地学前缘，24（2）：95-103.
吕古贤，李洪奎，丁正江，等. 2016. 胶东地区“岩浆核杂岩”隆起-拆离带岩浆期后热液蚀变成矿［J］. 现代地质，30（2）：247-262.
吕古贤，武际春，崔书学，等. 2013. 胶东玲珑金矿田地质［M］. 北京：科学出版社.
吕古贤. 1995. 山东省玲珑金矿田成矿深度的研究与测算［J］. 科学通报，40（15）：1399-1402.
罗英. 2015. 新疆可可托海稀有矿工业遗产景观的保护模式［J］. 景观设计，6：52-54.
马林霄，董少波，周朝宪，等. 2015. 塞拉利昂 Yirisen 金矿地质特征及成因浅析［J］. 矿产勘查，6（3）：311-317.
马腾，张万益，贾德龙. 2019. 铂资源现状与需求趋势［J］. 矿产保护与利用，5：90-97.
马玉孝，纪相田，李金成，等. 2003. 攀枝花矿产资源［M］. 成都：成都理工大学出版社，1-275.
毛德宝，沈保丰，李俊建，等. 1997. 辽北清原地区太古宙地质演化及其对成矿的控制作用［J］. 前寒武纪研究进展，20（3）：1-10.
毛景文，李厚民，王义天，等. 2005. 地幔流体参与胶东金矿成矿作用的氢氧碳硫同位素证据［J］. 地质学报，79（6）：839-857.
毛景文，毛志良. 2000. 中国东部大规模成矿时限及其动力学背景初步探讨［J］. 矿床地质，19（4）：289-296.
毛景文，谢桂青，郭春丽，等. 2008. 华南地区中生代主要金属矿床时空分布规律和成矿环境［J］. 高校地质学报，14（4）：510-526.
毛景文，杨宗喜，谢桂青，等. 2019. 关键矿产——国际动向与思考［J］. 矿床地质，38：689-698.
毛景文，张建东，郭春丽. 2010. 斑岩铜矿-浅成低温热液银铅锌-远接触带热液金矿矿床模型：一个新的矿床模型——以德兴地区为例［J］. 地球科学与环境学报，32（1）：1-14.

毛景文，张作衡，裴文富，等. 2012. 中国矿床模型型概论［M］. 北京：地质出版社.
毛景文，张作衡，王义天，等. 2012. 国外主要矿床类型、特点及找矿勘查［J］. 北京：地质出版社.
宁墨奂，胡昌松，温春齐，等. 2013. 西藏班—怒成矿带多龙矿集区斑岩铜矿综合信息找矿预测［J］. 地质与勘探，49（1）：58-66.
裴荣富. 1995. 中国矿床模式［M］. 北京：地质出版社.
祁进平，李晶，戴茂昌，等. 2012. 紫金山矿田深部勘查新技术、新方法研究进展［J］. 矿床地质，31（增）：873-874.
钱鹏，陆建军，刘风香. 2006. 江西德兴斑岩铜矿成矿物质来源同位素示踪［J］. 世界地质，25（2）：135-140.
钱鹏，陆建军. 2005. 德兴铜矿花岗闪长斑岩物质来源的微量元素研究［J］. 地质找矿论丛，20（2）：75-79，150.
秦克章，周起凤，唐冬梅，等. 2021. 阿尔泰可可托海 3 号脉花岗伟晶岩侵位机制、熔-流体演化、稀有金属富集机理及待解之谜［J］. 地质学报，95（1）：3039-3053.
秦忠虎，胡少华，陈建平，等. 2013. 分段凿岩阶段矿房采矿法在武平紫金公司的应用［J］. 黄金，34（7）：32-35.
丘志钊，王翠芝. 2019. 福建武平悦洋银多金属矿东矿段蚀变岩特征及其找矿意义［J］. 福建地质，2：119-132.
邱小平，蓝岳彰，刘羽. 2010. 紫金山金铜矿床深部成矿作用研究和找矿前景评价的关键［J］. 地球学报，31（2）：209-215.
邱永桢. 2020. 武平悦洋脉状银多金属矿地质特征及找矿标志［J］. 现代矿业，618（10）：27-29，32.
冉子龙，李艳军. 2021. 伟晶岩型稀有金属矿床成矿作用研究进展［J］. 地质科技通报，40（2）：13-23.
任超鸿. 2000. 世界金刚石矿产资源形势及其保证程度［J］. 地质与勘探，36（4）：32-35.
任升莲，张妍，杨帆，等. 2014. 庐山变质核杂岩基底拆离的变形特征及形成条件［J］. 地质科学，49（2）：529-541.
任亚峰，余永富. 2005. 难选红铁矿磁化焙烧技术现状及发展方向［J］. 金属矿山，11：20-23.
芮宗瑶，张立生，王龙生，等. 2003. 斑岩铜矿与陆相火山活动［J］. 地震地质，25（增）：78-87.
尚浚，卢静文，彭晓蕾，等. 2007. 矿相学［M］. 北京：地质出版社.
邵拥军，刘建平，赖建清. 2019. 矿床学实验指导［M］. 长沙：中南大学出版社.
石栋文. 2020. 华北地台金刚石找矿战略性选区研究［J］. 中国资源综合利用，38（7）：88-90.
时培哲，王纪昆，冀建军，等. 2017. 塞拉利昂北方省 manautili 沉积变质型铁矿床找矿模型［J］. 矿产勘查，8（3）：496-503.
水新芳，赵元艺，刘妍，等. 2012. 德兴铜矿岩矿相学研究过程中的新发现及意义初探［J］. 矿床地质，31（增）：709-710.
宋建军，王国平. 2022. “双碳”背景下保障关键矿产供应链安全的思考［J］. 中国国土资源经济，4-9.
宋静宜. 2019. 兰坪铅锌矿影响下的沘江流域铅锌重金司分布及迁移研究［D］. 昆明：云南大学.
宋明春，丁正江，刘向东，等. 2022. 胶东型金矿床控矿构造及成矿模式［J］. 地质学报，96（5）：1774-1802.
宋明春，李三忠，伊丕厚，等. 2014. 中国胶东焦家式金矿类型及其成矿理论［J］. 吉林大学学报（地球科学版），44（1）：87-104.
宋明春，宋英昕，丁正江，等. 2018. 胶东金矿床：基本特征和主要争议［J］. 黄金科学技术，26

（4）：406-422.
宋英昕，宋明春，丁正江，等. 2017. 胶东金矿集区深部找矿重要进展及成矿特征［J］. 黄金科学技术，25（3）：4-18.
苏尚国，汤中立，罗照华，等. 2014. 岩浆通道成矿系统［J］. 岩石学报，30（11）：3120-3130.
苏尚国，汤中立. 2010. 岩浆通道成矿系统的理论与实践［J］. 矿床地质，29（S1）：885-886.
苏水生. 2018. 福建武平悦洋银多金属矿控矿构造探讨［J］. 福建地质，38（4）：278-290.
孙华山，何谋春，杨振. 2009. 矿床学实习指导［M］. 武汉：中国地质大学出版社.
孙志勇. 2010. 鄂西鲕状赤铁矿磁化焙烧-金属化焙烧工艺选矿试验研究［D］. 武汉：武汉科技大学.
覃功炯，朱上庆. 1991. 金顶铅锌矿床成因模式及找矿预测［J］. 云南地质，10（2）：145-190.
覃赞飞，唐广明，唐义辉. 2018. 贵州泥堡卡林型金矿与水银洞卡林型金矿对比研究［J］. 世界有色金属，7：128-129.
谭亲平，夏勇，谢卓君，等. 2020. 黔西南水银洞卡林型金矿构造地球化学及对隐伏矿找矿的指示［J］. 地球学报，41（6）：13.
汤中立，李文渊. 1995. 金川铜镍硫化物（含铂）矿床成矿模式及地质对比［M］. 北京：地质出版社.
汤中立. 1990. 金川硫化铜镍矿床成矿模式［J］. 现代地质，4（4）：55-64.
汤中立. 1996. 金川铜镍硫化物矿床岩浆成矿作用的偏在性［J］. 甘肃地质学报，5（2）：73-85.
唐代文，韦俊杰，刘松兵，等. 2021. 锡矿山锑矿田北倾伏端重要找矿突破及地质特征新认识［J］. 矿产勘查，12（8）：1750-1757.
唐冬梅，秦克章，刘秉光，等. 2008. 铂族元素矿床的主要类型、成矿作用及研究展望［J］. 岩石学报，24（3）：569-588.
唐国凡，吴盛先. 1984. 四川省康定县甲基卡花岗伟晶岩锂矿床地质研究报告［R］. 1-24.
唐永永，毕献武，武丽艳，等. 2013. 云南金顶超大型铅锌矿床碳、氧、锶、铅同位素地球化学［J］. 地球化学，42（5）：467-480.
陶奎元. 1997. 台湾金瓜石铜矿床及其与福建紫金山铜金矿床的比较：赴台考察报告之一［J］. 火山地质与矿产，18（4）：260-274.
陶旭云，王佳新，孙嘉，等. 2019. 钪矿床主要类型与成矿机制［J］. 矿床地质，38（5）：1023-1038.
陶琰，高振敏，金景福，等. 2002. 湘中锡矿山式锑矿成矿地质条件分析［J］. 地质科学，37（2）：184-195.
田信普，李骏. 2000. 江西德兴铜矿尾矿提取绢云母及综合利用的探讨［J］. 地质与勘探，36（5）：47-48.
田旭芳，李兵. 2022. 德兴铜矿绿色矿山建设对矿山高质量发展的作用［J］. 铜业工程，176（4）：113-115，120.
田野，秦克章，周起凤，等. 2015. 阿尔泰可可托海伟晶岩中弧形石英白云母层的成因及意义［J］. 岩石学报，31（8）：2353-2365.
佟小雪，张连昌，王长乐，等. 2018. 鞍本地区大孤山条带状铁建造含铁矿物和相分带特征及形成环境分析［J］. 岩石学报，34（4）：259-278.
万渝生，刘敦一. 1993. 辽宁弓长岭中太古宙片麻状花岗岩和铬云母石英岩的锆石年龄［J］. 地质论评，39（2）：124-129.
王长明，段泓羽，李超，等. 2022. 密西西比河谷型铅锌矿床成矿年代学研究进展：兼论金顶矿床成矿年龄分歧［J］. 岩石学报，38（6）：1577-1594.
王诚华. 2006. 德兴铜矿伴生有价元素回收的生产实践［J］. 金属矿山，359（5）：77-79.
王翠云，李晓峰，肖荣，等. 2012. 德兴铜厂斑岩铜矿脉体类型-分布规律及其对成矿的指示意义［J］.

矿床地质，31（1）：94-110.
王翠芝，傅树超. 2013. 福建武夷山上西坑钼矿矿石学特征［J］. 地质与勘探，49（1）：39-49.
王翠芝，肖荣阁，贾琇明，等. 2005. 山东淄博铝土矿地质特征及成矿作用［J］. 地质与勘探，41（5）：34-37.
王翠芝. 2013. 紫金山铜金矿明矾石交代蚀变岩的岩石地球化学特征［J］. 地球科学进展，28（8）：897-912.
王登红，李建康，付小方. 2005. 四川甲基卡伟晶岩型稀有金属矿床的成矿时代及其意义［J］. 地球化学，34（6）：541-547.
王登红，唐菊兴，应立娟，等. 2010. “五层楼+地下室”找矿模型的适用性及其对深部找矿的意义［J］. 吉林大学学报（地球科学版），44（4）：733-738.
王登红，郑绵平，王成辉，等. 2019. 大宗急缺矿产和战略性新兴产业矿产调查工程进展与主要成果［J］. 中国地质调查，6（6）：1 -11.
王蝶，毕献武，尚林波. 2010. 德兴铜矿花岗闪长斑岩成岩过程分异的初始岩浆流体 HF、HCl 浓度特征［J］. 33（3）：331-337.
王恩德，夏建明，赵纯福，等. 2012. 弓长岭铁矿床磁铁矿富矿形成机制探讨［J］. 地质学报，86（11）：1761-1772.
王发宁，周耀华，虞长富. 1986. 江西高岭土矿床及成矿地质条件［J］. 中国地质，1：18-20.
王刚. 2012.《“十二五”国家战略性新兴产业发展规划》解读［J］. 物联技术，6：12-13.
王国光，倪培，赵超，等. 2019. 德兴大型铜金矿集区的研究进展和成矿模式［J］. 岩石学报，35（12）：3544-3658.
王辉，丰成友，张明玉. 2019. 全球钴矿资源特征及勘查研究进展［J］. 矿床地质，38（4）：739-750.
王吉裙，冯文涛. 1991. 玲珑金矿床特征和成矿模式［J］. 地质找矿论丛，6：18-34.
王继林，何斌，靳立杰，等. 2021. 庐山星子变质穹窿中变形花岗伟晶岩脉中多期不同成因锆石的发现及意义［J］. 大地构造与成矿学，39（4）：729-742.
王浚杰，肖军辉，张烨毓，等. 2021. 从攀西地区含钪钒钛磁铁矿尾矿中回收钪研究［J］. 矿业工程，41（6）：61-64.
王克勤. 1988. 山东南墅石墨矿床地质特征及矿床成因的新认识［J］. 建材地质，6：1-15.
王坤，邢长明，任钟元，等. 2013. 攀枝花镁铁质层状岩体磷灰石中的熔融包裹体：岩浆不混熔的证据［J］. 岩石学报，29（10）：3503-3518.
王乾杰、李晶、张锦章. 2010. 高精度磁法在罗卜岭斑岩铜钼矿勘探中的应用［C］. 中国第三届青年矿山地质学术会议论文集：紫金矿业矿山地质工作成就，33-41.
王强，赵振华，简平，等. 2014. 德兴花岗闪长斑岩 SHRIMP 锆石 U-Pb 年代学和 Nd-Sr 同位素地球化学［J］. 岩石学报，20（2）：315-325.
王瑞廷，毛景文，赫英，等. 2004. 金川超大型铜镍硫化物矿床的铂族元素地球化学特征［J］. 大地构造与成矿学，28（3）：279-286.
王少怀，裴荣富，曾宪辉，等. 2009. 再论紫金山矿田成矿系列与成矿模式［J］. 地质学报，83（2）：145-157.
王书丹. 2002. 对鞍山式铁矿（条带状含铁石英岩）尾矿中含金的几点认识和探讨［J］. 吉林地质，21（1-2）：131-132.
王帅，刘述敏，于洋，等. 2017. 山东省平度-莱西北部地区石墨矿地质特征及找矿靶区优选［J］. 山东国土资源，33（12）：30-36.
王文杰. 2018. 锡矿山矿田地质与资源初步研究［J］. 中国资源综合利用，36（5）：185-187，190.

王新彦，李昭昭．2020．福建悦洋银多金属矿床矿石特征及矿床成因浅析［J］．矿产资源，12：45-46．
王学求．2020．“关键资源地球化学勘查”专辑特邀主编寄语—关键元素分布与关键资源勘查［J］．地球学报，41（6）：739-746．
王砚耕，索书田，张明发．1994．黔西南构造与卡林型金矿［M］．北京：地质出版社．
王义文．1989．华北地台北缘东段金矿带硫同位素特征及其找矿意义［J］．长春地质学院学报，19（3）：325-334．
王志强．2015．胶东玲珑金矿流体包裹体特征及其成矿过程分析［D］．南昌：东华理工大学．
韦祥蓬，金海飞，黄奇晗．2017．地球化学原生晕在玲珑金矿中的应用—以47号矿体为例［J］．能源研究与管理，3：64-69．
魏有惠，杨东晓．2010．辽宁省红透山铜锌矿床地质特征及外围找矿潜力分析［J］．有色矿冶，26（6）：1-4．
吴福元，刘志超，刘小驰，等．2015．喜马拉雅淡色花岗岩［J］．岩石学报，31（1）：1-36．
吴淦国，吴习东．1989．云南金顶铅锌矿床构造演化及矿化富集规律［J］．地球科学，14（5）：477-486．
吴连贵，李兴尚，戴水平．2019．全尾砂胶结充填技术在悦洋银多金属矿的应用［J］．有色金属（矿山部分），71（1）：20-26．
吴松洋．2019．黔西南卡林型金矿构造—岩浆—热液成矿模式研究［D］．北京：中国地质大学（北京）．
吴永乐，梅永文，刘鹏程．1987．西华山钨矿地质［M］．北京：地质出版社．
吴泽有．2015．福建上杭洋坡坑离子吸附型稀土矿地质特征［J］．福建地质，34（3）：199-208．
夏建明．2013．辽宁弓长岭BIF型铁矿田成矿环境与富铁矿床形成机制的研究［D］．沈阳：东北大学．
夏勇，张瑜，苏文超，等．2009．黔西南水银洞层控超大型卡林型金矿床成矿模式及成矿预测研究［J］．地质学报，83（1）：1473-1482．
夏勇．2005．贵州贞丰县水银洞金矿床成矿特征和金的超常富集机制研究［D］．贵州：中国科学院研究生院（地球化学研究所）．
肖凡，班宜忠，孙建东，等．2015．华东地区沉积变质型铁矿成矿规律［J］．资源调查与环境，36（3）：179-189．
肖军辉，彭杨，陈涛，等．2021．含钪钒钛磁铁矿尾矿焙烧-浸出提取分离钪［J］．中国有色金属学报，31（6）：1611-1620．
肖六均．2001．攀枝花钒钛磁铁矿资源及矿物磁性特征［J］．金属矿山，1：28-30．
谢桂青，朱乔乔，李伟，等．2016．“我国典型金属矿科学基地研究”项目系列丛书湖北大冶式铁矿地质［M］．北京：地质出版社．
谢桂青，朱乔乔，姚磊，等．2013．鄂东南地区晚中生代铜铁金多金属矿的区域成矿模型探讨［J］．矿物岩石地球化学通报，32（4）：418-426．
邢佳韵，陈其慎，张艳飞，等．2019．新能源汽车发展下锂钴镍等矿产资源需求展望［J］．中国矿业，28（12）：67-71．
熊鹏飞，石准立，张尊光，等．1984．湖北大冶铁矿矿床控矿地质条件的分析［J］．地球科学，4：81-88，138．
修群业，王军，高兰，等．2005．云南金顶矿床矿体三维模型的建立及其研究意义［J］．矿床地质，24（5）：501-507．
徐碧良，谭亲平，夏勇，等．2020．贵州水银洞卡林型金矿床方解石稀土元素地球化学特征与找矿意义［J］．矿物学报，40（6）：685-694．

徐旭阳，张铃. 2012. 近代大冶铁矿开采与地区社会变迁［J］. 湖北师范学院学报（哲学社会科学版），32（5）：15-19.
许泰. 2013. 赣南西华山钨矿床成矿流体特征及矿床成因研究［D］. 抚州：东华理工大学.
许英霞，张龙飞，李厚民，等. 2015. 冀东司家营沉积变质型铁矿床找矿模型［J］. 地质与勘探，51（1）：23-35.
许志琴，付小方，赵中宝，等. 2019. 片麻岩穹隆与伟晶岩型锂矿的成矿规律探讨［J］. 地球科学，44（5）：1452-1463.
许志琴，侯立玮，王宗秀，等. 1992. 中国松潘-甘孜造山带的造山过程［M］. 北京：地质出版社，45-60.
薛超，刘秀，夏雄刚，等. 20221. 锡矿山矿田狮子山锑矿矿床地质特征及成矿规律［J］. 南方金属，242：27-29，51.
薛春纪，陈毓川，杨建. 2002. 金顶铅锌矿床地质-地球化学［J］. 矿床地质，21（3）：270-245.
闫红圃，刘文斌，程兴国. 2015. 津巴布韦 Mutawatawa 地区 Chelsea East 金矿床多元信息综合找矿方法及找矿模型［J］. 物探与化探，39（3）：516-524.
严千豪. 2020. 胶东玲珑金矿蚀变钾长石成因矿物学特征研究［D］. 福州：福州大学.
严腾腾，邵亚红. 2022. 江西省大余西华山钨矿国家矿山公园地质遗迹特征［J］. 中国金属通报，2：178-180.
颜玲亚，高树学，孙莉，等. 2018. 我国区域变质型石墨矿成矿特征及成矿要素［J］. 中国非金属矿工业导刊，131（3）：21-28.
杨波，水新芳，赵元艺，等. 2016. 江西德兴朱砂红斑岩铜矿床 H-O-S-Pb 同位素特征及意义［J］. 地质学报，90（1）：126-138.
杨成富，刘建中，顾雪祥，等. 2020. 黔西南水银洞超大型金矿龙潭组赋矿层岩相特征及对金成矿的控制［J］. 地质通报，39（8）：1222-1232.
杨福田，张永红，杨铁军，等. 2003. 辽宁清原红透山式铜、金多金属矿集区资源潜力预测与勘查思路［J］. 矿产与地质，2003（S1）：324-327.
杨建平. 2017. 攀枝花钒钛磁铁矿伴生元素镓钴镍的富集规律［D］. 成都：成都理工大学.
杨俊峰，潘寻. 2021. “十四五”中国锂动力电池产业关键资源供需分析［J］. 有色金属（冶炼部分），6：37-41，52.
杨立强，邓军，王中亮，等. 2014. 胶东中生代金成矿系统［J］. 岩石学报，30（9）：2447-2467.
杨立强，魏瑜吉，王偲瑞，等. 2022. 胶东金矿床中关键金属资源储量估算与潜力初探［J］. 岩石学报，38（1）：9-22.
杨林. 2010. 鲕状赤铁矿分选行为及磁化焙烧的基础研究［D］. 长沙：中南大学.
杨梅珍，刘艳荣，路建培. 2009. 矿石学实验［M］. 武汉：中国地质大学出版社.
杨敏之，吕古贤. 1996. 胶东绿岩带金矿地质地球化学［M］. 北京：地质出版社.
杨异伦. 2010. 探寻锡矿山锑文化［J］. 中国有色金属，17：48-49.
杨岳清，王登红，孙艳，等. 2021. 矿产资源研究所“三稀”矿产研究与找矿实践 70 年历程［J］. 矿床地质，40（4）：655-692.
杨志强，王永前，高谦，等. 2016. 金川镍钴铂族金属资源开发与可持续发展研究［J］. 中国矿山工程，45（5）：1-6.
姚凤良，孙丰月. 2006. 矿床学教程［M］. 北京：地质出版社.
姚凤良，郑明华. 1983. 矿床学基础教程［M］. 北京：地质出版社.
叶卉，陈仁义，张洪涛. 2009. 稀土、钨、锡等我国优势金属矿产供应格局分析及对策研究［J］. 金属矿山，391（1）：16-20，65.

叶亮山，地里夏提·买买提，胥胜金. 2013. 甘肃金川铜镍矿伴生金银的赋存状态研究［J］. 长江大学学报（自科版），10（3）：55-57.

阴江宁，肖克炎，邹伟，等. 2008. 中国铁矿床品位-吨位模型［J］. 矿床地质，27（6）：0702-0791.

尹汉辉，范蔚茗，林舸. 1990. 云南兰坪-思茅地洼盆地演化的深部因素及幔-壳复合成矿作用［J］. 大地构造与成矿学，4（2）：113-124.

尹蓉. 2015. 一个极端演化花岗伟晶岩的矿物学研究：以新疆阿尔泰可可托海1号伟晶岩脉为例［D］. 南京：南京大学.

于方，魏绮英. 1997. 中国典型矿床［M］. 北京：北京大学出版社.

于凤金，王恩德. 2005. 红透山式块状硫化物铜锌矿床古火山环境及与成矿关系研究［J］. 矿产与地质，19（1）：12-15.

于凤金. 2006. 红透山式矿床成矿模式与找矿模型研究［D］. 沈阳：东北大学.

于赫楠. 2013. VHMS型矿床矿物地球化学特征及成因意义［D］. 长春：吉林大学.

俞礼河，曹海庆. 2010. 铸矿冶文化名城［J］. 今日湖北，第八期.

袁见齐，朱上庆，翟裕生. 1985. 矿床学（第一版）［M］. 北京：地质出版社.

曾普胜. 2021. "深部地质作用及战略性关键矿产"专辑特邀主编寄语：深部过程与地表响应［J］. 地球学报，42（6）：715-720.

曾智英，李晓青，夏宁丽，等. 2013. 湖南省锡矿山锑矿开采的生态环境破坏及其生态恢复研究［J］. 长沙大学学报，27（5）：91-93.

翟明国，范宏瑞，杨进辉，等. 2004. 非造山带型金矿：胶东型金矿的陆内成矿作用［J］. 地学前缘，11（1）：85-98.

翟裕生，姚书振，蔡克勤. 2011. 矿床学（第三版）［M］. 北京：地质出版社.

詹瑜，滕玲. 2019. "亚洲第一采坑"的千古传奇：走进中国第一座国家矿山公园——湖北黄石国家矿山公园［J］. 地球，7：58-62.

张成基，田京祥，陈文韬，等. 2020. 鲁西蒙阴地区含金刚石金伯利岩的岩浆侵入序列及成矿模式［J］. 地质学报，94（9）：2666-2675.

张达，吴淦国，刘乃忠，等. 2010. 福建漳平北坑场钼多金属矿床辉钼矿Re-Os同位素年龄及其地质意义［J］. 地质学报，84（10）：1428-1437.

张德全，丰成友，李大新，等. 2003. 福建碧田矿床冰长石的$^{40}Ar$-$^{39}Ar$年龄及其地质意义［J］. 矿床地质，22（4）：360-364.

张德全，丰成友，李大新，等. 2005. 紫金山地区斑岩—浅成热液成矿系统的成矿流体演化［J］. 地球学报，26（2）：127-136.

张德全，佘宏全，李大新，等. 2003. 紫金山地区的斑岩—浅成热液成矿系统［J］. 地质学报，77（2）：253-261.

张东亮，黄德志，张宏法，等. 2016. 湘中盆地基底的时代格架：来自锡矿山碎屑锆石U-Pb年龄的证据［J］. 岩石学报，32（11）：3456-3468.

张福良，何贤杰，杜轶伦，等. 2013. 关于我国战略性新兴矿产几个重要问题的思考［J］. 中国矿业，22（1）：7-11.

张锦章. 2010. 紫金山金矿含金废石综合利用实践及意义［A］. 见：汪贻水. 中国实用矿山地质学［C］. 北京：冶金地质出版社. 220-224.

张锦章. 2011. 紫金山东矿段大型斑岩型铜钼矿床的发现与勘查［C］. 见：李广武. 大型矿山地质成就［C］. 全国大型矿山地质成果暨学术交流会议. 2011. 中国地质学会矿山专业委员会. 110-120.

张锦章. 2013. 紫金山矿集区地质特征、矿床模型与勘查实践 [J]. 矿床地质, 32 (4): 758-767.
张克尧, 王建平, 杜安道, 等. 2009. 福建福安赤路钼矿床辉钼矿 Re-Os 同位素年龄及其地质意义 [J]. 中国地质, 36 (1): 147-155.
张丽华. 2019. 浅议可可托海稀有金属矿区发展及企业精神 [J]. 西部经济, 8: 26-28.
张连昌, 翟明国, 万渝生, 等. 2012. 华北克拉通前寒武纪 BIF 铁矿研究: 进展与问题 [J]. 岩石学报, 28 (11): 3431-3445.
张乾. 1993. 云南金顶超大型铅锌矿床的铅同位素组成及铅来源探讨 [J]. 地质与勘探, 29 (5): 21-28.
张森, 赵东方, 吕广俊, 等. 2007. 辽宁红透山铜锌矿床地质特征及成因浅析 [J]. 地质与资源, 16 (3): 173-182.
张天宇, 张忠良, 李金钱. 2014. 我国区域变质型石墨矿床研究现状综述 [J]. 中国非金属矿工业导刊, 111 (4): 36-38.
张伟波, 叶锦华, 陈秀法, 等. 2018. 全球钴矿资源分布与找矿潜力 [J]. 资源与产业, 20 (4): 56-61.
张文媛. 2015. 紫金山铜金矿黄铁矿的成因矿物学特征及其深部找矿意义 [D]. 福州: 福州大学.
张小红. 2020. 德铜提高资源利用率的典型案例 [J]. 中国有色金属, 22: 42-44.
张新安, 张迎新. 2011. 把“三稀”金属等高技术矿产的开发利用提高到战略高度 [J]. 国土资源情报, 2011 (6): 2-7.
张雅静. 2010. 辽宁红透山铜锌矿矿床地质特征及成矿模式研究 [D]. 长春: 吉林大学.
张雅静. 2014. 辽宁清原花岗绿岩带的演化及成矿作用研究 [D]. 长春: 吉林大学.
张亚峰, 蔺新望, 郭岐明, 等. 2015. 阿尔泰南缘可可托海地区阿拉尔花岗岩体 LA-ICP-MS 锆石 U-Pb 定年、岩石地球化学特征及其源区意义 [J]. 地质学报, 89 (2): 339-354.
张亚辉, 张家, 张艳娇, 等. 2013. 鲕状赤铁矿“磁化焙烧-晶粒长大-磁选”新工艺研究 [J]. 武汉理工大学学报, 35 (3): 116-119.
张贻侠. 1993. 矿床模型导论 [M]. 北京: 地质出版社.
张颐, 丘文, 王文亮. 2014. 福建龙岩万安稀土矿床地质特征及成因探讨 [J]. 福建地质, 33 (3): 185-191.
张招崇, 侯通, 程志国. 2022. 大火成岩省的成矿效应 [J]. 地质学报 (创刊 100 周年), 96 (1): 131-154.
张祖光. 2011. 攀枝花钒钛磁铁矿中稀散金属开发利用前景 [J]. 攀枝花科技与信息, 3: 20-23, 27.
赵刚. 2019. 红透山铜矿勘探实践研究 [J]. 中国矿山工程, 48 (3): 20-25.
赵海杰, 谢桂青, 魏克涛, 等. 2012. 湖北大冶铜绿山铜铁矿床夕卡岩矿物学及碳氧硫同位素特征 [J]. 地质论评, 58 (2): 379-395.
赵静, 梁金龙, 李军, 等. 2018. 贵州贞丰水银洞金矿矿床成因与成矿模式: 来自载金黄铁矿 NanoSIMS 多元素 Mapping 及原位微区硫同位素的证据 [J]. 地学前缘, 25 (1): 157-167.
赵葵东, 蒋少涌, 2022. 世界著名的华南钨锡成矿省是如何形成的? [J] 地球科学, 47 (10): 3882-3884.
赵兴元. 1989. 云南金顶铅锌矿床成因研究 [J]. 地球科学, 14 (5): 523-530.
赵秀芳. 2019. 山东蒙阴西峪矿区深部与外围金刚石矿床地质特征及成因 [J]. 华东地质, 40 (2): 135-142.
赵元艺, 水新芳, 曹冲, 等. 2015. 江西德兴斑岩铜矿科学基地研究 [M]. 北京: 地质出版社.
赵元艺, 于宝洵, 初娜, 等. 2009. 矿床地质环境模型及其在江西德兴铜矿中的应用 [J]. 地质通报,

28（1）：99-117.
赵芝，王登红，王成辉，等. 2019. 离子吸附型稀土找矿及研究新进展［J］. 地质学报，93（6）：1454-1465.
郑国夏，刘仓洲，李妙灵. 1965. 星子高岭土矿的调查［J］. 瓷器，4：35-40.
中华人民共和国国土资源部. 2002. 高岭土、膨润土、耐火黏土矿产地质勘查规范（DZ/T 0206—2002）［S］. 中华人民共和国国土资源部.
钟荣兴. 2017. 福建武平悦洋矿区银多金属矿成矿地质条件及生产探矿方向［J］. 资源环境与工程，31（1）：13-17.
周起凤，秦克章，唐冬梅，等. 2013. 阿尔泰可可托海3号脉伟晶岩型稀有金属矿床云母和长石的矿物学研究及意义［J］. 岩石学报，29（9）：3004-3022.
周清，姜耀辉，廖世勇，等. 2012. 德兴铜矿闪长玢岩SHRIMP锆石U-Pb定年及原位Hf同位素究［J］. 地质学报，86（11）：1126-1134.
周清，姜耀辉，廖世勇，等. 2013. Pb同位素对德兴铜矿成矿物源的制约［J］. 地质学报，87（8）：1124-1135.
朱奉三. 1980. 混合岩化热液金矿床成矿作用初步研究—以招掖地区的金矿床为例［J］. 地质与勘探，（7）：1-10.
朱乔乔，谢桂青，李伟. 2019. 鄂东矿集区矽卡岩型铁矿的叠加富集机制：来自磁铁矿结构和矿石品位数据的制约［J］. 岩石学报，35（12）：3703-3720.
朱清波，杨坤光，王艳. 2010. 庐山变质核杂岩伸展拆离和岩浆作用的年代学约束［J］. 大地构造与成矿学，34（3）：391-401.
朱裕生. 1993. 论矿床成矿模式［J］. 地质论评，39（3）：216-222.
邹天人，李庆昌. 2006. 中国新疆稀有及稀土金属矿床［M］. 北京：地质出版社.
左更. 2022. 我国战略性金属矿产资源保供形势分析［J］. 中国价格监管与反垄断，10：70-73.
Bartholomew D S. 1990. Gold deposits of Zimbabwe［M］. Zimbabwe：Mineral Resources Series Press.
Campbell S G，Nasbet M J. 1994. Structural controls of gold mineralization in the imbabwe Craton［J］. Geological Survey of Zimbabwe，101：169-171.
考克斯 D P 和辛格 D A. 1986. 矿床模式. 宋伯庆等，译［M］. 北京：地质出版社.
Edward A du Bray，王安建，等，译. 1999. 矿床地质环境模型［M］. 84-129. Environmental Geology，1999，42：19-31.
Fan J J，Tang G J，Wei G J，et al. 2020. Lithium isotope fractionation during fluid exsolution：Implications for Li mineralization of the Bailongshan pegmatites in the West Kunlun，NW Tibet［J］. Lithos，352-353：105236.
Frei R，Ngler T F，Schnberg R，et al. 1998. Re-Os，Sm-Nd，U-Pb，andstepwise lead leaching isotope systematics in shear-zone hosted gold mineralization：genetic tracing and ge constraints of crustal hydro-thermal activity［J］. Geochimica et Cosmochimica Acta，62（11）：1925-1936.
Guo C，Chen Y，Zeng Z，et al. 2012. Petrogenesis of the xihuashan granites in southeastern china：constraints from geochemistry and in-situ analyses of zircon usbnd pbsbnd hfsbnd o isotopes［J］. Lithos，148：209-227.
Hofmann A，Jagoutz O，Krner A，et al. 2002. The Chirwa dome：granite emplacement during late Archaean thrusting along the northeastern margin of the Zimbabwe craton［J］. South African Journal of Geology，105（4）：285-300.
Hu R Z，Wei W F，Bi X W，et al. 2012. Molybdenite Re-Os and muscovite 40Ar/39Ar dating of the Xihuas-

han tungsten deposit, central Nanling district, south China [J]. Lithos, 150 (Complete), 111-118.

Hutchison C S. 1988. Stratigraphic-Tectonic model for East Borneo [J]. Bulletin of the Geological Society of Malaysia, 22: 135-151.

Jelsma H A, Dirks P H G M. 2000. Tectonic evolution of a greenstone se-quence in northern Zimbabwe: Sequential early stacking and plutondiapirism [J]. Tectonics, 19 (1): 135-152.

John D A, Taylor R D. 2016. By-products of porphyry copper and molybdenum deposits: Chapter 7. Reviews in Economic Geology, 18: 137-164.

Lesher C M, Campbell I H. 1993. Geochemical and fluid dynamic modeling of compositional variations in Archean komatiite-hosted nickel sulfide ores in Western Australia. Economic Geology, 88 (4): 804-816.

Li L, Santosh M, Li S R. 2015. The 'Jiaodong type' gold depos-its: Characteristics, origin and prospecting [J]. Ore Geology Reviews, 65: 589-611.

Li N. 1998. Depositional controls and genesis of the Jinding sandstone hosted Zn-Pb deposit, Yunnan province, Southwest China [D]. The University of texas at Austin. U. S. A.

Li X H, Su L, Chung S L, et al. 2005. Formation of the Jinchuan ultramafic intrusion and associated world-class Ni-Cu sulfide deposit by the ~825 Ma South China mantle plume? [J]. Geochemistry, Geophysics, Geosystems, 11 (6): 1-16.

Liu X H, Xu J W, Lai J Q, et al. 2023. Genetic significance of trace elements in hydrothermal quartz from the Xiangzhong metallogenic province, South China. Ore Geology Reviews, 152, 105229.

London D. 1992. The application of experimental petrology to the genesis and crystallization of granitic pegmatites [J]. The Canadian Mineralogist, 30 (3): 499-540.

Long Z Y, Qiu K F, Santosh M, et al. 2023. Fingerprinting the metal source and cycling of the world's largest antimony deposit in Xikuangshan China [J]. Geological Society of America Bulletin, 135 (1-2): 286-294.

Mugumbate F. 2003. Annals of the Zimbabwe Geological Survey (2001-2002) [J]. Geological Survey of Zimbabwe, 21: 31-35.

Plumlee G S, Logsdon M J. 1999. The environmental geochemistry of mineral deposits, Part A and Part B [M]. Society of Economic Gelogists, Reviews in Economic Geology.

Reid A, Zhao Y H, Zhao X D, et al. 2020. Features of the Dexing porphyry copper-gold deposit, Jiangxi, China [J]. MESA Journal, 2: 47-53.

Voudouris P C, Spry P G, Mavrogonatos C, et al. 2013. Bismuthinite derivatives, lillianite homologues, and bismuth sulfotellurides as indicators of gold mineralization in the Stanos shear-zone related deposit, Chalkidiki, Northern Greece [J]. The Canadian mineralogist, 51 (1): 119-142.

Wang F Y, Li C Y, Ling M X, et al. 2011. Geochronology of the Xihuashan tungsten deposit in Southeastern China: constraints from Re-Os and U-Pb dating [J]. Resource Geology, 61 (4): 414-423.

Wei W, Hu R, Bi X, et al. 2012. Infrared microthermometric and stable isotopic study of fluid inclusions in wolframite at the xihuashan tungsten deposit, jiangxi province, china [J]. Mineralium Deposita, 47 (6): 589-605.

Xue C, Chi G, Chen Y, et al. 2006. Two fluid systems in the Lanping, Yunnan, China- their interaction and implications for mineralization [J]. Jounal of Geochemical Exploration, 89: 436-439.

Xue C, Zeng R, Liu S, et al. 2007. Geologic, fluid inclision and isotopic characteristics of Jingding Zn-Pb deposit, Western Yuan, China: A review [J]. Ore Geology Reviews, 31: 337-359.

Zhao Y M, Li D. 1995. Mineralization and alteration zoning in the Gejiu tin ore field, Yunnan, China [J]. Scientia Geologica Sinica, 4 (2): 179-192.

Zhou M F, Chen W T, Wang C Y, et al. 2013. Two stages of immiscible liquid separation in the formation of Panzhihua-type Fe-Ti-V oxide deposits, SW China. Geoscience Frontiers, 4 (5): 481-502.

Zhou M F, Robinson P T, Lesher C M, et al. 2005. Geochemistry, petrogenesis and metallogenesis of the Panzhihua gabbroic layered intrusion and associated Fe-Ti-V oxide deposits, Sichuan Province, SW China [J]. Journal of Petrology, 46: 2253-2280.

Zhu R X, Fan H R, Li J W, et al. 2015. Decratonic gold deposits [J]. Science China: Earth Sciences, 58 (9): 1523-1537.

# 图 版

图版1 攀枝花钒钛磁铁矿床矿石组构特征

a—采坑剖面显示层状辉长岩岩体特征（Zhou et al.，2013）；b-c—辉长岩特征（Zhou et al.，2013；Gao et al.，2017）；d—浸染状钒钛磁铁矿石；e-g—单斜辉石（Cpx）中针状出溶钛铁矿（Ilm）（依次为单偏光、正交偏光、反射光照片）；h—磁铁矿（Mag）与钛磁铁矿（Ti-Mt）共生，其中磁铁矿中出溶叶片状钛铁矿

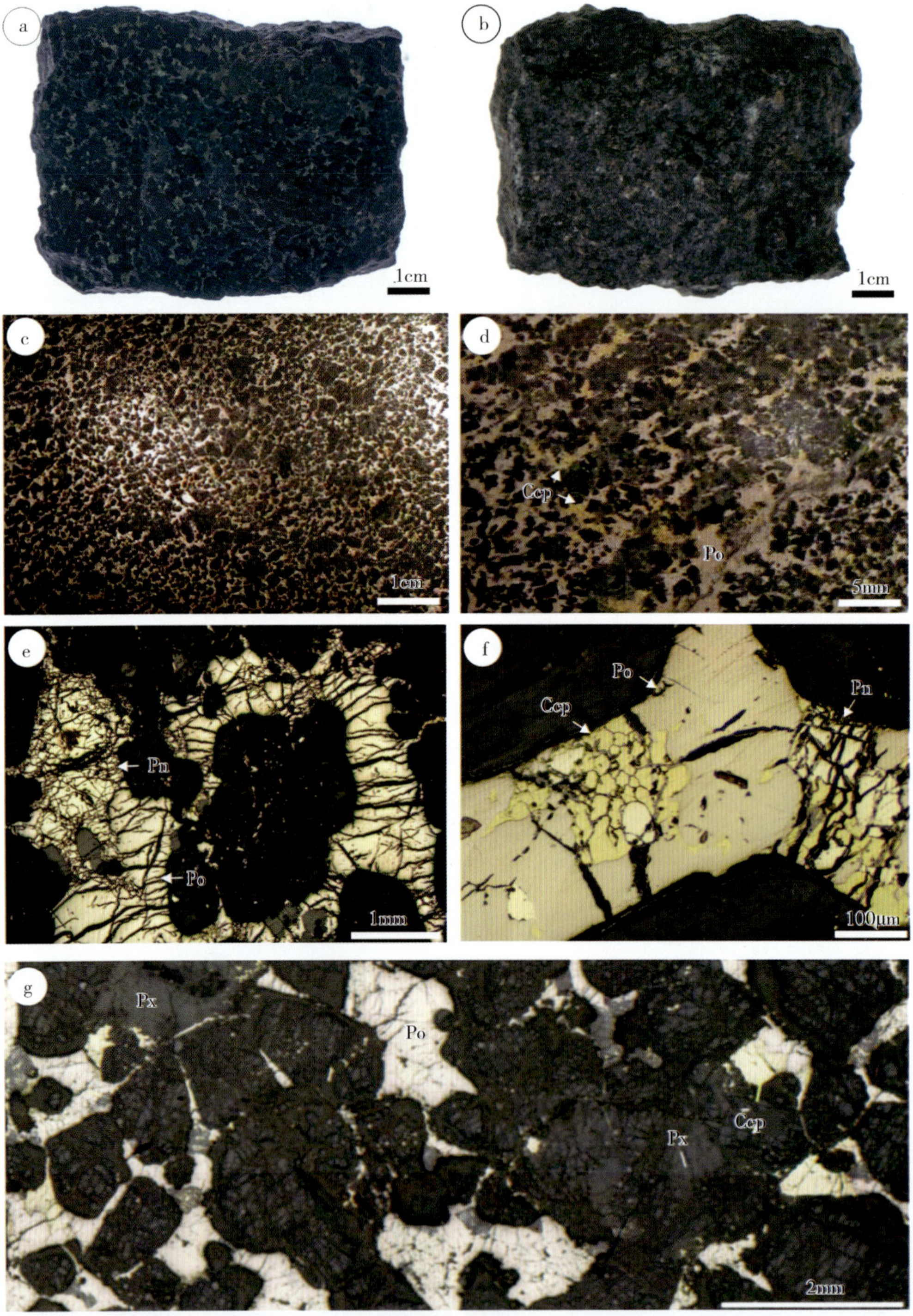


图版 2　金川铜镍硫化物矿床矿石组构特征

a-b—浸染状铜镍硫化物矿石；c-d—稠密浸染状铜镍硫化物矿石（切片）；e-f—磁黄铁矿（Po）与镍黄铁矿（Pn）共生，局部可见少量的黄铜矿（Ccp）和镍黄铁矿交代磁黄铁矿；g—辉石（Px）粒间被磁黄铁矿、黄铜矿等硫化物充填呈海绵陨铁结构（Mao et al.，2018）

图版 3　可可托海伟晶岩矿床矿石组构特征

a-b—伟晶岩野外特征呈现出一定的分带性（据田野等，2015）；c—锂辉石伟晶岩；d—含电气石斜长伟晶岩；e—文象花岗岩；f—锂云母；g—正交偏光镜下长石与石英的文象结构特征；h—正交偏光镜下锂云母特征

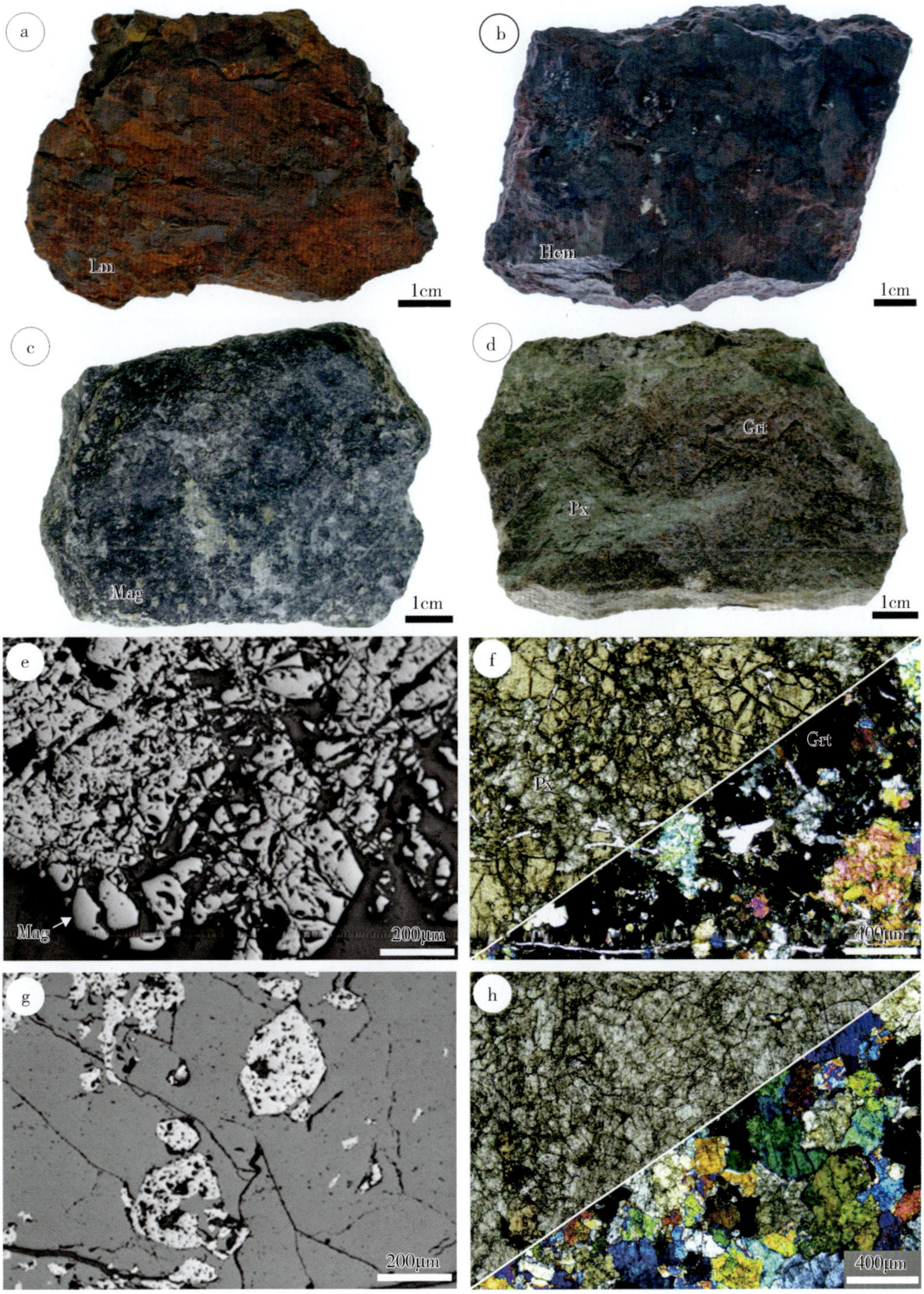


图版 4　大冶矽卡岩型铁矿床矿石组构特征

a—块状褐铁矿（Lm）矿石；b—块状赤铁矿（Hem）矿石；c—浸染状矽卡岩型磁铁矿（Mag）矿石；d—石榴子石（Grt）-辉石（Px）矽卡岩；e—碎裂状磁铁矿；f—辉石与石榴子石显微镜下特征（左上为单偏光，右下为正交偏光）；g—自形粒状磁铁矿；h—辉石显微镜下特征（左上为单偏光，右下为正交偏光）

图版5　德兴斑岩铜矿床矿石组构特征

a—石英（Qtz）-黄铜矿（Ccp）脉状-浸染状矿石；b—蚀变花岗闪长斑岩中的石英-黄铜矿-黄铁矿（Py）细脉；c—花岗闪长斑岩中的磁铁矿-石英细脉（潘小菲等，2012）；d—石英-黄铜矿-斑铜矿-辉钼矿粗脉（据潘小菲等，2012）；e—花岗闪长斑岩中的石英-钾长石（Kfs）-黄铜矿-黄铁矿网脉（张天福等，2012）；f—黄铜矿被黄铁矿细脉穿插；g—磁铁矿（Mag）被黄铜矿和赤铁矿（Hem）交代

图版 6　西华山热液脉型钨矿床矿石组构特征

a—石英（Qtz）-黑钨矿（Wolf）脉体野外特征（黄惠兰等，2015）；b—斑点状黑钨矿矿石；c—浸染状石英-辉钼矿（Mo）矿石；d—花岗岩中的浸染状辉钼矿（Pl 为斜长石）；e—稠密浸染状黄铜矿（Ccp）-黄铁矿（Py）矿石；f—板状黑钨矿；g—发束状辉钼矿，具有非均质性特征；h—云英岩化

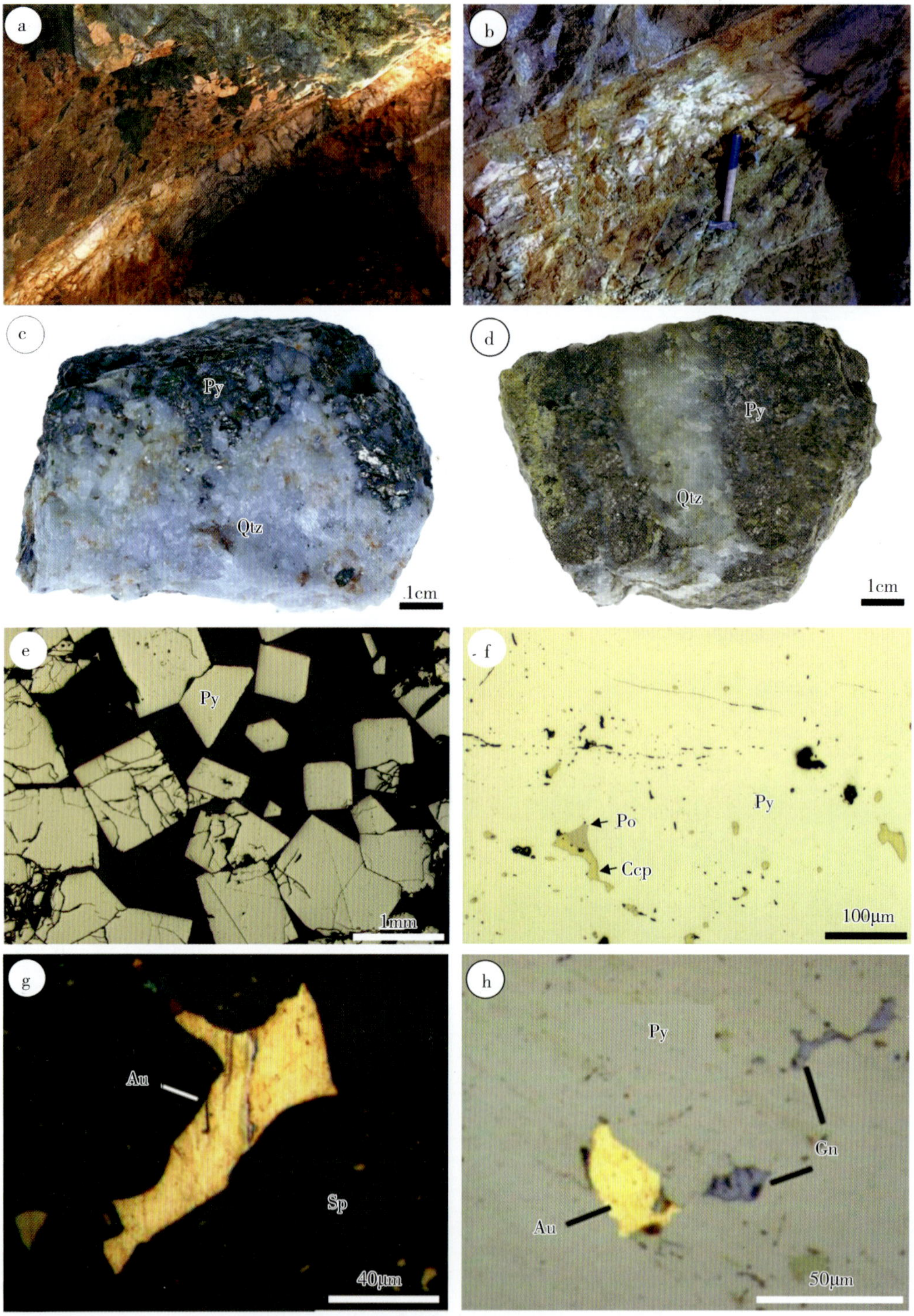


图版 7　玲珑中温热液脉型金矿床矿石组构特征

a-b—玲珑金矿矿体特征；c-d—石英（Qtz）-黄铁矿（Py）脉状矿石；e—自形黄铁矿；f—黄铁矿被磁黄铁矿（Po）和黄铜矿（Ccp）交代；g-h—自然金（Au）（Sp-闪锌矿；Gn-方铅矿）（Wang et al.，2022）

图版8　紫金山高硫化型浅成低温热液金铜矿床矿石组构特征

a—褐铁矿化型金矿石；b—脉状黄铁矿（Py）-铜蓝（Cv）矿石；c—明矾石化（Alu）花岗岩中的浸染状黄铁矿蓝辉铜矿矿石；d—地开石（Dck）化花岗岩；e—明矾石化花岗岩中团块状铜蓝矿石；f—硅孔雀石；g—正交偏光镜下叶片状明矾石；h—铜蓝矿石中残留的斑铜矿（Bn）和黄铜矿（Ccp）固溶体

图版 9　悦洋低硫化型浅成低温热液铅锌银多金属矿床矿石组构特征

a—含石英（Qtz）-方解石（Cal）浸染状黄铜矿（Ccp）-黄铁矿（Py）矿石；b—浸染状方铅矿（Gn）-黄铁矿（Py）矿石；c—团块状黄铁矿（Py）矿石；d—浸染状黄铜矿矿石；e—细粒花岗岩的绢云母（Ser）化蚀变；f—黄铁矿被黄铜矿交代；g—黄铁矿被方铅矿和闪锌矿（Sp）交代；h—黄铜矿与辉银矿共生

图版 10　锡矿山低温热液脉型锑矿床矿石组构特征

a-b—锑矿体野外特征，可见方解石（Cal）、辉锑矿（Sbn）等（据 Liu et al.，2023）；c-d—块状辉锑矿矿石；e—自形辉锑矿（Qtz-石英，据 Liu et al.，2023）；f-g—辉锑矿非均质性，双晶发育

图版 11 金顶铅锌矿床矿石组构特征

a-b—野外采坑与剖面特征（Cal-方解石；Py-黄铁矿）；c—角砾状矿石；d—方解石-方铅矿（Gn）细脉状矿石；e—闪锌矿（Sp）-黄铁矿矿显微镜下他形粒状特征；f—方铅矿镜下他形粒状特征，与方解石共生；g—黄铁矿与红色天青石（富赤铁矿）（Cls（Hem））组成环带（内反射图像）；h—由黄铁矿集合体组成的环带构造（电子扫描图像）（据余静等，2017）

图版 12　红透山块状硫化物矿床矿石组构特征

a—长条状铜矿石沿片理延伸进入片麻岩中；b—长条状铜条沿片理延伸进入片麻岩中；c—块状铜矿石野外照片（Ccp-黄铜矿，Sp-闪锌矿）；d—块状矿石含闪锌矿、黄铜矿、黄铁矿（Py）和磁黄铁矿（Po）；e—揉皱状闪锌矿-黄铁矿-黄铜矿（Si-硅质矿物）；f—矿石糜棱岩磁黄铁矿颗粒的退火平衡结构；g—黄铜矿包裹硫铜钴矿（Col）自形晶粒；h—闪形锌矿散布大量乳滴状黄铜矿包裹物（注：照片引自党奔等，2021）

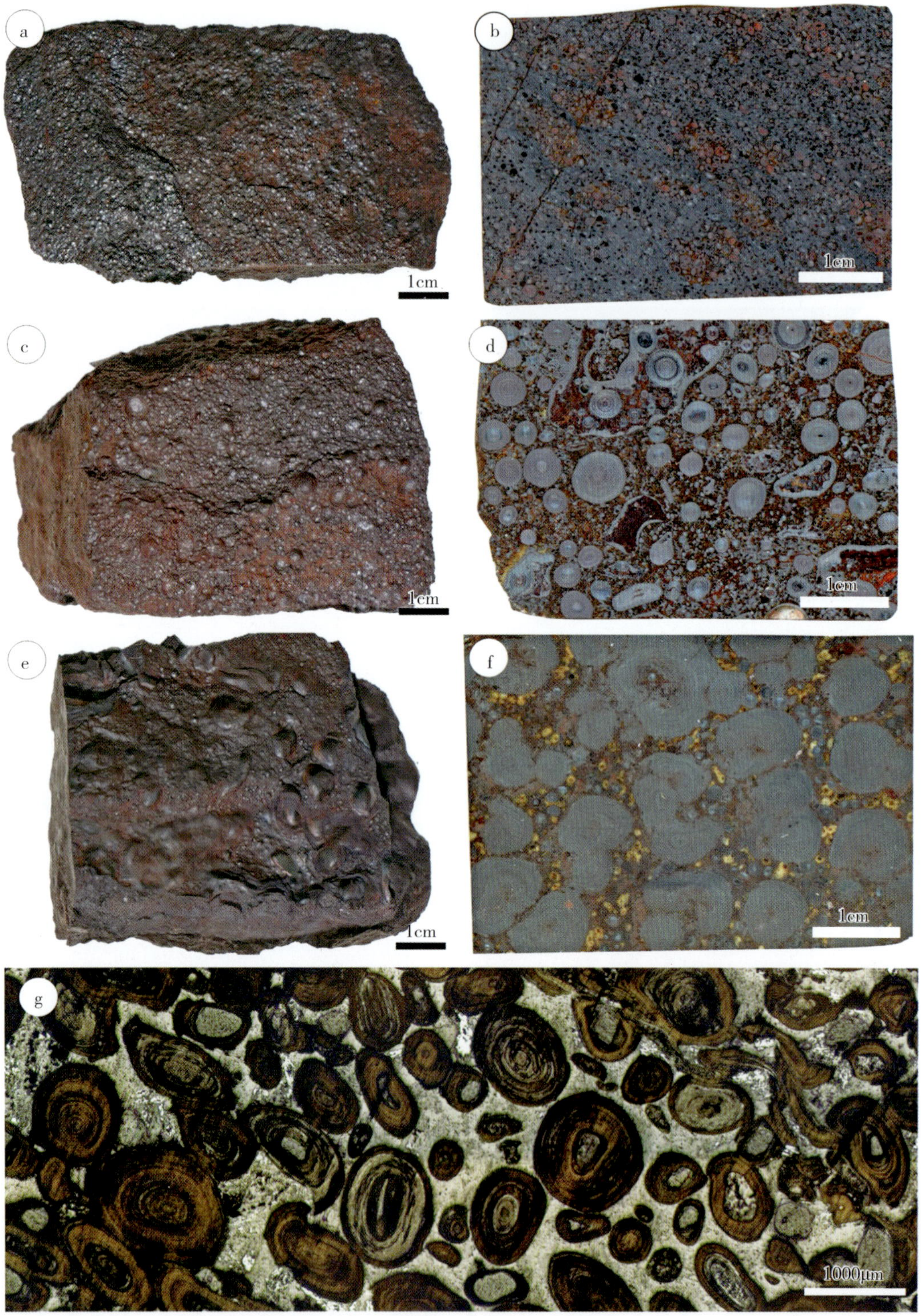


图版 13　庞家堡沉积型铁矿床矿床组构特征

a-b—鲕状赤铁矿矿石；c-d—豆状赤铁矿矿石；e-f—肾状赤铁矿矿石；g—赤铁矿鲕粒

图版 14　弓长岭沉积变质型铁矿床矿石组构特征

a-d—条带状（似层状）磁铁矿（Mag）矿石（c-d 引自李厚民等，2014；佟小雪等，2018）；e-f—富硅条带和富铁条带由不同比例的磁铁矿、石英（Qtz）和菱铁矿（Sd）组成（单偏光）（佟小雪等，2018）；g-h—反射光下磁铁矿与赤铁矿（Hem）粒状结构

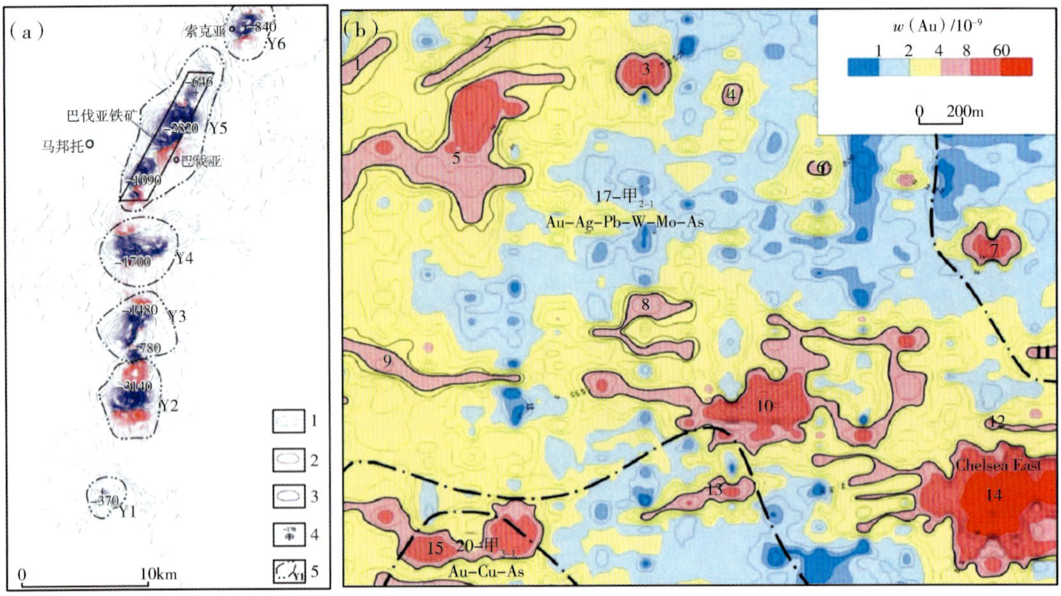


图版 15　国外找矿模型物化探成果

(a) 巴伐亚铁矿航磁 $\Delta T$ 等值线及异常分布图（郝玉军等，2019），1-$\Delta T$ 零值线；2-$\Delta T$ 正值线；3-$\Delta T$ 负值线；4-负磁异常极值；5-航磁异常位置及编号；(b) Chelsea East 金矿区土壤测量 Au 地球化学异常（闫红圃等，2015）